“苏联，苏联”系列

# 伏尔加河上的水电站

## 苏联水利建设的得与失

[俄] 布尔金·叶夫根尼·阿纳托利耶维奇　著
华 盾　译

ГЭС на Волге

生活·讀書·新知　三联书店

**图书在版编目（CIP）数据**

伏尔加河上的水电站：苏联水利建设的得与失 /（俄罗斯）布尔金 · 叶夫根尼 · 阿纳托利耶维奇著；华盾译. —北京：生活 · 读书 · 新知三联书店，2022.3
（苏联，苏联）
ISBN 978－7－108－07344－0

Ⅰ. ①伏… Ⅱ. ①布… ②华… Ⅲ. ①水利史－苏联
Ⅳ. ① TV-095.12

中国版本图书馆 CIP 数据核字（2021）第 269957 号

责任编辑　叶　彤
装帧设计　蔡立国
责任校对　常高峰
责任印制　卢　岳
出版发行　生活 · 讀書 · 新知 三联书店
　　　　　（北京市东城区美术馆东街 22 号 100010）
网　　址　www.sdxjpc.com
图　　字　01-2022-0359
经　　销　新华书店
印　　刷　北京隆昌伟业印刷有限公司
版　　次　2022 年 3 月北京第 1 版
　　　　　2022 年 3 月北京第 1 次印刷
开　　本　635 毫米 × 965 毫米　1/16　印张 30.75
字　　数　399 千字　图 39 幅
印　　数　0,001－6,000 册
定　　价　88.00 元
（印装查询：01064002715；邮购查询：01084010542）

# "苏联，苏联"系列总序

晚清以来的中国变革史表明，外部世界的影响一直是中国现代化的重要组成部分。其中，沙俄、苏联及当代俄罗斯这三个相互区隔但又一脉相承的俄国，无疑是最重要的外部他者角色之一。"中国离不开世界，世界离不开中国"的宏大历史进程，在很大程度上表现为中国和三个俄国的复杂关联；同样，世界读懂中国和中国读懂世界，似乎也离不开三个俄国的中介作用。

1991年底，雄踞欧亚大陆的社会主义大国苏联骤然解体。以"后冷战"时期国际秩序重构、国际体系转型和大国权力转移为核心进程的"百年未有之大变局"由此发端，中国成长为全球性大国在很大程度上亦得益于此。

苏联作为国家退出历史舞台，并不意味着"苏联"作为一种思想和方法资源的彻底消亡。作为曾经深深嵌入并在相当程度上直接参与了当代中国诸多历史进程的关键大国，苏联的成败兴亡可以给我们提供反观自身和与时俱进的历史镜鉴。因此，对于中国而言，苏联研究的重要性在苏联解体后反而进一步增加了。

新世纪以来，我国的综合国力、国家能力和国际角色同步发生了深刻变化，"走出苏联"并建构起中国的主体性是这一历史性转型的题中应有之义。然而，"走出苏联"的重要前提在于理解苏联的丰富性和复杂性，并在此基础上全面把握苏联之于中国的意义。倘使不能摘下偏振眼镜，真正走进苏联，也就谈不上彻底"走出苏联"。

在苏联解体二十周年之际，我曾呼吁重构苏联解体研究的中国议程。彼时，国内同人也都已经意识到这一领域需要深入发掘"真问题"，提升新档案、新文献、新资料的使用力度，加大理论对实证研究的支持，增强微观研究和宏观研究的结合，以形成足以和国际学术界平等对话甚至超克其不足的基本格局。

现在，国内相关的研究越来越强调回到历史的脉络和情境中去理解和掌握苏联的深层知识，并在政治、安全、外交等议题上取得了诸多具有中国特色、中国风格、中国气派且引起国际同行瞩目的重量级成果。

但不可否认的是，我国的苏联研究在议题的全覆盖、方法的科学化等方面还有不少优化和提升的空间，尤其是对于理解苏联问题至关重要的社会领域等属于低阶政治的边缘向度理应有更多投入，因为这恰恰可能是苏联最终解体的关键所在。

我们相信，处于崛起关键节点的中国尤其需要逐步建立起与其未来的责任和担当相匹配的理性、冷静、成熟、健全的关于外部世界和自身角色的系统性认知。在此意义上，关于苏联的尽可能客观、中立、扎实、丰富、多元的研究成果多多益善。

我们希望，"苏联，苏联"系列可以成为一个窗口，为中国更全面地解读世界历史的进程、更稳健自信地活跃于世界舞台，从知识的供给侧提供小小的助益，为读者不断深化对苏联的理解、对中国自身的主体性和中国变革的正当性的理解提供更多的思想资源。

我们期待，经由知识的积累、反思、批判和重构，中国能够带着日益丰厚的历史积淀、更加全面的历史认识，在不确定性空前突出的国际失序格局中确认并坚定前进的路向，勉力实现中华民族复兴的理想。

杨成

于上海外国语大学

上海全球治理与区域国别研究院

2020年6月29日

图 1：A.И. 斯特拉申捕鱼队在捷秋希市（鞑靼斯坦共和国）旁的伏尔加河中捕获的欧鳇，1921 年（照片来自捷秋希地方志博物馆）

图 2：乌里扬诺夫斯克州乌里扬诺夫斯克区戈罗季谢村旁的伏尔加河，1930 年（V.I. 阿普拉克辛摄，乌里扬诺夫斯克州国家档案馆）

图 3：从左侧基岸望河滩的景象（高尔基水利枢纽土坝和通航设施区域，远处是戈罗杰茨市，下诺夫哥罗德州），1955 年（照片来自俄罗斯国家科学技术文件档案馆萨马拉市分馆）

图 4：在伏尔加河上。20 世纪 20 年代（D.I. 阿尔汉格尔斯基水彩画，乌里扬诺夫斯克国家列宁纪念馆）

图 5：特维尔州卡利亚津市附近乌格里奇水库中的卡利亚津钟楼，2009 年 7 月（E.A. 布尔金摄）

图 6：招贴画《伏尔加河水利枢纽突击建设者队伍再壮大些！》，20 世纪 30 年代后半期，佚名（图片来自雷宾斯克国家历史建筑与艺术保护区博物馆）

图 7：雷宾斯克水利枢纽透视图（技术设计），1937 年 3 月（图片来自俄罗斯国家科学技术文件档案馆萨马拉市分馆）

图 8：雷宾斯克水电站（雅罗斯拉夫尔州）鸟瞰图，2010 年（照片来自俄罗斯水电公司分公司“伏尔加河上游梯级水电站”照片档案馆）

图 9：第三工段段长内务人民委员部少尉 M.L. 克留申在雷宾斯克水电站在建建筑前，苏联，1939—1940 年（照片来自雷宾斯克国家历史建筑与艺术保护区博物馆）

图 10：乌格里奇水利枢纽工地，摄于 1935—1936 年（照片来自乌格里奇国家历史建筑与艺术保护区博物馆）

图 11：在乌格里奇水利枢纽工地上推车的囚犯工人，1937 年（照片来自 O.A. 戈罗杰茨基收藏）

图 12：囚犯在采伐森林以修建乌格里奇水利枢纽大坝，1938 年 1 月 15 日（照片来自乌格里奇国家历史建筑与艺术保护区博物馆）

图 13：乌格里奇水利枢纽工地上的“科夫罗韦茨”挖掘机，1937 年（照片来自乌格里奇国家历史建筑与艺术保护区博物馆）

图 14：莫洛加市，商贸（先诺伊）广场北侧，19 世纪 90 年代，雷宾斯克水库淹没区（照片来自 G.I. 科尔萨科夫收藏），雅罗斯拉夫尔州

图 15：莫洛加市拆除房屋，准备搬迁，1937—1939 年，雷宾斯克水库淹没区（照片来自雷宾斯克国家历史建筑与艺术保护区博物馆），雅罗斯拉夫尔州

图 16：莫洛加市房屋拆除，1937—1939 年，雷宾斯克水库淹没区（照片来自雷宾斯克国家历史建筑与艺术保护区博物馆），雅罗斯拉夫尔州

图 17：白夜时分的莫洛加市景象，20 世纪初（照片来自雷宾斯克国家历史建筑与艺术保护区博物馆），雅罗斯拉夫尔州

图 18：莫洛加市平面图，以及淹没前在当地找到的照片和生活物品。雷宾斯克市莫洛加区历史博物馆，E.A. 布尔金摄，2009 年 7 月

图 19：淹没前的尤克斯基修道院建筑，1940—1941 年，雷宾斯克水库淹没区（照片来自雷宾斯克国家历史建筑与艺术保护区博物馆），雅罗斯拉夫尔州

图 20：在莫洛加市被爆破的主显圣容主教座堂讲道台上祭祷，2002 年夏，雷宾斯克水库（照片来自 G.I. 科尔萨科夫收藏），雅罗斯拉夫尔州

图 21：招贴画《人民愿望已实现》，20 世纪 50 年代，苏联

图 22：伏尔加河上古比雪夫水利枢纽前景——闸门组透视图（技术设计），1954 年（图片来自俄罗斯国家科学技术文件档案馆萨马拉市分馆），萨马拉州

图 23：古比雪夫水利枢纽溢流坝施工全景，1954 年（照片来自俄罗斯国家科学技术文件档案馆萨马拉市分馆），萨马拉州

图 24：古比雪夫水利枢纽施工时截流伏尔加河（从浮桥上倾倒岩石），1955 年 10 月末（照片来自陶里亚蒂地方志博物馆），萨马拉州

图 25：古比雪夫（今日古利）水电站建筑，2004 年 6 月，萨马拉州，E.A. 布尔金摄

图 26：古比雪夫水利枢纽大坝，2004 年 6 月，萨马拉州，E.A. 布尔金摄

图 27：阿赫图宾斯克劳改营囚犯的居住条件，1952 年（照片来自俄罗斯联邦国家档案馆）

图 28：阿赫图宾斯克劳改营囚犯的居住条件，1952 年（照片来自俄罗斯联邦国家档案馆）

图 29：伏尔加河畔斯塔夫罗波尔市，I. 雷巴科夫摄，1952 年，鸟瞰照片（照片来自陶里亚蒂市“遗产”博物院），萨马拉州

图 30：古比雪夫库区，1955 年前伏尔加河畔斯塔夫罗波尔市所在地，2004 年 6 月，萨马拉州，E.A. 布尔金摄

图 31：鞑靼古比雪夫市全景，20 世纪 50 年代初（1952—1957 年从古比雪夫水利枢纽淹没区迁出）（照片来自保加尔国家历史建筑保护区博物馆），鞑靼斯坦共和国

图 32：1957 年前鞑靼古比雪夫市中心所在地（鞑靼斯坦共和国），2010 年 9 月，E.A. 布尔金摄

图 33：1957 年前鞑靼古比雪夫市中心所在地（鞑靼斯坦共和国），2010 年 9 月，E.A. 布尔金摄

图 34：圣三一克里韦奥泽罗修道院，20 世纪初，科斯特罗马州，照片来自 N.A. 梅尔兹留季娜收藏

图 35：穆辛内 - 普什金内庄园，20 世纪 30 年代初，雅罗斯拉夫尔州，照片来自斯维特科夫家族收藏

图 36：市级镇契卡洛夫斯克的墓地搬迁与安置，1954 年，高尔基水库淹没区（照片来自俄罗斯国家科学技术文件档案馆萨马拉市分馆）

图 37：建筑物拆除期间的尤里耶韦茨市景象，1955 年，高尔基水库淹没区（照片来自俄罗斯国家科学技术文件档案馆萨马拉市分馆）

图 38：古比雪夫水库冲刷下的中世纪“鬼城”遗址，乌里扬诺夫斯克州旧迈纳区，2004 年 8 月，E.A. 布尔金摄

图 39：保加尔市附近的古比雪夫水库，鞑靼斯坦共和国，2016 年 8 月，E.A. 布尔金摄

此书献给俄罗斯伟大的伏尔加河，愿她复兴可期

# 目　录

# 前　言

尊敬的读者，您面前这本专著是俄罗斯为数不多的历史生态研究著作之一，本书以伏尔加河为对象，旨在对20世纪30—80年代水利建设中的重要问题进行全面分析。为达此目标，对社会经济、历史文化和自然生态的研究必不可少，笔者因此有的放矢地扩大了本书的历史架构，并聚焦科学、地质学、文化研究、生态学等一系列文件和档案。

许多著名学者都曾指出水系对世界历史进程的重要意义，其中包括几位俄国科学家：V.O. 克柳切夫斯基、L.I. 梅奇尼科夫、L.N. 古米廖夫。其中，梅奇尼科夫曾进一步断言，文明起源与发展的主要原因即在于河流，因为所有注定“卓越”并开始发展文化的民族都栖息于大河之畔。克柳切夫斯基则认为，河流孕育了俄罗斯人的进取精神与合作劳动的习惯，并培养了他们的思考能力和适应能力。

历史经验清楚记述了河流在人类形成与发展中的重要作用，即河流几乎是所有古文明——古巴比伦、古埃及、古印度等的摇篮。河流对俄罗斯历史的意义也是难以估量的。一方面，河流在经济活动中扮演了极其重要的角色，如舟楫、贸易、草场经营、畜牧、蔬菜栽培、园艺等；另一方面，伏尔加河的例子让我们看到她在俄罗斯精神世界里的作用同样意义非凡。[1] 因此，伏尔加河被唤作乳母、母亲，在勇士赞歌、传说和民歌中被广泛颂扬。我们能够找到许多材料证实河流是永恒和神圣的有机体，且与人类罪恶和死亡之本质相关。例如，著名哲学家 V.V. 罗扎诺夫曾如此描写伏尔加河："我们是她的孩子；我们由她所喂养。她是我们的母亲和乳娘。那是无法估量的、永恒的、丰赡的……"[2]

众所周知，伏尔加河是欧洲，也是俄罗斯欧洲部分最长的河流。如今，她蜿蜒 3530 公里，从西边的瓦尔代丘陵和中俄罗斯丘陵延伸至东部乌拉尔山脉。伏尔加河从发源地到喀山的主要河段位于森林之中，中段——至萨马拉——位于森林草原带，下段——至伏尔加格勒——位于草原地带，南段则处在半沙漠地区。通常来讲，人们将伏尔加河划分为上游——从发源地到奥卡河河口，中游——从奥卡河河口到萨拉托夫，下游——到三角洲为止。

早于智人的出现，伏尔加河形成于大约 2500 万年前的前冰河期，那时的她逐渐脱离了温暖海洋。伏尔加河形成在乌拉尔山脉西南坡，流经别拉亚河与卡马河河道，在今天的奇斯托波尔城处向西转向日古力山。今天的伏尔加河要高于卡马河这一相对年轻的河流。伏尔加河的作用在约 200 万年前的第四纪时才开始显现，那时，融冰带来的巨大水量流进俄罗斯北部和中部。冰川提供了水源，击碎了岩石，并将其相当一部分留在河谷之中。随着冰川作用逐一完成，伏尔加河开始呈现阶地式流淌。今天伏尔加河谷的样貌在约一万年前的瓦尔代冰川作用完成后得以形成。

"伏尔加河"（Волга）乃数百万年来为人熟识的欧洲著名河流的最后一个名字，并被赋予不同含义，例如"奔跑的水分"或"水分"。鞑靼人自古以来将之唤作"伊杰尔河"（"Идел"的音译——译者注），巴什基尔人称之为"伊杰里河"（"Идель"的音译——译者注），马里人称之为"尤尔河"（"Юл"的音译——译者注）。所有这些名字翻译成俄语皆表"大河"。伏尔加河目前已知的名称大约有 300 个，包括"阿特利河"（Атель）、"拉河"（Ра）、"拉乌河"（Рау）、"斯拉夫河"（Река Славян）等。其中，"拉河"被认为是早期名字之一，大多数研究者认为其意为"平静之水""富饶之水"，还有人将之译作"太阳河"。但笔者更倾向于的假设是，最古老的名字可能就是"伏尔加河"，它来源于古雅利安语，意作

“遒劲的（雄健的）流动”。因为在20世纪大兴水利之前，较之其他宽阔河流，伏尔加河的水流其实更为迅猛。

从石器时代开始，在栖息于伏尔加河两岸的众多民族——如斯拉夫人、鞑靼人（保加尔人）、摩尔多瓦人等——的生活中，伏尔加河始终不渝地扮演着关键角色。漫长的伏尔加河水路，作为西部与东部枢纽，自古以来便具有很强的经济、政治和文化意义。若将伏尔加河与世界其他著名河流相类比，那最为恰当的则是德国莱茵河、美国密西西比河、埃及尼罗河和中国长江。

在20世纪30—80年代建立水电站和水库之前，伏尔加河及其河谷拥有庞大的自然资源：高产的农业用地（尤其是河滩地）、肥沃的黑土可耕地、森林、优良的蘑菇和浆果产地，以及泥炭、石油等矿物产区。此外，伏尔加河河滩还具有极强的美学魅力，时至今日仍让老住户们缅怀和回想。H. 伊格纳季耶娃曾说：“在我年少时，从辛比尔斯克（乌里扬诺夫斯克城——笔者注）山上看到的伏尔加河的胜状丝毫不亚于瑞士的景色。那伏尔加河上的日出呢？她的珍珠——日古利山呢？当地的轮船会在清晨停泊在小城斯塔夫罗波尔（后改名为伏尔加河畔斯塔夫罗波尔，今陶里亚蒂——笔者注）的码头上，汽笛长鸣。你走上甲板，凝视着难以描绘的美景，汽笛声在山间回荡，晨雾在山头升腾，金雕在凌空翱翔。察廖夫土岗的传说将终生留在人们的记忆之中。只可惜，古比雪夫水电站摧毁了她。天啊，曾经的河滩啊！最洁净的河沙，铁盐泉水直涌入伏尔加河，小坑挖深一点，一捧即饮。草地也绝不能忘记。那么多的湖泊啊！那么多的鱼儿啊！割草一年两次，而不是一次。你将微醺在芳草的香味之中。我们为什么需要高加索和克里米亚？”[3]

相较其他地区，伏尔加河及其河滩的动植物多样性与丰富性较强，河流及其支流与湖泊中有种类多样的鱼类，其中最为珍贵的是鲟鱼科的大白鲟鱼、鲟鱼、闪光鲟和小体鲟。1763年，苏格兰旅行家约翰·贝尔记录道：“在冰雪融化的季节，伏尔加河会淹没所有地势平缓的土地，就像埃及尼罗河那样。她挟带着的淤泥为土地施肥，树木覆盖在地上，上面长满上乘的天冬草。除了随处可见的小体鲟和鲟鱼，还有同样美味的类似鲑鱼的鱼类；为什么要叫它白鱼呢？森林中充满着令人惊奇的野物，春天来临，从里海飞来大群水鸟并在这里孵蛋。牛肉、羊肉、各种家禽在喀山以极其低廉的价格出售。”[4]1921年，А.И.斯特拉申生产队在鞑靼斯坦共和国捷秋希市捕获了一条重达960千克的大白鲟鱼，这条鱼身体里有192千克鱼子，在胃中还有螃蟹、小体鲟和江鳕鱼囊。类似的例子不胜枚举。

尽管生活在伏尔加河岸边的人们对她充满关怀崇敬之情，但随着时间的推移，人类经济活动愈加导致河滩与河流的生态平衡被破坏。该过程大概从公元前2000年的青铜时代开始，当时，木椁墓文化部落开始积极开发伏尔加河河谷，畜牧业与河滩垦荒得以快速发展。人类活动对该地区造成的影响在18—19世纪大幅加强，负面影响尤其体现在采伐岸旁森林造成的河水变浅。尽管如此，20世纪初之前，人类对伏尔加河及其河滩自然系统的干预仍未像后来那样全面。

根本转折发生在20世纪30—80年代。那时，作为斯大林水资源开发模式的具体体现，伏尔加河大平原地区出现了水利枢纽，包括7个大功率、1个中等功率的水力发电站和相应的8个大型水库。这一时期的水利工程给伏尔加河沿岸地区，乃至整个国家的生存环境造成了持续性的严重影响。伏尔加河大坝的经济意义首先表现在大规模电能生产和航运条件优化方面，设计师对这些功用进行了深入研究，但对社会方面的关注却少之又少。与此同时，约50万各民族人口的生活随着超大型水库的出现而彻底改变，他们被迫从淹没地区搬离至新的栖居地。如今，沿人工海两岸坐落着许多居住点，其中包括拥有数百万人口、强大工业产能和发达社会结构的大城市。

在设计过程中，水利枢纽对自然环境的影响几乎未被研究或顾及。伏尔加水电站的长期使用揭示出水利建设并未仔细考虑社会经济等许多方面的现实，尤其是会引发严重问题的生态因素。重要的是，人类活动之于周边环境的压力已到了危险的临界点。

尽管上述问题的现实性和重要性已经存在，但直到今天，俄罗斯国内外的历史学家们几乎仍未注意到它。因此，以伏尔加河开发为例，对俄罗斯水利建设萌芽、兴起和发展的研究具有巨大的学术价值。且这一价值的增大在很大程度上源自伏尔加水电站项目的后果和其他河流上类似工程的必要性。同时，从20世纪80年代后期（即戈尔巴乔夫改革时期）开始，对能源发展构想的选择，是俄罗斯社会最尖锐和最有争议的问题之一。时至今日，所有层面的争论仍经常很情绪化，而并未使用大量的事实和统计资料，片面的利益和观点仍占据支配地位。

我们能够看到，苏联史学界对1917年十月革命之前的水利发展评价过低，抑或避而不谈，而苏联水资源开发的成就却常常被过分夸大；另一方面，建造大型水利设施的许多方面也被精心掩盖，例如，古拉格囚犯的强制劳动，淹没区居民撤离时需面对的极大困难，包括他们背井离乡的不情愿情绪。对国内外历史文献的分析表明，对俄罗斯水利建设史某一问题的研究，以及对伏尔加水利枢纽设计、建造和使用的研究，主要由技术科学、自然科学和经济学领域人士来进行，但从历史分析角度对这一问题的基础科学研究至今仍是空白。

能够相对宽松地获致联邦和地区档案及其他资源，使我们在很大程度上可在历史的复杂性和多角度之中接近真相并修复这一进程。在本书中，笔者广泛应用了5类不同层面的资料。第一类是从15个档案馆收集到的文件，其中最重要的文件来自俄罗斯科学院档案馆（АРАН，莫斯科）、俄罗斯联邦国家档案馆（ГАРФ，莫斯科）、俄罗斯国家经济档案馆（РГАЭ，莫斯科）、萨马拉州国家社会政治历史档案馆（СОГАСПИ，萨马拉）、俄罗斯国家科学技术文件档案馆萨马拉分馆（РГАНТД分馆，萨马拉）和萨马拉州中央国家档案馆分馆（ЦГАСО，萨马拉）。第二类由出版物组成：苏联和俄国调控水利建设活动的标准——法律条例、党和国家经济权力机关的决策文件、技术报告、古拉格文件（决定、命令、指示）和其他材料。第三类是权力机关、科研机构、规划建设部门的参考和统计资料。第四类是研究时段里的期刊。第五类是回忆录和事件亲历者的口述回忆。

上述资料使我们得以用“小人物”的眼睛去看大规模的历史事件，枯燥的官方文件也因此变得活力盎然。

应用广泛资源不仅有助于我们对伏尔加河水利建设的历史、技术、社会经济、文化和生态因素进行研究，还有助于我们跟踪国家水资源开发项目设计与执行的主要政策方向。研究伏尔加河流域河流调控的影响尤其具有现实的意义，首先便是在未来避免犯错，选择前途光明的、成本最小的能源发展理念。彰明昭著的是，目前仅在口头上宣称的用一切办法奖励非传统电力能源的发展，应该成为该构想的关键部分。

由于本研究旨在修正误差纠正错误，笔者将大量早期无法获得和未知的资料以及统计数据运用在研究之中。

本书所涉区域包括靠近伏尔加河大坝和水库地区的莫斯科州、特维尔州、雅罗斯拉夫尔州、沃洛格达州、科斯特罗马州、伊万诺沃州、下诺夫哥罗德州、楚瓦什共和国、马里埃尔共和国、鞑靼斯坦共和国、乌里扬诺夫斯克州、萨马拉州、萨拉托夫州和伏尔加格勒州。

上述行政主体处在俄罗斯（苏联）11 个经济区中的 4 个之中。伊万诺沃州、莫斯科州、特维尔州和雅罗斯拉夫尔州属中央经济区；鞑靼斯坦共和国、伏尔加格勒州、萨马拉州、萨拉托夫州和乌里扬诺夫斯克州属伏尔加沿岸经济区；马里埃尔共和国、楚瓦什共和国和下诺夫哥罗德州属伏尔加 – 维亚特卡经济区；沃洛格达州属北方经济区。这些地区的总面积在 1989 年占俄罗斯苏维埃联邦社会主义共和国总领土的 5.5%，生活着 3230 万人口（占苏联总人口的 22%），聚集着 40% 的工业生产。虽然并不完全准确，但为方便起见，笔者将用“伏尔加河流域”来指代这片区域。由于本研究的特点不局限于所描绘的区域框架，因此为比较分析，苏联和国外的数据都将被应用。

本书的年代架构涵盖 1930 年到 20 世纪 80 年代这一时段。选择 1930 年作为上限是因为在这一年，苏共（布）中央委员会在研究了伏尔加中游边区委员会的报告后，下达了全面研究筹建萨马拉水利枢纽的命令，此系伏尔加水电站这一大型工程设计及建造的起始点。伏尔加河资源经济开发的构想随后以“大伏尔加”的概念为人所悉，其主要内容制订于1931—1937年，始于1932—1933年雅罗斯拉夫尔和伊万科沃水利枢纽动工，终于1989年切博克萨雷水利枢纽投产。为分析这一过程的前提条件、原因和结果，笔者还运用了1930年前和1989年后的文件资料。

应用广泛资源使我们能够可靠并完整地醒豁水电站建设的总体趋势、因素和主要阶段，发掘与工农业发展有关的特点，在全俄大背景下厘清伏尔加河流域水力能源的发展动态，明确她在沙俄、苏联和后苏联即俄罗斯时代能源领域的作用与地位。

水利项目由苏联国家计划委员会、苏联人民委员会和苏共（布）中央委员会领导。大量未公开的档案资料的运用将助力我们研究其筹组过程、起推进作用的专家鉴定、“大伏尔加”框架下的生产和决策机制。中央与地方的互动也是其中至关重要的内容。除此之外，斯大林及其切近人士在决定苏联能源发展优先方向过程中的支配地位亦为考察重点。

大型水利建设项目首先要求对科技能力进行评价，因此，由苏联科学院和各种水利项目拟建机构进行的针对伏尔加河流域的科技勘察文献也被笔者纳入考察范围。

在伏尔加河水利枢纽的案例中，笔者关注的还包括工程的一般性组织原则、配套资源、人员组成，包括大量被强制劳动的古拉格囚犯，以及将强制与奖励相结合的吊诡模式。

虽然水利建设过程中的社会问题具有特别意义，首屈一指的即是从淹没地区迁移出的大量居民，但时至今日人们对该问题的研究仍然很弱。笔者揭示出伏尔加河库区的筹备措施，并分析其过程及成效，最后发现，苏联政府将主要注意力放在物质技术保障问题上，对社会领域的资金供应主要遵循剩余原则。不独此也，强迫居民搬迁的事件也屡见不鲜。

社会需要找到走出系统性危机的路径，本书尝试满足这一需求，并对这一俄罗斯社会争论最尖锐的问题进行科学严谨的回答。为此，我们将评估伏尔加河水坝对地区和国家整体社会经济发展的影响，以及水利枢纽对伏尔加河流域历史文化遗产和生态环境的影响。

# 第一章　伏尔加河流域国家水资源开发政策的沿革

## 1.1　水利建设的萌芽与发展：从彼得一世到斯大林（17 世纪末—1930 年）

伏尔加河流域水利建设的首次尝试发生于 16 世纪后半叶（大概在 1569 年——笔者注），那时，土耳其苏丹塞利姆二世为与伊朗作战，意将部队从顿河运送至伏尔加河，因而命令俄国在两河之间开凿运河。[5] 然而，首次尝试以失败告终。

17 世纪末，水利建设重启。彼得一世以荷兰为榜样，计划借助运河建造俄罗斯统一的航运网，既服务于贸易，又带有军事目的。其首个项目同样是连接伏尔加河和顿河，在其支流卡梅什尼克河与伊洛夫河之间开凿运河，旨在为俄罗斯舰队打通伏尔加河到黑海的最短路程。1698 年，彼得一世委派海军上将 K. 克赖斯和工程师 И. 别尔克利研究并执行这一工程。[6] 士兵和农奴参与了运河建造。但最后，由于技术方案不完善和资金缺口，该项目仍宣告破产。阿斯特拉罕总督戈利岑公爵对此的反应是："如若上帝赐予吾人天然之河，那么人为地将之引向另一方则是不理智的狂妄之举。只有上帝能够操纵河流的运动，人为地将全能上帝分开之河流连接在一起，真是胆大包天。"[7]

到 1917 年，工程师们共深入研究了大约 30 个连通伏尔加河与顿河的工程，但它们皆因各种原因失败。类似的与其他河流相关的计划也曾被制订。例如，1825—1916 年共有 16 个优化第聂伯河航行条件的项目，且其中一些包含建设水力发电站的内容。[8]

在 18—19 世纪的 100 年间，人工水路沟通工程如火如荼地进行。1703—1709 年，维什涅沃洛茨基水路系统建成；1799—1810 年，马林斯基系统建成；1802—1811 年，连接伏尔加河与波罗的海水域的齐赫文斯基系统建成。[9] 北德文斯克运河连接伏尔加河与白海。首先，它们被用作从外省向圣彼得堡和其他城市的货运通道。19 世纪初的统计显示，维什涅沃洛茨基水路每年通行 4000 艘平底船，运送货物 2500 万普特（41.5 万吨——笔者注），若走陆上向首都运输，这一体量需 17 万人和 100 万匹马，而且，畜力车的平均价格要比水路运输高 3—9 倍。[10] 同时，运河实现了海军舰船的布防任务。

另外还有一些竣工的水利工程。例如，俄罗斯第一座维什涅沃洛茨基水库于 1718 年建成，该水库具有航运价值。[11]1843 年，为实现伏尔加河上游勒热夫到特维尔段的水深定位，伏尔加河上游水闸（水坝——笔者注）建成。[12] 在彼得一世执政时期，莫斯科 – 伏尔加河运河的第一份设计方案出炉，该方案拟建低水头的小型船闸。1722 年，受沙皇委托，B. 亨宁研究了四条航线的方案，其中之一与 1932—1937 年的建设格外相近。[13] 虽然这些规划仍存在技术能力不足的问题，但它们皆得到进一步发展。

18 世纪后半叶，国家机构和科学家们对伏尔加河中游的水资源表现出兴趣。1763 年，盐务总处将运河项目筹备建议上奏枢密院——将萨马拉湾的弯曲河道裁弯取直，[14] 以便使盐运距离缩短为六分之一。然而，由于资金不足，这一计划未被付诸施行。

俄罗斯科学院博士、见习研究员 I.I. 列皮奥欣在 1769 年沿伏尔加河游览至佩列沃洛基时特意写道："佩列沃洛基村坐落在伏尔加河最大的弯曲处——共计 50 俄里的萨马拉湾，由于围绕河湾的是伏尔加河全线最高的山峰，这给各式船舶驶向上游造成不小阻碍，风向和拉纤皆受影响。

但佩村有一不大的仅3俄里的地峡，它将伏尔加河与流入伏尔加河的乌萨河分开，且略低于乌索利耶。因此，倘若将乌萨河与伏尔加河相连，航行路程将大幅减少，可以避开几乎所有的河湾。”[15]

在彼得一世统治期间，为使水利设施建设顺利进行而设立了“水力楼”。1798年设立水利交通部，这正是1865年创设的俄国交通部的前身。[16]到1917年，交通部已经成为主持河流经济开发的主要机构。

水利设施在17—18世纪得到极大发展。在这一时期，工厂大型生产开始以水库的水力设备作为基础，水轮机的应用领域大幅扩大，尤其在制呢厂和炼铁厂。到18世纪末，全国有约3000个“水力”工厂。[17]

19世纪初期，由于遭遇蒸汽机车和铁路的激烈竞争，水能和水力交通发展放缓，但高效水力发动机和发电机的制造为它增添了巨大动力。也即在这一时期，大量水资源利用工程被研究出来，其中意义重大的是沃尔霍夫河、第聂伯河、叶尼塞河、鄂毕河、斯维里河等河流的水路改造和水电站工程。[18]实践证明，在许多情况下，水路运输较铁路运输更具经济价值。

俄罗斯水利建设的迅猛发展（尤其在19世纪后半叶），并不是一个孤立过程，它同时刺激了对初级工业化的需求。从1890年到1900年，工业产品总量提高了2倍，其中重工业提高2.8倍，轻工业提高1.6倍。[19]到1913年，俄罗斯的工业品产量排名世界第5位，人均电能生产排名第15位，电能总产量排名第8位。[20]根据A.A.别利亚科夫的统计，俄罗斯1914年的水能使用，位列美国与加拿大之后，排名世界第3位。[21]

俄国工业化的主要特点是相对西方国家较高的发展速度和重工业的优先增长。加速发展能源行业是工业发展最为重要的组成部分。1892年，第一座150千瓦水电站建于阿尔泰地区的别廖佐夫卡河上，由工程师N.I.科克沙罗夫牵头。[22]该水电站保障了矿山的用电需求。1917年前俄国最大的水电站是位于土尔克斯坦地区、穆尔加布河上、发电功率1350千瓦的兴都库什水电站。[23]统计显示，不算芬兰和维斯拉河流域,1913年，俄罗斯水利设施的总装机功率为62.5万千瓦，其中8.2万千瓦（13%）

为涡轮发电，而欧洲和亚洲部分的河流能源潜能是1500万千瓦时。[24]到了1916年，在沙皇俄国领土上共运行着78000个小型发电站，总发电功率1.6万千瓦，年产电能3500万千瓦时。[25]

这一时期出现了以旨在完善伏尔加河水路的工程项目。伏尔加河重建及连接毗邻水系的第一份草图诞生于1896年，由K.E.拉斯基拟制。[26]考虑到当地和转运航运情况以及价格因素，拉斯基判断要大幅提高货运密度，并对伏尔加河未来的经济作用做出良好预测，分析了提升贸易航运的方法。同时，这份草图还包括借助挖泥船和泥泵将砂洲和浅滩挖深、加固河岸、洪水报警等内容。然而，阔凿系统缺失和资金不足阻碍了上述目标的实现。拉斯基认为，西方国家的例子表明，“运用现代科学技术手段提升伏尔加河航行条件，从水利技术的角度看是完全可能的，但经济问题确乎是不可回避的”，何况，浅水区带来的运输损失，每年逾2000万卢布。[27]拉斯基认为，水路货运应较陆路和铁路运输更加经济。

20世纪初，在伏尔加河流域几乎所有的大城市中，为日渐增长的伏尔加河货运量提升航行条件的讨论不绝于耳。例如，1914年7月，在喀山地区道路预算研讨会上，辛比尔斯克城市政、商界和股票交易委员会的代表做出报告，论证在伏尔加河支流楚维恰河湾城市周边建设各项设施的必要性，该地是供船舶过冬和货物转运的水湾。[28]这个问题与不久以后完成的跨伏尔加河铁路桥项目结合得很好，该铁路桥将上布古利马铁路与西伯利亚大铁路连接在一起，辛比尔斯克因此变成能够处理大量货物的大型交通枢纽。城市工商业活动此起彼伏，作为总体发展指标的水路干线和铁路的货物交易量在1900—1913年上涨了3倍。[29]

伏尔加河水路的巨大经济意义在于确保货物运输的规模，在19世纪的100年间，货运量增加了15倍，从100万吨上升至1500万吨。1800—1907年，优化航运条件共消耗了1450万卢布国家预算，仅占铁路发展投资总数的1%。[30]

A.B.阿瓦基扬认为，伏尔加河水路干线的主要缺陷在于未与海洋相连及其阶梯式深度。[31]缺陷一在随后被逐渐攻克，18—19世纪，将伏尔加河与波罗的海、白海相连的维什涅沃洛茨基、马林斯基、齐赫文斯基和北德文斯克水路系统投入使用。减少缺陷二负面影响的工作开始于19世纪上半叶，问题之大可从如下事实窥见一斑：从特维尔到阿斯特拉罕的水路段，共计逾230个砂洲和浅滩，其中127个面积较大。[32]此外，从1840年首次出现开始，因浅滩而损耗之轮船的数量从1860年的300艘升至1905年的3700艘——12.3倍。[33]解决水深梯度问题的重要原因还在于船舶吨位和数量的大幅增加与河水本身变浅。

别利亚科夫在对19世纪末至20世纪初期俄罗斯内河河道国家政策方向进行研究之后得出结论：这一时期的交通部和工商界展现出对水路交通的兴趣，伏尔加河上的整治和疏浚工程如火如荼，因而在1898—1918年商船队再未遭遇搁浅问题。[34]

国家政策的必然结果便是1909年“帝国水路交通整治与发展规划部门间委员会”的成立，委员会由V.E. 季莫诺夫教授领衔。[35]该部门事务的主要特点是：1）国家内部需求的优先性，这一特点有别于先前政策；2）计划性，兼顾全国和地方需求；3）所有材料对社会各界的开放性。委员会绘制出俄罗斯欧洲与亚洲部分交织的水路干线图，并厘定了每一河段的作用与意义，以及可行性研究的顺序和期限。国家水路网的主要干线包括：1）北俄国干线——从波罗的海和白海至鄂毕河；2）中俄国干线——从维斯瓦河至符拉迪沃斯托克（海参崴）（经伏尔加河——笔者注）；3）南俄国干线——从德涅斯特拉河至伏尔加河；4）黑海—波罗的海干线——从第聂伯河到圣彼得堡；5）里海—波罗的海—白海干线——从伏尔加河至北冰洋；6）鄂毕河干线——从乌尔巴河至北冰洋；7）叶尼塞河干线——从叶尼塞河至北冰洋；8）勒拿河干线——从贝加尔湖至北冰洋。[36]显然，在该计划得以具体实施的情况下，俄罗斯建立了统一的水路网，将所有大河（包括伏尔加河）与波罗的海、白海、黑海、里海和北冰洋相连。跨部门委员会被裁撤以后，1912—1914年，交通部部分完成了拟订的大规模工作。1909年，交通部下设俄罗斯水力电动液压登记委员会，1910年，该委员会转型为水路研究局。[37]

拉斯基在1913年召开的第15届俄罗斯水路活动家代表大会上，作关于建设全俄水路网的报告，分析了内河交通发展与改善的问题，[38]并预见到沿岸航行（在同一侧的港口之间航行——笔者注）和海域间穿越航行的问题。按其短期计划，统一水路网将在1917年之前完成勘探和项目筹备工作。但第一次世界大战、俄国革命和内战阻碍了这一计划的实施。新政权否决了建设水路交通干线和应用水力能源的计划，其侧重点在于1921年通过的国家电气化计划。[39]

对水资源开发构想做出极大贡献的是1915年设立的俄罗斯生产力研究委员会（КЕПС），该委员会长期以来是俄罗斯科学院的重要机构。尽管如此，由于各种原因，该委员会的某些业务领域至今仍未被研究过。而档案资料不仅能够增进我们对它的整体认识，还使本研究成为几乎第一个在俄罗斯水能领域对它的全面研究。

众所周知，俄罗斯生产力研究委员会的主要任务在于组织国家水资源研究，联合科学家，建立研究机构。第一次世界大战的惨烈状况，以及加强国家工业和能源发展的必要性使加快科研以保障上述任务的完成变得迫在眉睫。

在1915年1月召开的第二届物理学－数学大会上，V.I. 维尔纳茨基、A.P. 卡尔平斯基等人针对收集国家生产力资料情报（包括动力白炭）之必要性进行了论证。[40]水体下落的机械能在彼时被称作“白炭”。

1915年5月的俄罗斯生产力研究委员会第一次会议是推进上述任务的一次主要活动。[41]1916年1月16日，在委员会一般性会议上提出了有关“白炭”作为动力生产力的问题，[42]M.A. 雷卡乔夫上将和交通工程师V.M. 罗杰维奇表达了成为白炭分委员会成员的意愿。在此次会议上，参会者还讨论了将风作为动力的研究项目。

1916年5月，在生产力研究委员会会议上，S.P. 马克西莫夫和P.Y. 施米特主张设立系统研究俄国水资源的部门。[43]为在该委员会与其他隶属于热力委员会的分委员会机构之间建立更加紧密的联系，并加快制定水力应用的法律法规，V.G. 格卢什科夫（В.Г.Глушков）教授加入委员会。

而在水利建设规划方面则有工程师S.P.马克西莫夫的加入。[44]

1917年，以白炭为主题的刊物计划出版，其大纲可归纳为以下几点：某河流的水能特性，包括流量、落差、功率和经济因素；能源总量、使用程度以及法律状况。[45]然而，由于一系列原因，这一重要工作并未完成。

同样在1917年，V.I.维尔纳茨基院士成为白炭分委员会主席，分委员会有36人，其中包括后来为苏联能源和水资源发展做出重要贡献的科学家V.G.格卢什科夫、G.O.格拉夫季奥、G.K.里森坎普夫。[46]

生产力研究委员会的重要工作之一是加强俄科院水文研究院的机构建设。成立于1917年的水文处主要从事项目研究和同名学院的组织工作，其首次大会召开于1918年5月13日，并于会上确立下述工作目标——设立俄科院下属的联合水文机构，协调和团结俄罗斯所有水资源研究机构的工作。[47]某些与研究院组织相关的问题在1918年5月至7月的第五次大会上被讨论。[48]

从1918年4月17日开始，格卢什科夫教授在报告中相继提出水文研究院的主要职责：出版俄国系统性水文研究成果，制定水文研究方法，促进相关部门、社会和个人在预报、人员培训与教育领域的工作，研究和批准诸部门水文研究计划的制订，研发生产和加工之规范与方法，出版并记录水文研究成果，收集并汇总相关资料，监管水利工作。[49]

1919年6月18日，人民教育委员会决定成立俄罗斯水文研究院，[50]格卢什科夫任院长。生产力研究委员会水文处的使命就此完成，随后被裁撤。

俄罗斯水文研究院的主要工作包括对自然水的研究，制定水文研究、计算和预测方法，解决水文学理论问题，并为水利信息和产品经济部门提供保障。1919年至1929年，研究院工作人员的研究集中于沃尔霍夫河、斯维里河和第聂伯河水利枢纽的设计、建设与使用。他们在水文学发展上厥功至伟。

自成立之日起，水文研究院推进了建设全俄水利网络的工作思想，并对其布局、规范和水利观测与监管进行了深入研究。为满足国民经济需求，研究院着手将零散的水文资料以水文志（水体、水资源状态及其利用的信息汇总）的形式系统化。

在1918年3月24日生产力研究委员会的会议报告中提及了新形势下俄国的水资源研究计划，该计划的作用在于明确白炭作为国民经济生活关键要素的使用形式，制定旨在提高水利应用的相关法律规范、财政和经济政策，阐明水资源在农业灌溉、土壤改良和水路交通中的应用。[51]为完成该计划，1920年，生产力研究委员会白炭处（从1925年开始，该处改为能源处——笔者注）开始编纂俄罗斯水文志。该项工作在国家电气化计划基础之上、与电气化委员会的紧密互动中进行。就在这一年，维尔纳茨基还曾指出，委员会的工作随苏维埃政权的上台而大幅扩大，因为它恰恰符合苏联生产计划的主要原则："今天，随着内战的终结，这项工作被赋予了更加重要的意义。"[52]

根据白炭处的工作简报，曾计划出版两卷本的"俄罗斯自然生产力"汇编。1921年，国家水力简报出版，"……其中重点提及河流的勘探程度，论证其作为水能来源而使用的可能性"[53]。地方与中央对电气化计划的需求所带来之结果，便是务必按照河流作为能源来源的重要程度，对其进行补充研究。因此，1921年夏，以勘探为目的，白炭处计划到奥洛涅茨边疆区和摩尔曼斯克进行考察。[54]

1922年，编纂俄罗斯水利志的工作继续进行。西部地区、黑海地区、贝加尔湖地区、阿穆尔－乌苏里地区、西伯利亚、土耳其斯坦和萨扬－阿尔泰地区在这一年被逐一考察。[55]

从1924年9月13日开始至10月，К.Ф. 马利亚列夫斯基在伏尔加河三角洲进行土壤研究，其研究区域北至丘尔潘村北界的温室，西至巴赫捷米尔河，南至里海，东至丘尔潘河。勘探火车走遍了日特涅村至伊尔门达普胡尔全线。[56]

从1925年开始，能源处（其前身是白炭处——笔者注）的工作显现出研究范围扩大之势："由于生产力研究委员会主席团要求能源处研究全国范围内的能源储备问题，该处今年的任务更加宽泛，除水能之外，还包括其他种类能源。这项工作由格卢什科夫牵头，H.A. 科佩洛夫执行，最终绘制出苏联欧洲和亚洲部分各一张地图，地图上依照国家计划委员会区划，标明风力、水力、煤炭、石油、可燃性页岩、木材、泥炭和秸秆能源的地区分布图。”[57] 格卢什科夫还草设了水力发电站，而科佩洛夫则主攻水电站的勘探生产。

能源处工作人员同时也参与了其他部门的考察工作。格卢什科夫不仅领导着伏尔加河三角洲的研究工作，由交通道路委员会资助的一系列亚速海和黑海港口的研究工作也在格卢什科夫的领导下进行。[58]

1925—1927 年，能源处编制出乌拉尔、阿尔泰、土耳其斯坦地区的水利志，研究苏联蓝炭（潮汐能——笔者注）应用问题，分析哈萨克斯坦风能情况，绘制哈萨克斯坦、土库曼斯坦、乌拉尔州、伏尔加河中游和下游，以及顿涅茨克矿区的空气动力学地图。[59] 在 1928 年的报告中可以看到，“不论实施情况如何……能源处的规划工作已囊括进国民经济委员会电力总局中央电力委员会和斯维拉河水电站工程监察委员会的工作之中……”。[60]

大地测量委员会 1929 年的任务包括给《苏联工业地图册》绘制基础水资源图和风力资源图。从这些年的实际工作中可以看到，工作人员一直在参与能源管理总局中央电能委员会的水能与热能利用项目。[61] 研究水文研究院的文牍档案可以判断出来，能源处的前身是水力处（白炭处）。同时，1919 年，白炭处的工作只剩下水利志以及国家水利资源及利用的编纂工作。1925 年，在更名为能源处之后，该处扩展了其业务结构，将所有种类能源都纳入其计划研究范围。1930 年，能源处改组为能源研究院。

从 1900 年到 1915 年，国家能源产业发展的主要原则被制定出炉并审核通过：1）以电能为基础改造工业技术；2）优先发展能源产业；3）兴建区域电站；4）应用当地燃料；5）利用水资源，即建设水力发电站；6）使用高压输电。[62] 正如 V.L. 格沃兹杰茨基和 O.D. 西蒙年科所言，“到

1915 年，大型水电站的未来规划已然出炉，能源发展战略的主要方向亦已成型，俄罗斯迈出了电气化的坚实一步”。[63]

细看 1921 年通过的俄罗斯国家电气化计划能够发现，这一计划为电力经济发展设定了如下发展方向：1）建设大型电站；2）使用当地燃料资源；3）水资源的广泛使用，以及一系列水电站的建设；4）建设高压输电线；5）在俄罗斯境内有计划地进行能源经济布局。[64] 这与十月革命前如出一辙。在规划原则的制订和实践过程中，包括水能领域在内，Г.М. 克日扎诺夫斯基、B.E. 韦杰涅耶夫、A.V. 温特尔、G.O. 格拉夫季奥等杰出的水利技术人员参与其中。

在对水利枢纽修建进行可行性研究的过程中，国家委员会遵循了下述原则：1）挑选出自然条件最为适宜和水利设施利用最有经济价值的地方；2）建设多用途（包括水能、船闸、灌溉等）的水利设施；3）兼顾河水流量调整；4）偏向于使用高压设备以减少建设费用；5）在必须组合蒸汽装置与水压装置时，首先建造蒸汽装置，以满足工程建设机械化对热能的需求。[65]

如表 1 所示，在国家电气化计划初期，8 座总功率达到 1048 兆瓦的水利枢纽得以建造。根据现代水电站发电功率的分类，只有第聂伯河水电站（占总功率 56%）属于大型电站，其他皆为中型电站（44%）。而按地理位置划分，水电站最多的地区是列宁格勒州——3 座，乌克兰、高加索、阿尔泰和土耳其斯坦各有 1 座。在随后的日子里，高加索的捷列克水电站和伏尔加河中游的塞兹兰水电站也相继进入这一名单。

1920 年初，塞兹兰城的居民找到克日扎诺夫斯基（克氏在 1921—1923 年和 1925—1930 年曾担任苏联国家计划委员会主席，是土生土长的萨马拉人），请求克氏将塞兹兰水电站建设纳入国家电气化计划之内。最后，该电站于 1925 年动工，1929 年 11 月 7 日投入生产。[66] 小功率的塞兹兰水利枢纽（2 兆瓦）是伏尔加河上第一座，也是唯一一座电气化计划下的水力能源工程。1999 年，俄罗斯国家能源监督管理局授予该水电站全俄唯一一个水利工程安全宣言。[67]

国家电气化计划起草人在分析水电站盈利程度时指出：“……水电厂可以说是一个资本结构较高的企业，这即是为什么只有在国家经济发展达到一定水平的情况下才能普及这类设备。”[68] 因此，国家电气化计划的设计者仅限于建造少量的水力发电站，且以中等功率为主。

该计划的主要任务是拟定项目的实施、水资源研究的组织和人员培训。[69] 沃尔霍夫工程局、斯维里工程局、第聂伯工程局变成了水利建设的专修学校，因为“在水电站建设过程中，第一步是培养出熟谙水资源利用的人才队伍，他们能将想法变成现实，并为未来创造运动惯性而非静止惯性”。[70]

到 1939 年，10 座规划的水利枢纽中有 6 座得以建成。白河和丘索沃伊河水电站没有建成，替代两座斯维里河水电站的是一座斯维里河下游水电站。此外，吉泽利顿与巴克桑斯基的中等功率水电站取代了捷尔斯基水电站。从 1918 年到 1940 年代初，至少有 11 座水利枢纽投入运行。按照电气化计划，装机容量最大的是大功率的第聂伯河水电站（1927—1939 年，560 兆瓦），以及两座中等功率的水电站：沃尔霍夫水电站（1918—1926 年，58 兆瓦）和斯维里河下游水电站（1927—1939 年，99 兆瓦）。[71]

我们通过如下数据评估电气化计划在整个苏维埃联盟中的作用和地位。据苏联国家计划委员会的估算，如表 2 所示，到 1935 年末，所有地区电站的发电功率达到了 48 亿千瓦，2.5 倍于电气化计划的拟定发电量。特别需要指出的是，“30 座拟建电站中的绝大多数得以建成并正在运行”。[72]1935 年的总出力（即功率）较 1913 年增加 6.3 倍，较 1922 年增加 5.5 倍。地区电站的出力较 1913 年增加 27 倍，较 1922 年增加 17 倍。倘若我们比较表 2 和表 3 中的统计数据，可以看到 1913 年和 1935 年电站总发电量的差异（0.043 和 0.023）。如表 3 所示，1935 年水利枢纽的功率是 1913 年的 56 倍，达到俄罗斯电站总功率的 12.9%（是 1913 年的 9.2 倍）。

20 世纪初，在地方层面（没有中央支持），伏尔加河水资源经济开发计划启动，其中包括能源开发。1910 年，萨马拉工程师 K.V. 博戈亚夫连斯基开始对在萨马拉湾处建设水电站进行可行性研究，建设该水电站的目的是保障坐拥廉价能源之地区的工业发展。[73] 随后，该工程项目获得了“伏尔加工程局”的名头。其水电站工程由电站、水坝、运河和水闸组成，总功率 588.4 兆瓦，总造价 1.3 亿卢布。[74]

首先，博氏对伏尔加河的势能、修建水利枢纽的技术可行性及其经济效益进行了计算。在他看来，一系列先期勘测表明，“在萨马拉河湾上，受惠于极其有利的自然条件（日古利山脉和索科尔山脉的地质构造），我们拥有唯一的建造水坝设施的地点。在全国范围内，这里基本上将成为强有力的能源中心，其影响将从萨马拉扩散至方圆 100 俄里内的整个区域”。[75] 在提出问题和研制第一张工程图的过程中，博戈亚夫连斯基作为一名“伏尔加工程局不知疲倦的宣传者和狂热者”，从 20 世纪 30 年代初开始便发挥出极其重要的作用。[76]

1913 年，工程师 G.M. 克日扎诺夫斯基加入研究。然而，萨马拉地方权贵对修建水利枢纽持负面态度，这在萨马拉和斯塔夫罗波尔主教于 1913 年 7 月 9 日给日古利地主奥尔洛夫 – 达维多夫伯爵的电报中可见一斑：“尊敬的伯爵大人！上帝泽被于您，请您接受大牧首的告知：萨马拉技术界的空想家们与无法无天的工程师克日扎诺夫斯基纠集起来，计划在您世代相传之土地上建设水坝和大型发电站。请您展现出上帝般之仁慈，在日古利这片土地上重建上帝之世界，将此种谋反之行为扼杀于摇篮之中。”[77]

尽管如此，工程仍继续进行。1915 年 11 月 23 日，克日扎诺夫斯基在给好友伊利英的信中秘密地写道：“我已与在意大利等国拥有近 20 座水电站的资本家群体取得联系，并让他们对我们伏尔加河的事业感到兴趣。”[78] 然而，这一项目却遭到破产。

1919 年初，在萨马拉市自发组织起了日古利地区水利工程可行性研究委员会，它由 5 位技术精英代表所组成：铁路工程师 K.V. 博戈亚夫连斯基、矿业工程师 A.V. 博戈亚夫连斯基、水运工程师 A.F. 连尼科夫、电气工程师M.I.加夫里洛夫和E.V.卢基扬诺夫。[79]后者回顾说，一开始，这一小组“……不仅在萨马拉，而且在莫斯科，被看作白色的乌鸦。好的情况下，也被拿来开玩笑。不仅被市民骂，还被工程师骂……”[80]。然而，一些地方党政和经济领导支持这一倡议，并于1919年4月成立“伏尔加河萨马拉湾地区电气化委员会”，委员会由博戈亚夫连斯基领衔，由萨马拉州国民经济委员会科技处组成，并获得了73000卢布拨款。[81]

1919—1923年，委员会成员在萨马拉湾进行了土地和水文测量。按既定目标和计划所做的第一份工作总结于1919年8月25日被送至中央电力科学委员会。[82]从委员会活动伊始便已明确的是，大量勘测经费只能在中央政府机构的帮助下获得，因此，呈交材料中指出了将伏尔加河电气化视为全国性问题的必要性。

1919年7月8日，由格拉夫季奥、克日扎诺夫斯基和K.S.梅申科夫组成的中央电力科学委员会水路干线会议明确表示，“以水能利用为目标的、对伏尔加河萨马拉湾段的研究具有重要意义”。[83]但随后不久，中央电力委员会和水利局（水利建设管理局——笔者注）得出了低地河流能源不适合利用之结论，因为水坝建设将使河滩地区被淹没。由于勘测设计工作的复杂性和不菲的成本，伏尔加河水资源开发并未进入国家电气化计划之列。

尽管困难重重，但该委员会没有停止勘测工作。1924年，委员会对日古利水利枢纽方案进行可研，其中包括在伏尔加河上建设水坝和水力发电站，兴修斯塔夫罗波尔－别列沃洛卡运河，在别列沃洛卡村修建水电站和水坝，并将总装机容量确定为735.5兆瓦。[84]除钻探和地质测绘外的所有工作均是小组成员在工作之余自愿进行的。

为普及伏尔加河电气化理念，委员会通过会议和报告形式进行宣传活动。E.V.卢基扬诺夫说：“……我们收集到了海量材料，有地质材料，以及43年里有关伏尔加河的全部水文资料。我们同苏联政府和党组织领导人格外友好地生活在一起，他们从1920年起便已开始在各种会议上为‘伏尔加河电气化’公开发声。在当时，这是对我们的莫大支持与帮助，因为那时我们被看作不太正常的人。”[85]

国家计委水利会议于1925—1927年的会议纪要是首个能够证明中央政府对伏尔加河经济使用问题展现出相当重视的材料。在1925年9月1日的会议上，契尔尼洛夫做出“关于研究伏尔加河交通问题”的报告。[86]会议成员在稍作补充后批准了其建议，要求区划会议将伏尔加河项目的支出纳入总体预算，并对1925—1926年的电气化计划做出修订。在被采纳的规划中涵盖了如下问题：最经济的沉淀物选择，不同规格的货船、合金、闸口、水力使用前景等。[87]

《总体规划中的伏尔加河及其未来》一文的提纲中指出：“1. 伏尔加河流域过往的运输规模使其自然关注到伏尔加河交通发展的可能性。2. 伏尔加河已经表现出自己是一条强有力的、在散货运输方面无可匹敌的交通线。3. 因此，若排除应用计划经济原则的可能性，以及在与其他交通线无关的技术改良的条件下，伏尔加河上的航行发展独树一帜，其计划互不协调，企业家彼此竞争。最近的这些应用正在开启伏尔加河交通质量进一步改良的大门。”[88]

其主要任务在于船只的以旧换新、牵引机件的改良、疏浚、伏尔加河－黑海航路的沟通，以及流送能力的提升等。有人建言，参考国外经验，鉴于伏尔加河大量水资源是重工业的引力中心，应在该流域发展新老工业中心。而在未来企业活动的布局时，则应将萨马拉湾处300万马力（2238兆瓦）电能纳入考虑。在认可了该项目之重要性后，苏联国家计委指出，水力发电设备的建设已超出了总规划的范畴。

伏尔加河水资源经济开发问题的重要性被认定，在不小程度上受到伏尔加河下游近200万顷干旱农田灌溉问题的推动，A.V. 恰普雷金教授在1927年对此极力倡导。[89]在伏尔加河下游的萨马拉南部地区，旱灾定期而至，粮食歉收频繁，科学家们曾试图纾解这一问题，但大都无功而返。恰普雷金预见到伏尔加河之水难以汇至河面以上30—70米高的农田，因而需要机械手段将河水升高。因此，有效的农田灌溉唯有在能源问题纾解以后方能实现。

1929 年 1 月 19 日，萨马拉委员会的地位得到提升，因为它改组为伏尔加工程局的科学研究部，隶属于中伏尔加河州执委会计划处，康斯坦丁·瓦西里耶维奇·博戈亚夫连斯基任职其中，[90] 恰普雷金被任命为总工程师。州执委会主席团通过决议，划拨 2 万卢布“以资科研工作的组织与生产”。[91] 方是时，科研部人员开始食君之禄。

萨马拉政府屡次向中央机构和权力机关提出支持伏尔加工程局并将其地位提升至联盟层面的问题，但中央一度并未予以重视。虽然如此，1929 年，在边区执委会的邀请下，水利技术研究院工程水文处开始在拟建地点进行勘测。[92] 其首要目的是厘定随后研究的方向与规模，以及未来之选址。

伏尔加河电气化工作由恰普雷金领衔，并获得了必不可少的物质与资金支持。从此，地方与中央的联合勘探在数量和质量上均有所提升。在未来水电站和水库的选址上，测绘、钻探等工作相继展开，水文数据也被收集和分析。1930 年，有关日古利水电站 15 米和 20 米水坝两方案的翔实数据被公布，水文条件的复杂性，搞清土壤渗流特性和容许压强等问题的必要性同时被确定。[93] 与博戈亚夫连斯基的方案不同，恰普雷金在更改了一系列工程参数后提出，将伏尔加河水坝建在斯塔夫罗波尔的砂地沉积层上，而非日古利山脉的岩石层上。

一般来讲，伏尔加工程局当下之经济问题是边区执委会的主要工作内容（1929 年 10 月 20 日，中伏尔加州被改为中伏尔加边疆区——笔者注），执委会的事务在相当程度上是独立的，而最高党政机关——边区党委会对工作进度进行总体管控。

萨马拉政府围绕地区利益坚持不懈进行游说活动，并将之同中央利益挂钩。最终，1930 年 2 月 12 日，联共（布）中央委员会在审核了中伏尔加边疆区委员会的报告之后，决定“建议国家计委在 2 年之内，从能源和水利灌溉的角度，仔细研究伏尔加河工程的问题”。[94]

对于中伏尔加党政精英而言，联共（布）中央的决议是他们的巨大胜利，因为这使得他们在向前推进自我利益时能够依仗中央委员会的权威。因此，边区执委会主席团在 1930 年 11 月 18 日的会议上宣布："向苏联最高经济会议主席申请，将伏尔加河工程列入突击性建设工程名单。"[95] 伏尔加河改造计划从此被开启绿灯。

以上以伏尔加河为案例所做的对 17 世纪末至 20 世纪前叶俄罗斯水利建设起源与发展的研究，向我们揭示出俄国在该领域的主要政策方向。它起始于 17 世纪末彼得一世首次尝试的伏尔加河 - 顿河运河工程，并在 18—19 世纪随运河、水坝和水库的建设而继续。其主要任务是各类水上货运和军舰调遣布防。

中高功率水电站的大规模建设发轫于 19 世纪末水力发电站的建造之后。它刺激了工业化的需求，其主要特征是重工业的高速优先发展。第一个水电站于 1892 年出现在阿尔泰地区。

伏尔加河水路改良项目是时开始。首份伏尔加河重建规划图及其与毗邻水系的整合计划图于 1896 年由拉斯基提出。整个 19 世纪，伏尔加河货物吞吐量提高了 15 倍，这使得伏尔加河沿线几乎所有城市都在尝试改善航运条件。其结果是，政府与地方于 1898—1919 年所采取的措施基本克服了伏尔加河水路的两大缺陷之一——浅水区问题。另一项缺陷——缺少入海口——则计划通过建设全俄统一的水路网来克服，该水路网汇集 8 条主要水路干线，在不同方向穿过俄罗斯的欧洲与亚洲部分。但该计划在十月革命之后被否决。

河水资源经济开发问题，在 1700—1917 年，由特殊的国家机关监管，其中最后一个是交通部，苏联时期则由国家电气化委员会、苏联国家计委、苏联最高国民经济委员会等管辖。

对俄罗斯水资源利用构想做出重要贡献的是 1915 年设立的俄罗斯科学院生产力研究委员会。其 1916—1929 年的工作中包括科研活动的继承与扩展，将处室转化为学院，以及最大化地贴近国家工业发展需要。委员会主要的水利研究由水文处和能源处进行。1930 年，自然资源综合研究机构由苏联科学院生产力研究委员会继续。

1921 年制定的国家电气化计划，在很大程度上是革命前能源发展计划的延续。苏联政治精英赋予水能发展以重要意义，首个电气化计划便是拟兴修8个水电站。历史资料显示，1920—1930年初，水利枢纽设计和建造构想层出不穷，其中包括在平原河流上建造的构想。这一时期的突出特征是中等功率和小功率水利工程的优先地位。水利建设经验快速积累起来，1929年，伏尔加河第一座小型水电站——塞兹兰水电站投入运营。

从1910年起，工程师博戈亚夫连斯基开始制订伏尔加河水资源使用计划，准备在萨马拉湾处兴修水电站。1919年，“萨马拉湾地区伏尔加河电气化委员会”设立，并于1919—1923年进行了第一轮勘测工作。尽管如此，从苏联国家计委的文件来看，首次对伏尔加河水资源的严肃关注直到1925年才出现，而直到1929—1930年，中央机关仍未支持萨马拉项目。在这一时期的莫斯科，伏尔加河主要被看作交通命脉。

虽然如此，1929年，水利技术研究院受边区执委会之邀，在拟建水电站地区进行勘探。从此，地方和中央的联合设计勘察工作在量和质上均得到提升。其首要目标是厘定进一步工作的方向与规模，以至未来的水电站选址。1929年1月，萨马拉“伏尔加河电气化委员会”获得了官方地位，成为伏尔加工程局科研部，隶属于中伏尔加州执委会计划处。

萨马拉党政经济精英围绕地方利益坚持不懈的游说活动，以及将之与中央利益的捆绑，促成了联共（布）中央委员会1930年2月12日的决议，苏联国家计委要在两年之内对伏尔加河水资源开发的能源和灌溉问题进行研究。所谓“伏尔加河工程”的萨马拉水利枢纽项目得到了联盟层面的地位和声望。针对伏尔加河全面改造的可行性研究工作，从20世纪30年代初开始便如火如荼地进行。

## 1.2 构想之战：从萨马拉“伏尔加工程”到“大伏尔加”（1930—1938）

从20世纪30年代初开始，苏联中央不仅视伏尔加河为重要的交通水路，还视之为潜在的电能来源、干旱地区灌溉水源和莫斯科供水来源。在 1930 年 2 月 12 日联共（布）中央委员会做出研究伏尔加工程问题的决议之后，中央机关以伏尔加河资源经济开发为导向的工作开始活跃起来。1931 年 6 月 10 日颁布的新法令批准，进一步的设计勘察工作开始走中央预算。[96]

受中央指令推动，萨马拉水利枢纽各种实施方案的可行性论证工作紧锣密鼓地进行。1930 年 4 月 11 日，在苏联国家计委能源部召开了"有关伏尔加工程项目"问题的小型会议，恰普雷金出席，同时与会的还有能源中心和交通人民委员部的代表。[97] 由于问题的极端复杂性，为详细地讨论工作计划及其具体化，会议决定组成 6 个工作组，共 16 人，分管下列方向：项目实施的技术问题、交通、森林资源和木材运输、当地资源使用和农业发展、水电站建设与使用、灌溉。[98]

在 1930 年 12 月 11 日的会议上，伏尔加工程对河道交通的影响问题受到了重点关注。[99] V.I. 奥尔洛夫和 A.V. 陶贝认为，在伏尔加河中游兴修水库有利于航运，因为这将增加水深，减少货运里程，并在流速降低的情况下节约船舶牵引力。就 1938—1943 年的货运量而言，赢利将达到 6500 万卢布。[100] 一些与会者表达了对该问题的怀疑并发表了自己的观点。卡雷金认为，萨马拉水利枢纽的意义应从正反两方面综合看待，例如船舶在通过闸口时会有延缓。而叶夫列耶夫则认为对于航行的好处被夸大了，因为航道因冲积层缩小而受损。[101] 最终，与会者下令在 10 天之内针对下列问题做出书面结论：伏尔加河对交通正面影响估算原则、1938—1943 年预期货物吞吐量、负面因素等。[102]

文献表明，1931 年，伏尔加河水资源综合开发计划开始制订。该计划的出现引出了莫斯科 - 伏尔加运河项目，该项目旨在保障城市用水并提高莫斯科河水平面，并在未来将首都与波罗的海、白海、黑海、亚速海和里海相连。1931 年 6 月 15 日，联共（布）中央委员会全体会议通过决议："中央委员会认为，通过将莫斯科与伏尔加河上游相连通以从根本上解决莫斯科供水问题势在必行，中央委员会责成莫斯科相关单位与国家计划委员会和水运人民委员会一道，立即着手该项工程的设计，并于1932年开始建设工作……”。[103]

就这样，伏尔加河能源利用这一地方工程转变成了河流水能的综合开发，这主要得益于中伏尔加政府的推动，以及莫斯科对于确保居民用水供应的需求。在集中加快工业化的历史条件下，根本性改造伏尔加河的计划获得了巨大现实性，因为这将消除能源赤字，大幅改善水路状况，并保障工业和农业用水。

在经过大量讨论与论证之后，为解决伏尔加河改造过程中出现的复杂问题，立即设立统一监管机构的必要性变得显而易见。因此，苏联国家计委主席团于1931年6月11日颁布第22号令，为协调“各个经济、科学、行政机构有关伏尔加河能源与交通有关的工作”，决定在基本工作领域就大伏尔加河问题组织例会，参加者由相关机关单位组成——苏联国家计委、苏联最高国民经济委员会、交通人民委员会、农业人民委员会、水运人民委员会、配给人民委员会、能源中心、伏尔加工程局、伏尔加中下游边区执委会，下诺夫哥罗德边区执委会、鞑靼共和国人民委员会、苏联共青团中央委员会和苏联计划委员会以及伊万诺沃、乌拉尔、列宁格勒和莫斯科州执委会。[104]

在1931年6月的国家计委例会上，萨马拉伏尔加工程第一次被看作所谓“大伏尔加”大规模改造计划的起点。副总工程师霍穆托夫指出了工作中的困难并肯定地说：“很遗憾，如今我们处在如此情形之下，到目前为止，只有伏尔加工程局在处理这些大问题，水运人民委员会只有些许参与，而所有其他机构目前对待这一事情都非常无精打采，在大多数情况下，他们还叫我别再纠缠，因为他们还有许多更复杂的任务。”[105]

恰普雷金则强调了情况之模糊性，中伏尔加边区执委会理应是除萨马拉伏尔加工程局之外负责“大伏尔加”计划的另一单位，但事实上该计划与边区的关系并不紧密。[106]这些均表现出工程组织工作最初阶段的困难。看来，尽管有联共（布）中央委员会的决策，但一种惯性仍无法被克服，即该项任务仍被许多单位看作地方性的，而且没来得及成立负责水利建设的国家机构。然而，情况不久便发生了转折。

1931 年 7 月 21 日，国家计委主席团做出决议，务必尽一切努力加快设计勘察工作，并在考虑灌溉和渔业问题的基础上，协调萨马拉湾的工程规划与伏尔加河上其他交通 – 能源枢纽规划。[107] 所有研究工作被拟定集中至“大伏尔加”工程局之中，隶属于苏联最高国民经济委员会能源中心下属的“水电工程”托拉斯（后来的“水电设计”托拉斯）。[108]

1931 年，有超过 20 个机构负责伏尔加河各段的改造问题，这些机构基本都隶属于水电工程局，但它们的工作完全互不相干。[109] 因此，中伏尔加执委会主席 A.N. 布雷科夫说道：“伏尔加工程的实现可能独立于‘大伏尔加’问题，但一个全国性构想的实现务必需要集各方之力。”[110]1931 年 3 月，伏尔加中下游州执委会主席、伊万诺沃和乌拉尔州执委会主席、下诺夫哥罗德边疆区执委会主席共同召开会议，决定向中央政府提出申请，在中央选举委员会或苏联人民委员会下面，设立大伏尔加事务委员会，以整合各方工作。[111]

综合分析材料表明，在制订规划时有大量联盟级别与地方级别的机构、部门和组织参与其中。同时，初期阶段的几乎所有设计勘察工作，都在苏联最高国民经济委员会（从 1932 年开始改作重工业人民委员部）的“水电设计”托拉斯和莫斯科伏尔加工程局设计处中进行，后者主要负责莫斯科 – 伏尔加运河工程。这些工作逐渐集中至几个国家级的单位。

1931 年 9 月，苏联国家计委下属大伏尔加问题例会的领导班子，对组织工作进行总结。[112] 其第一阶段——根据计划在机构与部门间分配任务——业已完成。而在 8 月，一些机构提出了人员、资金、物资不足等问题。[113] 这导致了研究的停步。资料显示此类情况无独有偶。会议从整体上指出，对工程执行情况的监督是全面的。尽管存在很大困难，但伏尔加河改造的各方面工作仍在火热进行。

30 年代初，私营部门的伏尔加河水资源开发崭露头角，但无法进一步发展，设计勘察与建设工作完全处于国家管控之下。1930—1931 年，来自塞兹兰的发明家 V.N. 叶梅利亚诺夫对恰普雷金提出的方案进行了批评，并提出了自己的方案。[114]叶氏方案着眼于相对较小规模地对伏尔加河及其淹没区进行调蓄。叶梅利亚诺夫第一次将自己的材料送至中央和地方机关（其中包括中伏尔加边区委员会）是在1930年12月25日。[115]

恰普雷金的方案是要在斯塔夫罗波尔市附近的萨马拉湾处，将水位抬高15—20米。水电站出力应该达到1600兆瓦，费用约为每千瓦时1戈比，工程总造价接近12亿卢布。[116]同时在该廉价能源基础上布局工业公司，将剩余能源输送至水利和铁路交通电气化领域。叶梅利亚诺夫则认为此类水利枢纽大而无当，原因在于：

1. 在沙地上建造水闸及水坝存在坍方风险，世界上还没有先例。如果这一水利枢纽被建成，水位抬高将无法达到要求，且可能带来灾难性后果。

2. 几乎无法使河床增加深度，因为在这一段河道没有良好的浅滩。

3. 水坝出现后，森林的自流放排将停止，因此需要新的船队来运送木材。其年货运量为6000万吨。

4. 随河水流动，水库泥沙积聚的危险可能出现，从而导致所有航行被破坏。

5. 大量河水被土壤吸收或蒸发。

6. 位于另一面的日古利山脉将面临巨大危险。在风暴天气中，风吹山体将产生巨大漩涡，因此必须将旧有船只更换为锚泊船只。

7. 伏尔加沿岸城市美丽的萨马拉城将被淹没。

8. 以沙石为地基建设水利枢纽和运河将导致工程成本飙升。

9. 许多岛屿将被淹没，私人船只事故风险骤升。

10. 将水电站建在平原地区无利可图，因为水灾将时常发生。[117]

叶氏对最后一点尤为强调，因为在他看来："若土地、工厂和2万个农屋被淹没，我们的苏维埃经济将被破坏。"[118]

叶梅利亚诺夫的项目拟在喀山下游的舍兰基村建立水坝，或者在跨过伏尔加河的喀山大桥与城市之间。那里的土壤能够保证水位抬高25米，这一数字的准确性由伏尔加工程局的几位顾问（阿尼西莫夫教授等）

所确认。他的这一建议对于现代科学来说具有不小意义。在对项目进行分析之后能够得出结论，叶氏方案相对恰氏方案的优势主要有以下几点：

1. 项目实施时能够节约 2000 万卢布。

2. 将水位抬高 25 米，相较恰普雷金的 15 米，能够获得更多能量。

3. 由于拟建地区较大的森林覆盖率和较小的淹没区，蒸发和渗入土壤的水分将较少。

4. 卡马河森林能够自流放排，否则将不可避免地建造价值 2700 万卢布的新船只。这一观点获得了伏尔加工程局顾问奥尔洛夫教授的同意。

5. 由于较小的水患区和森林覆盖率，水库的泥沙淤积程度将较小。

6. 工厂、草场和 2 万座房屋免于被淹没，从而避免 4000 万卢布损失。

7. 建造不菲的伏尔加运河的必要性消失了。

8. 借助水闸，斯维亚加河将通航。[119]

1931 年，备选方案获得了足够广泛的支持。1931 年 3 月 30 日在莫斯科，叶梅利亚诺夫在伏尔加工程局基层委员会生产部扩大会议上作报告，并获得巨大成功。[120] 从会议纪要上看，反对叶梅利亚诺夫的只有工程师波隆斯基，他承认水坝建于沙地之上的困难，但认为有必要继续探索萨马拉水利枢纽实现的可能性。[121] 伏尔加工程局顾问阿尼西莫夫和奥尔洛夫支持叶梅利诺夫的计划，奥尔洛夫认为叶氏的预测正确无误，提升河平面将增大其蒸发性，大面积淹没区将导致渗透力增大，而水坝也将阻碍森林自流放排。最后一点是支持将水利枢纽从斯塔夫罗波尔向舍兰基转移的最根本的理由。[122]

在辩论过程中，叶梅利亚诺夫警告仓促决策之危险："对于在艰难条件下费力选址和寻找解决方案……在我们的伏尔加河上有更好的地方能够事半功倍地建设如此宏伟的工程。我们所处的时代并不是彼得大帝下令'红宝石之窗'的时代。这里没有安放地方主义与自尊颜面的地方，有关宏伟工程的每个建议都要三思而后行。"[123]

在会议尾声，没有人再支持恰普雷金的方案，萨马拉边区执委会针对报告做出如下决议："叶梅利亚诺夫的方案可能是大伏尔加问题链中的一环，因此，该方案……排除了伏尔加工程问题。”[124] 执委会同时提议对该方案进行专家鉴定。

上述状况迫使伏尔加工程局认真研究叶梅利亚诺夫的报告。技术处鉴定了叶氏有关水利枢纽对伏尔加河航行状况之影响的判断，以及水位升高对泥沙淤积之影响的正确性。同时被确认的还有对萨马拉码头被淹没、河道被泥沙阻塞的预测。将斯维亚加河用于航行和获取能源的错误建议也被认定。[125] 档案资料没有持续关注叶氏方案的最终命运，但事情的进一步发展表明，他的建议没有再被考虑。

工程师阿夫杰耶夫和尼科利斯基于 1931 年提出了伏尔加河水资源开发的另一种方案。该方案于 1931 年 6 月 21—26 日在苏联国家计委水利经济部“大伏尔加”计划部门间专家委员会会议上被讨论，领头的是主席 V.G. 格卢什科夫。[126] 该方案与之前提出的根本性改造伏尔加河的方案有很多共性，但同时也存在本质分歧：

1. 相较大伏尔加计划，该方案拟建的水利枢纽数量较少，但水位抬高较多。第一座拟建在卡梅申，水坝高 37 米；第二座建在萨马拉湾；等等。

2. 保障深度达到 15 米，以供大洋船只航行。

3. 上游河段（萨拉托夫和波克罗夫斯克地区）河水自流至外伏尔加地区，以灌溉 4000 万顷农业用地，这将影响气候变化。

4. 减小伏尔加河流耗将使里海海平面下降，新的盐地和油田将裸露出来。[127]

在激烈辩论中，方案的论证性不足暴露无遗，工程师波塔波夫就此指出，选择哪种方案一定要有额外的补充勘察，且以测绘工作为主。[128] 格卢什科夫在总结会议时说：“所有问题总体上我认为是非常模棱两可的。”——因为勘察材料缺失，经费不足，且缺乏国民经济方面的可行性论证。[129] 看来，阿夫杰耶夫方案最终被否决了，因为在档案文件中再未提及。

1931 年的部门间专家委员会是伏尔加河改造计划国家鉴定工作的首

次尝试。顶尖技术专家学者参与了大型水利建设最棘手问题的讨论，这对于工程的可行性研究必不可少，问题包括工程的合理性和有效性，以及类似工程对于平原地区的安全性。因此，专家委员会坚持从实际出发，来决策水利枢纽的设计和建造问题。通常来讲，在不同方案被呈交至苏联国家计委之后，专家委员会便成立起来，对该方案进行研究，得出其现实意义和适用性的结论。

下一个专家鉴定委员会于 1932 年 6 月成立。会议于 6 月 11—14 日在莫斯科水利技术学院举行，由 G.F. 米尔钦克教授主持。[130] 专家委员会由 21 位技术专家组成，包括 11 位教授和 10 位工程师。[131] 会上讨论了伏尔加工程局在萨马拉湾的地质工程研究成果，伏尔加工程局计划在萨马拉湾建设两座水利枢纽。委员会了解了水利技术学院的地质、水文研究材料，听取了勘察队领导的报告，与委员会成员进行交流，并得出结论：

1. 水坝拟建于萨马拉湾北部的伏尔加河河谷，并以沙质黏土为地基。

2. 在地质工程条件评估方面，主要任务是解决喀斯特作用和石灰质白云石裂隙问题。

3. 如果河水在萨马拉湾地区由于渗流大量损失，则喀斯特现象不构成威胁。

4. 在水坝修好之后，由于岩石裂缝，某些地方的渗流和冲刷作用可能增强。

5. 右岸的石灰质白云石能够为水利枢纽提供可靠基础。

6. 伏尔加工程所面临的最严重问题是水坝河床和河滩部分的工程地质条件。

7. 在拟施工地并未观察到滑坡现象。

8. 在水利枢纽四个选址方案之中，最合适的是莫列布断面这个地方。[132]

在伏尔加－乌辛斯克分水岭的勘探工作发现了松散岩石构成的沉积层，这给大型工程的可靠性带来了负面影响。专家认为，分水岭处不会有大量流失，但他们建议用混凝土灌筑伏尔加河运河。整体而言，石灰质白云石能够成为水闸和水电站建筑等重型工程足够坚实的底座。[133]

对未来淹没区的研究表明，抬高伏尔加河水位将使右岸滑坡活动变得活跃，地下水升高，沼泽化，大量居民点和工业区被淹没，以及疟疾泛滥。[134]

专家关注到了水利技术研究院同志们巨大的工作量，他们收集了足够多的有关地质工程特性的材料。同时，还要求进行额外的勘探。负面情况是，勘探队工作人员与伏尔加工程局的互动较差。最终，专家委员会做出判断："该地区的地质和水文条件，对于兴修计划而言，并非不可克服。"[135]1932 年，专家们再次召开会议讨论莫斯科 – 伏尔加运河建设和雅罗斯拉夫尔与高尔基水利枢纽规划图问题。[136]

作为第二个五年计划的重要任务，苏联高层政治精英积极推动完成国民经济改造和各领域技术革新。1932 年 2 月，第七届苏共代表大会做出指示，建设经济技术改造中最重要的元素——能源基础，计划"以工业与交通电气化、逐步将电能引入农业、使用水能资源为基础"，1937 年前将电能产量提高 6 倍。[137]

伏尔加河改造的第一步实践是苏联人民委员会和联共（布）中央委员会于 1932 年 3 月 23 日发布的《关于在伏尔加河上兴建水电站的决议》。《决议》规定，在伏尔加河的伊万诺沃和下诺夫哥罗德地区建设两座大型水利枢纽，在彼尔姆建设一座水利枢纽，总功率确定为 80 万—100 万千瓦（见档案资料 1）。[138] 为完成这项工作，特别成立了由 A.V. 温特尔领衔的"中伏尔加工程局"，第聂伯工程局在完成乌克兰的工作之后，将其人事和设备直接转移到这里。

新建管理局的下一步工作根据政府指令进行。1932 年 6 月 24 日，苏联人民委员会发布第 996 号决定——《关于开展中伏尔加工程局工作计划的决定》，准许中伏尔加工程局建设机械厂，进行木材采伐，组织木材加工厂、国营农场，拥有拖船和货运船队等。[139] 相关委员会，主要是燃料工业人民委员会，被责成保障中伏尔加工程订单的完成。为巴拉赫欣斯基、雅罗斯拉夫尔和彼尔姆水利枢纽建设工程的筹备工作拨款3500万卢布。[140]但由于各种原因，只有雅罗斯拉夫尔水利枢纽工程在诺尔斯科耶村旁边动工。

1932年5月22日，苏联人民委员会和联共（布）中央下达《关于与外伏尔加地区干旱作斗争及其灌溉问题的决定》，指出了伏尔加河水资源开发的重要方向，即预防干旱，建立产量达490万吨小麦的粮食基地，为此务必在伏尔加河下游建造卡梅申水利枢纽，以保障灌溉400万—440万顷播种面积。[141]其功率确定为180万—200万千瓦时，主要任务除灌溉外还有发电和改善航运条件。[142]为组织设计勘察工作，计划在苏联农业人民委员会下面成立“下伏尔加工程局”，由第聂伯水电站设计者I.G.亚历山德罗夫领导。同时，重工业人民委员部能源中心下令，继续研究萨马拉水利枢纽问题。

1932年6月1日，苏联人民委员会下达第859号决定，批准开始建设伏尔加－莫斯科运河，伊万科沃水利枢纽应当成为排头项目。这便是后来伏尔加河水电站第一梯级。[143]

从1931年到1936年，伏尔加河根本性改造方案层出不穷，大小会议召开了上百场。在“大伏尔加”计划框架下，水利枢纽数量及其参数不断变化。1932年3月，计划兴建雅罗斯拉夫尔、高尔基和彼尔姆3个水利枢纽，而到了下半年又增加到5个。[144]

苏联党政领导明白，没有基础科研，工业技术快速发展不可能实现，因此，在水利工程设计中，政府部门和科研机构扮演了重要角色。1931年，苏联国家计委责成最高国民经济委员会能源中心下属的全俄能源与电气化科研院，建立以交通和能源为目标的伏尔加河水资源使用作业预案。[145]这一时期的文献档案清楚记录了水电工程局、“大伏尔加”工程局和上述国家计委水利部门之间的合作情况。[146]

为完成伏尔加河根本性改造任务，科研活动于1933年活跃起来。苏联科学院能源所于1933年3月4—5日召开会议，讨论伏尔加工程地区的研究组织工作，会议由副所长格卢什科夫主持。[147]会议通过了“伏尔加河问题研究小组章程”，决定在苏联科学院能源所学术委员会下成立专项研究室，以指挥和监督工作进程。专项研究室由能源学家、受邀院士和权威专家等人组成，[148] 由 C.A. 库克尔克拉耶夫斯基领导。遇到特定问题时则建立特别小组。研究所所长克日扎诺夫斯基对伏尔加河水资源综合使用问题给予了强烈关注，研究因此以较快速度进行。

1933 年，研究人员主要聚焦于伏尔加河水利枢纽的位置和功率上。[149] 河流改造应当解决如下问题：1）灌溉，以提高农业生产率；2）建设交通干线，并使之成为全国统一水路系统的主要枢纽；3）发展具有重要国防意义的新工业中心；4）建设作为苏联能源经济基础的水力发电工程。[150]

在设计过程中，“大伏尔加”能源计划厘定了两种原则上不同的方案：

1. 第一种方法是在伏尔加河上游建设水利枢纽，部分截断其分水岭，但同时建设伏尔加河 – 顿河运河，在顿河上建造水库。

2. 第二种方法着眼于在伏尔加河上建造几个大型水利枢纽。[151]

若第一种方案实现，巴拉赫纳以下伏尔加河全线将免于修建水坝，而在第二种方案下，伏尔加河将变成由一个个湖泊所“链”成的河流。第一种方案的主要优势如下：

1. 通过开凿运河，将伏尔加河与毗邻河流相连，将内河水路与海洋相连。

2. 在灌溉伏尔加河流域农业用地时，保持伏尔加河水资源平衡，以防止第二种方案必定导致的里海海平面下降。

3. 保护伏尔加河下游的渔猎经济。

4. 由水利枢纽建设导致的农业用地淹没损失相对较小。

5. 后续可以在更加广阔的其他地区（而不是伏尔加河沿线）建设水利枢纽，从而更合理地使用水资源。[152]

第二种方案的主要优点是更多地生产电能，更广泛地灌溉干旱地区，以及加深伏尔加河的航道。但第二种方案的实现将导致里海海平面下降，渔业经济生产率骤降，大量农业用地被淹没。

专家指出，第一种方案所需资金总量更小。[153] 同时，两个方案都没有给出综合解决交通、农业、工业和能源问题的万全之策。因此，先期的可行性论证揭示出折中方案的优势，即在伏尔加河上游及其支流建造水库，而在下游的高尔基城（今下诺夫哥罗德——笔者注）建造水利枢纽。该折中方案结合了上述两方案的优点，并部分规避了它们的缺点。研究人员认为，折中方案能够大幅提高水利建设效率，通过上游放水提高能源输出，增强水电站机组电力调度能力。[154] 该项目完全竣工需要 15 年的时间。具体设计问题不在科学院的权限范围之内。

最终，在库克尔克拉耶夫斯基的领导下，伏尔加河综合改造的学理构想和可行性规划被研究和论证，这成为雷宾斯克、乌格里奇、古比雪夫等水利枢纽的设计基础。研究院工作人员 V.V. 博洛托夫和 R.A. 费尔曼，对热电站和水电站联合作业的问题进行了研究，研究如何提高其效率，以及能源供应方法论等问题。[155] 如水利工程院和水电工程院（后来的水能工程院——笔者注）等科研院所进一步探讨了此类研究。

在苏联科学院 1933 年 11 月 25—29 日的伏尔加 – 里海问题会议上，技术、自然科学、经济学代表为伏尔加河改造工程论证与鉴定所做出的贡献可见一斑。[156] 该会议提交的水电工程规划，首次包含了“大伏尔加”工程，并与高层党政精英 1932—1933 年的指令相一致。能源研究院完成了能源经济论证。更广泛的问题还包括：农业、植物原料、水产经济和交通、地质、矿物原料、能源、水利工程、渔业经济和动物原料。包括 G.M. 克日扎诺夫基、B.E. 韦坚耶夫、N.M. 图莱科夫、A.V. 恰雷普金、A.A. 契尔尼晓夫、G.K. 里森坎普夫、C.A. 库克尔克拉耶夫斯基等，所有科研机构的杰出代表都参与了此次会议。共有 77 份报告被听取，其中大多数获得了与会专家们的讨论。

克日扎诺夫斯基的第一个发言，表达了“大伏尔加”计划的宏大性，不同方案的支出从 160 亿卢布到 250 亿卢布不等（按 1932 年价格计算）。[157] 克氏认为，从第聂伯河水电站向伏尔加河工程的转移，表现了国家崭新且更加坚定地发展工业与能源的决心。至于为什么要听取科学家的意见，克氏认为这是要计算第三个和第四个五年计划的缘故，因为“第一阶段（即 1937 年之前这段时间）的计划已经制订完成。科学院工作人员、两百个科研院所和超过三百名不同科技领域的专家，已经为此做出了贡献。我们所熟悉的这些材料，还未获得政府层面的最终确认。但无论如何，这些材料都具有极高的科学价值”。[158]

能源研究院粗略计算了伏尔加河流域地区在第一（1937 年，标准）、第二（1942）、第三阶段（1947）的国民经济指数。到 1947 年，伏尔加河流域的电能生产将占全苏维埃联盟的 69%，机械生产占全苏的 51%，化学占全苏的 59%，等等。[159] 在第二个五年，将建成巴拉赫欣斯基、雅罗斯拉夫尔、乌格里奇和瓦尔科夫斯基水利枢纽。根据不同的估算，伏尔加河的能源产量在 160 亿千瓦时和 380 亿千瓦时之间，后一个数字超过德国的能源产量。[160]

和往常一样，克日扎诺夫斯基对折中方案进行了说明，在此方案中，“北部供应”不会使里海海平面下降，甚至在大规模灌溉情况下也不会。[161] 同时，克氏提出建造三个伏尔加河综合体，第一个包含伏尔加河上的伊万科沃、乌格里奇、雅罗斯拉夫尔、巴拉赫欣斯基水利枢纽，以及卡马河上的彼尔姆和顿河——伏尔加运河水利枢纽，总功率 1.43 兆瓦（1937 年阶段）；第二个——总功率 2.42 兆瓦（1942）的北德米扬斯克和姆斯津斯基水利中枢，奥卡河、卡马河上游和萨马拉水利枢纽；第三个——四个卡马河上游和克里乌什水利枢纽，还可能包括索口山、乌斯契河和卡梅申的水电站（1947）。[162]

“大伏尔加”水电工程局主任 G.K. 里森坎普夫强调了河流改造的主要原则，并建议不要忽视里海及其需求。[163] 他基本上反对由下伏尔加工程局提出的在卡梅申建造水利枢纽的计划，为此，他表达了如下观点：建造大型水库的结果是大量河水被用于灌溉，蒸发和渗透作用要求从里海摄取 270 亿立方米海水，这将引起里海变浅。[164] 这将带来重建所有港口的支出和与伊朗签订特定条约所需的支出，并且会给占苏联渔业约 45% 的渔猎产业带来负面影响。[165]

在渔业经济、动物原料、水利工程和水产经济联席会议上，L.S. 贝尔加、N.M. 克尼波维奇、M.N. 季霍夫等人做了报告，其基本观点为：

1. 里海渔业经济具有格外重要的意义，因为这里的捕捞量占全联盟渔业捕捞量的 30%—50%（19.32 万—40.41 万公担，1 公担 =100 千克）。

2. 若建造卡梅申水利枢纽，里海渔业经济将十分明显地遭受巨大损失。[166]

与此同时，能源研究所和水电工程局的伏尔加河改造方案，在诸多方面亟待商榷，因为要考虑到洄游鱼类与河口鱼类生殖问题。与会者强调："河流改造问题没有兼顾鱼类研究组织方面……有必要让渔业经济科学机构预先研究这些问题。与此相关……苏联政府面临的紧要问题是务必将渔业经济和水生物研究纳入水电工程的设计和建造过程之中，广泛吸收各相关部门，如科学院、供给人民委员会、水文气象局、工程设计机构等共同参与这项工作。"[167]

伏尔加河航道升高的问题极为复杂。1933 年 10 月，政府把水路改造的最终目标定为 5 米深。[168] 在分析过一些可能的解决方案之后，里森坎普夫得出结论："务必按如下方案制订伏尔加河改造计划，在第一阶段（1942 年前）获得 3.5 米深航道，最小水能输出 110 亿千瓦时；在第二阶段（1947），将航道深度提升至 5 米，水能输出 200 亿千瓦时。"[169] 按照水利人民委员会的计算，到 1942 年，雷宾斯克与阿斯特拉罕之间的货运量将达到 1.02 亿吨，到 1947 年还将提高 60%。[170]

有关灌溉问题的现实性可见于苏共中伏尔加和下伏尔加边区的资料，1931 年，干旱导致约 580 万吨粮食损失。[171] 但会议报告和讨论多半集中在对国外理论和实践经验的描述上，而对伏尔加草原大规模灌溉的预测则存在分歧且模棱两可。有专家认为，用水库蓄水灌溉将成为未来伏尔加河中游与下游农业发展的基础。还有专家持审慎态度，认为伏尔加河水位升高有可能导致沿岸土壤盐碱化。[172] 这一顾虑在未来被证实。

科学院院士韦坚耶夫重点关注伏尔加河水利枢纽最重要的参数——淹没土地面积。[173] 在他看来，在平原地区修建大功率水电站，不仅要考量水淹对居民和工业中心的损害，还要注意到淹没农耕用地的容许度问题。韦坚耶夫断言，伏尔加河改造的各色技术方案，集中于建造伊万科沃、卡利亚津斯基、乌格里奇、梅什金、雅罗斯拉夫尔、华西列夫斯基、克里乌申斯基、萨马拉和卡梅申水利枢纽，水坝落差从10米到28.8米不等。[174] 按照韦坚耶夫的先期统计，在所有上述工程（除伊万科沃、卡利亚津斯基和梅什金水利枢纽之外）投产之后，淹没面积将达到111万顷，损失将达到5.98亿卢布。[175] 最严重之损失将产生于卡梅申水利枢纽。在韦坚耶夫看来，只有物美价廉的电能方能补偿大面积淹没区的代价。

几乎所有的发言者都着重关注了工业设计中萨马拉水利枢纽的有利位置，它将位于水路和铁路干线的交叉点上，毗邻原料资源，预期能够提供92亿千瓦时的大量廉价能源。[176] 恰普雷金是该工程的主要拥护者，他认为，自然历史和国民经济条件，决定了该水利工程具有巨大的有效性和综合性。以美国和德国为例，恰普雷金论证了在沙地上建造高水位水坝和正常蓄水位48米水库的技术可能性。[177]

对于伏尔加工程实现途径的根本分歧在会上呈现出来。例如，里森卡普夫和韦坚耶夫均认可工程的综合性原则，并捍卫伏尔加河水资源能源开发的优先性。I.G. 亚历山德罗夫的观点接近，但反对建造大型人造水路和交通工程。其他专家则特别关注“大伏尔加”计划的灌溉意义与交通意义。尽管如此，会议仍达成了反映共同立场的决议。对11月会议材料的分析表明，与会者认可伏尔加河综合改造问题具有重大国民经济意义，并达成如下原则性结论：

1. 应当保持里海的水量，因为其水位下降将导致国民经济各领域的巨大损失。若要补偿从伏尔加－里海水域攫取的水源，则无法避免地要从邻近河流水系中获得额外补充。

2. 农业改造的主要目标是在伏尔加地区建造稳固的灌溉粮食经济，这将带来新灌溉方法的引进，例如喷灌和农耕电气化。

3. 在波罗的海、白海、里海和黑海之间修建彼此连通的深水航道是一项重要任务。因此，在伏尔加河改造之后，应出现不小于5米深的航道；这项任务可以通过挖掘、设闸和流量控制的组合方式达到，而这要求巨量资金支撑。

4. 伏尔加河水利枢纽可能会以苏联欧洲部分统一的大型能源系统，甚至统一高压电网的角色来使用，这将从根本上提高能源供应的可靠性和稳定性。该过程的更多意义还在于，萨马拉水利枢纽将成为伏尔加地区工业能源和灌溉能源的核心和强劲源泉。

5. 对于国民经济快速和全面的发展，伏尔加河流域的地理位置具有重要的国防意义，尤其对于大型工业中心的建设而言。[178]

就此，1933 年苏联科学院会议的参与者赞同由水电工程局所拟定的伏尔加河改造规划图，该规划图为进一步的研究与建设奠定了基础。整体而言，会议的决策具备一定的技术统治特征，因为被研究的基本上是“大伏尔加”工程的可行性参数，而全球水利建设对生态系统的影响则几乎未被提及。对伏尔加流域历史文化遗迹的巨大损害，无论是物质的还是非物质的，均未被计量。

1934—1936 年，以论证伏尔加流域自然资源经济开发为目标的研究，逐渐加强和扩大。在这一时期召开了苏联国家计委主要专家委员会会议。

第一次会议于 1934 年 3 月 16 日召开，9 个小组约 70 人参会，担任国家计委可行性委员会副主席的科学院院士韦坚耶夫主持会议。会议聚焦于伏尔加河改造、伏尔加河 – 顿河运河、伏尔加地区灌溉的工程材料。[179] 苏联人民委员会于 1934 年 3 月 3 日颁布第 385 号决定，于 6 月 11 日颁布第 11 号决定，决定遴选由 V.I. 梅日劳克任主席的水利建设工程政府委员会 24 位成员。[180]

在国家计委鉴定会议上，14 份大伏尔加工程材料被呈递，且主要来自苏联重工业人民委员部水电工程局和下伏尔加工程局的不同部门。[181] 科学院院士亚历山德罗夫、里森坎普夫、恰普雷金等人主持了这些材料的研究，共 667 卷。文件显示，在设计机构之间存在对伏尔加河流域改造工程的激烈竞争。

1934 年 7 月 8 日的会议达成了有关将“大伏尔加”计划分为三大主要综合体的决议：伏尔加河上游综合体、雅罗斯拉夫尔至阿斯特拉罕的

3—3.5 米交通－能源综合体，伏尔加河下游能源综合体。[182]

在专家鉴定期间，有关卡梅申和萨马拉水利枢纽工程现实性的问题，得到了热烈讨论。例如，在 7 月 9 日的委员会会议上，发生了竞争性工程支持者之间的冲突。萨马拉边疆执委会代表秋琼尼克坚称，日古利山脉水利枢纽的位置将靠近能源短缺地区，而卡梅申水电站工程则将导致干旱土壤的盐碱化。[183] 下伏尔加工程局局长反驳道，卡梅申市的水利枢纽将邻近能源消费者，坐落在斯大林格勒和顿巴斯，而水库之水将惠泽大面积的草原地带。[184]

所有与会者都认同灌溉之重要性，但对从何处取水莫衷一是。发言者不总是回避个人观点，如里森坎普夫便发言反对亚历山德罗夫，指责许多委员会成员的侮辱性言辞，并坚决拥护卡梅申水利枢纽项目。[185] 这个事情表现出对“大伏尔加”计划讨论之激烈与意见之尖锐。韦坚耶夫不得不打断并开导对立双方。最终，委员会认定有必要对建造萨马拉和卡梅申水利枢纽的地质条件进行补充勘察。[186]

1934 年 7 月 12 日的专家委员会会议表明，伏尔加河改造规划应该解决如下问题：首先，在雅罗斯拉夫尔水利枢纽和阿斯特拉罕市之间，修建深 3—3.5 米深的航道；其次是现存工业区、伏尔加地区灌溉系统及其未来工业的电能供应。[187]

完成这些任务的基本前提是与伏尔加河流域的自然条件相协调，并立足于技术可行、经济适用的水利工程建设。要兴修雅罗斯拉夫尔、梅什金、卡利亚津斯基、华西列夫斯基、萨马拉和卡梅申水利枢纽，以及一系列位于卡马河和其他邻近河流上的水电站。[188] 曾经出现过淹没面积较小且兼顾自然条件的方案，其电能输出在 40 亿千瓦时，基本建设费用 55 亿卢布。[189] 若要使伏尔加河交通改造投资有所成效，则务必大幅提高货运量。委员会建议继续进行设计勘察工作以论证“大伏尔加”计划，其中包括仔细研究萨马拉和卡梅申水利枢纽项目。

是年秋，苏联国家计委受政府委托再次组织专家鉴定会，参与伏尔加地区灌溉项目、伏尔加河改造项目、伏尔加河－顿河运河项目的各部门与机构会聚一堂。[190]

政府委员会成员详细讨论了 1934 年专家委员会的工作成果。政府委员会主席梅日劳克于 1935 年 4 月 5 日向斯大林汇报："为完成 1932 年 5 月 22 日联共（布）中央委员会和人民委员会关于灌溉伏尔加河地区 400 万顷土地的任务，下伏尔加工程项目得到了最为周详的研究，且该项目是卡梅申水利枢纽灌溉工程的基础。该项目的当下状态是，已经可以以它为草图制订工程设计图，尽管在制订过程中仍有必要进行甚为繁杂和广泛的勘探研究工作……

而至于萨马拉水利枢纽，对于它的勘探和研究工作仍然不足，因此目前仍未完工……暂时不建议开工，尽管有非常大的兴趣……

关于深度问题，专家和政府委员会得出结论，要伏尔加河全线深度高于 3.5 米从技术上来说非常困难。考虑到政府已下达了关于联盟水路干线深 5 米的任务，国家计委组织了额外的针对伏尔加河水深的研究……"（见档案资料 2）[191]

1935 年秋，苏联重工业人民委员部"水利建设工程"研究院青年学者小组，在 A.N. 拉赫马诺夫的领导下，反对修建雅罗斯拉夫尔水利枢纽（除该工程之外，在这一地区还要修建梅什金和卡利亚津斯基水电站——笔者注），并建议兴建雷宾斯克和乌格里奇水利枢纽以替代之。[192] 为纾解争议，苏联国家计委指派莫斯科 – 伏尔加运河建设管理局设计师 S.Y. 茹克、V.D. 茹林、G.A. 契尔尼洛夫等人组织专家鉴定。在进行了水文、水能和能源经济计算后，委员会得出如下结论：1）雅罗斯拉夫尔水利枢纽工程停工；2）开始水库正常蓄水位为 115—117 米的雷宾斯克水利枢纽和乌格里奇水利枢纽的建设；3）建设伏尔加上游水电站梯级水坝，以及伊万科沃水电站。[193]

1935 年 9 月 14 日，联共（布）中央委员会和人民委员会发布第 29 号文件——《关于在伏尔加河上游建设雷宾斯克和乌格里奇水利枢纽的决议》。[194] 该工程被指派给苏联内务人民委员部"伏尔加工程"特殊建设管理局，其组成部分包括伏尔加劳改营。伏尔加工程局就这样出现在伏尔加河上游。雷宾斯克和乌格里奇水利枢纽的修建被用作 1）保障莫斯科－伏尔加运河水路深度达到 5 米；2）在莫洛加－舍克斯纳河间地地区建造水库，使雷宾斯克到阿斯特拉罕的水深不小于 2.3 米，并输出能源。[195] 但为此，与之前的方案不同，需要淹没大面积的居民区和高产农田。该指导性决议对国家鉴定委员会 1936 年 4 月的工作产生了决定性影响。

1936 年 4 月 13—23 日，苏联国家计委专家委员会会议在韦坚耶夫的主持下进行，与会者从 83 人增加至 131 人，包括政府机构代表。[196] 会议的核心任务是修订 1934 年确定的“大伏尔加”构想，制订详细的伏尔加河改造项目，保证深度在 3.5—4 米，并在未来达到 5 米。[197]

伏尔加工程局设计处处长契尔尼洛夫拥有丰富的水利建设实践经验，他发表了名为“关于伏尔加河改造规划的研究”的报告。契尔尼洛夫认为，对雷宾斯克水利枢纽的研究表明，伏尔加河是廉价能源最为宝贵的源泉，其能源储备能够达到 500 亿千瓦时。[198] 按照伏尔加工程局设计师的计算，能源成本首先取决于水电站的地理位置。例如，对于伊万科沃水利枢纽来说，其成本为 4 戈比每千瓦时，乌格里奇——3 戈比每千瓦时，雷宾斯克——1 戈比每千瓦时，对于伏尔加河下游水电站来说，成本则降至 0.7—0.8 戈比每千瓦时。[199]

契尔尼洛夫明确表示，正确划分深水区和选择水位标高对于河流能源的有效使用具有决定性意义。在此情况下，伏尔加河上游水利枢纽的年发电总量、每度电的建设造价如下：雅罗斯拉夫尔水利枢纽——4.56 亿千瓦时、1.3 卢布每千瓦时；正常蓄水位 98 米的雷宾斯克水利枢纽——7 亿千瓦时、71 戈比每千瓦时，正常蓄水位 102 米的雷宾斯克水利枢纽——11 亿千瓦时、58 戈比每千瓦时。[200] 契尔尼洛夫反对通过上游河段的流量调节来修缮伏尔加河这一未经实践证实的流行观点。因此，没有回避水流调节。契尔尼洛夫认为，“以雷宾斯克水利枢纽为例，全年应调节水量接近 1000 亿立方米。这将淹没大约 250 万公顷土地，并支出约 10 亿卢布巨资解决淹没问题。且这笔支出还将加倍，因为每年几十亿千瓦时的发电量要保存下来”。[201]

在评估航运发展前景后，伏尔加工程局设计师通过计算发现，单独依靠航运无法收回伏尔加河改造成本。但若将航道深度提高至5米，水上交通将获得巨额利润。如果在修建水库之前，吨公里成本为0.3—0.35戈比，那么在修建之后，费用应该降至0.12—0.15戈比。[202]

在批评先前恰普雷金、里森坎普夫和其他技术专家的构想之后，契尔尼洛夫建议道：

1. 水利枢纽之间的建造距离应使水头不小于15米。

2. 在可能范围内，将水利枢纽建在低于其支流的位置，以使用这些河水。

3. 给上游水利枢纽以足够的水位。

4. 不放弃未使用的河段。

5. 全年调节流量的大型水库要保障最大的能源输出。[203]

专家委员会的注意力主要集中在“大伏尔加”计划的能源、交通和灌溉方面。其他问题则居于次要位置。即便如此，在某次会议上也讨论了研究如下一些问题的必要性，如水库自净、水体生物繁殖、居民和工业用水卫生等。[204]水能工程局代表梅霍诺申断言，在建设卡梅申水电站时，里海与伏尔加河下游的渔业捕捞将减少200万公担，即减少40%。[205]

由于担心遭到批评，报告人绝口不提或谨慎表达有关伏尔加水利枢纽负面影响的内容。国家卫生监督局局长阿格耶夫在报告《伏尔加河水库对该地区卫生状况之影响》中指出，伏尔加河重建“在卫生领域具有深远的积极意义”，因为水灾将被消除，河岸将设施齐备，河滩和枯水区将消失。[206]同时，阿格耶夫也以现存的国外和本国水库经验为基础，提出了水库建设的负面后果：水淹导致的沼泽化、土壤自净条件恶化、微气候变化等。[207]

集中且激烈的讨论过后，专家委员会批准了4座水利枢纽的规划——华西列夫－巴拉赫纳、切博克萨雷、萨马拉湾和卡梅申，年发电量270亿千瓦时。[208]

专家鉴定会主席韦坚耶夫向苏联人民委员会副主席梅日劳克汇报时称："……对待淹没问题的畏缩态度将导致伏尔加河改造的错误构想，这在契尔尼洛夫和茹林那里已得到明确共识，并将被所有专家所接受。这是雷宾斯克水利枢纽建设思想影响的第一个结果，第二个结果是……从能源角度对伏尔加河上游至奥卡河河口段更加有利的评估。在 1934 年专家鉴定期间，伏尔加河该段被评估为宝贵水能的来源……这一思想上的进步表现在如下认识上，即能够完全收回伏尔加河大量投资成本的国民经济领域，首屈一指的便是能源领域。同时在专家委员会里，未出现从国民经济角度对伏尔加河水深的争论……"[209]

某些水利枢纽项目此后也被拿到权威性的主管专家委员会上鉴定。例如，苏联重工业人民委员部专家委员会和苏联国家计委委员会分别在 1936 年 12 月和 1937 年 3 月，对伏尔加工程局古比雪夫（萨马拉）水利枢纽规划进行过研究。[210] 最终，在日古利地区红色格林卡城附近建造该水利枢纽的规划被通过，1937 年 7 月 10 日，苏联人民委员会和中央委员会下达修建令（见档案资料 4）。为此，苏联人民委员会经济委员会于 1938 年 6 月 2 日发布第 43 号决定，苏联国家计委于 1938 年 6 月 10 日下达第 201 号令，下令成立一个专门委员会。[211] 委员会主席由科学院院士韦坚耶夫担任。6 月 10 日到 7 月 21 日这段时间里，有 50 人加入到委员会的工作中，额外又从其他单位吸收了 20 人，其中包括内务人民委员部伏尔加工程局、莫斯科渔业经济研究院、莫斯科委员会等机构的人员。[212]

在分析了 13 卷初步设计，以及专门的记录、计算和其他材料之后，专家组得出如下结论：

1. 初步设计完全满足项目设计指示和工业预算要求。

2. 勘测设计研究给出了在红色格林卡地区萨马拉湾修建古比雪夫水利枢纽的技术可行性和经济合理性。

3. 初步设计提出了两种类型的工程方案：1）"堤坝式"，其中包括在伏尔加河水道上的工程；2）"引水式"，其中包括在乌索伊河与伏尔加河之间的分水线上修建第二个交通－能源枢纽。[213]

提交的技术档案中指出，拟建项目将保证古比雪夫水电站容量和能源的充分利用，并将纾解能源传输至燃料赤字地区的问题，提高伏尔加河流域、高尔基－伊万诺沃、莫斯科地区和乌拉尔地区能源供应的灵活性和可靠性，节省运行功率。[214]

设计师们认为，水利枢纽的经济效用在于以下几点：1）取代进口燃料，即每年 700 万吨标准燃料；2）将不同时段的昼夜负载和季节性负载相结合，将节约 45 万千瓦时热电厂能源；3）能源供应的可靠性将有所提高；4）相较热电厂，能源成本将下降到 1/3 至 1/4。[215]

未来水利枢纽的装机容量应达到 3.4 兆瓦，年发电量 145 亿千瓦时，概算价值 57 亿卢布，首个机组投产时间——1945 年。[216] 与此同时，专家委员会认为，在水文、地质、淹没等问题上，有必要完成一系列补充校准设计和计算，以及论证勘察和试验。

对各方材料进行分析后，我们方可得出如下结论。在中央委员会 1930 年 2 月 12 日做出决议之后，对萨马拉水利枢纽各种方案的论证工作便集中展开。但规划在 1931 年有了扩大的趋势——研究伏尔加河全程改造方案。

地方性的伏尔加河能源资源利用计划之所以转化为综合性的水能开发，是源于中伏尔加政府的倡议，以及莫斯科对于确保居民用水的需求。伏尔加河根本性改造计划在集中加快工业化的条件下尤其获得了现实意义，因为这将消除电能赤字，大幅改善河道，纾解工农业用水问题。

在最初的组织研究阶段，由于许多单位将其理解为地方性问题，以及来不及形成有效的水利建设机制，工作进行得十分艰难。为消除这些障碍，苏联国家计委明确了大力加速勘测设计工作之必要性，并协调萨马拉湾工程与其他伏尔加河水利枢纽，伏尔加工程局还为此改组进苏联最高国民经济委员会能源中心“水电工程局”托拉斯。在国家计委中还组织起伏尔加河根本性改造问题常设会议，该会议由相关机关与部门代表组成。萨马拉水利枢纽成为实现“大伏尔加”计划的核心切入点。

30年代初，伏尔加河水资源的农业开发获得了私人的推动，但却无法进一步发展，因为水利枢纽的勘测设计和建筑工作转而由政府全权监管。例如，1930—1931年，来自塞兹兰的发明家叶梅利亚诺夫对恰普雷金的方案进行了批评，但他自己的方案却未被纳入考量。

有权威技术专家参与的、对大型水利工程最复杂之问题的讨论是工程可行性论证的前提条件，其中包括合理性和有效性，以及类似工程对所在平原地区的安全性。因此，专家委员会坚决从实践出发来设计和兴建水利枢纽。一般而言，在将各种设计方案呈递至苏联国家计委之后，将组成专家委员会，研究这些方案，并得出其现实意义和可行性结论。国家专家鉴定的第一次尝试是1931年召开的跨部门专家委员会。

苏联高层政治精英明白，没有基础科学研究，工业技术的加速发展无从谈起，因此在论证水能项目时，部门和学术机构的科研工作扮演了重要角色。

有关技术、自然科学、经济学人员对论证和研究做出的巨大贡献，我们可以从苏联科学院1933年11月召开的伏尔加－里海问题研讨会中窥见一二。会上讨论了制定出的水能工程规划，该规划覆盖整个“大伏尔加”计划，能源－经济论证则由苏联科学院能源研究所进行。会议同意伏尔加河改造的拟建规划，并将之作为进一步研究该问题的基础。整体而言，这一决策具有技术治国的特征，因为其主要关注了技术经济参数，而对全球水利建设对生态系统的影响考虑不足，对伏尔加河流域历史文化遗产的巨大损害则完全未被顾及。

1934—1936年，对伏尔加河自然资源经济开发的研究得到进一步加强和扩大。正是在这一时期，召开了苏联国家计委核心专家委员会会议。

1934年的专家鉴定会确定了6座水利枢纽的建设规划，执行的主要条件与伏尔加河流域的自然条件相协调，并以水利技术工程的技术可行性和经济合理性为基础。这一方案很大程度上考量了自然条件。只有在货运量提升的情况下，注入伏尔加河交通改造的投资方能说得上有效。

1936年，专家委员会修正了1934年确定的“大伏尔加”构想，其结果是，对待淹没农耕地的胆怯态度被克制住了，孤注一掷于水利枢纽的能源、航行和灌溉意义。专家们认为，正是能源才能首先不辜负伏尔加河根本性改造的巨额投资。最终，委员会确定了 4 座水利枢纽的规划，其总的能源输出是 1934 年计划的 6 倍。在多种因素的综合作用下，伏尔加河大规模改造计划得以成功被研究和执行。

## 1.3 伏尔加河水利枢纽修建因素：优先工业与国防

对国家水利建设的回顾表明，其生成和发展的先决条件是以科学技术研究多个领域所取得的成就，其中包括能源和水电，以及运河建设和水路交通等方面。从 19 世纪末开始，俄罗斯工业化造就了新型能源的出现，以及新水路的建成和旧水路的改造。A.L. 韦利卡诺夫公正地评论道，“……铁路的出现担负起大量货物的运输，蒸汽疏浚机的出现有效穿透浅滩与沙洲，并推迟了伏尔加河流量调控计划的执行。与此同时，水轮机的出现推动了综合性水利枢纽的建设，这将保障航行所需的水文环境，以及电能生产的水力条件”[217]。

的确，水轮机和交流发电机在这段时间里被制造出来，正是它们保障了现代水电站建设三个先决条件中的两个，其突出特点是较高的效率和功率。[218] 佩尔顿式水轮机和乔瓦式水轮机得到了广泛普及，其单个机组功率在 1900 年能够达到 1200 千瓦，1910 年则达到 10000 千瓦。[219]

第三个前提条件——不同距离间的电能传输——于 1874—1875 年形成，俄罗斯电力工程师 F.A. 皮罗茨基第一个使传输距离达到 1 公里。[220] 19 世纪末至 20 世纪初，俄罗斯河流水资源利用的规划制订如火如荼，其中主要是水路改造项目和水电站建设项目，包括安加拉河、沃尔霍夫河、第聂伯河、鄂毕河、斯维里河等河流。1892 年，阿尔泰地区别里奥佐夫卡河 270 千瓦水电站建设项目动工；1896 年，彼得堡附近奥赫塔河 270 千瓦水电站开工，二者主要为相应地区的矿山和燃料工厂供电。[221] 电能生产的提高大幅刺激了工业生产的发展，反之亦然。

1917年前，俄罗斯水利建设的主导动因是发展能源制造业并获得大量进口设备、全额融资、大量燃料原料和劳动力，以及电力和水力经验。[222]但在这一过程中依然存在困难，包括产业发展国家政策与经济制度之间的矛盾（例如私人土地所有权——笔者注），国家机关缺乏对改造项目制定和执行的监管，以及权力机关的惰性。[223]

奥尔洛夫－达维多夫伯爵对（由工程师克日扎诺夫斯基等人所推动的）在日古利山脉修建水电站的反应，是私人土地主之反对态度的典型例子。1913年夏，领地管理员声明，伯爵不允许其土地上有任何胡乱建筑。[224]反对伏尔加河水利工程的还包括萨马拉的地方自治会议。

法制不健全同样是一大问题，国家没有河流水能的使用权。但1913年的法律草案填补了这一空白。[225]

能源和水力发展的成就首先取决于世界经济需求，因为俄国经济是其中的重要组成部分。因此，作为俄国水利建设的主导因素，工业、农业和交通发展首屈一指。伏尔加河水资源大规模开发计划出现在1910年的萨马拉地区，而从20世纪20年代末至40年代，对上述因素的分析自然而然地进行。1928年5月14日，中伏尔加州被划分出来，首府为萨马拉，下辖原来的萨马拉、乌里扬诺夫斯克、奥伦堡和奔萨省，而1929年10月20日，该州再次改为中伏尔加边疆区（1935年改为古比雪夫边疆区；1937年改为古比雪夫州——笔者注）。[226]

1930年前，该地区经济发展以农业为主，农业占地区生产总值的72.4%，俄苏该指标的平均值为60.7%。[227]如表4所示，边疆区社会经济领域的许多指标都落后于联盟平均值，1928—1929年，该地区每千人的电能生产小于苏联整体水平的四分之一。

1929年12月，苏共中伏尔加边区委员会针对主要经济问题下达1932—1933年前的工作任务：1）农产品产量增加两倍；2）通过提高投资和农业畴资加速边疆区工业化进程；3）广泛应用丰富的自然资源；4）利用伏尔加河岩矿和水能，纾解燃料能源问题；5）扩大军事工业等。[228]边区执委员会请求联共（布）中央委员会提高投资额，后者于1930年2

月 12 日决定将投资额增至 8.92 亿卢布，或将投资额增至原来的 4 倍。[229] 不久以后，由于资金来源缺乏，该数字实则有所下降。

中央和地方党政经济领导所采取的措施使边疆区经济加速发展。但这一过程并不足够快。尽管重工业经历了超前增长，但 1934 年，其在地区生产总值中的比重只有 19%，落后于轻工业（21%）和手工业（20%）。[230] 产出生产资料的“A 类”工业之比重未超过 20%。该状况被归咎于高效能源使用的准备不足和矿产储备勘探的拖延。[231] 尽管如此，30 年代仍取得了一些成绩。1932—1937 年，古比雪夫州的工业产值提高了 2.2 倍，投资增加了 1.7 倍。[232]1929—1933 年，注入边疆区经济的投资增加至 9.6 倍，从 9150 万卢布增至 8.78 亿卢布，其中能源领域投资从 40 万卢布增至 4370 万卢布。[233] 电能生产的增长落后于工业增长，这一趋势一直在持续。

1928 年，萨马拉水利枢纽首位设计师 K.V. 博戈亚夫连斯基指出了中伏尔加州农业收成的不可持续性及其罩门——较低的经济发展水平，博氏得出的结论是，“工业化……严重依赖廉价能源”。[234] 与此同时，由于地方燃料储备较少，导致其不得不从其他地区高价引进大部分燃料。博戈亚夫连斯基认为，这一时期所积累下的世界与俄罗斯经验——美国密苏里河水电站、沃尔霍夫和第聂伯河水利枢纽、小河水资源使用的入不敷出——迫使人们聚焦于伏尔加河干流的巨量能源储备。[235]

日古利水利枢纽工程的主要前提条件包括：1）水电站选址，这将决定能否为金属工业的建设创造条件；2）专门工厂生产所需的大量石膏、石灰岩与泥灰岩；3）该地区丰富的农业资源。[236] 除此之外，还要将萨马拉湾裁弯取直，以大幅缩减交通费用。

水利枢纽能源拟用来发展化学（生产铝、硝酸、氯化钠等——笔者注）、机械（农具和汽车——笔者注）、木材加工、纺织和水泥生产。据估算，各产业所需电能 180 兆瓦，占所有水电站产能的 30.6%，所需建筑费用 1.15 亿卢布，生产费用 3.15 亿卢布，水利枢纽工程建设费用为 1.3 亿卢布（1913 年价格）。[237] 剩余电能计划被输送至 200—300 公里外的新老工业中心，如喀山、奔萨和乌里扬诺夫卡。在此情况下，每年拟节约400万吨煤和从事煤炭生产和运输的4万次人力资源。[238]

20世纪20年代末至30年代初，在恰普雷金的领导下，“伏尔加工程”萨马拉局的设计师继续研究电能消费前景。与博戈亚夫连斯基不同，他们的关注点转向河水资源的综合利用——能源、交通和灌溉，且以能源为优先项。作为出发点，如下观点得到了推动：“工业发展整体上首先取决于交通和能源的综合指标，而能源因素的巨大意义在于，它将决定当地及外来原料的再加工过程。”[239]

一切如昨，边疆区工业落后被归咎为能源之稀缺与昂贵。1930年，中伏尔加燃料收支的主要元素为木柴——50%，石油与重油——16%，外来炭——14%。[240]但由于木柴之短缺、炭价之高企以及石油加工之无利可图，将两个强劲能源来源植入经济流通的任务被提上日程：可燃性页岩和萨马拉湾水能，在水头20米情况下，后者将提供80亿—90亿千瓦时电能。[241]

1930年，伏尔加工程局、苏联最高国民经济委员会电力局和中伏尔加边疆区国民经济委员会，对未来6年的水电能源消耗进行了预测，并将城市公用事业纳入考量，其中包括萨马拉和塞兹兰等类似城市的页岩、化学、建筑、金属加工和农业。能源消耗前景的计算结果格外接近，并在萨马拉－塞兹兰地区得到传播，除了灌溉的远方地区，这一地区毗邻水利枢纽。此外，水路和铁路交通电气化和农业电气化未得到详尽研究。

如表5所示，年所需电能总量为56.07亿千瓦时，占能源总产量的62.3%。最大的电能消耗者是工业（77.3%），其中主要是金属加工业（占工业用电的48.2%）和化学生产（占工业用电的31.5%）。农业占据第二的位置（19.6%）。恰普雷金认为，缺水是农业歉收的主要原因，因此只有通过人工灌溉方能提高农业产量。[242]

在伏尔加工程对交通的影响方面，货运水路将缩短至125公里，水利枢纽以降400公里河段内的航道深度将得到提高，流速将降低，径流调节得以实现。[243]负面影响是在水库底部产生泥沙淤积现象，但这一事实未得到足够重视。日古利地区水路缩短和流速减小将分别节省 2100 万和 2500 万卢布。[244] 恰普雷金认为，萨马拉水利枢纽在国民经济领域的预期效率，应大幅超过预期投资规模。

在问题的深入研究过程中，1931 年，伏尔加工程局做出如下结论，在水利枢纽所在地建设大型工业中心："在勾画工业企业时，如何以地方能源为基础进行设计……最合理的方案是建设各部门间紧密联系的综合性企业，以保障对产品和材料的最大化利用……"[245] 从该角度看，综合企业将由以下几部分组成：1）5 个有色金属工厂，其中包括铝厂和炼铜厂等；2）化学工厂，包括橡胶生产；3）页岩工厂；4）建筑材料厂。[246] 农业则应当转型为对能源有较大需求的国营农场。

对萨马拉伏尔加工程经济合理性和有效性的研究具有不小的科学价值。该项研究由能源与电气化研究所研究员米哈伊洛夫负责，他在 1931 年 9 月 6 日的报告中指出："有效性研究课题归结到下面这点：大伏尔加综合企业的建立将使我们扩大再生产，其特征是一系列新企业的出现和老企业的扩大。我们的第一步是从数量上大幅提高生产，第二步便是提高劳动生产率，这将表现在生产成本的下降……"[247]

另一方面，在米哈伊洛夫看来，没有伏尔加工程，工业水平亦将有所提升，因为另一种专业化也将在某种程度上发生。如果利润超过建设成本，那么伏尔加工程将更具经济价值，反之则无利可图。米哈伊洛夫认为，无论在何种情况下，其有效性都是有条件的，且主要取决于产量，即数量上的增长。如下事实彰显出该评估的正确性——古比雪夫水利枢纽工程到 1958 年方才竣工，但就算没有它，中伏尔加尤其是古比雪夫州的工业亦得到了快速发展。

30 年代初，因快速工业化的进行，伏尔加河流域许多地区都呈现出电能需求增长之势。在伊万诺沃工业区和下诺夫哥罗德边疆区，能源短缺情况骤增，因此，政府高层批准于 1931 年施行伏尔加河上游水力能源使用应急方案。[248]

1935 年，苏联国家计委能源部得出结论，所有伏尔加河流域水电站的出力和能源可用于下列能源系统中：1）中央区——莫斯科、伊万诺沃、高尔基地区——伏尔加河上中下游水电站能源；2）乌拉尔地区——乌拉尔、巴什基里亚、奥尔斯克地区——卡马河与伏尔加河下游水电站能源；3）下伏尔加地区——鞑靼斯坦共和国、萨马拉、萨拉托夫、斯大林格勒地区——萨马拉和卡梅申水电站能源；4）南部地区——毗邻卡梅申和顿河水电站的地区。[249]

如表 6 所示的电能预期需求量，设计师认为所有能源系统的能源需求都将稳步增加。能源需求总量最大的地区是中央区，最小是伏尔加河沿岸地区。但对比 1932 年和 1947 年数据可以发现，最大增量 19.7 倍出现在乌拉尔地区，其次是伏尔加河沿岸地区的 14.6 倍和中央区的 7 倍。尽管如此，在工业方面，伏尔加河沿岸地区仍落后于中央区和乌拉尔地区。在决定建设水利枢纽之前，伏尔加河沿岸地区本计划以页岩和顿涅茨克煤炭为基础建造热电厂。

对伏尔加河货运量发展的预测也是近似估算，因为计算方法并不完整，且不总是顾及实际情况。如表 7 所示，到 1930 年，伏尔加河货运量尚未达到 1913 年的水平。但到 1940 年，该值实际提高至 5.3 倍。伏尔加河 1930 年的货运量占到全联盟货运量的 28.6%，占伏尔加河流域河流货运量的 60.5%。

这一时期，“大伏尔加”计划的主要内容被积极制定出来，萨马拉水利枢纽项目是其中的重要内容。伏尔加河根本性改造计划的研究与初期执行有四个主要任务——输出电能、改善航行条件、居民和企业供水、灌溉旱地农田。且这四项任务在伏尔加河全段的比重相同。因此，伏尔加河上游的伊万科沃、乌格里奇、雷宾斯克水利枢纽的首要目标是保障从莫斯科－伏尔加河运河到伏尔加河－波罗的海水系的航行通畅，并在日后确保从雷宾斯克到阿斯特拉罕段的水深达到 2.3 米。[250]1933—1950 年所建的伏尔加河上游水利枢纽，其大部分能源被输送至莫斯科、伊万诺沃和雅罗斯拉夫尔州。该河段的改造具有交通能源特征。同时，3 座水库起到供水水源的作用，而雷宾斯克水利枢纽负责伏尔加河上游与舍克斯纳河的流量控制（见表 8）。而随着 1957 年高尔基水利枢纽投入使用，伏尔加河上游水电站的能源价值大大增强了。

在伏尔加河中游的改造中，水资源的能源使用是优先问题。1958 年，这一地区第一次建起了古比雪夫水利枢纽。除了生产大量电能，古比雪夫水利枢纽还对伏尔加河中段的流量进行调节，创造必要的航道水深，并且是农业用地灌溉、居民和工业用水的供应者。在 1989 年全线开动的切博克萨雷水利枢纽被用作保障航道水深和楚瓦什社会主义自治共和国的工业用电。

伏尔加河下游的斯大林格勒和萨拉托夫水利枢纽，分别建于 1951—1962 年和 1956—1971 年，除了生产电能，这两座水利枢纽还在灌溉伏尔加河平原土地和渔业经济中扮演了重要角色。

表 8 的数据显示，伏尔加河上游的水利枢纽具有交通 - 能源意义，中游的水利枢纽具有能源 - 交通价值，而下游水利枢纽则具有灌溉 - 能源作用。所有 8 座水利枢纽保障了水路交通，居民和工农业用水。除此之外，雷宾斯克和古比雪夫水利枢纽还在伏尔加河中上游起到了调节径流的作用。

对大量历史材料的研究表明，伏尔加河水利建设的重要因素是国防需求。苏联官方意识形态的一个假定是，在社会主义革命胜利以后，俄国便处在资本主义国家的封锁之中，因此，国内政策最重要的维度便是建立强大的军事工业综合体和军事力量。斯大林断言，社会主义体系与资本主义体系之间的尖锐矛盾和军事冲突不可避免，谁拥有更强的技术和经济实力，谁就将是胜利者。[251] 因此，加速发展重工业势在必行。因为水电站是最重要的工业能源基础，因此水利枢纽建设被赋予了重要的军事意义。

有一种误区是把苏联看作一个特别爱好和平且总是潜在的被侵略一方。事实上，苏联本身经常扮演侵略者的角色，最好的例子就是 1939—1940 年针对比萨拉比亚、北布科维纳、波兰东部、乌克兰西部和白俄罗斯西部、波罗的海三国的占领，以及侵略芬兰的企图。

另一方面，30 年代中期，与希特勒德国侵略政策相关的国际紧张局势迫使斯大林采用对等措施。整个 30 年代，研究者发现苏联的军费支出持续上升。官方数据显示，1929—1932 年的军费开支只占全国总支出的 3%—7%，1933—1937 年占 9%—16%，1940 年则达到 30%左右。[252]

1931—1933 年建设的白海－波罗的海运河便是一条具有很强军事战略意义的水路。这条运河的建设拟纾解一系列沿岸防御问题，包括军舰在海域之间的调配等。[253]1933 年 7 月，斯大林、伏罗希洛夫和基洛夫在白海－波罗的海运河的舰船上游泳时，遇到了沿运河行驶的北海舰队分队。[254] 但后来发现，由于运河水深较小，这条运河只能通过潜水艇和吃水较浅的船只。

还有其他类似原因，苏联中央意欲将伏尔加主河道深度增加至 5 米。由于军事问题被严格保密，完全佐证这一说法的档案暂时没有找到。尽管如此，在俄罗斯经济档案馆中，笔者还是找到了伏尔加工程局技术经济部主任、副总工程师尼古拉耶夫的报告——《伏尔加河水电站及其对伏尔加河中游工农业发展与国防的意义》，这份报告被呈递到 1931 年 5 月 6 日国家计委资金工作与区域规划会议上。[255]

这份报告强调："在成立联合公司并在伏尔加河水电站地区布局时，尤其要注意该地区的国防意义。它应坐落在大后方，以保障其安全。伏尔加河能源总厂的军事价值务必得到特殊重视。军事活动的开展不可避免地要求最高标准的交通。成功地向前线调配军队、弹药、军事技术装备、航空和军事经济物资，直接取决于可靠的交通线。"[256]

军事利益对交通提出以下任务：1）企业布局应避免工业原料和半成品处在平行于军事交通行驶的方向；2）确定原料运输的最小量和从军事角度看次级水路的运输量。将能源总厂放在萨马拉塞兹兰地区能够彻底解决这两个问题，它将为军事工业（包括航空和化学工业半成品）提供有色金属（原料——笔者注）产品，且运输主要靠水路进行。[257]

尼古拉耶夫得出结论："综上所述，联合公司将刺激苏联军事力量的巨大提升，其选址无论从国防角度，还是从经济利益角度，都是最佳选择。”[258]

该问题被呈至苏联科学院1933年11月的会议上。与会者认为，伏尔加河远离外部边境，该地理位置有利于经济全面快速发展，具有重要军事价值，尤其对于建设大型电能生产的工业中心而言。[259]

1935年9月，苏联中央委员会和人民委员会下令，建设伏尔加河上游的雷宾斯克和乌格里奇水利枢纽，创立伏尔加工程建设管理局。这一决议为包括莫斯科和列宁格勒周边地区的工程建设创造了条件，对于保障国防能力具有头等重要的意义。时间证明了该决策的正确性。因此，在1936—1940年修建伏尔加河上游水利枢纽时，所有可能原料和劳动力被分配于此，且主要劳动力是劳改囚犯。基础工程发轫于1936年，竣工于1941年4月。1941年第一季度，水坝和水电站工程修建完毕，而要最快速度地完成工作则需要更多工人。1941年3月15日，伏尔加劳改营达到97069人。[260]

在“二战”开始阶段，伏尔加工程的生产任务发生了根本性转变。战况要求迅速将第一和第二机组投入使用。通过工人们的巨大努力和忘我工作，1941年11月18日，首个机组投产，工业电流定时将220千瓦电量输送出来，雷宾斯克－乌格里奇成为莫斯科能源系统的一部分。[261]第二个机组则于1942年1月投产。[262]

伏尔加劳改营保证了乌格里奇工厂的劳动力以及内河航务委员会和发电站委员会的工作。他们为弹药等军用产品生产木制包装，加工木材和金属，还生产麻制品、鞋、皮革，保障了农业和渔业的进行。[263]

德国军队尤其注意靠近前线的工业和电力目标。1941年8月，第一架德国侦察机出现在雷宾斯克上空。[264]伏尔加工程局领导用尽一切办法对水利枢纽进行伪装。因此，在德国轰炸机空袭雷宾斯克之后，伏尔加工程安然无恙。S.N. 安德里阿诺夫回忆道：“有人告诉我，在雅罗斯拉夫尔州地界上击落过法西斯飞机，从飞行员身上找到的证件上写着，他因击中雷宾斯克水电站而获得勋章。现在已经无法确定是谁给了希特勒错误的信息：是意欲获得荣誉的法西斯飞行员，还是水电站本身。未完工的建筑、没封顶的机械车间、圆形的混凝土坑，从空中看下来，这些为安装 6 个机组所准备的工程非常像已经被飞机精确轰炸过一样。”[265]

表 9 是“二战”期间雷宾斯克和乌格里奇水利枢纽水电站数量的共同数据。1941 年发电 1.927 亿千瓦时电能，1942 年——9.654 亿千瓦时，1943 年——8.684 亿千瓦时，1944 年——10.523 亿千瓦时，1945 年——9.187 亿千瓦时，共发电 39.975 亿千瓦时，为国民经济节约了 500 万吨当地燃料。同时，通过这些水闸，数以百万吨的货物被运至莫斯科，而通过伏尔加 - 波罗的海水系，货物被运至被包围着的列宁格勒。

在靠近前线的位置还有伊万科沃水利枢纽，它在整个战争时期为莫斯科和莫斯科州的企业供电。在这一时期，3 个伏尔加河上游水利枢纽几乎是首都仅有的电能来源。

整体而言，尽管水电站的应用在战争时期遇到了很多困难，但伏尔加工程局的工作人员成功完成了摆在他们面前的任务。1944 年 7 月 14 日，苏联最高苏维埃主席团下令，为 161 人颁发勋章和奖章，奖励其在“伏尔加河水利枢纽建设中取得的伟大成功和技术成就”。[266]

鉴于“二战”期间为莫斯科不间断供电的模范工作，发电站人民委员会和苏联水电站工会中央委员会授予雷宾斯克水利枢纽集体永久红旗。

40 年代末“冷战”开始之后，水利枢纽的国防意义再次成为选址时所要参考的重要因素。据悉，伏尔加水电站能够无间断发电，不受铁路交通和采矿工业的影响，这使得伏尔加水电站具有巨大的军事意义。[267]同时，随着核武器的出现，以及随后新型运载工具（火箭）的出现和改进，大后方大型水利枢纽的优势被极大降低，旨在清除目标的选址不再发挥很大作用。

20 世纪二三十年代国家水利建设的成功经验，尤其是首个沃尔霍夫和第聂伯河水利枢纽的成功经验，成为伏尔加河梯级工程得以建造的重要因素。从 1926 年开始，中央计划机关便已开始收集有关沃尔霍夫、第聂伯河和其他大型水利建设项目设计和建造的材料。1926 年 5 月 12 日，苏联国家计委电气化部发布命令称：“最高国民经济委员会关注到保留沃尔霍夫工程主要专家和人员的重要性，在其他相似的建设工程中也要重用他们。”[268]

稍后，他们决定保留和使用研究材料，其中包括技术报告和财报。逐渐地，中高功率水电站的使用和建设经验被整理出来。在沃尔霍夫水电站还对电站昼夜调节对水位浮动、水流要求、淹没、航行等问题的影响进行了研究。[269]

沃尔霍夫工程活动最重要的影响是建筑师集体的形成，他们拥有丰富的水利枢纽建造经验。其领导者，包括A.V. 温特尔、B.E. 韦杰涅耶夫，他们是第聂伯河工程的主管和总工程师。[270]随后，他们为“大伏尔加”工程的进展和实现做出了巨大贡献。电气化计划中所有的水电站都是按照苏联工程师自己的设计建造而成，但在设备供应、安装和调试等方面则有外国顾问襄助。

1932年3月23日，苏联人民委员会和联共（布）中央委员会发布《关于伏尔加河水电站建设的决定》，将第聂伯河工程人员和设备调至“中伏尔加工程局”。[271]到30年代末，所有的工程人员、技术和设备全部完成本土化。例如，在1937年莫斯科－伏尔加运河竣工后，人员和设备又被调至雷宾斯克和乌格里奇水利枢纽工程。而在1940年10月，在古比雪夫水利枢纽停工后，所有劳改犯、技术工程师和管理人员被调至上伏尔加水利枢纽，以及伏尔加－波罗的海和北德维纳水路工程。[272]

若无苏联科学技术实力，伏尔加河上的大规模水利枢纽工程是不可能完成的，苏联的科技实力解决了工程中最为复杂的一系列问题。在这一过程中起到领头作用的是科学院和机关中的科研机构。苏联科学院能源所为“大伏尔加”计划的可行性研究做出了重要贡献。1933—1936年，植物学、地形学、水力学、土壤学等各种研究机构，积极参与了有关伏尔加河水利枢纽的设计工作。[273]

1933年11月，苏联科学院举行会议，讨论伏尔加河根本性改造工程，会议对水电站工程的合理性和可行性提出了一点修改意见。在这一时期，约有200个科研机构、逾300个科技专家参与了伏尔加河问题的研究工作。[274]

科学院积极协助解决设计和建设过程中出现的复杂技术问题。例如，1950 年 10 月，古比雪夫水电站工程局为更加符合实际需求，采纳了苏联科学院喀山分院提出的补充和修正方案。[275] 除此之外，生物学、地质学、化学研究所，以及语言、文学、历史研究所也都在水利枢纽工程中有长期参与。

如果说学术机构主要进行基础理论研究，那么具体的技术工程问题则由政府机关的科研机构来完成。

30 年代初，水利枢纽工程参数的数量飙涨，工程在地理范围上也大幅扩大，这使得工程任务愈加复杂，并对科技人员组织结构的改善提出了要求。在这之前，水能资源的研究和开发只由单独的技术专家组承担，专家组来自苏联最高国民经济委员会电力总局。其中规模最大的专家群体来自沃尔霍夫水电站、第聂伯河水电站、斯维里水电站、北方水务局和电力工程局。[276] 综合性的水力经济问题则由农业和水路交通人民委员会进行研究。

将彼此分散的研究团体整合在一起是格外必要的，这也造就了专业机构的建立。1931 年 1 月 1 日，在电力工程水力技术局基础上，苏联最高国民经济委员会电力管理局"水电工程"托拉斯创立（1932 年更名为"水电设计局"，并归重工业人民委员部管辖——笔者注），其主要任务是对国家所有水系进行勘测设计。[277]1934 年 9 月 10 日，在重工业人民委员部电力管理局系统中，创设了水利设计建筑研究院"水利工程设计局"，它的前身是 1932 年末建立的中伏尔加工程局技术部。[278]

为保障所有勘测设计工作得到统一领导并提高工作效率，1935 年 12 月 31 日，重工业委员会水利工程管理局下达第 110 号令，从 1936 年 1 月 1 日起，"水电设计托拉斯"和"水利工程设计局"合并为"水电设计托拉斯"（全俄水电设计研究院）。[279] 其职责如下：1）组织和完成勘测设计工作；2）筹备工程技术设计和初步设计；3）研究水资源开发的综合性问题；4）编制水域和区域水能图，作为水能计划式发展的基础；5）预先进行水资源使用基础上的经济发展问题研究；6）为水利建设制定标准化方法。[280]

在全俄水电设计研究院的科研工作中，重点被放在与水能资源综合性利用相关的问题上。从这一问题出发，30年代初，水电设计托拉斯制定了“大伏尔加”计划。在30—50年代，全俄水电设计研究院参与了伊万科沃和古比雪夫水利枢纽的工程，并独立设计了高尔基和萨拉托夫水利枢纽。[281]

与民用的水电设计托拉斯不同，水利设计研究院到1953年一直隶属于苏联内务人民委员部，因此具有很强的生产力，其中包括对劳改犯的利用。其主要任务是设计具体的建设目标。后来水力设计局的核心建立在莫斯科－伏尔加运河建设局设计部基础之上，后者于1930年9月创立。[282]在成功完成勘测设计和建筑工作之后，1937年，包括伊万科沃水利枢纽在内的运河工程投入运营。

莫斯科－伏尔加运河的建设及其应用彰显出苏联技术专家有能力在没有外部援助的条件下自主解决复杂的工程难题。正是在这里，在30—50年代设计伏尔加河梯级水利枢纽的水利工程师队伍出现了，包括S.Y. 茹克、B.K. 亚历山德罗夫、V.D. 茹林、G.A. 鲁索等。

1935年，从莫斯科－伏尔加运河管理局中调拨出一些工作人员，建立了苏联内务人民委员部伏尔加工程设计局，其主要任务是兴修雷宾斯克和乌格里奇水利枢纽。[283]设计工作在契尔尼洛夫的领导下进行，他们的工作成为伏尔加河根本性改造计划（包括上伏尔加河工程）的基础。

水力设计局最终的组织形式建立于1940年。1940年10月26日，苏联内务人民委员部下达第978号令，将水利工程管理总局的勘测设计和研究工作拆分为两所专业机构：苏联内务人民委员部水利工程管理总局（简称“水利设计局”——笔者注）莫斯科与列宁格勒设计管理局。[284]30—80年代，伏尔加河上的伊万科沃、雷宾斯克、乌格里奇、古比雪夫、斯大林格勒和切博克萨雷水利枢纽，几乎皆由水利设计局完成工程设计。

为进一步完善设计，消除其中不合理的平行现象，并更有效地进行人员使用，电站建设部于1962年6月27日下令，“水电设计研究院”与“水利设计研究院”合并。[285] 苏联水利建设领域的科研工作最终形成了垄断。表10展现了研究院工作人员数量从1930—1970年的变化过程，整体上呈上升趋势。从1932年到1976年，工作人员数量上升了大约5倍。

国家科学技术迅猛发展的重要影响是水利设备生产的扩大和提升。1924年，列宁格勒冶金厂生产出第一座大型水轮机，1926年，“电力”工厂首次为沃尔霍夫水电站生产了4台水力发电机。[286] 机械制造业的落后，导致苏联直到20世纪30年代末一直依赖国外的水力技术设备。1937年，伏尔加河梯级水利枢纽第一座水电站——伊万科沃水电站建成，其发电机和涡轮皆为国产，分别由斯大林格勒冶金厂和基洛夫“电力”工厂生产，1940年乌格里奇水电站的发电机是“电力”工厂生产的。[287]

政治体制的集权主义特征，以及中央和地方权力结构拥有的巨大行政资源，保障了法律基础的建立，这对极短时间内实现伏尔加河大型水利枢纽工程是必不可少的。1930年2月12日，联共（布）中央委员会做出研究伏尔加工程问题的决定。项目被提升至全联盟的地位，并获得了国家的广泛支持，并随后扩展到“大伏尔加”计划。

此乃伏尔加河水资源经济开发历史的转折点，因为对于所有层面的执行机关和组织机构来说，联共（布）中央委员会和苏联政府的命令是严格强制性的。1930—1980年，有超过60项有关伏尔加河梯级水利枢纽建造和设计的全联盟决议和指令被下发。法令对水利建设的许多方面进行监督。1933—1940年，苏联内务部、全俄中央执行委员会和苏俄内务部下发了4道主要决议，确定有关莫斯科－伏尔加运河水库、雷宾斯克和乌格里奇水利枢纽的筹备问题，而在1935—1938年，中央权力机关下达了7道间接决议。[288] 但在许多情况下，这些决议并没有被完成，或是被搁置，或是延期。

留存下的很多材料显示，不只地方党政机关，就连联共（布）中央委员会和总书记本人，尤其是斯大林，也同样持续监管着水利建设规划的执行与完成。与此相关，苏联国家计委主席V.I.梅日劳克于1935年4

月 1 日呈交给斯大林的报告展现出了巨大的科学意义，报告阐述了伏尔加河改造工作的进展和韦杰涅耶夫专家团队的领导过程。[289] 报告得出的结论是，运用高层政治精英的行政资源来迫使专家们做出必要决定。50 年代在古比雪夫水利枢纽担任动力工程主任的 I.A. 尼库林回忆道："工程总部的电话会议从晚上 9 点开到凌晨 2 点，我们经常看到斯大林给我们的领导、古比雪夫水利工程和劳改营主任 I.V. 科姆津打电话。斯大林亲自监督并试图加快古比雪夫水利枢纽的建设。这是他生命的最后几年。他很着急。"[290]

对法律文件的分析显示，它们反映出土地和水资源的国家所有权原则，这最终导致了粗放式开发的出现。所有的苏联设计师都指出，在沙皇俄国，大型水利建设的主要障碍是土地私有化，土地主不允许自己的土地或农田被淹没。

在资本主义国家，土地所有者同样阻止水利枢纽工程的开展。在一些情况下，建筑公司会和农田主人对簿公堂，以致水利枢纽建设被延迟，甚至被取消。[291] 而在苏联，情况则完全不同，无条件执行的中央决议一个接一个地解决了类似问题。

档案材料使我们能够确定，在 20 世纪 30—50 年代营建的伏尔加河 8 座水利枢纽中的 6 座中，活跃着强制劳动的古拉格犯人。与遥远北方的劳改营不同，德米特里、伏尔加、萨马拉、库涅耶夫和阿赫图宾斯克劳改营，以及戈罗杰茨劳改所，设立在苏联中心地区，目的是保障伊万科沃、雷宾斯克、乌格里奇、古比雪夫、斯大林格勒和高尔基水利枢纽建设的劳动力。1953 年后，在高尔基和斯大林格勒水电站的建筑工地上只剩下雇用工人。在不同时期，犯人平均约占上述水利枢纽建设工作人员的 53%。

使用囚犯的优点在于该种劳动力的机动性，且对生活条件的要求很低。犯人数量各不相同，主要取决于工程规模。在负责修建雷宾斯克和乌格里奇水利枢纽的伏尔加劳改营，最小数目是 1953 年 5 月 1 日的 9306 人，最大数目是 1941 年 3 月 15 日的 97069 人。[292] 在库涅耶夫劳改营，最小的数目是 1949 年 12 月 1 日的 1253 人，最大数目是 1954 年 1 月 1

日的46507人。[293]

有关劳动效率的问题是最复杂的，因为笔者发现了很多有关生产计划完成的报告和其他指标。在这方面，最有说服力的文件是1951年古比雪夫水利工程管理局内务委员会的总结，其中有28份有关建设计划完成情况的报告。[294] 1953年，在工作开始5年之后，高尔基水电站工程局领导拒绝使用犯人劳动力，因为其劳动生产率和工作质量较低。因此，强制劳动的经济效率并不高。尽管如此，使用犯人还是促进了许多生产任务的快速完成。更详细的有关伏尔加河水利工程强制劳动力使用的问题，我们将用单独章节进行研究。

因此，笔者已有的材料能够说明20世纪30—80年代国家水利建设的主要前提条件和因素。19世纪末世界和俄罗斯迅猛的工业发展，使新型能源得以出现，使改造旧水路、兴修新水路成为可能。正是在这一时期，现代大型水电站建设工程的三个必要条件形成了：1）水轮机；2）交流发电机；3）不同距离间的电能传输。

苏联水利建设的推动因素是工业的发展，以及供水、水上交通和农业的发展。因此，"大伏尔加"计划的制定和实现完成了4个主要任务——电能生产、居民和企业供水、航运条件改善、干旱农业用地灌溉。同时，这些任务在伏尔加河全程中所占比重不同。上伏尔加水利枢纽具有交通－能源意义，中伏尔加水利枢纽具有能源－交通意义，而下伏尔加水利枢纽重在灌溉－能源的意义。

伏尔加河水利枢纽工程的重要因素是国防需求。苏联内政的优先方向是建立强大的军事工业综合体，而这则要求大量的电能。1935年，开始修建雷宾斯克和乌格里奇水利枢纽的决定，在很大程度上是因为该区域毗邻首都，这对于保障首都的防御能力而言具有头等重要的意义。时间证明这一决策是正确的，因为在整个战争时期，上伏尔加水利枢纽几乎是莫斯科用电系统唯一的不间断电能来源。40年代末至50年代，水利枢纽的国防意义略有下降，这是因为核武器的出现弱化了水利枢纽的优点。

二三十年代水利工程本土化的成功经验成为伏尔加河梯级工程的重

要因素。苏联国家计委从 1926 年开始收集有关沃尔霍夫、第聂伯河和其他水利技术工程设计和建筑经验的材料。在修建伏尔加河水利枢纽的过程中，在一个地方的工作完成后，工程技术人员和其他资源均会被调拨至下一个刚上马的项目中。

很显然，倘若没有苏联强大的科技实力，伏尔加河流域的大规模水利建设是不可能完成的，也不可能在相对很短的时间内攻克一系列极其复杂的问题。苏联科学院能源所为“大伏尔加”计划的可行性研究做出了决定性贡献。各研究团体合并的必要性造就了 30 年代初政府内专业机构的建立。到 30 年代中期，所有勘测设计工作均由苏联重工业人民委员部“水电设计托拉斯”和苏联内务人民委员部“伏尔加工程”建筑设计部完成。1962 年，它们合并为“水利设计研究院”，成为水能领域的垄断型机构。

政治体制的集权主义特征和权力结构的强大行政资源保障了法律基础的建立，这对于伏尔加河大型水利枢纽工程的实现必不可少。高层政治精英的决定主要以决议的形式形成，且这些决议带有严格的强制性。对法律文件的分析显示出土地和自然资源的国有原则，这也最终导致了水资源的粗犷式开发。但在很多情况下，它们并没有被完成——或延期，或被搁置。

犯人的强制劳动是极其重要的因素，20 世纪 30—50 年代，他们活跃在伏尔加河 8 个水利枢纽建设工程的 6 个之中。德米特里、伏尔加、萨马拉、库涅耶夫、阿赫图宾斯克劳改营和戈罗杰茨劳改所被设立在苏联中心区域，其目的是为伊万诺沃、雷宾斯克、乌格里奇、古比雪夫、斯大林格勒和高尔基水利枢纽提供劳动力保障。1953 年以后，在高尔基和斯大林格勒水电站的施工现场，剩下的只有雇用工人了。使用犯人促进了许多生产任务的快速完成。

# 第二章　伏尔加河上“伟大的共产主义建设”：20 世纪 30—80 年代斯大林征服江河计划的实施

## 2.1　勘测设计工作

勘测设计研究是伏尔加河水利建设过程中不可或缺的重要部分，因为它决定着工程质量、建筑安全性和可靠性、经济效益等。这项工作包括工程勘探、可行性论证、设计文件筹备、预算编制。

在水利枢纽修建方面，设计文件一般分成水利枢纽项目和水库项目。勘探设计研究由三个主要部分组成：勘测、设计和科学研究。勘测工作与可行性研究直接相关，对工程合理性、效率、选址进行论证，草拟必要措施，解决诸多问题。设计工作包括设计和可行性研究，随后是科研工作。在所有研究结束后是专家鉴定，他们得出关于方案实践性和适用性的最终结论。

首次勘测设计工作于 1919 年 5 月进行，参加者是 K.V. 博戈亚夫连斯基领导的“萨马拉湾伏尔加河电气化委员会”。[295] 为收集伏尔加能源使用数据，由 5 名委员会成员和 2 名测绘员组成的考察团对乌索伊河与伏尔加河别列沃洛卡村河段之间的分水岭进行了考察，还对伏尔加河从斯塔夫罗波尔到萨马拉段进行了选址考察。由于资金短缺，仅完成了钻探和大地测量工作。尽管缺少中央的财政支持，但萨马拉湾的测量、水文和水力研究一直持续到 1923 年，委员会积累了大量工作。因此，在水文方面，委员会成员收集到伏尔加河40年里的水位和流量数据，开始计算日古利水利枢纽地区工业企业的需求。[296]

1929年，受中伏尔加边疆区执行委员会邀请，水力技术研究院考察团有计划地进行了勘测设计工作，旨在从技术上论证在该地区建设水利枢纽的可能性，并为之选址。[297]研究路线包括伏尔加–乌辛斯克分水岭、从斯塔夫罗波尔到红色格林卡城的伏尔加河河谷，考察团还对斯塔夫罗波尔、巴西洛沃、察廖夫土岗和乌萨河河谷进行了小规模钻探。1929年，工作的主要目标是厘定未来勘探方向和规模。

更多的研究在下一年进行。在萨马拉湾北部边缘和伏尔加河左岸，从斯塔夫罗波尔到红色格林卡城和波德戈尔村，考察队成员用1：42000的比例尺测绘，以搞清该地区的地质构造和水文环境，并确定未来坝址。考察队还用1：126000的比例尺对整个萨马拉湾进行测绘，研究地形类型和伏尔加河右岸喀斯特现象，并对切博克萨雷等城市之前的淹没地区进行了综合勘察。[298]水力技术地质研究院专家委员会扩大后，按照其决定，1931年还完成了下列附加工作：1）详细勘测萨马拉湾和索口山的喀斯特现象和白云石节理；2）对伏尔加河左岸进行地理测绘；3）沿着河岸对淹没区进行水文地质勘探研究，并着重研究滑坡现象。[299]

伏尔加工程局的工程师们注意到，无法在规定时间内完成大量的勘测设计工作，因此认为有必要将他们列入专门供给行列。尤其需要指出的是，“尽管对于国家来说，伏尔加河具有重大核心意义，但她的水文地质和平面测绘情况却完全未被研究过。当下的伏尔加工程局正在这一领域进行着开荒式工作”[300]。

最著名的苏联专家也参加了这些工作，例如A.S.巴尔科夫、N.V.博布科夫、G.N.卡缅斯基、O.K.朗格等人。[301]而对于设计结果的讨论则有国外专家的参与。例如，在1931年11月政府专家鉴定会中便有意大利“奥莫代奥”公司的代表，他们在伏尔加工程局的勘探计划中加入了额外的日古利山口钻探和察廖夫土岗快速勘察工作。意大利专家认为，在伏尔加河–乌萨河分水岭建设水利枢纽、运河和闸口格外困难，但完全可以实现。专家们认为，在建设伏尔加河水坝时，水位抬高将达到15米，而在岩石上安装重型机械时，水位抬高将达到25米。他们同时指出，仍然有必要继续研究伏尔加河左岸和河床的土壤性质。[302]

1930—1932年进行了规模较大的勘探工作，参与其中的包括伏尔加工程局、运河工程局、国家农业经济托拉斯和水利技术地质研究所。[303]它们的主要结论是须手动钻探至75米深。在水坝方案和运河路线的10个河段中，共有336个钻井，该数据体现出勘探工作范围的较大。[304]

为研究伏尔加河与乌萨河河谷，以及二者分水岭处的粒度成分和岩石特性，在莫斯科和专业野外实验室同时进行着钻探和测量的大量实验研究，[305]确定了吸水性、孔隙率、水和岩石的比重，以及土壤的滤失特性。

在拟建引水渠和别列沃洛卡水利枢纽的地方，水文研究表明，在乌萨河斜坡的冲沟里有明显的滑坡现象和喀斯特过程，这将不可避免地导致河水渗透，而计划架设水电站和闸口的岩石，则在白云石的压力下容易散碎。[306]按照伏尔加工程局最初的提法，斯塔夫罗波尔的断面是修建水利枢纽可能性最大的方案，因此它受到了格外关注。[307]

1929—1932年，得益于积极的勘测设计工作，根据总体的水文特征，在萨马拉伏尔加工程框架下，共有4个坝址方案：费奥多罗夫卡、巴西洛夫、摩廖布和察廖夫土岗。[308]而设计者预测，在建立水利枢纽、伏尔加河水面上升20—25米后，滑坡和喀斯特现象会加重。[309]尽管如此，专业委员会于1932年5月认定，水利枢纽拟建地的水文条件是令人满意的，建筑问题也是可以从技术上实现的。

对档案的分析显示，伏尔加工程的主要困难在于：1）此系苏联第一次设计水位达20米，且建在沙基上的水坝，换言之，几乎没有类似的工程经验；2）预计需要大量的设计勘察和建筑工作。苏联国家计委的文件指出了任务时限极短、在水文和平面测绘方面对拟建地区勘探程度不足的问题。[310]上述困难导致萨马拉（古比雪夫）水利枢纽技术方案多次被修改，直到1950—1958年方才上马。

在中央和萨马拉地方政权之间也经常出现冲突，主要原因是财务方面的分歧，以及材料与设备的缺乏。1931 年 3 月 28 日，萨马拉边疆区执委会确定了 1931 年给伏尔加工程研究的拨款数额，共计 240 万卢布，而苏联最高国民经济委员会能源中心的控制数字规定只能划拨 65 万卢布。[311] 隶属于联共（布）中央委员会的边疆区执委员，对能源中心的数字提出异议，指出这一数字无法保证最小规模的研究工作，并指示相关工作人员按照 240 万卢布的标准继续已经开始的工作。主席团也通过决议"务必将设备、工作服和材料的供应问题优先纳入考量，责成边疆区国民经济委员会、边疆区供给站、边疆区劳动部，想尽一切办法协助伏尔加工程局，完成建筑材料、粮食和工业产品以及劳动力的供应"。[312] 伏尔加工程局主任被责成建设强大的科学人员机构，不惜一切代价从其他机关和部门招人。

1930—1931 年，在伏尔加工程局的控制数字问题上，计划内工作经费被设定在 430 万卢布，其中 1930 年 75 万，1931 年 260 万，这其中包含了水文研究 30 万、测绘 52 万、水文地质研究 33.3 万、经济研究 18 万、试验 55 万、工程设计 42 万。[313]

显而易见，萨马拉边疆区执委会的决定被国家高层政治精英批准，因为先期预算的 240 万卢布被提高至 260 万。此外，因为"大伏尔加"计划研究已开始，苏联人民委员会于 1931 年 9 月 10 日颁布了《关于加速伏尔加河流域勘测工作的决定》，并额外划拨 170 万卢布。[314] 根据这份文件，苏联最高国民经济委员会需拨款 50 万卢布，水运人民委员会拨款 30 万，土地人民委员会 20 万，鞑靼人民委员会、下伏尔加、中伏尔加、伊万诺沃和下诺夫哥罗德执行委员会，分别拨款 10 万、20 万、20 万、10 万、10 万卢布。萨马拉伏尔加工程扩大至伏尔加河全河段的根本性改造计划，是以拨款总额的巨大增长作为条件的，1931 年，该数字为 43 万卢布。相较 1929 年，"大伏尔加"计划的经费在 1930 年增加了 37.5 倍，在 1931 年增加了 215 倍，在 1932 年增加了 365 倍。[315] 尽管有许多次不及时的经费划拨，但支出的增长势头是显著的。

苏联领导层关于伏尔加河根本性改造的计划，对扩大和加快所有水域的勘测设计工作提出了要求。苏联国家计委主席团于1931年7月21日发布决定，表明了对待该问题的主要态度："鉴于未来5年伏尔加河全段（大伏尔加）的综合利用极具重要意义，其流经地区的进一步发展因而是题中之义，务必全方位加速这些地区水利经济的勘测调研工作，在今年秋天（不晚于10月）将伏尔加河使用的主要方案呈交国家计委讨论。"[316]

尤其要强调的是，萨马拉水利枢纽规划不仅要与其他水利枢纽项目相结合，还要与交通、土壤改良和渔业经济问题相协调。为此，伏尔加工程局，作为苏联最高国民经济委员会能源中心"水电工程托拉斯"的一部分，被指派全权负责勘测研究和测绘工作。[317]到30年代中期，所有勘测设计工作均由苏联重工业人民委员部"水电设计托拉斯"和苏联最高国民经济委员会伏尔加工程局建筑部进行。雷宾斯克和乌格里奇水利枢纽工程也归它们负责。

1930年末，在伏尔加河上游水利枢纽选址的问题上，伏尔加工程设计师确定了从雅罗斯拉夫尔到喀山全长约840公里的河段。[318]但已有的水文地质和测绘材料不足以得出可靠的选址、效率和费用方面的结论。因此，雅罗斯拉夫尔（水坝高9米，发电功率达100兆瓦）、奥卡河（13.5米，180兆瓦）和切博克萨雷（19.5米，400兆瓦）水利枢纽的示范性重建计划被提出。[319]

对施工地区的先期研究显示，只有切博克萨雷水电站具有相对良好的条件，其他水电站的条件则相差很多，因为那里没有发现根基稳固的岩石。因此，位于最上游位置的雅罗斯拉夫尔水利枢纽工程得到了最大程度的勘察。最终的决定是，到1932年3月15日前，开始雅罗斯拉夫尔、尤里耶韦茨－巴拉赫纳、切博克萨雷地区的勘测设计工作，费用总计82万卢布。同时，测绘和钻探工作计划在4月15日之前完成，并在10月1日前结束初步设计的编制。[320]

在此等情况下，伏尔加工程和其他设计机构的工作人员做出了唯意志论的行为，即没有考量现实情况和研究的复杂性，计划因此并没有实现。勘测开始并结束于雅罗斯拉夫尔水利枢纽。“大伏尔加”计划最终没有成型，但在20世纪30—60年代，拟定的水利枢纽工程数量却不停变化。这是因为一系列要求在发生变化，如技术参数的修正，选址，施工地区所有用水者利益的协调。在此情况下，高尔基水利枢纽第一次被计划修建在巴拉赫纳城附近，但最后的地点被选在靠近戈罗杰茨的地方。替代拟定的乌格里奇水利枢纽的是卡利亚津和梅什金水利枢纽，但随后也被驳回。这样的例子不胜枚举。

到1931年9月，伏尔加工程地区局在下诺夫哥罗德和喀山被组建起来，它们在室内对已有的水文地质测绘材料进行分析，费用总计10万卢布，在伏尔加河流域设立水位站和水文气象站，费用约30万卢布。[321]这些活动是在格外有限的力量和经费的条件下，在极短时间内展开的。只有能源中心、鞑靼人民委员会和下格罗德边疆执委会划拨了必需的21万卢布，只占预算12%。[322]在苏联人民委员会1931年9月10日下发加速伏尔加河勘测工作的决议后，情况方才有所改观。

1932年3月23日，联共（布）中央委员会和苏联人民委员会发布《关于伏尔加河电站建设的决定》，批准设计和兴建高尔基、雅罗斯拉夫尔和彼尔姆水利枢纽。为此，由苏联重工业委员会组成的“中伏尔加工程”托拉斯被组建起来，而重工业委员会能源中心于1932年10月1日被责成提交技术方案。[323]尽管工期很紧，但先期设计的主要工作都按时完成了。

1932年10月23日，苏联中央委员会出台第1626号《关于审核雅罗斯拉夫尔、高尔基和卡马河水电站设计方案的决议》，[324]这份决议对所有水利枢纽的设计方案进行了检查和认定。在雅罗斯拉夫尔城附近的诺尔斯科耶村断面，开始了雅罗斯拉夫尔水利枢纽建设，勘测设计研究与建设工作同时进行。这一项目没有实施到最后。1932—1933年，“中伏尔加工程”托拉斯在伏尔加河上游的水利工程设计中共花费135.3万卢布，其中包括雅罗斯拉夫尔水利枢纽的127.9万卢布，占总开销的94.6%。[325]

“大伏尔加”计划的勘测设计工作具有巨大的工作量和复杂性，这对引入更多的科学研究提出了要求。1933 年 11 月，苏联科学院会议对已完成的工作进行了简要总结，拟定了进一步的科研工作计划。其最重要的方向之一是深化勘察工作，特别在雅罗斯拉夫尔水利枢纽所在地。

从这一角度看，1933—1935 年伏尔加 – 卡马河考察队对莫洛加 – 舍克斯纳河间地的研究具有极强的科学意义，但它在科学文献中却鲜有提及。1932 年 11 月，其组织问题首次被提出，时任中伏尔加工程勘测处处长的工程师 I.N. 乌尔班向苏联科学院生产力研究委员会呈交了一份报告。[326] 报告包含主要建筑任务和研究性问题，问题解决方案被转呈至科学院。积极加入考察队的机构包括苏联科学院植物学、地形学和土壤学研究所。[327]

苏联科学院生产力研究中心伏尔加 – 卡马河考察队的任务是对伏尔加河与卡马河流域进行植物学、地形学和土壤学研究，这些地区毗邻雅罗斯拉夫尔和彼尔姆水电站的淹没区。[328] 除此之外，考察队还要对农业用地进行评估，在修建水库之后，这些农业用地将被淹没，考察队需要对自然环境的改变做出预测。

组成考察队的有地植物学、地形学和土壤学三支队伍。考察队工作开始于 1933 年 5 月，并在 1933 年、1934 年、1935 年的夏天持续进行，1934 年完成了测绘研究，1935 年完成了基本工作。[329]1933 年，考察队共有 24 名队员，1934 年有 23 名队员。[330]

工作人员将主要注意力放在莫洛加与舍克斯纳两河之间的河滩草地上。他们指出："尽管在该地区主要是贫瘠草场，但因为面积巨大，大量干草可以被运至外地。"[331] 研究者对两河间 30569 公顷土地进行了测绘，在 92 米标准水头高度的情况下，16936 公顷土地（55%）将被淹没，其中包括 6936 公顷（78%）的耕地和留种区。[332]

最终，在水利枢纽建设后河间地命运的问题上，考察队初步得出重要结论：1）在 92 米标准水头高度情况下，地下水水位将上升约 2 米；2）低于 95 米标记的河间地，将遭受甚为严重的沼泽化；3）地下水水位上升将带来负面后果，其表现形式是泥沼面积的扩大。[333]

有两种方式可以补偿被破坏的农田和草场：一是利用农业技术提高

剩余农田产量；二是开发新土地。但考察队队员认为新土地是“不适宜且劣质的”。[334]

从考察队的报告来看，他们的工作遇到了不少问题和困难。其中最主要的是制图材料无法满足要求，经费不足，鞋子短缺且质量低下。[335]

1933—1935 年，在莫洛加－舍克斯纳河间地上，考察队队员研究了地质构造、地下水、土壤和植被。在那个时代，这已经称得上详尽了。地植物学和土壤学研究遍及 41.6 万公顷土地。专家们揭示出水头 92 米情况下的可能影响：1）莫洛加与舍克斯纳河的河滩将大都被淹没；2）淹没区域将开始沼泽化；3）草场育种将遭受严重损失；4）农业生产损失可以通过河间地以外的土地补偿。

1934 年，G.K. 里森卡普夫挂帅的苏联重工业人民委员部水电设计局制定出“大伏尔加”规划，并在其中加入了伏尔加河邻近雅罗斯拉夫尔、巴拉赫纳城和克里乌什村的水利枢纽，以及奥卡河和卡姆河上的水电站。[336]1932 年上马的雅罗斯拉夫尔水利枢纽计划将水位抬高 10—11 米或蓄水 92 米。

在雅罗斯拉夫尔城曾经的托尔加修道院内设立了科学实验室，其中有 900 多平方米的伏尔加河河床模型和测算水位升高对水电站安全性影响的设备。[337] 模拟显示，伏尔加河水平面升高 11 米将导致图塔耶夫地区河岸严重塌陷，雅罗斯拉夫尔、图塔耶夫、雷宾斯克地区一些居民点和工业企业将被淹没，莫洛加－舍克斯纳河滩地将沼泽化。另一方面，水库的设计尺寸无法调节伏尔加河流量，而水电站在汛期将由于升水不足而停工。针对该情况的修正方案之一是另外修建水头 8—10 米的水利枢纽。[338]

在水电设计局内部，对雅罗斯拉夫尔水利枢纽未来命运的观点存在分歧。一派坚持最初构想，另一派以 A.N. 拉赫曼诺夫教授为首，认为水利枢纽闸门必须移至雷宾斯克，且必须提高正常蓄水位。1935 年夏，工作开始 3 年后，拉赫曼诺夫写信给斯大林，阐述自己关于提高正常蓄水位的理由。[339] 总书记同意他的观点。1935 年 9 月 14 日，苏联人民委员会与联共（布）中央委员会下达第 2074 号决定，责成苏联内务人民委员部“在1936年9月1日前，制订并向苏联人民委员会递交雷宾斯克水利枢纽的技术设计、生产计划与预算，蓄水位暂定98米。并于1937年1月1日前结束水库综合勘测工作，从而在施工前明确水位标高”[340]。设计师们没有准时完成，直到1937年3月1日才逾期递交了技术设计和预算。

1936年4月，苏联国家计委专家委员会同意了提高正常蓄水位的方案。因为内务人民委员部伏尔加工程局1935—1936年进行的勘测和设计研究显示，虽然1935年水电工程局工程师将雷宾斯克水库的水位标高确定为98米（6.6立方千米），但将该数字提高至102米（15立方千米）是完全可能的。[341]专家们认为，只有102米方案，方能对伏尔加河流量进行完全调节，并使水库的交通和能源应用效率最大化。

在1937年3月1日完成综合勘测后，雷宾斯克和乌格里奇水库的水位标高最终被定为102米和113米。[342]

该决定做出后，伏尔加－卡马河的勘探工作在很大程度上失去了现实意义，因为其所有研究和结论均以蓄水92米为基准。看上去，在这种情况下，起到最重要作用的是在那个时期已经形成的一种趋势，即为了获得最大的电能输出，为最大程度地增加航运保障深度，建立具有最大水位和最大淹没面积的水利枢纽。

在研究1937年雷宾斯克水利枢纽技术文献的过程中能够发现，正常蓄水位的提高将使水利枢纽功率增加1.3倍，并导致成本从7.51亿卢布飙升至10.82亿卢布（1.4倍），淹没区面积从29.1万公顷增至46万公顷（1.6倍）。[343]保存下的技术设计材料是零星且不完整的，因为其中大部分是各种项目设计草图，而几乎没有对水库垫层问题的说明。

在1937年的总预算中能看到雷宾斯克和乌格里奇水利枢纽的工程量和费用。[344]如表11所示，主要开销在水利枢纽设施建设（55.7%）和建筑搬运（16.3%）方面。设计勘测工作花费了6027万卢布，占4.2%。上伏尔加水利枢纽的技术设计和初步设计共花费16.4亿卢布，其中包括雷宾斯克的11.6亿卢布和乌格里奇的4.8亿卢布。

上述水利枢纽的主要特性在于它们坐落在有大量黏质土壤沉积的伏尔加河地区，因此在设计过程中不得不解决复杂的技术问题，勘选地质条件最适宜的建造地，提高大型水利工程建筑的坚固性。

试验研究在托尔加与梅德韦日埃戈尔斯基（卡累利阿——笔者注）水利试验室继续进行。苏联内务人民委员部伏尔加工程局的工作还包括：1）制作整个雷宾斯克水利枢纽技术和施工设计的空间模型；2）按照施工设计挑选闸门系统并试验；3）对装备有给水和泄水系统的乌格里奇闸门进行研究。[345] 试验开始于 1936 年 3 月，并持续了 6 个月。

通过研究保存下来的伏尔加工程局的设计勘测材料可以发现，他们在几乎所有领域为水利建设的发展注入了强劲动力。由设计处主任 G.A. 契尔尼洛夫所推动的新的伏尔加河改造方案，使水资源综合利用得以实现，尤其在能源和交通方面。在上伏尔加水利枢纽的设计中，许多原理获得首发或深化，其中主要包括：1）使用峰值负荷；2）合并发电元件，即发电机和涡轮；3）设施的河床外河滩布局，即在河床外修建混凝土工程；4）修建沙土充填式堤坝；5）可以提升通过能力的新式闸门结构；6）计算岩壁上水利设施坚固性的新方法。[346] 这些成就随后被应用在伏尔加河梯级工程的其他项目中，包括最大的古比雪夫和斯大林格勒水电站。

设计勘测研究与 1935 年末开始的修建工作同时进行。在对乌格里奇和雷宾斯克水利枢纽的技术设计和预算进行审核之后，国家计委专家委员会又于 1937 年 7 月 22 日附加了一些意见，并随后得到苏联中央人民委员会决议确认。[347]

由于缺乏沙土地上的设计和建造经验，从 1929 年一直延续至古比雪夫水电站地区的勘测工作陷入迟滞，并耗费了大量财力。为此，在 1936 年编制技术规划时便计划分拨 1500 万卢布，其中包括苏联中央人民委员会的 900 万卢布储备基金。[348]

1936 年末，水电设计局“大伏尔加”局向专家们提交了新的古比雪夫水利枢纽设计草图，其中包括三个在岩石台面上的选址方案：察廖夫土岗方案、日古利方案和红色格林卡方案。[349]组成水利工程的两个水电站的总出力被确定为250万千瓦，年发电量140亿千瓦时。苏联重工业人民委员部专家委员会、苏联国家计委专家委员会，分别于1936年12月和1937年3月，认定了水利枢纽的巨大经济价值，以及建造水利枢纽的技术可行性和紧迫性。[350]

1937年7月10日，苏联中央和联共（布）中央发布第1339号《关于在伏尔加河上兴建古比雪夫水利枢纽、在卡马河上兴建水利枢纽的决定》，责令苏联内务人民委员部在1938年1月1日前完成设计工作，并不晚于1939年5月1日上交技术图纸和外形示意图等材料。[351]为1937年第三季度工作拨款500万卢布。从此，设计工作由S.Y.茹克领衔的集体来执行，他们来自苏联重工业人民委员部古比雪夫水利枢纽建设管理局，后来隶属于苏联内务人民委员部水利设计局。与在伏尔加河上游一样，同时展开的工作还有辅助基础设施的建设，如道路、维修基地等设施。

在详细分析水电设计局的设计图，并对地质、水文等问题进行研究之后，专家们发现察廖夫土岗方案存在缺陷。因此，在1938年5月结束的设计工作中，水利枢纽选址在古比雪夫市上游25公里的红色格林卡村地区。[352]设计师们认为，伏尔加河此段两岸都有坚硬岩层，足够作为重型混凝土水利设施的地基。其功率能达到340万千瓦，是水电设计局原方案的1.36倍。[353]在新的设计工作中研究了两个方案——河床式和引水式。若按第一种方案，所有水利设施都集中在伏尔加河上；若按第二种方案，则大部分出力在伏尔加－乌辛斯克分水岭，其他输出在伏尔加河水坝。[354]

在设计中，主要注意力聚焦在古比雪夫水利枢纽的能源意义上，其第一阶段能够生产125亿千瓦时电能，而第二阶段在上游一级水电站建成后则能生产145亿千瓦时。[355]此外，古比雪夫水利枢纽能够将雷宾斯克市到阿斯特拉罕市之间的航道深度增至3米，在水库内减小航程52公里，并灌溉伏尔加河流域100万公顷土地，且未来能扩大到300万公顷。

1939 年 6 月专家鉴定后，第二种方案中水坝和两座水电站的设计获得苏联中央人民委员会和联共（布）中央批准，预估造价 81 亿卢布。[356] 但有关选址和电能分配的问题则计划在技术设计中再解决。在 1940 年进行了一系列补充勘察和多方案比较后，红色格林卡闸口方案被采纳，拟建 11 个机组为坝式，9 个机组为引水式（伏尔加 - 乌辛斯克分水岭——笔者注）。总出力 360 万千瓦，年发电量 152 亿千瓦时，造价约 80 亿卢布。[357] 由于缺少劳动力，苏联中央人民委员会和联共（布）中央发布第 1780—741 号决定，从 1940 年 9 月 24 日开始暂停古比雪夫水利枢纽的设计勘测和建筑工作。[358]

但根据档案材料，建设进程停滞主要应归咎于在设计过程中所犯的严重错误。在萨马拉湾地区进行的详细勘察表明，岩体的裂隙度较高，且破碎处呈粉末状，因此若不采取造价高昂且复杂的加固措施，便无法作为大型水利工程的地基。[359]A.M. 先科夫教授给 V.M. 莫洛托夫的批评信更促使其意识到水利枢纽建在这类地基上的灾难性后果，信中说："……再没有其他造价更高且不大可靠并带来极大困难的解决办法了……不仅如此，水利枢纽规划的实施必将导致不可避免的灾难。工程领导们的主要错误在于，他们以为在水坝地基里是坚硬岩石，但其实是白云石粉末沉积层……这个方案绝对是大罪。如若（由于决策错误）必须在极艰难条件下完成巨量工作，建筑者们将'吹嘘'说，项目实施需要巨大努力，且伴随着这些世界建筑经验都不知道的困难。在我看来，再没有比这更加可恶的脱离实际的贪大作风了……工程艺术的功绩在于，用最少的人类的力气和物质资源，使自然界的力量最大化地为人类造福。"[360]

使古比雪夫水利枢纽断面移至伏尔加河畔斯塔夫罗波尔（今陶里亚蒂——译者注）地区的决定性事件，是在红色格林卡村及其上游的伏尔加河右岸发现了油田。[361] 与此同时，到 1940 年初，只在设计勘测和筹备工作上花费了 3.7 亿卢布，而在 1940 年，计划再投入 1.9 亿卢布。[362]

四五十年代设计勘测工作的发展进程与特点，在高尔基水利枢纽 1946—1956 年的科技文件中可见一斑。1944 年 7 月 2 日，国家国防委员会决定，责成苏联内务人民委员部编制伏尔加河雷宾斯克市至高尔基市（今下诺夫哥罗德——笔者注）段的能源利用规划和水利枢纽初步设计。[363]1946年9月，苏联国家计委科技专家委员会对水力设计局制定的规划进行审查，并得出结论，在戈罗杰茨附近建设84米水头单水坝水利枢纽的伏尔加河利用方案具有可行性。[364]

为成功而快速地完成设计勘测研究，内务人民委员部部长L.P.贝利亚给水利设计局工作人员保障了一切必要条件。高尔基、伊万诺沃和雅罗斯拉夫尔的州执行委员会被贝利亚指派负责提供劳动力，以及畜力和水力交通工具，而地方内务人民委员部管理局局长则要用尽一切办法协助，其中包括勘测工作的组织、必要物资和信息的获取。[365]

在编制初步设计的过程中，水利设计局兼顾高尔基水利枢纽的规模，以及苏联部长委员会关于开工建设的决议，因此进行了大量设计研究和地质测绘，远多于早前要求，共钻孔12000米，钻井2500米，测绘71.5平方公里。[366]其结果是，设计师发现了破坏程度较低的、可以相对可靠地建造任何类型水利枢纽工程的主岩。

初步设计确定的水电站装机容量为370兆瓦，年均产能1.673万亿千瓦时，造价22.05亿卢布，每1千瓦时电能成本为2.41卢布。同时，初步设计明确了水利枢纽设施、其技术参数、建筑工作量等。[367]高尔基水利枢纽的主要任务是改善莫斯科和伏尔加河上游能源体系状况，提高伏尔加河通航条件。待其投产后，水电站产能在供电区总电力平衡中的占比应从1940年的1.4%增至1955年的17.3%。[368]特别重要的是，设计研究确定了对这一标准型水电站地区最适宜的钢筋混凝土溢流坝，并且额外针对通航运河扩张和泊船码头建设进行了规划。

水库河床的铺设被给予极大关注。淹没区覆盖16.48万公顷土地，包括15座城市和村庄，以及249个农业居民点。水库总造价7.882亿卢布（其中28%为水利枢纽支出）。[369]在设计过程中，许多技术参数和财务预算经常被更改，从而引起整个设计的修改。例如，不同时间计算出的高尔基水库建成后的农田流失总面积，从16.48万公顷到17.8万—18

万公顷不等。[370]

通过分析科技文件，笔者发现，与雷宾斯克和乌格里奇水利枢纽一样，高尔基水利枢纽也是一个试验场，从1933年开始积累的伏尔加河大型水利建设经验在高尔基水利枢纽设计和建造实践中被推广和验证。如果说伊万科沃、雷宾斯克和乌格里奇水利枢纽是在匆忙中赶工的，有时并没有形成完整的设计文件，因此影响了工作质量和速度，那么高尔基水利枢纽的情况则有根本不同，特别是其水库河床的铺设，设计师针对这个问题做了那个时代最为详细的研究。最终，在农业领域驰名的1.41万公顷科斯特罗马盆地被堤坝保护起来免受淹没，这与先前耕地保护问题未被提及形成云泥之别。[371]

以收集到的勘测材料和设计出的保护措施为基础，对绝大多数城市和工业企业进行保护的可行性被确定下来。对雅罗斯拉夫尔、科斯特罗马、普廖斯、纳沃洛基、尤里耶韦茨、普切日和基涅什马，以及13个企业进行工程保护的总造价被确定为2.463亿卢布。[372]

在20世纪30年代到50年代初这段时间内，对伏尔加河水利枢纽进行的设计勘测工作取得了巨大成就，但也显露出诸多弊端。例如，在高尔基水利枢纽的设计过程中需要针对淹没区树木采伐问题进行规划，但给制订该项规划规定的期限是不现实的，从而导致了经常性的返工和修改，研究和确定规划所用的时间是原计划的2—2.5倍。[373]

1957年，在完成对高尔基水库设计工作的总结之后，设计师们得出如下结论：1）区域规划应当成为设计工作的主要部分；2）应当拟定水库蓄水期内的活动；3）集体农庄和国营农场的组织经济制度规划应当以区域为单位制订，因为如若不然，这些规划将无法传达到执行者那里，工作也将没有计划地进行；4）为从根本上完善工作，务必针对移民部门的权利和义务制订条例与细则。[374]

设计勘测研究的工作量取决于水利枢纽的参数、拟定的建筑施工量，以及这些工作的强度和复杂性。因此，研究工作量最大的是40年代末到50年代古比雪夫和斯大林格勒水利枢纽工程的设计工作。为快速开展设计勘测工作，1949 年 6 月 30 日，苏联部长委员会发布第 2826—1180c 号《关于在伏尔加河上兴修古比雪夫水电站的特别决定》和第 2828—1182c 号《关于伏尔加河上斯大林格勒水电站勘测设计工作的特别决定》。[375]

对于古比雪夫水利枢纽，内务部被责令于 1950 年 10 月 1 日之前完成所有必要研究并向政府机关递交初步设计，于 1952 年 1 月 1 日前递交技术设计方案。与设计高尔基水利枢纽时一样，水利设计局拥有广泛的职能，以及必要的物质、技术与财政供给。例如，在斯大林格勒水利枢纽项目中，仅在 1949 年就获得了 400 万卢布的拨款。[376] 为保障两座水利枢纽的勘测研究，还计划在 1949 年末之前筹组数量达 500 人（古比雪夫水电站）和 300 人（斯大林格勒水电站）的劳改营。[377]

一系列措施使苏联内务部水利设计局得以在 1949 年下旬和 1950 年，在古比雪夫水利枢纽地区开展了大规模的设计勘测工作。水利设计局共进行了 4 次勘察：2 次地质勘测（11 支勘测队）、1 次地形测绘（3 支队伍）和 1 次水文勘测（2 支队伍），勘测队员总数达 2000 余人，其中包括 450 位工程技术专家。[378] 他们的工作量包括：1）钻孔——56400 米；2）钻井——1700 米；3）地形测绘——4.7 平方公里；4）水准测量——2500 公里；5）地质测绘——798 平方公里；6）物理化学分析——7 万余次……斯大林格勒水利枢纽地区的勘察工作量则少多了。

古比雪夫水利枢纽 1937—1957 年主要设计指标的动态变化如表 12 表示。相较三四十年代，50 年代的参数更具现实性。1950 年 10 月，初步设计被递交至苏联国家建设委员会。[379] 专家鉴定会予以批准，但同时建议研究：1）在不改变机组数量和水轮直径情况下将装机容量提高至 200 万千瓦的可能性；2）将建筑造价降至 20 亿卢布的可能性。我们能够发现，第二条建议在现实中落空了，按官方数据，古比雪夫水利枢纽的总造价为 116.501 亿卢布（1958 年）。[380]

原定 1952 年 7 月 1 日完成的古比雪夫水利枢纽技术设计直到 1954 年 3 月才完成，因为在编制过程中决定提高水利技术工程的资本等级。[381]

这导致其造价上涨 13.6%。设计鉴定持续了一年半，并在 1955 年 12 月水电站第一个机组投产前 4 个月才完成。技术设计和预算的编制与建造工作同时进行是很不好的，因为技术设计多次修改引起了水利枢纽造价飙升和建设进程延滞，而预算作为财务文件则丧失了其约束意义。作为分包方参与设计的单位有 130 个，包括各种研究院、托拉斯、工厂的设计处和建筑设计院等。[382]

由于问题极其复杂，并且需要实践论证古比雪夫和斯大林格勒水利枢纽的规划方案，1938—1940 年，用以大规模模拟发电站机组的水利试验站在莫斯科州的图什诺市设立。1949 年，水利设计局科研处的主要研究基地也设立于此。[383] 试验在很大程度上促进了正确技术参数的采用。

从 1958 年 10 月到 1959 年 4 月，政府委员会发挥着作用，其主要任务之一是评估古比雪夫水利枢纽的设计方案。古比雪夫水利枢纽是苏联那一时期最大的水利建设，其方案在未来类似的工程建设中也能使用。[384] 委员会将如下内容认定为设计成果：在非黏质土上修建 30 米水头大型排水建筑物的理论和试验研究；在水电站建筑物内安装泄水设备；增加坝高；等等。委员会还指出了水利技术工事的钢筋含量以及预制钢筋混凝土应用不足等问题。[385]

1950—1962 年，斯大林格勒水利枢纽在设计中运用了古比雪夫水利枢纽修建和应用过程中积累下的经验，从而使一些合理决策被采纳。两个水利枢纽勘测设计工作的一般方法在整体上相符，但斯大林格勒水利枢纽的技术设计直到 1956 年 9 月即工程竣工前 6 年才确定下来，其总预算造价减少 6500 万卢布，即原预算的 7%，降低至 8.847 亿卢布。[386] 装机容量为 256 万千瓦，年均发电量为 111 亿千瓦时，每 1 千瓦的基本建设投资为 196 卢布，每 1 千瓦时电能的基本建设投资为 4.5 戈比，每 1 千瓦时电能的成本为 0.08 戈比。[387]

有证据显示，1952 年由苏联内务部提出的斯大林格勒水库处理技术规程，在其 1955 年通过审查和批准之前，一直受到批评。1955 年 7 月，苏联国家建设委员会工程师 S. 阿拉波夫和 M. 瓦西科夫指出：“经验表明，设计研究机构（水利设计局和水电设计局），以及电站部，将依据单一部门的非国家利益，针对库区淹没问题进行规划并采取措施。这些机构将放弃管理和协调这些工作的职责。库区处理将在没有妥善的统一领导情况下自发进行，这将给国家带来巨大损失。此外，为完成规定设计和建筑工作，缺少统计的标准文件和指导文件。在这一重要的国家事务上，已经制定并呈交至委员会的淹没区处理方案，没有克服已有的错误方法。”[388]

在古比雪夫和斯大林格勒水利枢纽的技术设计中规定了一系列水库组织措施，包括农村居民及农业经济的迁建，城市、工人新村和企业的工程保护，铁路、桥梁、公路等交通设施的重建，森林采伐与清理，卫生清理，等等。古比雪夫水库淹没 50.39 万公顷耕地（斯大林格勒：23.3 万公顷），需要转移 25781 家农舍和 8093 个其他建筑物（斯大林格勒：13180、5315），涉及 290 个居民点（斯大林格勒：125），其中包括 9 座城市（斯大林格勒：6），需要对 16 个城市（斯大林格勒：4）和工人新村，以及 11 家企业进行工程保护，清理 29.5 万公顷森林（斯大林格勒：10.73 万）……[389]

切博克萨雷水利枢纽的勘测设计于 20 世纪 30 年代开始，但其主要工作由水电设计托拉斯和水利设计局于 50—70 年代完成。与修建其他水利枢纽时一样，科学技术文件被反复修改。1967 年由苏联部长委员会批准的初步设计直到 1974 年，即开工建设 6 年后方被确认和采纳。[390]

设计工作确定了水利技术设施的主要技术经济参数。装机容量 140 万千瓦，年均发电量 30.55 亿千瓦时，每 1 千瓦的基础建设投资为 356.8 卢布，每 1 度电的基础建设投资为 14.1 戈比，每 1 度电的成本为 0.37 戈比。[391] 最终预算造价为 9.176 亿卢布（初始预算为 8.763 亿卢布），其中包括占比 45%的水库造价 4.131 亿卢布。[392]

设计师还确定了正常蓄水位 68 米情况下的库区处理措施，包括 119 个居民点（6 座城市、5 个城市型乡镇、108 个农村居民点）中 4.2 万人口的搬迁安置，1.2 万座建筑物的转移，18 座设施的工程保护，5 万公顷土壤和水汽状态的改良，10万公顷的森林清伐，600公里的深水航道开发，年均4万公担捕捞量的渔业开发，公路重建，卫生清理，等等。[393]在68米正常蓄水位的情况下，共淹没耕地16.75万公顷。

切博克萨雷水利枢纽是伏尔加河梯级工程的最后一个项目，通过研究其勘测设计材料，笔者得出如下结论：

1）在编制设计文件期间应用了伏尔加河和卡马河上其他水利枢纽的建设经验。

2）在修建水利技术设施时，水电站主任和总工程师的通力合作对问题的快速解决做出了巨大贡献。

3）在闸口附近进行的第45号综合勘察，保障了大量工程地质勘测工作的完成，以及设计文件的编制。

4）现场作业应用了现代仪器、设备和交通工具，从而使工期缩短、工人数量减少。[394]

一些数量指标可以证明勘测设计研究的超大规模。1930—1956年，伏尔加河和卡马河上所有水利枢纽的钻探总量超过100万延米，1∶100000和1∶50000的地质测绘达到5万平方公里。[395]20世纪30—70年代的大规模地质学、大地测量学、水文学等科学勘测详尽研究了伏尔加河流域的水文构造、伏尔加河河床的水力学特征等许多问题，从而使在平原大河的复杂条件下、在沙岩黏土地层上兴建宏伟的水利工程得以实现。

20世纪30—70年代，伏尔加河流域勘测设计工作的总开销超过2亿卢布（按1961年价格计算）。主要执行者是水电设计托拉斯和水利设计局，以及水利内河航运研究院（Гипроречтранс）、联盟水利设计局（Союзводпроект）、全苏水利工程给排水和工程水文地质研究所（ВОДГЕО）等机构。[396]

表13系所有水利枢纽勘测设计研究的财务开支。整体上，勘测设计开支在水利工程总造价中的比例在3.04%—5.18%之间波动，平均为3.6%。在高尔基和乌格里奇水利枢纽花费最多。

从伏尔加河梯级水库的设计文件中可以发现，水库的意义是次要的，只有水利枢纽本身及其工程被认为是主要目标。这种情况在 50 年代，尤其是六七十年代有所改观。为勘测和设计“莫斯科 – 伏尔加”运河和伏尔加河上游水电站，1937 年设立了第一个针对耕地征用问题的专业部门，而其他主要的水库组织部门 1945 年之后方才出现。[397]

因此，30—70 年代，为论证水利工程的技术可行性和经济合理性，并保障其可靠与安全，在伏尔加河流域进行了规模巨大的勘测设计研究。1919 年在萨马拉湾是第一次，20 年代进行了规模不大的勘测设计。但从 30 年代开始，由于苏维埃领导下的伏尔加河根本性改造计划的出现，伏尔加河所有河段的勘测设计工作形成了扩大化、集约化和集中化趋势，财政支持也大幅上升。规模最大的勘测设计工作完成于 30—50 年代，其目的是为工程选址，并为雷宾斯克、乌格里奇、高尔基、古比雪夫和斯大林格勒水利枢纽确定参数。

伏尔加河梯级工程的勘测设计研究是在加速度状态下完成的，这使得仅仅用了 40 年时间，7 座大功率水电站和 1 座中等功率水电站便得以在复杂条件下设计并建成。主要的困难在于缺少修建大型岩基水利枢纽的实践经验，因此在修建过程中大量应用了苏联国内外的经验。政权机关（包括内务部）针对水利枢纽参数的专断决策在设计质量上有负面反映，尤其在 30—50 年代。水利建设加速发展的后果是设计与施工经常双管齐下，这导致了不遵守技术规程现象的发生，并最终造成工期延长、质量受损、成本增加。

尽管勘测设计研究的工作量巨大且细节庞杂，但由于唯意志论、急于求成和思虑不周，现实体量、复杂程度和工程后果并不总是被顾及。由于设计中的严重误算，已经开始建设的雅罗斯拉夫尔水利枢纽（1932—1935）和古比雪夫水利枢纽（1937—1940）被迫停工继而被裁撤。

在“大伏尔加”框架下，勘测设计工作的速成特征导致主要注意力聚焦在大功率水利枢纽的可行性论证上，而水库则因被放在次要位置而研究不足。

试验与勘探是伏尔加河梯级工程中最为重要的科研方向。试验工作主要在雅罗斯拉夫尔和图申诺水利技术试验室进行。勘探研究的典型例子则是苏联科学院的伏尔加河－卡马河勘探活动。在制订伏尔加河水资源经济开发计划时，学术研究的贡献巨大，1933—1935年的研究表明，雅罗斯拉夫尔低功率水利枢纽投产将引发莫洛加－舍克斯纳河间地严重沼泽化等负面影响。

伏尔加河水利枢纽的设计、勘测和科学研究齐头并进，且经过三个阶段：初步设计、技术设计和施工图设计。对于伏尔加河最复杂的河段，需要预先编制规划图，从而为水利枢纽选址，并搞清技术参数和淹没区措施。在初步设计中则确定闸口和工程组件以及水电站、水坝和闸门类型，详细考察区域自然条件，制订设施建造次序图，拟定水库组织措施，估算水利枢纽造价。技术设计在对工程区域进行额外的深度研究基础上，确认水利枢纽和水库的规格和结构，以组织生产工作，并确定最终造价。

梯级工程设计的重要因素是伏尔加河毗邻地区大量的居民点，包括大型城市、各种企业、珍贵的农用耕地等设施。因此，尤其从40年代末期开始，设计师们特别关注的是水库水位标记选择、居民转移、工程保护、交通和渔业开发、卫生清理等问题。

设计几经更改导致预算造价上涨，并延误工期。尽管如此，勘测设计工作中的成就使“大伏尔加”规划成为现实。

## 2.2　水利枢纽建设施工：在计划与日常管理之间

20世纪30—80年代，伏尔加河水电站梯级工程的兴修是苏联工业化进程的重要组成部分。研究俄国经济物质技术基础的建设经验，对于当代社会经济领域的现代化，具有特别的科学意义。因此，在这一节，我们将主要研究大型水利枢纽建设的管理架构、劳动力组织、生产计划的实行、人员编制的来源等问题。科学研究水利工程建设的成就、成本和教训将有助于纾解俄罗斯电能赤字问题，并将促进能源行业及其他经济领域的改革。

在水利建设过程中，苏联于20世纪20年代设立了一些专业的建设单位——斯维里工程局、沃尔霍夫工程局、第聂伯工程局等。这一实践经验得以确立，并随着伏尔加河大功率水电站的建设取得了进一步发展。我们将用雷宾斯克、乌格里奇、古比雪夫以及切博克萨雷水利枢纽为例，对工程组织问题加以分析。

1935年9月14日，苏联人民委员会和苏共（布）中央委员会做出战略决策，决定暂停雅罗斯拉夫尔水利枢纽工程建设的筹备工作，并转而在雷宾斯克和乌格里奇建设水利枢纽。这项决议随后被指派给苏联内务人民委员部。[398] 重工业人民委员部被责令于1936年1月1日前完成全部建筑的裁撤工作，并向内务人民委员部转交一切必要的勘测设计资料、设备、运输工具等。1935年12月，苏联内务人民委员部颁布第0156号令，为工程建设设立伏尔加劳改营。[399]

同时，到1935年9月，雅罗斯拉夫尔水利枢纽的建设已经持续了3年，且总工程量的60%已经完成。[400]7.88亿卢布的建设预算已经花费了约1.3亿卢布，占总预算的16.5%。[401] 这种状况可以看作资金短缺情况下财政投入低效的典型。

为建设雷宾斯克和乌格里奇水利枢纽，苏联内务人民委员部专门设立了建设机构——伏尔加工程局，该组织的总部位于雅罗斯拉夫尔州雷宾斯克市佩列博雷镇。[402] 工程局主任为国家安全局上校Y.D.拉波波特，他同时兼任伏尔加劳改营主任。总工程师是S.Y.茹克。

1935—1946年，伏尔加工程局隶属于苏联内务人民委员部系统，并且在一开始隶属于古拉格，从1940年9月13日起隶属于在古拉格水利处基础上建立的水利工程劳改营总局（水利工程总局）。[403] 雷宾斯克和乌格里奇水利枢纽建设是伏尔加工程局最大的工程。1941年10月底，由于“二战”爆发、工作量减少，水利工程总局改组，伏尔加工程局被并入苏联内务人民委员部水利工业总局水利工程部。[404] 战后，根据1946年10月苏联部长会议第2266—942号决议，伏尔加工程局被移至苏联电站部。在这样的组织架构下，一直到1950年，伏尔加劳改营承担了雷宾斯克水利枢纽建设的大部分工程。[405]

按照组织关系，伏尔加工程局是托拉斯公司，其分支机构包括：1）设计单位；2）3家建筑安装局——两家在雷宾斯克，一家在乌格里奇水利枢纽；3)5个路桥工段；4)2个机械维修厂；5)水泥厂。[406]除此之外，伏尔加工程局还下设6个主要的经济核算办公室：木材及非金属材料、运输、挖掘、焊接、水力机械化和疏浚，它们服务于建筑安装局，并利用经济结算方法高效分配建筑工地范围内的全部资源。工程质量检查由多个单位负责，其中主要是伏尔加工程局的技术检查局，该部门拥有广泛职权，甚至可以责令停工。[407]伏尔加劳改营虽然形式上隶属于工程局，但它却享有特殊地位。

同时，雅罗斯拉夫尔水利工程试验室和包干单位——梅德韦日耶戈尔斯克试验室，也都隶属于伏尔加工程局。这种组织架构本意是要促进设计师和施工人员之间的互动，并对工作质量进行有效监督。然而，实际情况却经常不尽如人意。

至1937年1月1日，伏尔加工程局组织架构中共包含23个分支机构，其中包括8个建设工段、4个采石工段、3个木材采运工段、1个居民搬迁部、1个下设7个供给和附属企业的中央管理局。[408]人数越多、资金越雄厚就证明该机构越重要。8个建设工段上的工作人员数量占总数的73.5%，木材采运工段占14.6%，采石工段占8.7%。[409]各机构分配到的资金占伏尔加工程局总资金的比重为：建设工段——61%，采石工段——6%，木材采运工段——6.7%，居民搬迁部——3.6%，中央管理局——22.7%。

1935年秋，辅助工程设备及工地组织工作开始。[410]根据技术设计，雷宾斯克水利枢纽工程包括舍克斯纳和伏尔加枢纽。舍克斯纳水利枢纽包括土坝和330兆瓦水电站，而伏尔加水利枢纽包括钢筋混凝土溢流坝、土坝、船闸和挡水坝等。[411]乌格里奇水利枢纽包括110兆瓦水电站、钢筋混凝土溢流坝、土坝、船闸以及相连接的挡水坝。[412]伏尔加工程局不仅完成了庞杂的水利枢纽建设，还建造了铁路和公路专用线、工人居民点，并且完成了莫洛加－舍克斯纳河间地淹没区的筹组工作，其中主要包括人口疏散、建筑物搬迁以及森林采伐工作。

伏尔加河上游水利枢纽的工程量反映出整个建筑工程的浩大。例如，伏尔加工程局混凝土工程的工作量相当于2个第聂伯工程或5个白海－波罗的海运河工程。[413] 根据设计，伏尔加工程局总共要完成4065.32万立方米土方工程、198.47万立方米混凝土和其他工程，其中工作量最大的是土方工程、金属结构安装、打钢桩等（表14），但在实际建造过程中工作量照例还是超过了预期。所以当1955年4月14日工程验收时，除了戗堤和过滤工程，其他方面的工程量超出设计指标1.02—1.3倍（表15）。总体上，建造雷宾斯克水利枢纽的工程量比乌格里奇水利枢纽翻了一番。

资金方面的情况类似。1937年3月的工程总预算为16.4亿卢布。但仅在4个月之后，1937年7月22日，苏联国家计委专家委员会就将之提高到了18.1亿卢布，增加了1.68亿卢布。且这些资金将按年分期拨付：1936年——2.101亿；1937年——3.98亿；1938年——6.835亿；1939年——3.952亿；1940年——1.212亿。[414] 但18.1亿还不是全部，因为乌格里奇水利枢纽的工程建设持续到了1942年，雷宾斯克则到1950年。伏尔加工程局常年亏损，1940年，由于铁路和水路交通工程效果不佳，亏损达到226万卢布。[415] 按官方推定，在工程建设期间，数十万卢布的建设资金遭侵吞。[416]

所有基础工程都由工程局自己完成。设备安装、金属结构安装工作则交由外包机构，包括“水利安装”托拉斯、列宁格勒“电力”工厂等。有近150家全苏、加盟共和国和地方工业企业为该项目提供设备和材料。[417]

水利建设进程中的主要生产指标是计划完成情况，包括月计划、季度计划以及年度计划。然而，遵照指令制订的官方计划更多趋于形式性，甚至只是为了宣传。由于计划有时不切实际，因此经常无法实现。

由于1937年10月之前一直没有技术设计，且建筑工人也没有及时拿到施工图，这不仅导致工程严重停滞，还造成水利枢纽建设不遵守工程规范的现象发生。因此，在计划之外又多完成了30万立方米的土方工程。[418] 由于设备供应不及时，以及缺少行政技术人员和熟练工人，混凝土工程延迟交付。最终，1937 年的年度计划只完成了 75.1%，其中土方工程完成 80.1%，混凝土工程 28.1%，其他基础工程 38.1%，土木工程 106%，道路建设 109.2%，建筑物搬迁 89.2%。[419]

有趣的是，对于 1937—1938 年自身工作的失职，伏尔加工程局领导解释称是由于敌人破坏和外国间谍颠覆活动造成的。在 1937 年 5 月 22—24 日举行的第二届党代表大会上，Y.D. 拉波波特提出的任务是："以学习布尔什维克主义并提高自身革命警惕性为基础，进一步消除破坏活动的后果。"[420]

不论是在工程开始阶段还是后来，建设者都面临着重重困难。在 1939 年 10 月 25—28 日举行的伏尔加工程局第四届党代表大会上，分析生产计划完成情况成为会议焦点。会议指出，在过去 9 个月中，混凝土工程完成 68%，金属结构安装完成 68.5%。[421] 造成该情况的主要原因是没有认真制订计划、技术监督不到位，以及在出现错误时谎报指标和对受罚的恐惧。伏尔加工程局政治处主任、工作组政委沃罗科夫称："上限加下限，乘以自己的个人想象——这不是制订生产计划的依据。"[422] 最终不得不返工或推倒已经开建的部分。谎报指标使乌格里奇水利枢纽浪费了 10 万立方米土方。[423]

很多在会上发言的建设分部领导都批评了现行工作制度。其中批评最激烈的是雷宾斯克水利枢纽第八段佩列博雷段的负责人巴甫洛夫，他说："佩列博雷段的计划不断在修改，年度计划至今尚未完成。月度计划有时在 25—27 日才确定下来……然后，我们一直在申请劳动力支持，但是同样地，现在都 10 月了，还没给我们弄到 200 个木工、70 个瓦匠、70 个细木工、65 匹马等。我们的情况究竟怎样呢？情况就是，我们每次都在月初会议上强调，计划是命令，没有商量余地，一定要完成，但在月底时却发现计划就是一笔糊涂账，可能完成了，也可能没完成。"[424] 巴甫洛夫称，尽管他多次反映问题，但伏尔加工程局领导层没有采取任何措施改善这一情况。

当然，工程一把手了解真实状况也深知自己的责任。在1939年12月28日举行的党内积极分子会议上，Y.D. 拉波波特得出了一个乍看起来格外吊诡的结论：计划完不成不是因为资源缺乏，而是因为资源太过丰富，也就是说这是由组织不力造成的。[425]计划任务的制订和批准过程很有意思，拉波波特下面一席话能够反映出来："政府决定在1940年给我们拨款3.8亿卢布。大概在10月底的时候，我打报告申请给我们批5.21亿卢布。经过审核和确定，拨款总数确定为2.9亿卢布。但在我们反驳和论证之后，总款项初步确定为3.8亿卢布，也就是说，在5月和6月我们将得到1亿卢布的追加拨款。"[426]

在1941年1月伏尔加工程局第六次党组织会议上确定了以下导致计划中断的原因：1）对分配下去的任务检查不到位；2）官僚主义和形式主义；3）劳动力等资源使用低效；4）木材不足。[427]

在水利枢纽建设过程中，劳动生产率经常无法达到计划标准。例如，1938年，由于工人组织不力以及财务纪律不良，平均劳动生产率仅达计划标准的86.1%，并有914次旷工和2200万卢布超支。[428]1939年，劳动生产率为76.7%，下降9.4%，而成本比计划增加4.4%。[429]1940年情况类似，平均劳动生产率仅为计划的81.5%。[430]

表16是留存的1937—1948年伏尔加河上游水利枢纽建设计划完成情况的数据。如果从投资角度看，5年中有2年完成了计划（完成计划率40%），但如果从基础工程完成情况来看，只有1948年完成了计划（完成计划率20%）。1937—1940年，年平均计划完成率，按投资为90.4%，按基础工程完成情况为81.2%。鉴于1937—1940年是水利枢纽建造的基础阶段，这种完成情况很难说是令人满意的。完不成计划是一个系统性现象。

超大型建筑工程的机械化程度也很低。计划无法完成不只由于劳动力赤字和劳动生产率低下，还与技术器械使用不足有关。在水利枢纽建设初期，主要的"机械化"工具是撬棍、铁锹、丁字镐、楔子、斧子，运输工具是小推车、畜力高边板的推土车。甚至在工程开始两年之后，

1937 年，挖掘机和水力冲泥机的定额生产率仍不到 60%。[431]

之后情况有所好转。1939 年，土方工程机械化程度达到 72.4%，1938 年仅为 67%。[432] 在伏尔加工程中开始广泛使用漏斗形泥舱将挖出的土壤运走，同时开始使用 4 台缆索起重机，等等。但 1940 年土方工程机械化程度下降到 71.9%，挖掘机仅完成计划的 80%。[433] 年均汽车利用率为 23%，挖掘机为 19.4%，缆索起重机为 59.5%。到 1940 年底，工程技术设备包括 64 台混凝土搅拌机、34 辆挖掘机、85 台起重机、105 辆机车、61 台小型内燃机、488 辆卡车、3 万延米传送机和其他设备。[434]

留存下的关于伏尔加工程雇用人员编制的资料很少。大量当地工人被积极吸纳进水利枢纽建设之中。例如，在 1939 年工程加紧建设期间，当地工人总数平均为 20522 人，占年均人员总数（88954）的 23.1%。[435] 被判有罪之人是主要劳动力。该人员组成状况贯穿整个工程建造期间。此外，1947 年，雇用人员（2904 人）在劳工总数（22541 人）中的比重平均为 12.9%，且囚犯主要从事辅助工程建设。[436]

水利枢纽建设一直面临严重的人员短缺，特别是熟练工人的短缺。对犯人的不合理使用经常导致生产指标不良。1939 年，犯人劳工或“A 组”工人数量应达到劳改营在册总人数的 85%，而实际上只占到了 81.4%。[437] 因此，计划完不成的首要原因被认为是囚徒劳动力使用不足，而排在第二位的原因则是伙食质量差、缺少起码的生活条件和衣物。

当地党组织和共青团组织也派出自己的人员补充水利工程建设所需劳动力。例如，1939 年，雅罗斯拉夫尔共青团州委就为伏尔加工程局派遣了 6400 名共青团员以及团外青年。[438]1939 年 5 月至 8 月，雷宾斯克市委和乌格里奇区委自发组织了 7 次星期六义务劳动，吸引了近 8500 人参加。[439]

雷宾斯克水利枢纽建设过程中的熟练工人短缺问题延续到了“二战”之后。尽管如此，建设工程的平均计划完成率由 1946 年的 80%提高到了 1947 年的 87%。[440] 这一年，754 人进行了个人技能培训研修，占计划总数的 87.6%。

劳动力的极大流动性是一个严重问题。1939年5月至10月，一共招收工人11475人，但同时3546人（30.9%）离职，其中42%是由于不遵守劳动纪律而被解雇，35%是自愿离职。[441]1940年一共招收9967人，9826人离职，其中2576人（26.2%）自愿离职，2695人（27.4%）因违反劳动纪律被解雇。[442]这一现象的主要原因是：季节性合金熔炼工作已毕、军队招兵，以及生活条件差、人事部解释工作不力。

德国战俘参加乌格里奇水利枢纽建设的重要证明是前战俘休伯特·德尼泽（Hubert Deneser）留下的日记和口述回忆。根据他的记录："劳改营在左岸。一个简易木房，里面有4个厅、几张床、几个炉子、走廊、厕所、食堂、厨房和一个切面包机。有各种作坊：做鞋的、维修的、消防队和锅炉房。我在乌格里奇工作了22个月。为了搅拌水泥，我在船闸拱门148级台阶上跑上跑下用水桶打水。我还掌握了很多建筑技能。1948年当我从劳改营返回德国的时候，我自己建了一座房子……"[443]战俘从事水电站的正面装修、建筑和电器安装、在船闸上建房建桥、铺设水利设施岸边的砌板，以及在工厂帮工、伐木和做农活。[444]

为消除熟练工人赤字并对工人进行大规模培训，伏尔加工程局组织了137个学校和培训班，开展不同的专业培训，培训时长从1个月到3个月不等。[445]这种方法取得了不错的成果。例如，1939年培训9612人，1940年——16420人，且5000多人并未脱产。[446]除此之外，工地上还建立了全苏工业函授学院的教学辅导站，为90名工人学生提供辅导。

尽管培训班有很多不足，但对于水电站建设而言也有不少好处。在1939年第二、第三季度劳动力极度紧缺的条件下，第三季度支出达到9020万卢布，占上半年资金总额（1.075亿卢布）的84%。[447]同时，与第二季度相比，第三季度土方工程劳动生产率翻了一番，是第一季度的7.5—8倍。1939年12月的党员会议记录了计划预算和财政工作的大幅改善，以及经济核算工作的增强。[448]为优化劳动组织工作并完成1940年生产定额，班组包工形式被大力推广，即按照完成工作量占总定额的多少进行结算。其结果是，相较1939年，雷宾斯克水利枢纽建设的劳动生产率平均提高了21.7%。[449]

组织和生产工作取得了巨大成就，这要得益于土方工程水力机械化方法的普及，工业钢筋、薄壳板等其他创新技术的应用，以及直接在工地上进行的地质、建筑材料等问题的试验和实物测试。[450]

在水利枢纽建设的高潮阶段还开展了不少合理化建议活动。例如，1940年共收到合理化建议1341个，其中560个被采纳，比重达到41.8%。这些建议为工程节省下1232万卢布的开支，献策者则总共获得了1100万卢布奖金。[451]1940年6—8月，伏尔加工程局中的发明者和献策者数量达到500人，他们经常组织先进经验交流会以使创新思想和发明落地。

伏尔加工程局党组织一直监督着工程建设。其工作内容遵照联共（布）中央关于党政工作和经济任务相结合的决策和指令。[452]这种方式在一些情况下效果良好。例如，一号坝主任、党员苏谢夫斯基曾反映，由于缺少劳动力，计划无法完成。[453]共产党员们随即检查了工作组织情况和人员调配情况，政治局随后向苏谢夫斯基指出了工作缺陷、解决方法，并要求其完成既定计划。最终，一号坝工作组高质量并按期完成了任务。

苏共党员数量始终在增长。1939年1月1日，26个基层党组织中只有581名党员和151名预备党员，而到1940年1月1日，32个党组织中则有882名党员和562名预备党员，到1941年1月1日，党员人数达到962名、预备党员658名。[454]从1939年到1941年，党组织数量增长1.2倍，党员数量增长1.7倍，预备党员数增长4.4倍。1939年，全部40个基层共青团组织中有5561名共青团员，较1938年的1600人增长3.5倍。[455]

由于缺少物质激励，伏尔加工程局试图通过社会主义劳动竞赛和突击手运动调动生产积极性。该问题的具体内容我们将在古拉格囚徒强制劳动一节详细分析。

优化组织、提高劳动生产率的一个独特方法是在苏联内务人民委员部各水利工程局之间开展社会主义劳动竞赛。1938年8月15日，伏尔加工程局和古比雪夫水利枢纽工程局签署了十月革命纪念日前社会主义劳动竞赛的协议。[456]伏尔加工程局的任务包括：1）在11月5日之前完成年度计划中93.5%的土方工程，92.5%的混凝土工程，82.5%的砂石坯料、75%的木材运出和88.5%的土木工程；2）建筑成本较预算成本降低12.5%；3）向古拉格转交价值1400万卢布的富余设备；4）将年均劳动生产率提高5%；等等。

这些目标大部分没有实现。1939年10月25—28日举行的伏尔加工程局第四届党代表会议上宣布了该计划的完成情况。所有工作的年均计划完成度都没有超过72.7%（见表16）。工程总造价一直在增长，降低成本的计划因此也未实现。

古比雪夫水利枢纽在1940年停工前也制定了类似竞赛计划。1939年，根据工作量指标的统计数据，在所有古拉格的水利建设局中，伏尔加工程局拔得头筹。[457]

和往常一样，社会主义劳动竞赛和突击手运动的发起者是伏尔加工程局党组织和共青团组织，但走过场的情况却时有发生。例如，1939年4月14日，乌格里奇水利枢纽党委会讨论了政治局书记达维多夫斯基关于与古比雪夫水利枢纽展开社会主义劳动竞赛的报告。[458]会议做出决议，责成所有党员带头签订个人社会主义劳动竞赛协议并定期审查，政治局和党组将听取责任人对计划完成情况的汇报。但后来，乌格里奇党组再没讨论过这个问题。

共青团的表现最为积极。它们选出各队队长，负责指导最难工段的工作，并协助组织社会主义劳动竞赛和星期六义务劳动。[459]

水利枢纽的基础建设阶段从1936年持续到1941年，并且在未竣工状态下便投入了生产。这是因为电能严重短缺，亟须向莫斯科供电。卫国战争期间安装了4座水轮发电机组。[460]

苏联电站部水能工程总局于1946年末接管伏尔加工程局，并指出其“非常不健康的财务状况”，原因则在于：1）1947年建筑安装成本上涨；2）未采取应有措施动员内部资源；3）承担大量多余的次要工作。[461]

伏尔加工程局1948年的生产情况较1947年有所好转。1948年底，原本已经增加的建筑安装工程年度计划完成了124%，投资计划完成105.5%。建筑安装工程造价比计划节约的资金额还少了31.3万卢布。[462]最终，伏尔加工程局圆满完成了1948年的生产经营工作。

按照最初计划，雷宾斯克和乌格里奇水利枢纽应于1939年投入使用，但由于实际建设延期，政府决定将竣工时间定为1942年。[463]事实上，到1946年应交付的8个水轮机组只有5个完成交付。乌格里奇水利枢纽在1942年基本完工，雷宾斯克水利枢纽直到1950年才完工。工程逾期反映出组织工作不力、劳动生产率低下以及计划不周全。“二战”是逾期的重要因素，因为工程在战时基本停工了。

尽管如此，在工程规模和技术复杂度上，雷宾斯克和乌格里奇水利枢纽建设远超世界其他同类平原河流和岩基水利工程。梯级和大型水库的建设方案彻底实现了径流调节和水资源综合利用，奠定了伏尔加河上游梯级工程建设的基础，它们不仅是伏尔加河上其他水利枢纽建设的标杆，也成为各国兴修水利的典范。

“二战”后，1949年6月30日，苏联部长会议通过第2826—1180号《关于建造古比雪夫水利枢纽的决议》。筹备工作按规定应在1937—1940年进行，但被搁置了。[464]一年之后，斯大林格勒水利枢纽开工建设。在伏尔加河梯级工程中，工作量最大的是古比雪夫水利枢纽，因此笔者将着重分析古比雪夫水利枢纽的建设，同时引用斯大林格勒水利枢纽及其他水利枢纽的数据。

1949年7月9日，苏联内务部发布第0467号决议，责成水利工程总局负责古比雪夫水电站的建设工作。水利工程总局于1949年11月被“伏尔加－顿河水路工程总局”取代。[465]起初，由于缺少清晰的组织结构和高层领导，在伏尔加河畔斯塔夫罗波尔（今陶里亚蒂市——译者注）建设的库涅耶夫劳改营和古比雪夫水利枢纽工程遇到了很大困难。这种情况持续到1950年8月苏联内务部“古比雪夫水利工程局”成立。1951年7月，古比雪夫水利工程局被纳入伏尔加－顿河水路工程总局。[466]古比雪夫水利工程局的主任是工程技术少将I.V. 科姆津，总工程师是N.F. 沙波什尼科夫。斯大林格勒水利工程局也同时设立，电站总经理是二级军官 F.G. 洛吉诺夫，总工程师是 S.R. 梅德韦杰夫。[467] 从最开始，库涅耶夫劳改营就属于古比雪夫水利工程局，而阿赫图宾斯克劳改营隶属于斯大林格勒水利工程局。[468]

在斯大林去世以及内务部系统随后的危机过后，1953 年 4 月，水利工程建设单位被水能工程总局移交至苏联电站和电力工业部，而劳改营则被纳入苏联司法部古拉格（1954 年 11 月重归内务部——笔者注）。[469] 虽然库涅耶夫劳改营一直积极参与水利工程建设，阿赫图宾斯克劳改营却被关闭了。

为修建高尔基水利枢纽，根据 1947 年 11 月 29 日苏联电站部第 216 号令专门成立的建筑安装单位"高尔基水电站工程局"加入水能工程总局系统。[470]

与伏尔加工程局一样，古比雪夫水利工程局实际上也是托拉斯。但由于工作量浩大，古比雪夫的组织结构要更为复杂，而且在整个水利枢纽建设过程中，由于生产条件、工作量和性质的改变，其组织结构经历了多次根本性变革。古比雪夫水电站的设计功率是雷宾斯克和乌格里奇水电站的 5.2 倍，土方工程的总工程量是它们的 3.7 倍。

在 1949—1952 年的工程筹备阶段，生产结构主要分 4 个层次：施工队 - 工段 - 工区 - 管理局。[471]1950 年，在伏尔加河左岸和右岸设立了两个独立建筑工段，并于 1950 年末扩展为 3 个工区，包括：建设工段、汽车运输管理处和物资供应基地。在古比雪夫水利工程管理局的组织架构中，基本的业务单位是工区，一个工区下辖几个工段，一个工段由 3—4 个施工队组成。当时被广泛采用的做法是把所有在建项目的建筑安装工作移交给未来的实际使用单位负责，这一做法的结果是在右岸和左岸出现了各种工厂建设工区和采石工区。

另外还有一些单位。例如：1）非金属材料建设总管理处；2）水路运输总管理处；3）汽车运输总管理处；4）下设 4 个基地的物资供给总管理处；5）下设 4 个木工厂的木材总管理处；6）住房和公用事业管理处。[472]

1952—1954 年古比雪夫水利工程局的主要任务是使生产基地各单位投产并进行混凝土工程施工。最终 1954 年末投产的有 5 个碎石厂、3 个混凝土厂、2 个钢筋焊接厂、2 个钢筋混凝土厂和 3 个木材加工厂等。[473]

水利枢纽建设进入基础工程阶段（1953—1957）需要进行根本改革，即扩大并增设建设局的组织结构。因此，古比雪夫水利工程局决定再设立几个建筑安装局。它们作为大型生产经营单位，下辖许多建筑、运输、补给和勤务小组，且左岸和右岸建筑安装局的年度建筑安装工程量达到近 10 亿卢布。[474] 而为保证工作效能，从停产的机械化和汽车运输局中取回的所有技术设备都移交给了建筑安装工程局。

1953 年，50.3% 的工人从事基础施工，从事非基础施工的工人占 49.7%，其中包括辅助建设的 25.2%，以及运输和装卸货的 19.4%。[475]

水利枢纽基础建设从 1953 年开始混凝土浇筑，一些新的生产部门应运而生。左岸建立了 3 个新工区负责船闸（4 个工段）和溢水坝（7 个工段）的修建，以及汽车运输（2 个管理处和 1 个工段）[476]。1953 年，左岸建筑安装局共有 6 个工区、25 个工段和管理处，右岸建筑安装局共有 8 个工区、32 个工段及管理处。[477] 在这期间，工区负责监督主要包干单位的工作。

从 1957 年末到 1958 年，在古比雪夫水利枢纽建设的收尾阶段，古比雪夫水利工程局的组织架构发生了很大变化。两岸建筑安装局的建筑和采石工区被裁撤，工段数量也有所减少。[478]

大型水利工程的寿命取决于建筑安装工程质量。为监控工程质量，工程局内部还设有技术检查部门，以及建筑材料和金属结构研究部门，从而解决了违反设计和技术条件胡乱建设的问题。[479] 此外，为灵活处理出现的问题，在莫斯科州的图希诺市，水利设计局建立了强大的试验基地，其中包括配备最新监工设备的专项试验室和工作室。

总体而言，得益于上述管理体制，古比雪夫水利枢纽的巨量建设工作能够在 1949—1958 年几乎全部完成。但实践也证明，这种管理模式存在很多缺点，其中之一就是组织层级过多，工作效率因此损失，技术和设计文件上报不够及时，对钢筋混凝土工厂的领导较为分散。

1952 年 4 月，I.V. 科姆津的副手 I. 别列兹诺伊上尉第一次批评了古比雪夫水利工程局的组织架构问题。[480] 在工地上观察了 3 个月之后，别列兹诺伊总结道："组织架构极其笨重繁杂，领导人员数量过多并导致不必要的重复性工作和混乱，纪律不严，工程整体利益被各部门利益取代，而最重大的问题却迟迟得不到解决。"[481] 例如，总工程师要管理 13 个部门和管理处，所以他根本没时间处理基层技术问题和组织工作。在这之后，一些问题得到了解决。

斯大林格勒水利工程局的组织架构，虽与古比雪夫水利工程局有所差别，但总体上类似，因为它们依据相似的组织原则建立。1956—1960 年，即水利枢纽建设高潮期，斯大林格勒水利工程局下设 12 个主要的建筑安装局，其中包括 7 个总体建筑部门、17 个生产及服务部门、8 个专项包干部门等单位。[482]

1949 年秋，古比雪夫水利枢纽辅助设施和建筑工地的筹备工作开始。[483] 根据设计，古比雪夫水利枢纽工程包括总功率 2100 兆瓦的 20 涡轮水力发电站、3.9 公里的土石和钢筋混凝土水坝，以及船闸、航道和堤坝等通航设施。[484]1951 年始建的斯大林格勒水利枢纽在建造规模上略小于古比雪夫水利枢纽，它包括总功率 1785 兆瓦的 17 涡轮水力发电站、1.05 公里的钢筋混凝土水坝、3.3 公里的土石水坝，以及双线两室船闸。[485]

除上述设施，还要修建几条地下铁路和公路、居民点、输电线路，以及工厂、机械修理厂、车库、仓库等。水库的安置和部署也花费了大量工作，特别是居民疏散、设施转移、伐木和工程保护。

设计师们计划把古比雪夫水利枢纽建为世界最大的水利枢纽，斯大林格勒水电站的发电量则要达到战前全苏发电量的 20%左右。[486] 表 17 和表 18 列出的工程量彰显出这两个巨型工程史无前例的建造规模。毋庸置疑，它们比伏尔加河其他水利枢纽要大得多。古比雪夫水利枢纽的总工程量是斯大林格勒水利枢纽的 1.3 倍。

劳动过程的实际工作量要远超计划。例如，在古比雪夫水利枢纽建造过程中，仅土方工程和混凝土工程量就平均增加了1.6倍。[487]财务支出状况类似。特别是古比雪夫水利枢纽的总造价增长了1.2倍。[488]经费超支现象在建造过程中屡次发生。例如，1950年，由于非生产性损耗，古比雪夫水利工程局直接亏损384万卢布，而由于囚犯的不合理利用，间接损失达到370万卢布。[489]1949—1958年，由于财务纪律不严、谎报、侵吞等原因，建筑经费超支不少于3.655亿卢布，占水利枢纽总造价的3.2%。

与伏尔加工程局一样，古比雪夫和斯大林格勒水利枢纽也采用了部分外包方式。外包工程量占古比雪夫水利工程局建筑安装工程总量的27%。[490]大量材料和设备由销售单位集中供货，这些单位包括石油供应总局、工程供应总局、电力供应总局等。约有1300个不同领域的工业企业向工程供货（总量是伏尔加工程的8.7倍），每天有2000多节车厢的物料和设备供古比雪夫水利工程局使用。[491]尽管如此，资料显示在水利工程建设期间仍经常发生物资断供。更令人难以置信的是，供货最困难的几年居然是水利枢纽基础建设阶段末期，即1957年。其主要原因在于，缺少工业建筑设施技术文件以至于无法确定所需物资，计划批准得过晚，计划工程量不确定，以及1957年1月1日有大量余料被移入下一年度核算。[492]

规定时间内的生产计划完成度依然是衡量水利枢纽建设情况的主要指标。虽然水利枢纽建设在科技进步方面取得了很多成就，计划的制订和执行过程也愈加有条不紊，但很多30年代伏尔加工程局暴露出的弊病在50年代仍然顽固。作为50年代最大的水利建设单位，古比雪夫水利工程局在这一点上表现得最为明显。

主要问题依旧是报告作假。我们能从一系列文件中了解现实情况，其中最重要的文件是工程局内部委员会的调查。调查显示，1951年，在对3个工区进行验收时，发现了28起计划完成情况造假事件。[493]国家因此蒙受31.27万卢布损失，建设局被处罚金2.09万卢布。[494]

计划任务完不成的状况突出表现在水利工程筹备阶段，特别是

1949—1950年，计划完成度在这一时期很少达到50%以上。1950年前9个月，古比雪夫水利建设局完成的投资仅为计划的47%，包干单位仅完成了11%。[495]计划完成报告中的数据引起了库涅耶夫劳改营政治处领导的怀疑："每个工人每天的劳动生产率和上半年一样为76%，第三季度却增至108%。这些数据令人生疑并需要被审查，如果劳动生产率真是108%，计划怎么可能只完成了47%。这里很明显是会计'算错了'。"[496]

以下事实证实了所有级别领导都有谎报情况发生。1953年1月3日，苏联部长会议电能局电站及电力工业处主任A.S.帕夫连科在向L.P.贝里亚报告时指出，"……科姆津1952年12月31日在《消息报》上刊登的消息并没有如实反映古比雪夫水电站建设情况。实际建设情况并不令人满意"，特别是混凝土工程和土方工程分别只完成了1952年计划的2.4%和69.5%。[497]

谎报对工程作业产生的后果是，建筑安装工作产出远不及工人工资，建设成本遂而增加。1955年6月20日，古比雪夫水利建设局在日古列夫斯克召开会议，领导代表菲尔萨诺夫发言指出，工程建设缺少严格的生产纪律，劳动力使用不合理，四千多人手工干活，还有四千人还没有实行10小时工作制。[498]他还对大面积停工提出批评，例如，一些装卸小队停工了336个工作日。[499]严重缺陷还包括经常性地把犯人从一个工段到另一个工段来回调拨，以及花费110万卢布建了一个仓库，但后来发现建设位置不对，又将之拆除。[500]

菲尔萨诺夫抨击了谎报现象："尚未解决的问题还包括工单结算问题。人们在这件事情上肆意妄为，不遵守派发任务单的规定程序。派工单在工作完成后才签发，而在结算之后，工单又会遭到工程师、计划制订员和会计的肆意篡改。这都是在造假。"[501]我们发现，从1950年开始，古比雪夫水利工程局一直宣称要严厉打击谎报行为，还命令对类似事件进行调查，并要法办违法者。但谎报问题贯穿整个建设期间，因此我们认为，谎报是行政命令管理体制不可分割的一部分，谎报与该体制相伴而生。

在对情况进行分析之后，电站和电力工业部部长F.G.洛吉诺夫得出结论：工程技术交由“……半文盲同志来操纵，由此导致了造价上涨和工作中的瑕疵，以及施工机械的不良使用”。[502]

在古比雪夫水利枢纽兴建过程中如果遇到紧急情况，苏联部长会议将进行干预。1954年3月19日，为完成当年的混凝土、土方和板桩工程计划，苏联部长会议通过《关于古比雪夫水电站建设协助措施的决议》，责令电站和电力工业部、俄苏部长会议和交通部给予必要支持。[503]

计划执行受阻的主要原因有：1）劳动力使用不合理和劳动力短缺；2）技术设备使用不充分；3）缺少工作清查，且质量监督不足；4）物资技术供应薄弱。[504]古比雪夫水利枢纽建设进程中的主要问题是劳动组织混乱、熟练劳动力赤字（包括工程技术人员）和计划不周。

劳动组织时常出错导致停工以及生产指标下降。例如，1950年劳动力保障率为114.7%，而建筑安装工作的劳动生产率为104.7%。[505]成本经常超出计划。1950年，成本是计划的139%。[506]1953年，总的生产活动表明，建筑安装工作成本比预算多出6270万卢布（10.2%），比计划多出9630万卢布（16.5%）。[507]1957年情况最严重，建筑安装工程成本增加2.65亿卢布，比计划多出41%。[508]这些数据反映出资源的浪费和不合理使用。

古比雪夫水利工程局的劳动生产率总体上要高于伏尔加工程局。如表19所示，年均劳动生产率为97%—129.8%，5年里的总体年均生产率达到118%，但基础工程的总体年均计划完成度为94.8%（见表20）。我们因此怀疑劳动生产率数据是否完全可信。没有完成产出指标的工人数量达到25.5%，这意味着先进生产者的努力在一定程度上被稀释了。[509]计划执行受阻要归咎于劳动纪律不严、工人技能水平低下、劳动组织失序、物资和交通保障不及时等原因。

古比雪夫水利工程局施工阶段的所有计划完成指标见表20。总体年均投资计划完成度为93.1%，基础工程计划完成度为94.8%。但这些数据并非百分之百可信，因为资料来源不充分、某些数量指标存在谎报和偏差。例如，在某一资料中，1951 年的投资完成率为 103.3%，而在另一个资料中，该数据则为 196.2%。[510] 在此情况下，我们不得不选取最小数值，因为在官方文牍中总有抬高指标的倾向。

为提高劳动生产率和计划完成率，古比雪夫水利工程局下了大力气。例如，1954 年，古比雪夫水利工程局采取了下列措施：1）编制 10 册基础工作统一标准，从而大幅整饬工人劳动与清算工作；2）在机车组实行累进计件工资制；3）20%的建筑安装工人转而实行集体劳动定额，从而优化了劳动组织工作；4）学习和推广革新者的先进经验。[511]

工地也引入了新的劳动组织方法。1951 年 3 月 29 日，古比雪夫水利工程局领导下令，采取相互监督的方法管控工程质量，每个集体负责建设固定设施直至完工，并交由另外的协作小组验收。[512] 不久后又成立了综合生产队，小组所有成员的物质收入都与工作质量挂钩。得益于该方法，劳动生产率平均上涨 2.5 倍。尽管如此，古比雪夫水利工程局领导推广先进方法的方针并未贯彻到底。1952 年 11 月，苏联共青团中央委员会书记 A.N. 谢列平指出："该工程很少支持青年人的先进创举……许多年轻的机械化专家曾提出过很多建议，例如将挖掘机安装在汽车上，组建混合生产队，技术改良。仅在右岸工区，这一年就有 64 项建议。但很多建议都未被理会。"[513]

激励方法之一是实行一定的劳动报酬制度。例如，从 1952 年 2 月开始，一些工段开始实行累进计件工资制以及奖励制，超额完成生产定额能获得更多工资或奖励。[514] 但主要的工资制度还是直接计件工资制。1955—1956 年，直接计件工资制占到 61%，累进计件和奖励制分别占 13.5% 和 11.4%。[515] 在这之前，直接计件工资制占比 92%。上述这些创新措施只针对雇用工人。

在工程最初阶段没有进行过社会主义劳动竞赛。但在 1951 年 3 月 31 日，古比雪夫水利工程局领导下令制定奖励规则和社会主义劳动竞赛条例，设立"光荣榜""荣誉册"和流动"红旗"。1951 年 4 月 2 日，内务部部长宣布，在古比雪夫和斯大林格勒水利枢纽之间开展全苏社会主义劳动竞赛，组织经验交流，推广先进经验和技术成果。[516]

社会主义劳动竞赛结果每季度一总结。1954年，古比雪夫水利工程局连续3个季度获得苏联部长会议红旗。此外，同样在这一年，古比雪夫水利工程局18次为完成竞赛指标的工区颁发流动红旗，282名工人获得“最佳职工”称号，40人登上光荣榜。[517]根据官方报告，在1953—1957年，90%的工人参加了社会主义劳动竞赛。

但最终，这些措施依旧是虎头蛇尾，无法根本改善行政命令经济管理体制。但这些措施也着实加强了生产过程管理质量，优化了组织，提高了劳动生产率等。

古比雪夫水利枢纽建设过程的技术装备程度因工种和时期而有所不同。1949—1952年，生产机械化力量尤其薄弱。1950年，包括电锯、拖拉机、挖掘机在内的建筑机械使用率平均仅为48%。[518]1952年11月，A.N.谢列平向苏联内务部长S.N.克鲁戈夫汇报了技术设备应用的严重缺陷：“工地上的机械和设备大面积闲置。最严重的是挖泥机，一天有3—4个小时处于停工状态。10月的前10天，挖泥机仅仅工作了21.8%的工时……右岸工区的14台挖掘机，一个月仅工作了4615台时，而闲置了16559台时。”[519]

该问题在水电站基础建设阶段有所好转。1953年，机械化计划完成了65.6%，机械化程度最高的是土方工程（98.5%）、混凝土铺设和制备（95.8%、94.8%）、石料开采与加工（92.7%）；机械化程度最低的是水泥装卸（8.5%）、抹灰工程（42.8%）和油漆作业（52.9%）。[520]1954年，技术装备水平大大提高，达到97.4%。[521]

1950—1957年，年均机械化水平从82.4%增至90.8%。这段时间里，机械化程度最高的是碎石（99.6%）、金属结构安装（99.5%）、混凝土制造（98.2%）等工作，机械化程度最低的是水泥装卸（29.7%）、抹灰工程（48.8%）和油漆作业（59.4%）。[522]古比雪夫水利工程局的设备装备程度要高于伏尔加工程局。

水利枢纽建设人员由劳改犯和雇用工组成。1951—1957年，年均劳改工人总数占工人总数的60.4%，雇用工占39.6%。大部分建筑工人来自库涅耶夫劳改营。

古比雪夫水利工程局人员数量随工程规模不断变化。如表21所示，在1951—1957年，雇用工人最少的是1951年，共有4569人，雇用工人最多的是1955年，有32695人。人员数量于1952年飙升（11238人），增长趋势持续到1955年。1956年初，水利工程基础建设完工，人员数量随之减少。劳改工人数量的变化也大抵如此。

从表22中可以看出，斯大林格勒水利工程局的雇用人员数量在建设开始阶段从1951年的9181人增加到1953年的21628人，这占这一时期工人总数的50.8%。换言之，斯大林格勒水利枢纽雇用工的比重较之古比雪夫水利枢纽（11.2%）要高。与库涅耶夫劳改营不同，阿赫图宾斯克劳改营在1953年5月关闭了，工地上只剩自由劳动力，劳动力因此短缺。高尔基水电站工程局也是同样情况，1949—1950年雇用工比例占到79.2%，而在1953年3月左右戈罗杰茨2号劳改营被裁撤之后，强制劳役也寿终正寝了。高尔基水利枢纽总工程师K.V.谢韦纳尔德曾回忆道：“务必停止使用劳改犯，因为这是一种非自愿的低效劳动。”[523]

档案资料揭示出古比雪夫水利枢纽雇用工的主要来源：1）招募（66.9%）；2）有组织招收（17.5%）；3）社会征招（10.7%）；4）借调（3.4%）；5）厂办学校和技工学校毕业生分配（1.5%）。除此之外，为建设诸如道路之类的辅助设施，还在乌里扬诺夫斯克州和古比雪夫州对工人和集体农庄庄员进行了有偿劳动动员。

与伏尔加工程局一样，劳动力巨大的流动性是一个严重问题。从1953年7月1日到1955年8月1日，共招工49045人，而离职27049人，流动性为55.1%。[524]如表23所示，1953—1956年，平均的劳工流动率为89.3%。离职的主要原因则是：1）家庭原因和个人意愿（36%）；2）旷工和破坏劳动纪律（9.1%）；3）劳动合同到期（9%）；4）擅自停工或开小差（8%）；5）缩编（8%）；6）被招入伍（7.6%）。[525]解除劳动关系的主要原因是对住宿生活条件不满意，建设方无法为员工家属提供充足住房，劳动组织不力，工资低，以及不同意和劳改犯一起工作。

1949—1958年，古比雪夫水利工程局工地上经常出现严重的劳动力赤字，这反映出当时缺少有序的人力制度，传统的用工来源也不稳定。尤其严重的情况发生在1954年末水利枢纽基础建设阶段。I.V.科姆津报告称，主要问题是包括熟练劳动力在内的劳动力不足，同时还存在物资和粮食供给问题。[526]为弥补8000人的岗位空缺，工程局经常缩减非主要工作，并停止工业企业和住房设施建设。

弥补劳动力短缺的常用办法是权力机关的指令性决策。1950年10月6日，苏联部长会议发布第4178—1765号《关于加紧建设通往古比雪夫水电站铁路的决议》，以此为纲，10月7日，古比雪夫州执委会发布第1118号决议，指示全州3个城市和35个区的政府机关调拨5000人、1500匹马（包括马车夫），支援塞兹兰－奥特瓦日诺耶铁路建设。[527]1955年3月，苏联部长会议通过《关于古比雪夫水电站劳动力保障措施的决议》，根据决议，在8月1日之前务必派遣11000名共青团员。[528]但是这项决议执行起来很难。通过统计共青团出差证数量可以发现，1955年6月15日实到共青团员7387人，占计划人数的67%。[529]

熟练劳动力赤字催生出紧缺职业培训体系的建立。1951年1月1日，苏联部长会议通过决议，责令高等教育部于1951—1952学年在古比雪夫水利枢纽组建古比雪夫工业学院夜校，在斯大林格勒水利枢纽组建萨拉托夫汽车公路学院夜校，每个学校培训150人。[530]根据1951年3月15日内务部长第334号令《关于扩大为苏联内务部建设项目培训水利专业工程师和技术员》，斯大林格勒（300人）、古比雪夫（200人）和斯塔夫罗波尔（300人）中等技术学校相继开设。[531]

1951—1958年，共有526名技术员从斯塔夫罗波尔技校毕业，而在古比雪夫工业学院分院毕业的电力工程师有268人。[532]

职业培训中的基本专业是建筑和技术。1950年，古比雪夫水利工程局开设联合技工学校，主要从事机械化专家和建筑工人的培训、再培训和职业技能提高。1951—1958年，该校每年培训1200—1600名工人，为

2000—5000人提高职业技能。[533]从这里一共毕业了3077名司机、593名拖拉机手、1115名电气技师、421名吊车司机以及1799名焊接工等。[534]

如果说基础培训分为小组培训、个人培训以及课程培训（脱产或不脱产——笔者注），那么技能提升则在斯达汉诺夫学校、技术和专项培训班中进行，同时还有第二职业培训。

为古比雪夫水利工程局劳动效率提升做出重大贡献的是革新者们的合理化建议。如表24所示，这些建议在实践中的应用节约了7310万卢布。

苏联共产党和共青团在水利枢纽建设过程的组织工作中发挥了重大作用。苏共古比雪夫州派遣了许多党委书记和党员干部到古比雪夫水利工程局基层党组织任书记，同时还派去了一大批管理经济事务的党员。1951年6月，工地上成立了32个基层党组织，其成员总数达到1416人，而到1955年秋，基层组织数量则达到63个，成员人数超过3000人。[535]

古比雪夫水利枢纽虽然拥有国家提供的巨大资源，但其全面投产并不是在1955年，而是在1957年，工程建设的时间也不是计划中的6年，而是9年。斯大林格勒、高尔基、萨拉托夫和切博克萨雷水利枢纽的建设组织工作，总体上与古比雪夫水利枢纽类似，上述的一些差异也并不具有原则性特征。尽管如此，我们仍然看一下最后开始建设的伏尔加梯级工程项目——切博克萨雷水利枢纽（1968—1989）的主要组织特点。

为了该工程的建设，“切博克萨雷水电站工程局”建筑管理局成立，负责56%的建筑安装工作，其余44%由专门的包干单位负责。[536]切博克萨雷水电站工程局下设10个土木工程部门，包括6个建设特定设施的建筑安装局，8个负责物资、运输、技术维修等工作的生产和服务部门。[537]包干单位则是苏联能源和电气化部下属的专业化托拉斯。而为了提高资源分配效率，加强部门间协作，并对工作进行不间断检查，还成立了调度部门。

在切博克萨雷水利枢纽建设过程中，有大量的基础工程被完成，但工程量仍与类似工程（如古比雪夫水利枢纽）相差3.1倍。除土方工程以外，切博克萨雷水利枢纽是伏尔加河水利工程中第一个工程总量减少的工程（见表25）。这得益于工程设计中准确的建筑结构、额外进行的水力学研究以及劳动组织的优化。

资金不足给切博克萨雷水利枢纽建筑施工带来很大麻烦。机器使用不足和生产部门产出不足造成大量非生产性开支，而且在水电站建设还没有足够成型时就开始开闸放水。[538] 最终，水利枢纽建设持续了22年，而不是计划的15年（1968—1982），而且在1989年，一些不符合设计参数的项目开始建设。

表26是1968—1985年投资计划完成情况。年均完成情况为103%，比古比雪夫水利枢纽完成指标高9.9%。

切博克萨雷水利枢纽建设的编制来源本质上与先前一样：雇用、有组织招募、社会征招、中高等学校毕业生、当地居民，以及其他水利项目派出的人员。[539] 表27是1974—1985年的人员平均在册数量。在水利枢纽建设筹备阶段末期（1968—1975）共有4397人；在基础建设阶段（1976—1981），1980年人数最多为10418人；而在1985年竣工阶段，人数减少到了6412人。

人员培训和技能提升得到重视。1978年之前，培训在楚瓦什能源联合技工学校中进行，1978年之后则在新建的切博克萨雷水电站建设局联合技工学校。1978年5月到1986年，该学校一共培训了11400名工人。[540] 地处莫斯科的全苏优秀工人与专家培训学院及其分院，负责对劳改工人进行技能培训。

所有建筑安装工作均是由综合生产队完成的，队中有混凝土工人、木工、焊接工、安装工人和其他辅助工种的工人。建筑安装局的工作经验表明，生产队最理想的人数为36人。[541] 如果说在30—50年代综合生产队刚刚开始组建，那么在切博克萨雷水利枢纽的建设中，综合生产队这种组织形式便已司空见惯了。这大大提高了劳动生产率和工作质量。1974—1985年，基础工程建设工人的人均年产出量提高了1.6倍，为

849.7 万卢布。[542]

切博克萨雷水利枢纽建设分为 3 个阶段。在筹备阶段（1968—1975）建造了居民区、辅助企业、通信线路、供电设备、交通运输线、物资基地等设施。基础建设阶段（1976—1981）以土方和混凝土工程为主，还包括石基建造、生产基地和住宅建设等。在完工阶段（1982—1989），在试运行条件下完成所有设施建造。伏尔加河梯级工程所有水利枢纽都是这样建设的，都包含筹备阶段、基础建设阶段和完工阶段。

伏尔加梯级工程的浩大规模见于表 28。工程量最大的是古比雪夫和斯大林格勒水利枢纽，分别占总工程量的 36.1% 和 21.6%。

有趣的是，1941—1965 年，美国和加拿大的大功率水利工程建设平均只要持续 5 年。[543] 伏尔加河梯级水利枢纽建设平均持续了 12 年，是美加的 2.4 倍（见表 29）。

总之，详细研究大量资料之后，我们可以得出如下结论。20 世纪 30—60 年代，为建设大功率伏尔加梯级水利枢纽，一些专门建设单位被建立起来，其中规模最大的是伏尔加工程局、高尔基水电站工程局、古比雪夫水利工程局、斯大林格勒水利工程局、萨拉托夫水电站工程局和切博克萨雷水电站工程局。20 年代形成的建设实践一直贯穿延续在整个过程中。1935—1953 年，水利建设单位被纳入内务人民委员部——内务部（1946 年前，伏尔加工程局隶属于该部，之后被纳入电站部及其后继机构中）。唯一例外的是高尔基水电站工程局，它从一开始（1947）就隶属于苏联电站部水力能源工程总局。

这些单位具有复杂的托拉斯组织结构，并随建设阶段和规模而变化。其形式可以概括为：工程局中央管理机构下设一些建筑安装局，这些建筑安装局是大型生产经营单位，包括很多建筑、运输、辅助和服务小队。最典型的是 5 级架构：工程局 - 建筑安装局 - 工区 - 工段 - 工地。1953 年前，每个专门的建筑单位都下设古拉格劳改营，或是与其保持紧密联系。古比雪夫水利工程局在 1958 年以前一直积极使用强制性劳动力。

实践表明，这样的管理组织形式有很多缺陷，其中主要是冗余的多层级架构。这降低了决策效率，并阻碍了技术文件和设计文件的及时上报。

水利建设托拉斯采用自办方式（即内包）完成了大部分工作。但一些复杂工作则委托给包干单位——各种非军事机关托拉斯的下属部门。

通常来说，水利枢纽建设过程由 3 个阶段组成。在筹备时期建设必要的基础设施：住宅楼、辅助企业、通信线路、交通运输线、物资基地等设施。基础建设阶段主要包括土方和混凝土工程，以及石基和生产基地建设等。完工阶段要在试运行条件下完成所有项目建设。

决定水利工程局建设成果的首要因素包括：工程组织、劳动生产率、机械化程度、物质技术供给、人员组成及其技能水平，以及劳动激励与合理化建议。低技能犯人劳动力的大量使用，以及生产定额核算所遵循的平均主义原则，导致机械化和物质激励（包括累进工资制和奖励）无法大范围实现。国家宣传的物质和非物质激励（包括社会主义劳动竞赛、突击手运动等）无法弥补行政命令经济制度的大量缺陷。

在我们研究的这段历史时期中，上述某些因素经历了大幅演变。1953 年，几乎所有地区都开始取消罪犯劳动力，只有古比雪夫水利枢纽工地上还在继续大量使用。从那时开始，劳动组织得到优化，生产率、机械化度等指标有所提高。雇用工人的工资与劳动成果挂钩。但总体而言，系统性的质变并未出现。

人力资源主要来自就地雇用、有组织招聘、社会征招、其他单位借调以及毕业生分配，在工地附近城乡进行劳动动员也是常用方法。严峻的问题不仅有劳动力匮乏，还有职业技能水平低下，初级职业培训和劳动技能提高制度因此被建立起来。工程技术专家在专门建立的中高等学校中接受培训。

生产计划经常完不成的主要原因是工程组织不合理、劳动纪律不严明、熟练劳动力不足、设备不充分使用、物资供应不规律，以及计划制订不周。最终，这导致了伏尔加河所有水利枢纽工程逾期和造价上涨。

为快速动员所有现成资源，国家机关对水利建设进程实施严格的全面监管。工地上设立了很多基层党组织和共青团组织。

强大的中央政府能够制订大规模计划，但这在经济领域并不总是有效。典型例子是1932—1935年的雅罗斯拉夫尔水利枢纽建设和1937—1940年的古比雪夫水利枢纽建设，这两个工程由于多种原因没能实现，其中一个原因是技术经济计算犯下严重错误。在裁撤这两个工地之前已经花费了6.9亿卢布。

大量法律文件、公文和科学技术文件表明，伏尔加河水利枢纽建设的基本组织架构正是在建造雷宾斯克、乌格里奇、高尔基和古比雪夫水利枢纽过程中形成的，并随后运用在斯大林格勒、萨拉托夫和切博克萨雷水利枢纽中。最终，从30年代到80年代，伏尔加河上建成了由8座水利枢纽组成的梯级工程，实现了62%的河身比降，带来了87%的水力势能（如第390页示意图2）。[544] 在水利兴修过程中，强制性劳动力发挥了巨大作用，因为在8座水利枢纽中的6座当中都曾积极使用了罪犯劳工。

## 2.3　古拉格囚徒参与伏尔加水电站兴建

苏联时期，特别是20世纪30—50年代，无论在边疆还是中心地区，囚犯强制劳动的大规模使用被视作实施大型经济政策的重要人力资源来源。对罪犯劳动力的系统性利用肇始于1931—1933年卡累利阿－芬兰苏维埃社会主义共和国的白海－波罗的海运河修建，以及1930—1934年彼尔姆州的工业企业建设和木材采伐等工作。

30年代上半叶，水利工程建设成为古拉格主营业务之一。白波拉格（白海－波罗的海劳改营——译者注）于1934—1936年在卡累利阿建造的图洛马河下游水电站是首批此类工程之一。总体而言，从基建工程量角度看，古拉格水利建设的比重在1941年为22.7%，在1950年为19.5%。[545]

囚犯在偏远落后地区工作的成功经验使苏联最高政治精英确信，将这一政策推广至（包括国家中心地区在内的）其他大型国民经济项目中是合理的。因此，根据国家政治保卫总局第889/c号令，1932年9月14日，德米特罗夫劳改营成立，负责修建“莫斯科－伏尔加河”运河、北方运河、伊斯特拉水坝等设施。[546] 由于该工程包括伏尔加河梯级工程的第一级——伊万科沃水利枢纽，该工程实际拉开了“大伏尔加”计划的帷幕。

为厘清伏尔加河水利枢纽建设中古拉格囚犯强制劳动的规模、作用和地位，笔者将着重研究囚徒数量、劳动力使用情况和工作效率的动态变化。监禁制度、犯罪率、逃跑情况、死亡率，以及温饱和医疗状况等问题将被视作影响劳动强度的因素。

德米特罗夫劳改营运营5年多，于1938年1月31日关闭。[547] 从表31所示的囚犯年均数量情况看，1933—1935年，囚犯数量呈增长态势。1936年，囚徒总数开始持续下降。人数最大值是1935年1月1日记载的192229人，最小值是1938年1月1日的16068人。[548] 比较已完成的建筑工程量和囚犯数量可以看出，二者直接相关。劳动营人数最小值出现在水利工程建设的筹备阶段和完工阶段，最大值出现在基础工程阶段。

德米特罗夫劳改营是古拉格最大的劳动改造场所，从始至终，其各个分部基本都位于莫斯科州。1934—1937年，德米特罗夫劳改营的囚犯人数最多，远远超过“贝阿穆拉格”（贝加尔－阿穆尔劳改营）和白波拉格。1933年，德米特罗夫劳改营的年均囚徒数量占苏联所有古拉格劳改营年均罪犯数的11.3%，1934年占25.2%，1935年占23.8%，1936年占21.2%，1937年占10%（见表31、表47）。这些数字不仅反映出该地区水利工程建设的浩大规模，还展现出古拉格在动员和集中大量必要劳动力时的强大能力。

囚犯死亡率是某项工程及相应劳改营不可忽视的指标。除了1933年，德米特罗夫劳改营的囚犯年均死亡率全部低于其他古拉格劳改营：德米特罗夫劳改营1933年的死亡率17.2%（所有古拉格劳改营的年均死亡率为14.8%），1934年是3.9%（4.2%），1935年为2.3%（3.6%），

1936年1.4%（2.5%），1937年0.9%（2.5%）（见表46）。“莫斯科–伏尔加河”运河工程的重要性一方面决定着身体状况较好的劳改犯被派遣于此，另一方面也能保证足够供给。德米特罗夫劳改营毗邻首都的地理位置，以及舒适的气候，也是其死亡率相对较低的因素。

根据劳动使用令，并依照古拉格主任1935年3月11日制定的第664871号统计核算制度，内务人民委员部劳动改造所的囚徒被分成4类。[549]一类为直接参与施工的囚犯。二类为从事劳改营内部运营和行政的罪犯。三类为因病无法工作者。四类包括如下原因无法完成工作的囚犯：残疾人、被关禁闭者、被隔离检疫者、被押解者和罢工者。一方面，古拉格领导希望最大限度地增加一类犯人数量；另一方面，不合理的劳动组织、严酷的监禁制度和条件、恶劣的餐饮供给和医疗保障导致古拉格中参与生产的囚徒数量很少高于70%—75%。[550]

如表32所示，1937年12月和1938年1月，分别有83%和82.3%的囚犯参与施工。同期，内务人民委员部所有劳改营该指标的平均值为64.4%和62.5%。[551]其中，德米特罗夫劳改营对强制劳动的使用效率大幅超过苏联平均水平。

我们考察了罪犯劳动组织的一些情况，包括其激励和强制措施。1934年2月15日诞生了囚犯管理和劳动组织的初级形式——特批建筑队。[552]每队人数为300—600不等，每25—30人分为一个小组。参与建设白海–波罗的海运河的囚犯被称作“运河兵”。

古拉格最紧要的问题之一是如何提高囚徒的劳动生产率和工作质量。1930年4月7日颁布的劳改营条例确立了如下激励措施：1）表彰；2）奖励——形式包括奖金，增加口粮，减役或免役，提前释放；3）改善居住生活条件——给予私人会面、自由散步、优先往来信函等权利。[553]对于违反内部规章制度的囚犯予以以下惩罚：1）训诫；2）限制或剥夺接收包裹权1个月；3）限制或剥夺通信权3个月；4）限制个人财产支配权；5）单人禁闭30天；6）待遇调整；7）发派惩罚性劳动6个月；8）转入惩戒间服刑1年。

最有效的激励措施是工作日抵扣法，该方法于1931年7月30日由古拉格第190736号令颁布。[554]该方法的本质是，劳动绩效突出且表现良好的罪犯可获提前释放。在不同时期，工作日与刑期的抵扣比例在4∶5和1∶2之间浮动。该方法在德米特罗夫劳改营得到广泛应用。例如，1934年11月5日，在伊斯特拉工程的运河兵中有307人被释放，1817人获得2—3年减刑，2822人获得1—2年减刑，4273人获半年减刑。[555]

根据1935年12月20日第389号令，为大力发展斯达汉诺夫运动，激励罪犯超额完成任务，德米特罗夫劳改营依照《工作日抵扣临时规定》，将1个工作日抵扣2天刑期，或90个工作日抵扣一季度刑期。[556]严重违纪的囚徒将在一段时间内失去抵扣权利。

"莫斯科－伏尔加河"运河工程竣工后，1937年7月14日，苏联中央执行委员会和人民委员会发布第103号《关于莫斯科－伏尔加河运河建设者奖励和待遇的特别决议》。其中规定，"提前释放工作表现突出的55000名囚犯"，责成全苏工会中央理事会采取紧急措施解决其就业问题，同时计划给先进生产者颁发特别证明、车票，以及100—500卢布的现金奖励。[557]此外，对于自愿留下参与运河建设的罪犯，拟删除其犯罪记录。

另一种提高囚徒劳动生产率的刺激方法是按劳奖励。但奖金却总是被拖欠，为此，从1933年3月1日开始，"拖欠囚犯奖金"被视为"扰乱劳动生产率提高运动，破坏劳改犯激励体系"。[558]1935年6月9日，内务人民委员部下达第167号令，在工地推行罪犯计件工资制。[559]由于有关物质奖励的资料较少，我们无法判断该措施的规模和效果。

在实际执行时，德米特罗夫劳改营还运用了其他一些囚犯激励方法，例如与家人或亲人会面、改善吃穿用度条件、给予特别关照。[560]尽管如此，这些措施的实际完成度并不高。1933年4月1日，德米特罗夫劳改营七处一号营点的检查结果显示，生产突击队并没有获得良好的生活住宿条件，住房拥挤肮脏，伙食质量糟糕。[561]

促进生产的常用方法是社会主义劳动竞赛和突击运动。1935年7月

5日，为表彰在伏尔加河水利工程计划任务中取得的成功，内务人民委员部莫斯科伏尔加工程局和德米特罗夫劳改营被授予流动红旗，并奖励5000卢布奖金。[562] 劳改营定期举办突击者代表大会，旨在促进先进工作方法的交流和囚犯的再教育。1934年6月1日，由35名盗窃犯组成的第一届全营突击者代表大会在德米特罗夫市召开。[563]

与上述激励办法相结合，还有严格的惩戒制度，被惩罚的对象包括罢工者、破坏监禁制度者，因为类似行为不利于劳改营稳定，并会对生产计划产生负面影响。例如，1935年4月3日，有20位罪犯被移送惩戒隔离室1年，其中包括有违纪、蓄意罢工、装病、糟践物资、醉酒、赌博等行为的罪犯。[564] 囚犯有时会被发配至北部劳改营，其中一些甚至被判处死刑。例如，1934年4月13日，德米特罗夫劳改营有11名囚犯因盗窃和破坏行为（包括殴打劳改营管理员）被枪毙。[565] 这种极端措施表明劳改营的管理机制并不尽如人意。由于类似情况不断发生，从1935年4月29日开始，重罪囚犯不再配发给德米特罗夫劳改营。[566]

尽管古拉格工程管理领导层一直在打击谎报和虚报行为，但这自始至终是德米特罗夫劳改营的典型现象。1933年4月15日颁布的第152号令将劳改营的首要任务定为"打击蓄意捏造信息的弄虚作假行为"，因为它们扰乱了生产过程。[567] 然而，类似行为仍层出不穷，1936年1月4日，在供水区第一工段又检查出许多人为夸大工作量的谎报现象。[568]

衣服和鞋子的供应紧张反映出囚犯劳动力使用的负面状况。仅在1935年10月1日至12月31日，劳动营中被"挥霍"和耗损的制服就达到1.4万卢布左右。[569]

文献分析表明，德米特罗夫劳改营的生产组织和囚徒劳动力使用存在以下缺点：1）仓促且随机地挑选和分配专家和技术工人，这导致了他们仅参与普通工作；2）没有努力让囚犯最大限度地投入工作；3）经常将劳动力从一处调拨到另一处；4）人员工作分配与工作能力不符；5）工作日抵扣政策的执行严重迟滞，很多囚犯不能按时获得自由。[570] 由于工作组织不力，以及劳动力不合理使用，计划最终未能完成，停工和工程质量低下现象时有发生。

1935年1月27日，莫斯科伏尔加河工程局和德米特罗夫劳改营领导层给管理部门下达了一份文件，从中我们能够看到关于囚犯强制劳动的价格情况。“随主要供给品价格上涨，劳改劳动力价格将从1月1日开始增加1.5倍。如果说我们之前能够用廉价劳动力掩盖我们的过失，那么现在这种可能性不存在了。劳改工人不会比自由工人更便宜。因此，每个消极怠工的人……都将会花光我们的资金，而我们的资金并不富裕，刚刚够完成生产计划。”[571]

“大伏尔加”计划继续开展，接下去是雷宾斯克和乌格里奇水利枢纽的大规模建设。为完成这一宏伟工程，1935年12月7日，苏联内务人民委员部下达第0156号令，建立伏尔加劳改营（伏尔加拉格）。[572]该劳改营经历了数次改组和更名。例如，1942年2月24日，在伏尔加劳改营4个分部的基础上，雷宾斯克劳改营成立，该劳改营面向劳动能力低下的病残囚徒。[573]1944年2月26日，雷宾斯克劳改营被裁撤。到1946年4月29日之前，伏尔加工程局劳改营一直在运营，并被划属于苏联内务部伏尔加劳改营，直到1953年4月29日苏联内务部伏尔加劳改营被关闭。[574]

由于上述劳改营驻扎在同一地点并都为伏尔加工程局工作，它们可以统称为“伏尔加劳改营”。也正因为此，伏尔加劳改营是所有水利工程劳改营中存在时间最长的，其存在时间超过17年——从1935年12月7日到1953年4月29日。当然，在这段时期里，伏尔加劳改营生产活动的特点发生了巨大转变。如果说从1935年到1941年，其工作主线是加快雷宾斯克和乌格里奇水利枢纽的基础设施建设，那么在“二战”时期，其重点则转移到生产水雷专用的密封箱和外壳，并为内务人民委员部采伐和供应木材等产品。[575]从1946年开始，伏尔加劳改营的囚犯主要负责伏尔加河上游水利枢纽的建造。由于其大部分工作是在1935—1941年完成的，所以这一时间段是笔者主要考察的对象。

表33列出了伏尔加劳改营年均囚犯人数的变化。从中不难发现，

1936—1938 年囚犯总数呈增长趋势，1939—1940 年稍有下降，1941 年又大幅增加。但从 1942 年开始，囚犯人数骤降并持续到 1946 年。从 1947 年开始则保持稳定下降趋势，直到劳改营关闭。囚犯人数在 1941 年 3 月 15 日达到最大值 97069 人，在 1953 年 4 月 1 日处于最小值 14117 人。[576]

在 1935—1941 年的水利枢纽主体建设阶段，伏尔加劳改营下属各施工队主要进驻于雅罗斯拉夫尔州，伏尔加劳改营也成为最大的古拉格劳改营之一。1939 年初，伏尔加劳改营的囚犯总数在 42 个劳改营中排名第四，仅次于贝阿穆拉格、东北拉格和白波拉格。1937—1938 年，伏尔加劳改营的年均罪犯人数占苏联内务人民委员部所有劳改营年均囚徒人数的 5.8%，1939 年占 5%，1940 年占 4.7%，1941 年占 5.2%（见表 33 和表 47）。这些指标远远低于德米特罗夫劳改营 1933—1937 年的指标，但这些指标有力地证明了古拉格在水利建设领域，尤其是劳动力保障方面的大规模经济活动。

通过估算伏尔加劳改营囚犯的死亡率，可以得出以下结论。与德米特拉格一样，工程的优先地位和良好的地理气候条件成为 1936—1940 年死亡率相对较低的决定性因素。1936 年，伏尔加劳改营的年均死亡率为 1.6%（古拉格所有劳改营的囚犯年均死亡率为 2.5%），1937 年为 0.8%（2.5%），1938 年为 1.8%（6.9%），1939 年为 1.6%（3.8%），1940 年为 2.4%（3.3%）。“二战”爆发使囚徒的饮食供应和身体状况急剧恶化，大部分囚犯变得体弱病残。1942 年，伏尔加劳改营罪犯年均死亡率达到 35.5%（古拉格所有劳改营的该指标为 17.6%）。

表 34 是 1936—1947 年（不含 1937 年）伏尔加劳改营囚犯劳动力使用指数。1936—1941 年，一类囚犯的劳动力使用指数介于 75.8%（1941）和 79.9%（1940）之间，平均为 78.1%，略高于古拉格总体指数（70%—75%）。但这些数字仍低于平均约为 85% 的计划指标。1942—1944 年的囚犯劳动力使用指数尤其较低，平均为 54.4%，这缘于其工作能力的恶化。然而，在 1945 年，一类囚犯的劳动力使用指数呈增长态势，1945—

1947年平均为69.6%。由于数据来源不充分、数据造假和偏差等原因，这些数据并不是百分之百可靠。例如，在一份档案中，1939年一类囚犯劳动力使用指数的平均值是77.5%，而在第二份档案中则是81.4%，在第三份档案中为81.6%。[577]在这种情况下，我们以最小值为主，因为在官方公文处理中存在数据虚高的倾向。

雷宾斯克和乌格里奇水利工程的首要特点在很大程度上使伏尔加劳改营达到了劳动力供需平衡。但即使这样，必要人员的保证度也不总是达到100%。例如，该指标在1939年平均为93.5%。[578]1940年第一、第二、第三季度，“由于释放的囚犯未得到及时补充”，囚徒人数大幅下降，这导致伏尔加工程局的劳动力供应只有83%。[579]劳改营管理部门常常宣称，是囚犯短缺导致了生产计划未能完成。即便如此，已有劳动力也并不总能保证计划的实施。例如在1939年，乌格里奇水利枢纽中的人员保证度已达95.5%，但只有66%基础工程计划得以完成。[580]

计划任务搁浅的主要原因不仅有囚犯组织工作不力，还有上级机关的袖手旁观和放任态度。这从劳改营领导代表齐普拉科夫1939年2月在伏尔加工程局第三次党大会上的发言可见一斑：“古拉格系统中有一个叫水利工程处的单位。无论从人员数量上还是从大多数人员的工作能力上说，都是个完全无能的单位。它提供不了任何技术支持和指导，几个月也解决不了我们上报的问题。完全没有任何经过法律程序确认过的技术规范，水利工程建设就是在这样条件下进行的……”[581]

中央干部对伏尔加工程局相关问题的这种无所谓态度自然而然影响到伏尔加劳改营人员的工作态度，并导致玩忽职守现象。例如在叶尔马克劳改营区，由于营区领导奇斯佳科夫的放任态度，下级干部殴打犯人并常常酗酒，大量囚犯罢工，赌博和酗酒现象猖獗。结果，1941年3月20日，叶尔马克段党组会决议，因大量饮酒并违反革命法纪，奇斯佳科夫被处以严厉警告。[582]这种情况并不罕见。伏尔加工程局政治处处长沃龙科夫的话尤其体现了对囚徒的负面态度：“当人要死的时候，不会再去关心如何与人打交道……有一个叫雷日科夫的护士曾对犯人说：‘我告诉你们，你觉得你能从这里活着离开吗？不拧断你的脖子，你是不会离开的……’这是赤裸裸的旨在激起愤怒的反革命煽动，而他只是我们的一个护士。”[583] 总之，仅在1940年就损失了121万工日的劳动力。[584]

工地上的各级管理者对劳改营问题不感兴趣，劳改营员工对生产活动和囚犯使用问题也没有表现出应有的兴趣。这种情况也成为其他水利枢纽建设中的典型特征。劳改营管理部门与工程区段之间缺少互动，从而造成强制劳动力的不合理使用，并最终导致计划搁浅。

1936—1941年，囚徒生产力低下、生产不达标的现象习以为常。比如，1938年，土方工程和混凝土工程定额完成度分别为87.8%和67.9%。[585]1939年前11个月中，所有基础工程的平均完成度只有21.4%—64.9%，20个工程中只有3个达标。[586]1940年情况略有改善，平均的定额完成度约为102%，而以货币计算，伏尔加工程局建设安装工作的平均工日产出为30卢布18戈比，是计划的81.5%（1939年为73.2%）。[587]

严重停工揭示出对囚犯劳动力的不合理使用。1938年，伏尔加工程局的停工时间总计为91.45万个工作日，损失640万卢布。[588] 尽管领导层常常强调劳动力合理组织的重要性，但停工并没有减少。例如，仅1939年1月就停工15.15万工日，2月上旬停工42万工日。[589] 停工的主要原因是工作环境没有保障，缺乏纪律，以及恶劣的天气条件。

拉低罪犯劳动效率的根本因素是罢工。显然，产生这种现象的原因有很多，与其说是部分囚犯因负面情绪而不愿出工并实施偷窃，不如说是囚犯对劳改营专制淫威的反抗，劳改营远未采取措施保障应有物资、食品和药品的供应。例如，在乌格里奇水利枢纽建设中，计划完不成的主要原因是1939年秋冬时节囚犯因缺少衣服和鞋子而无法出工。工程领导西尔伯施泰因表示，“必须让劳改营有衣穿，这样才有可能在冬季开展工作，就像在夏天一样”。[590]1939年，囚犯物资供应的保证度平均为54%，1941年上半年为75.2%。

尽管伏尔加劳改营管理部门曾申请改善衣服和鞋子供应状况，但罢工仍然持续发生。如表35所示，在1941年7个月时间里，共有31288起罢工事件，4.9%的在册劳改犯曾参与罢工，罢工人数最多的时间在1月到3月，随后大幅锐减。缺衣少鞋引发的罢工共计4702起，占罢工总数的15%。如果说罢工情况减少的原因之一是天气转暖，那么另一个原因则是苏联内务委员部的惩治措施。例如，从1941年1月1日到9月1日，有149名罢工者被劳改营依据俄罗斯联邦刑法第58条第14款（“反革命怠工”）追究刑事责任。[591] 该条款规定了从监禁1年到没收财产的宽泛的惩罚尺度。总共有68名囚犯被判处有罪，其中21人被枪毙（31%）。[592] 针对罢工者还有其他惩罚手段，例如关押惩戒隔离室20天，且监禁条件极为恶劣。然而，古拉格领导对劳改营负责人感到不满，因为受罚人数太多使工日大幅损失。[593]

囚徒强制劳动力不合理使用的一个重要因素是生活条件时常不令人满意。不避寒的工棚、被褥不足以及拥挤的起居环境，导致体弱生病的犯人数量大幅增加，并最终导致出工人数减少和计划中断。1940年5月19日，伏尔加工程局政治处领导在会议上表示，在雷宾斯克水利枢纽中有800名囚犯患败血症，在舍克斯纳和莫洛加工段有600多人患有虱病（虱子）。[594] 在几乎所有物资供应都严重不足的情况下，管理部门仍在寻找节约资金的方法。例如，1941年1月，伏尔加工程局第六届党代会宣布，1940年11个月时间里，伏尔加劳改营从犯人伙食中节省了约300万卢布，[595] 而在是年9个月的时间里，则发现有16822名犯人曾出卖他们的补给用以换取食物。

1941年2月，莫洛加木材采伐段和叶尔马克工段被发现存在大量冻伤、赤裸和患病的囚犯，[596] 同时还有高死亡率、虱病、营养不良、拥挤等负面现象，2570名罪犯中有455人体弱或患病（17.7%）。[597] 这种情况在许多其他劳改营也很常见。

阻碍工程进度的因素还有囚犯出逃现象，伏尔加劳改营耗费了大量人力、物力和财力抓捕逃犯。1938年，1212名囚徒逃走，占年均总人数的1.6%，403名（33.2%）被抓捕归营。1939年，96人逃跑，68人（70.8%）

被抓获。[598] 劳改营安全部门和制度部门后来也没能完全遏制住犯人的逃跑企图，1941 年 8 个月时间里，共有 181 名囚犯逃跑，其中 131 人（占 72.4%）被捕。[599]

留存下来的档案资料只间接提到罪犯激励措施，如超额完成任务的现金奖励。但正如我们已经知道的，1937—1938 年，古拉格工作日抵扣政策和奖励政策的适用范围整体上非常有限，且抵扣政策于 1939 年就被撤销了。[600] 之后的激励手段则主要包括给劳动效率高的囚犯提供更好的物资和伙食、现金奖励，以及更加舒适的拘禁条件。但斯达汉诺夫运动在提高囚徒劳动生产率中的作用并没有完全搞清。

在最低物质激励标准并公开施工速度的条件下，劳动竞赛和突击运动被放在首位，内务委员部领导层对此抱有厚望。我们从资料中很难分辨雇用工和劳改工分别参与了哪种竞赛或突击运动，通常情况下，"社会主义劳动竞赛"适用于前者，"劳动竞赛"适用于后者，但有时它们被混淆在一起。

从官方资料上看，伏尔加工程的突击运动肇始于 1936 年 1 月 25 日举行的第一次斯达汉诺夫日。[601] 类似的为期 1 天、3 天、5 天和 10 天的突击运动逐渐成为常规活动，直到 1936 年 3 月出现转折。最终，所有工作项目的劳动生产率都有所提高。例如，在斯达汉诺夫日，土方工程量增加了近 40%，土木工程量增加了两倍。[602] 斯达汉诺夫工作者分两种：一种是在个别一天里超额完成工作的伏尔加兵，另一种是至少在一个月里连续超额完成工作的人。1936 年 1 月 1 日至 7 月 1 日，第一种斯达汉诺夫工作者从 75 人增加到 2111 人，第二种从 0 增加到 1400 人。[603] 得益于工作时间的充分利用、工作场地的认真准备、劳动力的正确分配、新工具的使用，以及生产流程的合理化，生产定额大大提高。

然而，1936 年 10 月对伏尔加劳改营的检查则揭示出完全另一番景象——9、10 月的计划未完成，营地状态不合格。苏联内务委员部副部长 M. 贝尔曼总结道："一直以来，主持斯达汉诺夫运动的既不是工程技术人员，也不是文化教育部门。斯达汉诺夫工作者未被完全公开，其中的积极分子没有被标示出来，因而我们无法在工作者经验和热情的基础上找到新的工作方法和合格的建筑工、机械工、混凝土工、木工。”[604]到1939年10月1日，伏尔加工程中共有361名斯达汉诺夫工作者、611名先进生产者和512名劳动突击手，[605]他们占劳改工和雇用工总数（81834人）的1.8%。

1939年6月15日，苏联内务人民委员部颁布“关于工地罪犯使用最大化并强化监禁制度”的命令，这在不小程度上促进了生产任务的完成。根据伏尔加工程局管理部门的官方数据，1939年1月1日，约有4.9万名囚徒参加劳动竞赛，占总数的65.7%，逾1.4万人参与突击运动。[606]到1940年3月1日，半年时间里超额30%—50%完成生产指标的先进生产者数量从2700人增加到3500人，上涨1.3倍。但包括检察机关在内的一系列检查却经常查出劳动力使用并不理想。例如，根据1941年9月的检查记录，伏尔加工程局和伏尔加劳改营检察员N.N. 梅德韦德科夫的结论是“由于存在大量体弱和生病罪犯，且囚犯鞋子和衣服供应极度缺乏，一类和二类囚犯的使用远远不足”。[607]

在古拉格工程中，突击运动对计划任务的完成起到了多大作用，这个问题暂时无法阐明，因为官方统计、劳改营统计并不是完全可靠。但毋庸置疑，突击运动确实激励了一部分渴望获得自由并改善生活条件的罪犯。在伏尔加工程局，突击运动的结构组成包括：完成生产定额130%—150%的优秀生产者、完成生产定额150%—200%的突击生产者，以及超过200%的斯达汉诺夫工作者。[608]

和德米特罗夫劳改营一样，由于工作日抵扣政策实施力度有限并且随后被撤销，伏尔加劳改营的物质激励措施有所不足。为此，劳改营增加了课程、艺术文娱活动和刊物等以填补这种不足。伏尔加劳改营在已有法律中选择了关禁闭和追究刑事责任作为惩罚措施。

1937年7月10日，联共(布)中央委员会和苏联人民委员会颁布《关于在伏尔加河上修建古比雪夫水利枢纽的决议》。随后，1937年9月2日，苏联内务委员部萨马拉劳改营建立。[609]萨马拉劳改营是库涅耶夫劳改营的前身，后者在1950—1957年为古比雪夫水利枢纽建设做出了重大贡献。其驻地设在古比雪夫区州的斯塔夫罗波尔、佩列沃洛克斯和日古利地区，这里有15个单独的劳改营地。[610] 萨马拉劳改营存在了3年，从1937年9月到1940年10月，此系水利枢纽建设的准备阶段，劳改工人主要负责铺设进出工地的铁路和道路，建造砖厂、机械厂、水泥厂、砂石厂等各种工厂，修建别济米扬卡和古比雪夫热电厂，以及其他一些不太重要的工程项目。[611]

如表36所示，1937—1940年萨马拉劳改营囚徒年均总人数连续增加，最后一年达到33882人。相较1937年，1940年囚犯年均总人数增长了3.7倍。囚犯人数最小值是1937年10月1日的2159人，最大值是1939年1月1日的36761人（如表37）。1940年，萨马拉劳改营囚犯数占建筑工人总数的66.5%。

由于处在水利枢纽建设的准备阶段，萨马拉劳改营的囚犯人数相对较少。尽管如此，1939年初，其囚徒总数在42个劳改营中排名第八。1937年，萨马拉劳改营年均罪犯数占苏联内务委员部所有劳改营年均囚犯数的0.9%，1938年占2%，1939—1940年占2.4%。由于材料文献的原因，我们无法确定死亡率水平。

表38展现出萨马拉劳改营在1938年和1939年10个月内的囚犯劳动使用率。在这段时间里，一类囚犯的使用率平均为81.5%，该数字与德米特罗夫劳改营几乎相当（德米特罗夫劳改营1937年12月到1938年1月的使用率为82.6%），略高于伏尔加劳改营（1936—1941年为78%），但仍低于萨马拉劳改营的计划值85%—86%。上述所有水利工程劳改营的囚犯使用率都超过了古拉格系统的平均值（70%—75%）。

与伏尔加工程局一样，古比雪夫工程局也遇到很大的组织困难。古比雪夫水利枢纽总工程师S.Y.茹克的一段话很有代表性，他在1939年2月党内积极分子会议上回答“如何评价古拉格方面的领导和支援”这一问题时说道：“这是一个非常尖锐的问题。我必须说，我没有看到来自古拉格方面的帮助和指导。我曾经跟菲拉列托夫和贝利亚汇报过这个问题，但指导还是没有。”[612] 这种情况从 1937 年 9 月开始到 1938 年全年一直存在，水利枢纽建设没有总体规划、预算和稳定的资金支持。苏联国家计委在 1939 年 5 月 15 日针对 1938—1939 年古比雪夫工程局工作检查结果的报告中指出：“水利枢纽工程人员已经习惯于没有计划地工作，以至于这被认为是内务部古拉格的普遍现象。在此情况下，对建设流程的监管缺失，很多工作没有按照计划进度表进行。去年基建工程的实际完成度是最初计划的 68%，是删减修正后计划的 86%。”[613] 因此，由古比雪夫工程局计划制定部门编制的计划未必能够反映出工程真实状况和建设能力。

1938—1939 年萨马拉劳改营生产计划执行失败的主要原因归咎于工作组织不当，机械化应用薄弱，以及囚犯劳动力的不合理使用。例如，在道路土方工程中，生产指标完成了 72.6%，在土木工程中完成了 96.2%。[614] 在 1938 年上半年，铁路土方工程的完成度平均不超过 63%。

古比雪夫水利枢纽工程和萨马拉劳改营的党政经济领导不止一次尝试扭转这种局势。例如，1938 年 8 月 10 日的积极分子会议提出了以下任务：把劳动力利用率提升至 86%；设置现金奖励激励挖掘机生产，生产一台挖掘机奖励 500 卢布；打击弄虚作假行为；在 8 月下旬举行为期 10 天的斯达汉诺夫运动等。[615]

在工作日抵扣、提前释放政策的实用范围缩小并最终撤销的情况下，其他激励手段被提上日程。除了标配手段，萨马拉拉格还有一些独特方法，例如成立了社会主义劳动竞赛和突击运动中央指挥部，并与文化教育处一起举办各种各样的活动。1938 年 8 月 1 日至 11 月 1 日，举办了以“古比雪夫水利枢纽建设局和萨马拉劳改营第一突击队”和“最佳工长”为主题的全工种比赛，计划完成率以此为基础达到 110%—200%。[616] 优胜者被授予奖状和物质奖励：200—300 人的队伍可得 3000 卢布，300—400 人的队伍得 4000 卢布，最佳工长可得 100 卢布，等等。

古拉格和萨马拉劳改营劳动竞赛的主要形式包括个人竞赛、小队竞赛和不同单位间（劳教所、劳改营——笔者注）的竞赛。古拉格文化教育处1940年5月12日发布指令，对超额完成生产指标的犯人进行了分类。指令指出：劳改营、劳教所对犯人属于斯达汉诺夫运动或突击运动的已有判定方法是错误的。比如，在白海－波罗的海运河项目中，超额完成125%—149%的犯人被归类为突击工作者，而把产量达到150%及以上的犯人归为斯达汉诺夫工作者。对工人的判定不应用某种标准尺度，而要具体到个人从各方面考察，比如工作类型、生产效率、废品率、工作地点、成本控制、营规遵守情况等。[617]

萨马拉劳改营下属各分队也自上而下引入突击运动，但其成效各异。例如，在1938年第一季度对佩列沃洛克斯工区塞兹兰工段的检查中发现，这里的突击工人指标完成率达到120%—170%，第三工段的计划完成度为100%，所有施工队都参与了竞赛，但也存在劳动力透支现象，[618]最终，有113名突击工作者获得奖金、礼品或个人工作表彰。然而，检查人员1938年3月在祖布恰尼诺夫工区看到的则完全是另一番景象，许多工程队没有参与劳动竞赛，甚至不知道有这回事，计划也流产了。还有令人发指的虚报情况："一号工段的定额设计就很糟糕，脱离实际。因第58条法令获罪的定额员叶尔马科夫没有自由出入的权利，他收到工程材料后就开始'定额'。3月20日，拉基京工程队就是通过这种方式写上了定额230%，但检查结果表明，他们在3月20日时只完成了126%。"[619]还有很多缺陷在之后暴露了出来。

1940年6月22—23日，古拉格文化教育处在莫斯科召开会议，会上指出了萨马拉劳改营不尽如人意的文教状况，包括斯达汉诺夫式工作法的新形式（"一人多职"，"一人多机"）未得到重视，社会主义劳动竞赛和突击运动指挥部缺少一套完整工作制度，雇用工的社会主义劳动竞赛和劳改工的劳动竞赛相互混淆。[620]

突击工作者本应得到更好的生活条件，例如设备完善的工棚、新备品和工作服。表39展现了萨马拉劳改营囚徒的伙食标准，且这些标准取决于生产定额的完成情况。行政部门经常削减现金奖励，并把它变成一顿加餐。[621]工段管理部门在1938年4月的检查中发现，加餐基本就是粥，而且和午餐同时发放。这种奖励措施的有效性非常低。另外也常常发生现金奖励拖欠的情况，有时甚至会拖欠两个月。[622]

劳改营先进工作者和突击工人的数量总体而言是不断增加的。但检查中却发现有大量工人虚报工作量。萨马拉劳改营主任P.V.奇斯托夫说："当你来到产线，那里只有一半的工人在努力完成指标，而当你来到厨房，所有突击工人和斯达汉诺夫工人都围在锅旁。"[623] 日古利地区的情况更加严重，1938年有25%的罪犯没有完成指标，[624]"停工也不可胜数，其主要原因包括：缺少明确的工作计划，囚徒没有工作服，领导不当，供给不足，以及后补劳工态度消极，技能薄弱"。[625]

古比雪夫工程局的会计资料能够说明强制劳动的费用问题。根据资料，日古利地区资金超支的主要原因是预算价格与实际价格的脱节。预算是按照雇用工人每人每日5卢布84戈比的工资编制的，但劳改营实际工资是8卢布38戈比（实际有8卢布67戈比）。[626] 这可能是囚徒劳动组织不善和机械化程度不高造成的。

与其他劳改营一样，萨马拉拉格的生活居住条件同样恶劣、卫生条件差、拥挤、食物短缺。例如1939年秋天，几个营区工段爆发了虱病。[627]

让萨马拉劳改营管理者头疼的问题还有严重违反监禁纪律的事情，尤其是逃跑。1938年，有158名囚犯逃跑，其中92人（58.2%）被逮捕；1939年前9个月有168人逃跑，逮捕97人（57.7%）。[628] 蓄意违纪者会被严厉惩罚。例如，1938年9月29日第265号令指出，因"聚众罢工、损坏工具、破坏和怠工"被追究刑事责任的有3人，"煽动罢工"1人，"违规、抢劫、斗殴"2人，"逃跑"20人等。[629]

1940年10月，由于古比雪夫水利枢纽建设暂停，萨马拉拉格8000名囚犯、所有技术工程师和行政管理人员被派到伏尔加-波罗的海水路和北德维纳水路工程中，剩余劳动力则被分配到内务部特别工程中。[630]

伟大的卫国战争之后，库涅耶夫劳改营为古比雪夫水利枢纽建设做出了主要贡献。库涅耶夫劳改营于1949年10月6日建立，其管理机构位于伏尔加河畔斯塔夫罗波尔（见图29）[631]。从1949年10月6日建立到1958年3月12日裁撤，库涅耶夫劳改营一共存在了8年半。它与古比雪夫水利工程局签订了包干合同，囚犯依照包干合同工作。[632]

库涅耶夫劳改营主要从事古比雪夫水利枢纽的建筑安装工作，也会参与塞兹兰－日古尔约夫斯克铁路、古比雪夫－伏尔加河畔斯塔罗波夫公路、塞兹兰热电厂110条输电线路、7座混凝土厂、木材加工厂、机械维修厂、住房和公共设施等项目的建设。[633]

与其他水利工程劳改营一样，库涅耶夫劳改营的囚犯数量不一，且取决于施工规模。1949—1953年，库涅耶夫劳改营罪犯年均数量急剧增加，并在1954年达到峰值（见表40）。1954—1955年，在水利枢纽主要设施竣工后，囚犯数量才开始下降。囚徒人数最小值是1949年12月1日的1253人，最大值是1954年1月1日的46507人。[634]

1949—1957年，库涅耶夫劳改营年均罪犯总人数平均占古拉格全部劳改营年均总人数的2.2%，1954年人数最多时占到4.7%。毫无疑问，库涅耶夫劳改营是苏联欧洲部分规模最大的劳改营之一。1955年7月1日的数据显示，按囚徒实际人数计算，库涅耶夫劳改营在9个包干劳改营中排名第三（36614人，占15.2%），位列东北拉格和沃尔库塔拉格之后。[635]档案资料中查不到库涅耶夫劳改营的死亡率情况，大概因为古比雪夫水利枢纽拥有的优先地位，古拉格管理部门给其派出的都是体格健壮的犯人，其死亡率故而很可能不会超过甚至低于古拉格死亡率的平均值。

库涅耶夫劳改营建立不久，阿赫图宾斯克劳改营于1950年8月17日建立，其主要任务是修建斯大林格勒水利枢纽和周边基础设施。[636]阿赫图宾斯克劳改营存在了大约3年时间，1953年5月30日关闭。从表41和表42中可以看出，1950—1953年，阿赫图宾斯克劳改营囚犯人数稳步上升，1953年1月1日达到最大值26044人。从生产特性角度说，库涅耶夫劳改营和阿赫图宾斯克劳改营属于同一类型，但库涅耶夫劳改营的规模更大，寿命也长3倍，库涅耶夫劳改营故而被给予较多关注。

在研究公开档案材料的过程中，我们得到了库涅耶夫劳改营1950—

1951年、1953—1954年的囚徒劳动力使用率（见表43）。在这几年里，一类劳工的使用率在1953年的80.2%与1954年的85.2%之间波动，平均为82.9%（计划指标为85.5%），略微高于伏尔加劳改营1936—1941年的78.1%。库涅耶夫劳改营的平均劳动力使用超过古拉格其他劳改营。1955—1956年几个月时间里，库涅耶夫拉格的一类工人使用率达到85%—86%，在所有包干制劳改营中保持领先，而总体平均使用率没有超过77%。[637]

与30年代一样，计划搁浅的主要原因之一往往是不合理的罪犯劳动组织，以及领导层有效支持与监管的缺失。例如，1953年8月，在库涅耶夫劳改营的第一届党委会上，参会者表达了对古拉格中央机关解决问题拖沓低效的重大意见。[638]最终，劳改营管理局没有在8月1日批准囚犯劳动力使用计划，也没有考虑施工及其地理位置的重要性，因为被派至劳改营的囚徒经常是危险的重罪犯和刑事破坏分子。部门领导干部频繁更替，以及遴选和提拔方面的错误是劳改营运作失序的因素。例如，1953年上半年，巴卡诺夫少校被任命为劳改营营长，但他“从第一天就开始酗酒，几天没去上班，因此被革职”。[639]此类情况不一而足。

与30年代的水利工程劳改营相比，库涅耶夫劳改营囚犯的劳动生产率较高。然而，大量虚报和谎报现象降低了劳改营资料的可信度，很多数据有可能被夸大。劳改营工作人员在1954年第一季度对左岸民用工业建设中的囚徒劳动力使用情况进行了检查，认为其劳动生产率“是不真实的（111%），毫无疑问，工单上所有工作都有虚报。营区1月工资超支18.8万卢布，占计划工资的30%”。[640]

1951年1月和2月，罪犯劳动生产率分别为86%和114%，每个作业工日的实际工资为10卢布64戈比和16卢布96戈比。[641]通常在冬天寒冷季节，生产率会因天气条件恶劣、日照时间短、发病率增加而有所下降。1951年全年和1952年上半年，库涅耶夫劳改营每工日平均产量分别为21卢布8戈比和22卢布73戈比，苏联内务部整体的平均产量为25卢布37戈比和25卢布27戈比。[642]阿赫图宾斯克劳改营此项指标为19

卢布 49 戈比和 16 卢布 90 戈比，略低于上述数字。

1953 年上半年，囚犯平均劳动生产率为 124.2%，但有 18.3% 的劳工没有完成生产定额。[643] 古比雪夫水利工程局管理部门认为，劳动力使用不当的原因在于“劳改营工作人员未采取足够措施以有效利用囚犯劳动力，他们认为这是工人自己的事。由于存在许多不合理……因此出现了大量谎报现象”。[644] 根据官方数据，1953 年前 11 个月，囚犯平均劳动生产率为 134.9%，16.8% 的劳工未完成定额，作业工日的平均产出为 25 卢布 56 戈比（是计划的 103.8%）。[645] 这些数据在 1954 年和 1955 年有所增长，劳动生产率分别为 135% 和 143%，1955 年的产出为 33 卢布（是计划的 112%）。[646]

库涅耶夫劳改营计划部门 1953 年前 11 个月的总结材料表现出劳改营有意更加合理地使用囚徒强制劳动。根据这份资料，营地总收入为 23294.6 万卢布，支出为 22692.6 万卢布，利润为 602 万卢布。换言之，1953 年劳改营收回了成本，工作富有成效。[647]1954 年和 1955 年，劳改营收入也超过支出。

通过考察古拉格和水利工程劳改营的经济效率问题，我们发现内务部文件里经常提到改善囚犯劳动力使用、激励措施、劳改营盈利能力等问题。与此同时，实践表明，行政命令经济管理体制主要服从于政治而非经济原则。如果说在 30 年代，囚犯强制劳动动员是毋庸置疑的优先工作，那么在 50 年代，在动员基础上，一些劳改营已经能够时常实现自给自足。换言之，经济管理方法已经能够使内部收入负担支出。古拉格囚徒的劳动在一定程度上是富有成效的，从而能够部分或完全承担其支出。当然，自由劳动整体而言效率更高，例如，美国和加拿大的水利枢纽建设速度大约是苏联的 2.4 倍。根据 A.K. 索科洛夫的数据，40 年代末和 50 年代初，囚犯劳动生产率平均为相应行业的 50%—60%。[648]

世界最大的古比雪夫水利枢纽工程具有极高优先级，加之斯大林个人对整个过程的监督，库涅耶夫劳改营成为古拉格中央和其他部门重点关注的对象，在 1951—1952 年尤其如此。大量检查工作的主要目标是罪犯劳动力使用效率，因为这决定着生产计划的实施情况。例如，1951年5月，由古拉格副局长A.Z.科布洛夫中将领头的苏联内务部委员会对劳改营几个下属部门进行了检查，他们发现生产财务计划没有按时上报，一些工程队缺少工作计划等许多问题。[649] 定额员抄录工单时还会减少或夸大生产定额和造价。由此导致仅仅日古尔约夫斯克工区4月就亏损3594卢布32戈比，超支407卢布50戈比；共青团工区的工作量共减少了69842卢布27戈比。[650]

当然，在检查之后，库涅耶夫劳改营采取了一切可能办法加以改进。1951年7月31日，古比雪夫州内政局局长A.加尔金向A.Z.科布洛夫汇报："随着监禁制度的加强，囚犯劳动力使用情况得到改善；第二季度囚犯使用率为84.3%，而原计划是82%，劳动生产率为132%。第二季度与第一季度相比，未完成生产定额的囚犯人数减少了68%。"[651]

最为迫切的问题是大规模停工。原因在于施工材料的生产组织不力，建筑材料匮乏，施工界面、工具、技术指导和工作服不足，劳动密集型作业（主要是装卸作业）的机械化程度低，劳动保护和安全措施也没有被重视。[652] 根据记录，仅在劳改营一号分部，1951年第一季度就有11544个工日停工，其中因交通原因停工2839工日（24.6%），因施工界面原因停工1916工日（占16.6%），因物流问题停工1363工日（11.8%），因被服供应不足停工797工日（6.9%），因建筑材料不足停工512工日（4.4%），因工具不足停工416工日（3.6%）。[653] 各级管理层不断宣称要坚决杜绝停工现象，但实际情况并未得到改善。1953年上半年，劳改营记录了103270个停工工日。[654] 在这段时间里，每天有2423名未出工囚徒，其中包括660人（27.2%）没被指派工作，324人（13.4%）被释放，245人（10.1%）因天气原因未出工，130人（5.4人%）因营内调动未出工。因此，劳改营没有完成830万卢布的工作，直接损失达580万卢布。[655] 类似情况后来也有出现。

尽管罪犯劳动力使用有所改善，但仍存在很多问题。工程技术人员和熟练劳动力并不总是做专业对口的工作。例如，1951年第二季度，用非所长的就有 53 名工程师、71 名技师、38 名挖掘机手、208 名拖拉机手和 450 名司机。[656]

此外，绝大多数囚犯的技术水平薄弱，在机械化程度不断增加、建设步伐不断加快的情况下，这大大降低了他们的价值。为此，古比雪夫水利工程局领导层采取措施大力解决该问题。如表 44 所示，1950—1954 年，共有 19741 名囚徒在初级培训班中接受各种职业培训，并有 7202 人从高级培训班毕业。与此同时，有 12017 名和 6259 名雇用工人分别参加了初级和高级培训。

囚犯劳动力供应保障了古比雪夫水利枢纽的建设，但有时也存在劳动力赤字现象，包括熟练工人赤字。例如，内务部副部长 I.A. 谢罗夫上将于 1952 年 2 月 5 日告诉古比雪夫水利枢纽领导："库涅耶夫劳改营每个月都会释放大量囚犯专家，他们在服刑期间是挖掘机手、拖拉机手或从事建筑安装工作"，因此务必"最大化地保证古比雪夫水电站工程的专家数量"，要为他们提供适当的住房和生活条件，并用其所长。[657]

1953 年 3 月 27 日，苏联最高苏维埃主席团宣布大赦，此后工地的状况最能体现劳动力供应问题的真实情况。临近 8 月，库涅耶夫劳改营释放了近 3 万名技能型囚犯，而补充进来的只有 1.6 万名，且其中许多人还是不想工作的惯犯。[658] 赦免政策使建筑安装工作计划未完成，营地和施工现场的犯罪案件多发，如抢劫和恐吓雇用工人、打架、谋杀等。

住宿生活条件安排不当给劳改营工作带来了负面影响。1951 年 4 月 1 日，囚犯平均居住面积为 1.53 平方米，而不是标准中规定的 2 平方米。[659]1951 年 12 月，情况有所好转，平均达到 2 平方米。然而，文件表明，库涅耶夫拉格从始至终一直存在住房不足以及卫生条件恶劣的特点。1955 年 3 月，由于囚徒住宿遇到困难，居住面积规范减少到每人 1.5 平方米。[660] 雇用工人也面临类似问题。

严重影响劳改营日常工作稳定的因素是囚犯违反监禁条件和制度，尤其是搞破坏、骚乱、罢工和遁逃。例如，1951 年 4 月 19—20 日，因囚犯集体出逃并动员安保人员镇压，有 657 名囚犯没有去工作。[661]1952

年秋天，库涅耶夫劳改营违纪情况泛滥。1952 年 10 月 31 日，苏联内务部部长 S.N. 科鲁格洛夫上校强调："近期破坏分子猖獗，与其强化监禁和禁闭制度，不如对所有劳改工和雇用工一并果断打击。仅在 9 月 15 日到 10 月 5 日，库涅耶夫劳改营第 5、7、11、13 分部就发生了 6 起强盗事件，导致 7 人被杀、3 人受伤，死者包括雇用工季纳金考勤员和瑟特尼克监事。"[662]

不完整的官方资料显示（见表 45），1951—1955 年共发生 34 起强盗事件和 18 起大型暴乱，死伤超过 119 人，逾 278 人逃跑，另有 867 起破坏事件记录在案。1951—1953 年罢工累计 12895 个工日，1955 年前 10 个月罢工 37527 个工日，是之前的 2.9 倍。

劳改营保安人员也有很多违规行为。例如，1953 年的 7 个月时间里，劳改营的政治道德状况和军纪并不令人满意，仅在第二季度里就发生 327 起违纪和 28 名囚犯逃跑。[663] 在这一时期，"由于某些员工丧失警惕和漫不经心"，发生了 300 多起雇用工人与劳改工人勾结的事件，包括酒精夹带、信件邮寄、亲密关系等。[664] 劳改营员工的一些不良现象十分普遍，如力不胜任、酗酒、裙带关系、玩忽职守。

与德米特罗夫、伏尔加和萨马拉劳改营不同，库涅耶夫劳改营文件中首次包含了囚犯工伤信息。例如，1953 年 9 个月时间里，有 2037 人受伤，41 人因伤情过重死亡，由此损失 27684 个工日。[665] 这一情况随后没有根本性改善。1954 年 9 个月时间里，有 743 起工伤记录，其中 35 人死亡，损失 10936 个工日。[666]

为提高劳动生产率，库涅耶夫劳改营采取的主要激励办法包括工作日抵扣、工资和奖金发放，以及居住条件改善等。但检查人员也指出，对于突击工作者的激励措施并非一以贯之。[667]1950 年 5 月 26 日，苏联内务部发布关于库涅耶夫拉格工作日抵扣的第 0037 号命令，[668] 并且恢复了 1939 年取消的突击劳动者提前释放制度。完成 100% 工作定额的囚犯，其 1 天刑期将被计为 1.5 天；完成 125% 工作定额，1 天算作 2 天；超过 150%，1 天抵 3 天。[669] 两年后，即 1952 年 5 月，阿赫图宾斯克劳改营也开始采用工作日抵扣制方法。

1950年春天，古拉格所有单位开始实行囚徒工资制。[670]1951年，库涅耶夫劳改营平均月薪为397卢布，1952年上半年为375卢布，但囚犯实际到手只有200卢布和192卢布。[671]阿赫图宾斯克劳改营同期的平均工资略低，分别为329卢布和275卢布（实际到手132卢布和107卢布）。整体而言，按苏联内务部的标准，1951—1952年的工资分别为349卢布和345卢布（实际到手122卢布和131卢布），1953年为324卢布（实际到手129卢布）。[672]只有工作的罪犯能够得到这些钱，因此在关键工程中，大量囚徒能够获得较高工资。然而，即使在这种情况下，囚犯工资也远远低于雇用工人的工资。例如，1953年，古比雪夫水利工程局建筑安装工作的平均月薪为592卢布，1954年为654卢布。[673]一些低技能雇用工人的月薪不超过150—200卢布。

劳动报酬平均主义在库涅耶夫拉格是常见现象。“27人工程队工作，而有7人在散步，因为他们知道，工资是付给整个团队的。”[674]资料显示，由于拖欠、错计、冒领、平均主义等问题，工作日抵扣政策和工资支付的有效性大幅下降。例如，1954年10个月时间里，在2786次罪犯申请中，有1248件（44.8%）是投诉抵扣政策执行不及时以及因此产生的服刑期限问题。[675]

库涅耶夫劳改营管理部门认为，刺激囚犯的生产积极性还是应该通过劳动竞赛。总结报告显示，劳动竞赛能使95%—96%的囚徒参与其中。例如，1951年第四季度，劳改营五营的劳动竞争覆盖了96%的罪犯，但95个工程队中有35个未在当年12月完成任务。[676]他们还召开了先进生产者代表会、工程队队长讨论会，以及钢筋工、混凝土工等专职人员大会。然而，劳改营政治处处长乌卢索夫于1954年11月坦言，“竞赛存在大量形式主义，先进工作者的经验推广和先进方法的普遍化做得并不好，工程的任务量和目标有时会被忽视”。[677]随后的情况有所改善。然而，由于是通过指令自上而下地灌输，且没有考虑实际经济状况，竞赛并没有取得预期效果。

对于劳动不认真和蓄意搞破坏的囚犯，最常用的惩罚措施是取消其工作日抵扣资格，关禁闭（惩戒隔离室），发配至特别管制劳改营，以及刑事起诉。例如，1954 年 10 个月时间里，有 703 名囚犯涉嫌“刑事破坏”，其中 564 名被转移到监狱管制，139 名被发配至特别管制劳改营。[678] 1951—1952 年，对罢工者的镇压措施经常是关禁闭，有时也以削减口粮代替，但由于他们吃的是大锅饭，所以反而希望进惩戒隔离室。[679]

从萨马拉州国家社会政治历史档案馆第 7171 号资料库找到的一份审查报告——《关于库涅耶夫劳改营囚犯 1953 年 10 月 10 日的心情》是一份独一无二的文件（见档案资料 12）。[680] 例如，罪犯 P.P. 丘马琴科写道：“我们为荣耀工作，这个月上旬，我们已经完成了 160%的任务，超过了两个工程队……我们的目标是：老老实实工作，挣个几百卢布和工作日抵扣，抵扣越多，离家和自由就越近。”[681] 但大多数信件内容并不乐观。例如，囚犯 I.F. 什特恩抱怨说：“……这里的人禽兽不如，我从 1953 年 6 月 19 日开始工作，但一直没有收到过一分钱，伙食也被拖欠。我的钱被工头和所有禽兽瓜分了，而我却无从投诉，我们没有任何权利，工作日抵扣也逐渐减少，禽兽们把抵扣都算在自己和自己朋友身上，而工作十分繁重……”[682] 通过这些信件可以判断，许多囚徒对工作日抵扣减少、长期服刑、工资拖欠和伙食简陋感到不满。L.I. 沙什科夫强调：“……进入了一个无关紧要的劳改营，领导坏到不能再坏，你赚的钱他都搜刮走，一连 3 个月我们一分钱也没拿到，只给我们吃面包和水。”[683] 而官方文件和信件内容差异巨大。

参与“大伏尔加”计划建设的唯一一个劳教所是戈罗杰茨 2 号劳教所。该劳教所是苏联部长会议 1948 年 10 月 9 日通过 3524—1550 号决议设立的，其目的是为高尔基水利枢纽建设供应劳动力。[684] 由于缺少可用的档案文献，我们无法分析劳教所的生产活动。该劳教所大概是在 1953 年关闭的。与上述水利工程劳改营相比，戈罗杰茨劳教所较小，1949—1950 年，其囚犯数量没有超过 3500 人。[685] 由于这里的囚徒被判的都是 5 年以内的短期徒刑，工作日抵扣政策没有被实行。

综上所述，在我们考察的这段时期里，水利枢纽建设是古拉格经济活动的主要方向之一。古拉格下属单位在偏远地区成功的工作经验，使苏联高层政治精英确信，要把类似经验推广到包括国家中央地区在内的其他大型国民经济工程中去。

为确保“大伏尔加”计划水利枢纽建设的劳动力供给，一众古拉格劳改营在20世纪30—50年代被建立起来：德米特罗夫劳改营（莫斯科-伏尔加运河、伊万科沃水利枢纽）、伏尔加劳改营（雷宾斯克和乌格里奇水利枢纽）、萨马拉劳改营和库涅耶夫劳改营（古比雪夫水利枢纽）、阿赫图宾斯克劳改营（斯大林格勒水利枢纽）。另外还有戈罗杰茨2号劳教所负责修建高尔基水电站。换言之，囚徒深度参与了伏尔加河水利枢纽建设8座中的6座。

研究表明，囚犯劳动力使用的主要生产经营因素包括人数、劳动能力、劳动生产率和技能水平。水利工程劳改营罪犯数量的数据，揭示出伏尔加梯级工程中强制劳动力使用的巨大规模及其系统性。在大多数情况下，古拉格囚徒是工作人员的主要组成部分，囚徒人数的动态变化因而能反映出建设过程的强度。通常来讲，劳改营人数最低值出现在水利工程建设的筹备阶段和完工阶段，最高值出现在基础工程建设阶段。

劳动力供给相对较好，囚犯的劳动能力相对较高、身体状况良好和低死亡率，这些因素证明了伏尔加河水利枢纽的优先级。古拉格领导层则尽量将轻罪犯派到这些劳改营。

水利工程劳改营的囚犯劳动力使用率整体高于古拉格平均水平。参与工作的囚犯平均占78%—83%，他们中很大一部分没有专业技能，主要参与非技术性工作。为解决这一问题并对工人进行职业培训，管理部门为囚徒组织了初级培训和技能提升课程。

生产组织工作不良、囚犯劳动力使用不合理是水利枢纽建设期间的常见情况，主要原因是：1）对已有专业技术人员的选拔和分配比较仓促和随机；2）劳动力在不同工段间频繁调动；3）工作分配与专业不对口；4）机械化程度低；5）劳动生产工具和工资不足；6）缺乏对劳动力产出和完成工作量的系统计算；7）不遵守工作作息时间而导致大量工时损失。

奇怪的是，在熟练工人长期紧缺情况下，罪犯中许多工程技术人员和专家并不总是能被用其所长。结果，生产计划被破坏，工作质量低下，长时间停工。主要原因包括工作界面划分不清，缺少建筑材料、工具、技术指导和工作服，纪律不严，规划不善和气候恶劣等。工程的严重负面因素是囚犯罢工，他们以此表示对监禁制度、恣意管理、物资匮乏等问题的抗议。

导致劳改营生产活动失序的因素包括：古拉格中央机关对劳改营缺乏支持和监管，劳改营管理层频繁变更，以及干部的遴选和拔擢不善、专业能力不足、酗酒、裙带关系和玩忽职守。这导致伏尔加河水利枢纽建设长期缺乏总体规划、预算、稳定的资金支持，罪犯劳动力使用没有明确规划。内部工作计划也如出一辙，劳改营管理部门与各工区、工段之间缺乏互动，导致不合理的强制劳动力使用。

囚犯劳动力使用的社会经济因素包括：1）居住和生活条件；2）监禁条件和制度；3）食品供应；4）医疗保障。严重影响劳改营工作稳定的因素是罪犯违反监禁规章制度，特别是破坏行动、大规模暴乱、罢工和逃跑。

水利工程劳改营专门设立的刑赏机制在30—50年代发生了显著变化。最重要的劳动生产率激励法是工作日抵扣和薪金制度。但由于不及时和错误的核算、发放、冒领和平均主义，激励措施的有效性大大降低。

囚犯处境与生产指标完成情况挂钩，超额完成工作意味着生活条件、物资供应和伙食的改善。但实际上，这些激励远未贯彻执行。加强工作的普遍方法是劳动竞赛，但由于它是自上而下的指令，且没有考虑实际经济情况，故而往往没有取得预期效果。

与劳动激励措施相结合的是严酷的惩罚措施。罢工者和违规者是被惩罚的对象，因为他们会扰乱劳改营环境，并对生产计划的完成产生不利影响。最普遍的惩治手段是关禁闭、剥夺工作日抵扣权、降低居住条件和伙食供应水平，发配北方或特别劳改营或追究刑事责任。

如果说在30年代，罪犯强制劳动动员是无可争议的优先工作，那么在50年代，在动员工作的基础上，一些劳改营则不时能够实现自负盈亏。然而，整体来说，强制劳动的效率要低于雇用劳动效率。劳改工人的费用往往与雇用工人相当，甚至更高。因此，使用囚犯劳动力的主要优势并不是工作效率，而是其高度的机动性和对生活条件的极低要求。

古拉格经济的动员方针虽然成本不菲，但它使"大伏尔加"计划等大规模国民经济工程得以实现，淹没区筹备工作是其中一个重要方面。

## 2.4 人文激变：淹没区居民疏散与其他措施

大型经济设施建设会给该地区乃至整个国家带来诸多或积极或消极的影响。在平原河流上建造水利枢纽必然要修建水库，水库面积则主要取决于对发电量和航道深度的要求。水利工程建设致使河谷大片土地停耕，而在这片土地上曾散布着许多居民点，以及各种工农企业、森林、沃土和草场。因此，在具有深厚历史传统、人口密集的伏尔加河地区建设水电站是一个敏感而复杂的社会问题。这不仅涉及水库淹没区数十万人的切身利益、生活习惯、经济和文化生态，淹没区周遭也会受到牵连。只有在以下两个条件下方能成功疏散淹没区居民：其一，疏散不会导致居民遭受巨大物质和精神损失；其二，尽可能改善新居住地的经济社会条件和居民日常生活条件。

技术计算的准确度决定着发电站、水坝、船闸等主要结构的可靠性和效率，因此，在30年代初苏联坚信，技术计算精度是水利工程建设的第一要义。水库则被认为是无须特殊知识和计算的次要部分，水库面积的唯一制约因素就是被淹没土地的面积和水资源的经济利用需求。伏尔加河大规模水利枢纽建设的优先性成为主要考量对象，河流资源开发的物质技术能力与未来水库淹没区的筹备工作之间产生了巨大脱节。技术主义立场占据了首要地位，社会因素则退居其次。

在伏尔加河上游区域，较大型水库淹没区筹备的第一次实践是"莫斯科－伏尔加”运河建设。在1933—1937年伊万科沃水利枢纽建设过程中，1933年8月17日，全俄中央执委会和俄苏人民委员会通过第468号《关于征用土地建设“伏尔加－莫斯科”运河、水库和莫斯科港（莫斯科运河工程）的决议》。[686] 为解决莫斯科州和加里宁州（今特维尔——笔者注）的土地淹没问题，莫斯科州执委会主席团成立了以执委会副主席领衔的常委会，负责制订征用方案、协议草案和移民搬迁计划等问题。

该决议首先规定了关于房屋耗损度的处理原则。耗损度的标准为60%，[687] 耗损度低于60%的农村建筑须全部迁移并在新居住地重建，耗损度高于60%的房屋则须支付不高于清点和估价的费用。但在“莫斯科－伏尔加”水库建设时，则全部遵循迁移并重建的原则。正因为此，淹没区的所有工作都是由施工单位——莫斯科伏尔加工程局——出资完成的。

伊万科沃水库淹没了加里宁州4个区约2.99万公顷土地，其中比重最大的是森林（27.8%）、耕地（24.7%）和草场（24.1%）。[688] 从莫斯科伏尔加工程淹没区须迁出6700处房产，其中包括从伊万科沃水库区迁出4740处（占总数的70.7%）。[689] 该迁出规模涉及112个居民点，其中包括2座城市。

对伊万科沃水库筹备进度产生一定影响的是经验匮乏、综合设计文件不足，以及对于工作量的反复修改。这也导致无法客观评估形势，无法确定具体的施工目标和工期。水库正常蓄水位决定着水利枢纽的各项参数和工程量，设计师提出了122米、123米、124米和125米4种方案。如表48所示，正常蓄水位为123米时预计有2.697万公顷淹没区，125米时有4.12万公顷淹没区（多1.53倍）。最终，设计师选择了124米方案。

移民安置和建筑物搬迁是伊万科沃水库筹备过程中的主要任务。1933年9月26日，莫斯科－伏尔加运河建设负责人M.V.科甘下达第152号令，成立“运河淹没区和防疫区建筑物搬迁组织和领导工作”特别小组。[690] 当地政府，尤其是区执委会和农村行政部门代表负责这些工作。

居民转移始于1934年春季。4月17日，伊万科沃村第一处房屋被拆除并转移到4公里之外的新伊万科沃。[691] 畜力运输是建筑物转移的主要交通工具。伊万科沃居民I.K.费多托夫回忆道：“政府过来，把人们召集到委员会，然后宣布：‘情况是这样，我们住在这里这么久已经住够了！’当时我在想，怎么能这样？我出生在这里……在这里长大、结婚、生娃、变老，现在突然要搬到一个新地方！是的，我不能去那里。但是，好吧，房子被拆了。运河兵给我分配了一套小木房……”[692]除了最简单的移民搬迁计划，有证据表明当局还利用了囚犯强制劳动，后来这一情况成为常态。

扎维多夫内务人民委员会领导赫夫罗诺夫在报告中说：“绝大多数集体农庄庄员对搬迁表示不满……德米特罗夫拉格的卫兵不允许庄员回家……那些囚犯把房屋盖得歪七扭八，盖缝质量差，而且盗窃事件时有发生。补偿工作做得也不好。”[693]

水库淹没区筹备工作体系的无序导致了全员突击和赶工。例如，1935年10月30日颁布了第249号令，规定“莫斯科－伏尔加”运河于1937年春季动工，淹没区所有建筑物须于1937年4月1日前清空，并有4740户居民需要迁居。[694]为此，搬迁部门在水库区设立了3个施工段：基米尔段（382家）、科纳科沃段（1719家）和扎维多夫段（2639家）。所有工作计划在6个月中进行，从1935年11月1日至1936年5月1日，其间将面临冬季严寒和春季泥泞等恶劣天气。[695]总之，运河沿线须搬离6261处院落，耗资折合2181.35万卢布。[696]

国家向搬迁居民提供财政补助。每搬迁一个院落平均补助3500卢布。当然，房主须积极参与搬迁过程。

移民安置、房屋等设施搬迁、卫生清洁和森林砍伐是伊万科沃水库库底筹备的主要内容。但由于相关档案材料缺乏，卫生清洁和森林砍伐的情况暂时无法详细描述。

伊万科沃水利枢纽在1934—1937年积累下的初步经验被积极运用于1937—1940年雷宾斯克和乌格里奇水利枢纽淹没区的筹备工作中。由于这里的淹没区规模比伊万科沃水库大15.2倍（见表73），故而在实际工作中困难重重，必须以更快速度通过试错的方法加以研究和完善。

在对雷宾斯克和乌格里奇水库淹没区量化指标的研究中我们发现，可用资料和科学文献中包含的信息是碎片化且互相矛盾的。这个重要问题至今仍不能完全阐明，我们可以从表 49 的数据中窥见一二。例如，根据估算，这两个水利枢纽淹没区的总面积在 43.65 万和 48.5 万公顷之间，其中雷宾斯克水库面积在 41.44 万和 46 万公顷之间，乌格里奇在 1.37 万和 2.21 万公顷之间。造成这种不精确情况的主要原因是伏尔加工程局的地形测量资料朝订夕改，不够可靠和完善，同时，超强度工作和水库的从属性质也是重要原因。[697] 水库工作量化指标的矛盾性也成为淹没区筹备计划未能完成的关键因素之一。

对文献资料进行详细比较分析之后，一些基本参数得以确定。如表 50 所示，雷宾斯克和乌格里奇水库共淹没莫洛加 – 舍克斯纳河间地 4 个州的 45.327 万公顷沃田：其中雅罗斯拉夫尔 34.203 万公顷，占淹没区总面积的 75.5%；沃洛格达州——7.279 万公顷（16.06%）；加里宁州——3.827 万公顷（8.4%）；莫斯科州——180 公顷（0.04%）。被征用的土地包括草场和牧场——12.24 万公顷（27%）；耕地——5.81 万公顷（12.8%）；森林和灌木——6.57 万公顷（14.5%）。雷宾斯克库区淹没面积为 43.117 万公顷，乌格里奇库区淹没面积为 2.21 万公顷（见表 49）。这些数据是根据今日的水库面积确定的（45.5 万公顷、2.49 万公顷，共计 47.99 万公顷），可信度较高（见表 29）。

雷宾斯克水库影响到沃洛格达州 4 个区、加里宁州 2 个区和雅罗斯拉夫尔州 8 个区。雅罗斯拉夫尔州受影响最大的是莫洛加区（79.6%被淹没）、叶尔马科夫区（43.3%被淹没）和布列伊托夫区（36%被淹没）。乌格里奇水库影响到雅罗斯拉夫尔州 1 个区、加里宁州 2 个区和莫斯科州 1 个区。[698] 在淹没区和浸没区分布着高达 958 个居民点（雷宾斯克库区 745 个、乌格里奇库区 213 个），其中包括 9 个城市和工人住宅区。[699]

如表 54 所示，雷宾斯克和乌格里奇水库淹没区和浸没区共转移房屋 37345 处。雅罗斯拉夫尔州的比例最大为 57.2%，其次是加里宁州（21.7%）和列宁格勒州（21.1%）。绝大多数建筑是农村房屋，其占比为

92%。疏散的难度在于，实际需要转移的远非这些，除了住宅房屋，加上杂用建筑（杂用建筑包括车库、仓库、桑拿房、牛棚、饲料房等——译者注），还须搬迁至少4—5倍的建筑物。也就是说不是37345幢房屋，而是149380幢房屋。另外还须转移15.88万名居民（见表72）。

从表55可以看出，雷宾斯克水库的基础工程造价为44578.753万卢布，乌格里奇水库造价为10041.786万卢布，前者是后者的4.4倍。两工程总造价为54620.539万卢布，约占水利枢纽总造价的30%。大部分开支被用于淹没区建筑物的转移（42.9%）、征用和清理工作（19%）。

损失最大的是雅罗斯拉夫尔州（土地面积减少5.4%），因此水库筹备工程都在一定程度上以此为例。淹没区里包括552个农村居民点、1.8万个农庄和2060处城市房屋和工人住宅区（见表52、56）。水库还淹没了108所小学、1所中等技术学校、15个医疗机构、59家食品与当地企业、201幢商用楼、68幢采办单位建筑、2个农机站等设施。[700]

通过分析中央行政机关的文件能够发现立法工作并不完善，在一些情况下立法缺失、滞后于淹没区筹备工作中出现的问题。1936年8月1日（见档案资料3），全俄中央执委会和俄苏人民委员会颁布《关于征用土地以在伏尔加河上建设雷宾斯克和乌格里奇水利枢纽的决议》。[701]为解决伏尔加工程局征用土地的问题，雅罗斯拉夫尔州、加里宁州和列宁格勒州（从1937年9月23日改名为沃洛格达州）执委会主席团成立了一个委员会。其组成人员包括执委会主席、内务人民委员会州代表、伏尔加工程局主任，以及俄苏财政人民委员会、州土地管理局和其他相关部门代表。其职责包括：核算征地面积、移民和新居住地数量、转移条件，落实搬迁时间表，处理投诉等。[702]

同时还成立了评估委员会，以确定淹没造成的损失、程序和期限。其组成人员包括区执委会代表、农村地方土地和财政部门代表、城市和工人住宅区的市苏维埃、市政和财政部门代表，以及伏尔加工程局代表。

该决议明确了伏尔加工程局与房屋所有者的清算制度：1）如果房屋

转移给伏尔加工程局使用，则要在综合考虑评估委员会耗损评估的情况下支付给房屋所有者费用；2）对于耗损度低于60%的房屋，伏尔加工程局承担搬迁和财产搬运的全部费用；3）不转移耗损度高于60%的破损建筑，但拆迁时会支付给房主相应费用；4）留给伏尔加工程局的房屋，其价格不超过资产清算价格。[703]

该决议并未规定淹没区水库筹备执行过程的具体制度，而仅包含一般性说明。在时间、资金、建筑材料都很紧缺的情况下，规章制度的缺失带来了很多不可避免的困难。

1940年5月5日，在雷宾斯克水库库底开始浇筑前11个月，苏联人民委员会颁布了第二个也是最后一个"关于雷宾斯克和乌格里奇水库淹没区搬迁问题"的第668号决议，规定所有搬迁工作要在1941年完成（见档案资料8）。[704]决议对移民组织和资金分配进行了具体说明，将责任落实到具体单位，并确定了移民补贴措施等。总的来看，该决议确定了1936—1939年淹没区筹备工作的详细计划，并解决了一些备受争议的问题。

与1936年决议不同的是，1940年决议强调了库区居民的搬迁义务，并由州执委会和相应市、乡、村苏维埃领导。[705]显然，地方行政机构被赋予了很大权力，这种设计源于过去的教训，即权力过度集中影响了淹没区的筹备工作。

属于国家的、公共的和合作社的企业、房屋和建筑物，应由相应人民委员会和单位负责其搬迁事务。属于个人的房屋和其他建筑，由伏尔加工程局出资，由执委会提供运输工具，个人自行转移。决议中特别说明，伏尔加工程局负责"所有人员转移、搬迁重建、城镇和村庄规划、浸水城市防洪"工作的资金，并"保证所有工程使用统一调拨的建筑材料"。[706]此外，归伏尔加工程局负责的还有莫洛加市苏维埃文化楼和住宅楼的转移和重建、梅什金市和波舍霍尼耶－沃洛达尔斯克市的防洪以及森林砍伐等工作。其他城市的工程防护和规划制订则交由俄苏公用事业人民委员会负责。

1940年的决议详细规定了对移民的补偿办法。除了1936年决议规定的为房屋耗损度超过60%的移民建造简易房屋提供20年贷款，还加入了新的补偿办法，即没有自己房子的工人和职工家庭可获得1000卢布补助金，[707]但条件是在新居住地没有住房且在该房子内生活不少于6个月。此外，必须给居住在无须搬迁房屋里的孤寡老人或残疾人提供住房。

对于那些转移到"移民开发的新垦地和农场"上的集体农庄庄员而言，他们的境况相对较好，他们被免除两年的赋税和杂费，以及必须向国家缴纳的粮食、肉类、牛奶和黄油。[708]另一方面，集体农庄在关闭之前应完整履行国家义务并还清贷款。为开展房屋搬迁工作，当地政府出资建立了专门的迁建办公室。另外，还给每个集体农场分配了经济用材，其中10平方米用于个人建筑，2平方米用于公有建筑。[709]

鉴于大部分人不愿搬迁，苏联人民委员会授权地方委员会在截止日后强制搬迁，由伏尔加工程局对房屋所有者进行补偿。[710]

档案文献中保存了淹没区居民拒绝疏散的证据。例如，布列伊托夫区"卡冈诺维奇渔业集体农庄"的一些农户在1938年10月表示，"他们1939年不会搬到任何地方，他们还要春播……"。[711]在梅什金区，有12个乡村无视区政府和伏尔加工程局有关1941年迅速清理淹没区的要求。[712]这样的例子层出不穷。一般来说，移民者的抵抗是被动的，其反抗的最高形式基本上是写投诉信给所有可能的政府机关，最低形式是对搬迁要求无动于衷和漠不关心。

如表56所示，雅罗斯拉夫尔州的全俄中央执委会组织委员会原计划1936年搬迁3900户，1937年7208户，1938年8952户。然而事实上，1936年实际疏散仅183处房屋（是原计划的4.7%），包括123个农屋和60个莫洛加城市房屋。[713]原计划直到1941年春天淹没区筹备过程结束时仍未能完成。例如，按照1938年的计划，莫洛加区须在1938年转移737处房产，1936—1937年转移486处房产，共计1223处。[714]然而，直到8月1日，实际只撤离了255处（占原计划的20.8%）。装配缓慢，拆卸、装配严重脱节，移民搬迁规划不善被认为是莫洛加市搬迁计划失败的主要原因。[715]1940年计划落实率为历年最高，达到93.1%。

在某些情况下是没有搬迁计划的，或者搬迁计划不够具体。例如：在1938年7月，几乎是疏散已经开始两年之后，俄苏人民委员会才下令责成雅罗斯拉夫尔州执委会制订移民搬迁总体规划，并对部分淹没区和新居住地进行细致的农业经济和土壤改良调查。[716]值得一提的是，集体农庄搬迁至一个新地点要形成一致意见，且该一致意见要以大会决议的形式达成，不允许无组织和放任自流的情况发生。

由于未制订明确清晰的淹没区筹备计划，1936—1938年出现了农村居民擅自搬迁至个人中意的新居住地的情况。例如，1938年第一季度，布列伊托夫区按计划应搬迁435户，但实际仅搬迁了152户，剩余的283户中有120户（也就是42.4%的移民）打算自发搬迁到图塔耶夫、雷宾斯克和雅罗斯拉夫尔地区。[717]造成这种现象的原因是：1）一些集体农庄违反了农业劳动组合章程，没有当面正式地接收移民，并且没有与搬迁来的集体农庄管理层协商；2）拖延到2月才与集体农庄确定好搬迁目的地；3）评估委员会很晚才完成搬迁成本评估；4）该地区畜力运输状况不佳。此外，伏尔加工程局移民搬迁部门不合时宜地将资金挪用，从而导致68万卢布债务，不足以给移民提供建筑材料，收购房屋的行动也因此迟缓。[718]1939年，莫洛加区有高达30%移民是自行搬迁，也就是所谓的放任自流。

1939年夏，距浇筑雷宾斯克水库还剩一年半的时间，由于形势严峻，政府被迫暂停居民疏散。雅罗斯拉夫尔州委书记N.S.帕托利切夫和州执委会主席D.A.博利沙科夫致信联共（布）中央委员会A.A.安德烈耶夫和苏联人民委员会V.M.莫洛托夫（见档案资料6）。[719]问题如下：根据1939年移民计划，在春播之前，布列伊托夫、叶尔马科夫和莫洛加区的集体农庄农户，已携全部财产转移至雅罗斯拉夫尔和图塔耶夫区。移民家庭暂时寄宿在当地农户家中，而由于缺少空闲的土地储备来建设农庄，他们沿河运送的房子还放在岸边而未能重建。尽管如此，苏联人民委员会下属的经济委员会仍然拒绝了地方政府关于移民农户土地分配的申请。州领导认为："该状况使这些移民陷入极其困难的境地，因为他们已经从曾经的居住地搬离，从春天开始就要在已经接收他们的集体农庄里干活，但他们现在住在拥挤的房间里，他们的房屋还是拆散状态地放在岸边，需要不间断地看管。农户们担心他们在冬天到来之前都无法把自己的家建好。"[720] 乌格里奇区也存在类似问题。因此，人们请求苏共州委员会和执委会批准在图塔耶夫区划拨 114 块、总面积 30.19 公顷的宅旁园地，在雅罗斯拉夫尔区划拨 71 块（25.2 公顷），在乌格里奇区划拨 233 块（107.7 公顷）。[721] 这个严峻的问题得到了积极解决。

雷宾斯克和乌格里奇水利枢纽的投产时间从 1939 年推迟至 1941 年，这为淹没区筹备工作争取了时间。1940 年是移民搬迁至关重要的一年，整个地区进入全体动员状态，因为在 1940 年 12 月就要开始浇筑乌格里奇水库，1941 年 4 月开始浇筑雷宾斯克水库。1940 年的移民人数、房屋搬迁数和运输货物量皆为历年最多。如表 52 所示，1940 年疏散了 57 个集体农庄、5099 处农村房产，分别占 1936—1940 年搬迁总数的 32.6% 和 31.4%。在第三个五年计划期间，雅罗斯拉夫尔州的农业转移计划在 1940 年疏散 5477 户，1941 年疏散 664 户，1942 年疏散 775 户。[722]1940 年的移民分布很有趣：1）500 户迁至安特罗波夫、加利奇、帕尔菲耶夫等该州东北地区；2）1700 户——雅罗斯拉夫尔、雷宾斯克和图塔耶夫；3）1200 户——布列伊托夫、叶尔马科夫、涅科乌斯等本区就近的集体农庄；4）427 户——克拉斯诺谢里、图塔耶夫、雷宾斯克等各州毗邻伏尔加河的地区；5）500 户——列宁格勒州；6）16 户——哈巴罗夫斯克（伯力）；7）152 户——伊万诺沃和沃洛格达州。[723] 剩余 982 户去向不明。总之，实际搬离 5099 户，占原计划 5477 户的 93.1%。这些移民首先被转移至需要工农业劳动力的城市和农村。

雅罗斯拉夫尔州党政经济机关，包括州和区执委会下属搬迁部门在内，与苏联内务人民委员部伏尔加工程局及上级机关和各单位保持了协调互动。房屋拆迁部门在伏尔加工程局的领导下行使职能。其主要任务是监督所有搬迁工作的资金使用情况，协助房屋和设施的转移与重建，林地砍伐工作等。（见档案资料 3、档案资料 7、档案资料 8）

尽管伏尔加工程局的文件档案是碎片化的，但仍清楚表明，1939 年，其房屋搬迁计划的落实率为 142%，1940 年为 142.5%，而且节省了 1900 万卢布。这些计划超额完成的数据与雅罗斯拉夫尔州政府的搬迁计划形成了鲜明对比，后者的计划一直未能完成。

伏尔加工程局和当地居民之间的互动关系存在很大问题，这一点见诸档案资料。布列伊托夫执委会 1938 年 5 月的信息显示："每天有大量移民农户来搬迁部门投诉缺少帮助和保护，以及伏尔加工程局搬迁部门的官僚主义作风……带头对抗搬迁的移民没有得到关注……他们当中至今还有很多人没有收到前 50%的搬迁费用。"[724] 搬迁拨款根据"剩余原则"拨付已成常态。另一方面，伏尔加工程局庞大的施工工作量吸引了大批农户，使他们获得了赚钱的机会，而集体农庄则往往缺乏疏散和农业生产的劳动力。

疏散之初的主要问题之一是资金不足和补偿款拖延。事实证明，伏尔加工程局发放的 1740 卢布补偿金根本无法建造或购买房屋。[725] 根据估算，建造一个农村住宅和一个杂用建筑的平均成本为 5740 卢布，这意味着搬迁移民需要额外承担 4000 卢布的长期贷款。而城市房产平均估价为 14492 卢布，即使加上 4467 卢布的补偿费还少 10025 卢布。[726] 档案资料中并没有就如何解决该问题给出直接答案。

1937 年 5 月 20 日，《真理报》编辑部收到一封信，详细说明了这一情况。这封信来自集体农庄农户 D.V. 察廖夫，他住在雅罗斯拉夫尔州雷宾斯克区的奥布列斯科沃。[727] 信中说：政府代表在集体农庄全体大会上大力宣传贷款，此后，移民按照剩余的价值开始将房屋卖给伏尔加工程局。有些人用这笔钱和借来的钱在新地方买了房屋，并交了订金。但是，贷款到第 8 个月还未发放。同时，房价因巨大需求量而上涨。许多房主把订金要回来，并开始赎回他们之前卖给伏尔加工程局的房子，以便搬迁。此外，国家答应给的优惠和资金也没兑现。结果许多移民陷入艰难甚至进退两难的境地。

淹没区城市和居民点的非集体农庄农户比集体农庄农户更有优势，因为后者基本没有多少资金储蓄。1938年，莫洛加区转移到新居住地的“伏尔加”集体农庄成员得到了资金补偿。补偿费涵盖房屋搬迁、财产运输和住房补贴。49户平均每户得到7648卢布，最少3849卢布，最多12228卢布。[728]但农户得到的补助金往往不够。正如卡利亚津市居民K.P.马克西莫夫所言，为建一个5.6米×6.3米的木房子，国家给他补助了2100卢布。[729]而在花了这笔钱之后，他不得不向加里宁州公共事业银行贷款3200卢布，还款期限20年。但钱还是不够，所以他卖掉了母牛。

移民在新居住地的主要安置形式是加建新村，即在空闲地段建立新居住点并与已有居民点合并。一个典型例子是雷宾斯克市的诺沃洛谢夫村（现在是该市的“斯利普”小区——笔者注），这里的大部分居民是从莫洛加市搬迁过来的。伏尔加工程局淹没区的疏散特点是将一个居民点的居民转移至不同的地方。按一位移民的说法：“将我们打散到不同的集体农庄。”[730]莫洛加区的29个集体农庄在1939年被分配转移至108个集体农庄。[731]

如果说移民迁居目的地主要由州执委会和区执委会与伏尔加工程局协商确定的话，那么从1938年秋天起，村委会开始被给予更多迁居地选择权，集体农庄领导开始全面负责移民搬迁计划的落实。[732]显然，这样的让渡导致实际执行时出现农户无组织搬迁的情况。

搬迁运输方式则受很多状况的制约，首屈一指的是新居住地的位置和那里的交通状况。搬迁距离相当远，从45千米到350千米不等。公路交通的缺陷是灾难性的，水路和铁路交通更甚，这使得最普遍的运输方法是沿河浮运房屋和财产。莫洛加市居民M.I.库夫申尼可娃说：“我记得我爷爷运送房子，一开始用马车把圆木运到河边，大约1千米路程，然后把圆木结成木筏，在上面把窗框、门还有金属零件小心打好包。除此之外还要把马和牛赶到木筏上，然后小心翼翼地把木筏抬到岸边，再把这些东西运到新居住地，路程为2—3千米。所有这些都得我们亲自动手，简直是折磨人。有的人在伏尔加河上一边划着木筏一边哭……”[733]

搬迁带来了极大的货物运输量。1937 年，淹没区须转移 10125 处房产，运载量达到 39.1 万吨，其中 75%用木筏浮运，15%用畜力运输，铁路运输占 10%。[734] 表 53 展示了 1936—1940 年雅罗斯拉夫尔州的运载量情况。该州转移了 47626 头家畜、6824 匹马、45534 吨财产，为此花费了 192905 个马日（97.7%）（一马一天的工作量——译者注）、4053 个车日（2%）和 520 个船日（0.3%），以及 462 节车厢和 246 艘驳船。畜力运输是仅次于浮运的最可用的运输方式。从淹没区运出货物最多的年份是 1940 年（42.6%）、1938 年（21.3%）和 1937 年（20.9%）。

几百封移民寄给亲人、各级政府机构和报刊的信函展现出水库组织过程的真实图景。大部分信函的内容都是抱怨疏散之困难、权利之被侵犯、资金和政府援助之缺乏等内容。这里我们只举一个例子。1940 年 5—6 月（大概日期——笔者注）M. 尼古拉耶娃在给自己的亲人——一名边防军人 V.I. 尼古拉耶夫的信中写道：“那些不和集体农庄一块儿走的农民被追捕和迫害。不久前……在民选代表奥博罗季斯托夫的领导下，甚至暗中组织了一场针对移民的‘征讨’。他们雇人……醉醺醺地……把东西扔到大街上，把窗户砸烂。被雇的这些人得到些钱，然后就挥霍掉——这钱来得太容易了！他们想 1 号搬迁，但不知道啥原因又没搬。再说也无处可去。你根本不知道该怎么办。有些人哭，另外有些人却中饱私囊。我们的房子最先运过去了，然后就在那里放着，一半都烂掉了或者被偷走了。什么时候能把房子建起来，完全不知道。他们只给‘自己人’建房子。一言难尽，总之一切都跟合同上写的不一样。”[735]

这位收件人的父亲 I.D. 尼古拉耶夫在 1940 年 5 月 13 日也写了封沉重的信（见档案资料 9）。[736] 这差不多是我们能够看到结果的唯一案例。V.I. 尼古拉耶夫在收到这封信后，以边防部队指挥官的名义提交了一份报告，向雷宾斯克市检察长萨夫罗诺夫提出申诉。检察结果是尼古拉耶夫家人陈述的所有事实都得到了确认，于是州执委会下令克拉斯诺谢里建筑工段要在 1940 年 10 月 1 日前完成所有房屋重建工作（见档案资料

10）。[737]

许多移民陷入困境不仅因为缺少正常的居住条件，还因为物质条件的艰难。上文提到的I.D. 尼古拉耶夫一家就被禁止在老地方种菜，而在新地方，家里也没人能去工作赚钱，因为根本没有可工作的地方。总体而言，通过对雅罗斯拉夫尔州淹没区居民信件和投诉的分析，我们能够得出的结论是，政府并没有做好万全的准备工作。官僚主义拖拉作风、工作紧迫程度，以及在内部社会经济和对外关系复杂局势下的决策不周，致使移民处于极其困难的境地。此外，疏散的现实条件也没有使移民在新居住地的生活获得改善，反而是更加恶化。

以下情况揭示出国家没有履行对年迈公民的社会福利义务。1938 年 4 月 3 日，州搬迁委员会在发现缺乏对老年移民的帮助之后颁布决议，要求在 5 月 1 日之前用伏尔加工程局的补助金给莫洛加区的 70 位老人分配专门的住房。[738] 但这个决议并未执行。为将老年移民群体安置到残疾人疗养院，1937—1938 年，莫洛加区社会保障局局长 L.E. 别列津纳多次致信上级主管部门，其中包括 L.M. 卡冈诺维奇、N.I. 叶若夫（见档案资料 5）和苏联监察委员会主席。[739]

淹没区筹备计划中还包含对移民土地经营设施的规定，包括新居住地的设施完善和土壤改良措施。[740] 前者包括 1937—1940 年完成的 476 口水井、31 汪池塘、7 口自流井、64.1 公里公路等设施，总共花费 112.5 万卢布（见表 51）。后者包括除根铲掘、排水、植草、垦荒等，1937—1940 年，有 3.77 万公顷土壤得到改良，总共花费为 674.7 万卢布，但这只占雅罗斯拉夫尔州被淹农田面积的 31%。

雷宾斯克和乌格里奇水利枢纽水库筹备工作的重要组成部分还有城市浸没区工程防护、森林砍伐、清伐和区域卫生清理。但文献资料中并没有关于这些内容的完整描述。

处在局部淹没区和浸没区中的还有其他城市，如韦斯耶贡斯克、卡利亚津、基姆雷、梅什金、波舍霍尼耶 – 沃洛达尔斯克、乌格里奇和切列波韦茨。因此，这些城市都要在不同程度上进行工程防护以防水库的破坏性影响。

在卡利亚津市，工程防护的形式是加固岸坡，由当地一个很小的施工办公室负责。该办公室于 1938 年 6 月 2 日与伏尔加工程局签署了一份合同，后者负责所有工作的资金支持。[741] 但这笔钱迟迟没有划拨，并且不够运输和劳动力的费用。

1939 年 6 月 24 日，梅什金市区执委会决定以伏尔加工程局的设计为基础，在伏尔加河下游地区筑堤。[742] 但工程的复杂程度使得设计需要补充，这导致了筑堤工期的缩短，直到 1941 年 3 月才竣工。梅什金市的大多数居民和 104 个集体农庄农户带着马匹参与了工程建设。[743] 但由于工程的紧迫性，资金缺乏，以及工程防护工作并不完善，转移和修缮城市浸没区的工作在水库竣工后仍在继续。

淹没地的森林覆盖区需要进行伐木工作，包括商品森林砍伐和清伐，其中清伐指的是清理灌木丛并焚烧采伐后的残留物。伏尔加工程局被指派负责这项工作。据见证者所言，森林砍伐工作是由囚犯和附近地区招募来的集体农庄农户来完成的。V.A. 卡普斯京娜这样写道："一队囚犯后面跟着马匹，警卫领着牧羊犬包围着他们，马车上放着斧头、锯条……队伍在快到舍科斯纳时停下来，分发完斧头和锯条之后，囚犯们开始砍伐路上的白柳树林……囚犯们一整天在太阳下砍树枝，树枝在水坝地基上排列开来。1936—1937 年的冬天，沿岸被砍掉的丛林被畜力运出。当公路修好以后，枯枝由大卡车运出。"[744]

由于处理淹没区森场的时间比较紧迫，一些严重的问题因此出现。例如，1938 年 8 月 16 日，布列伊托林区主任拉热夫报告称，由于需要焚烧采伐残留物，伏尔加工程局批准了大面积焚林，而这会对未来库区岸边的水源林造成巨大威胁。[745] 此外，拉热夫还指出，越来越多的伏尔加劳改营逃犯在森林里点燃篝火并引起火灾。

涤除未来航道和捕鱼区的森林和灌木是首要工作。到 1941 年春，有 1100 多万立方米的森林被砍掉。[746] 其中的 600 万立方米被留在淹没区制作木筏，库区浇筑之后可以用船牵引。其余 500 万立方米被即刻运出。

然而，在如此短的时间内不可能将如此庞大的森林完全清理干净，因此有很大一部分木材被淹没了。[747]

库区的卫生筹备包括许多内容，主要有加固或转移墓地和牲畜埋葬场，清理淹没区绿色植被，填埋人工坑洞，清理污水坑粪便，就地焚烧粪便、垃圾和其他可燃性残留物。[748] 最敏感和最痛苦的问题是淹没区和浸没区的墓地问题。1938 年 11 月 15 日，雅罗斯拉夫尔州执委会决定关闭布列伊托夫、叶尔马科夫、莫洛加、梅什金和乌格里奇区的 12 个墓地。[749]1 个月后，伏尔加工程局应着手旧墓地卫生清理工作，并同时提供征地、转移和新建资金。1939 年 10 月 25 日，乌格里奇区执委会责成伏尔加工程局转移克拉斯诺村坍岸区内墓地浸没区的尸体。[750]

总之，1936—1941 年，雷宾斯克和乌格里奇水库淹没区最重要的筹备工作包括移民搬迁、房屋转移、城市工程防护、森林采伐与清伐以及卫生清理。

苏联在雷宾斯克和乌格里奇水利枢纽完成了第一个超大型水库的组织工作，在此过程中尽管存在明显缺陷，但也积累了大量经验，这些经验被应用于 1950—1957 年的古比雪夫水利枢纽建设。1950 年 4 月 24 日，苏联部长会议通过第 1604—627 号决议——1940 年 5 月 5 日由苏联人民委员会通过的第 668 号《关于雷宾斯克和乌格里奇水库淹没区搬迁的决议》在古比雪夫库区继续生效。[751]

1951 年 11 月 21 日、1952 年 4 月 26 日、1952 年 11 月 25 日，苏联部长会议分别通过了几项关于淹没区筹组工作的决议，确定了责任单位。[752] 表 59 列出了单位清单。例如，村委会、古比雪夫和乌里扬诺夫斯克州执委会下属机关单位，以及鞑靼、马里和楚瓦什苏维埃社会主义自治共和国部长会议的下属机关单位，直接负责农村地区的居民搬迁和房屋拆除工作。城市和工人居住区则由市苏维埃和镇苏维埃的执委会负责。共有 840 多个单位参与了庞大的水库组织工作。

水库库底的筹备过程由共和国、州、市和区相应级别执委会的搬迁部门协调进行。此外，筹备过程由古比雪夫水电站水库管理局淹没区筹备处专门监督。为完成大量任务，搬迁部门被授予了大量权力，他们要参与组织和监督淹没区的几乎所有清理工作，并与众多部门和单位协作（上到自治共和国部长会议，下到地方执委会和村委会）。[753]

在研究档案文献中古比雪夫水库淹没区的量化指标时，能够发现许多数字存在矛盾。例如，征用土地总面积从50.39万公顷到54.8万公顷不等。[754]但在详细比较分析并引入大量新文献后，更加完整和可靠的信息也能显现出来。如表57所示，古比雪夫水库总共淹没了58.73万公顷土地，其中包括古比雪夫（今萨马拉——笔者注）6个区（14.7%），乌里扬诺夫斯克州8个区（33.4%），鞑靼自治共和国26个区（50.3%），马里自治共和国2个区（0.6%）和楚瓦什自治共和国4个区（1%），共计5个行政区的47个区。征用土地的类型包括：牧场和草场（35.5%）、森林和灌木（32%）、耕地（9.4%）和其他（23.1%）。在被淹没的已用农业用地中有耕地（3.4%）、牧场和草场（81.5%）。[755]很显然，由于损失了大部分水泛草场，沿岸集体农庄的粮食供应受到严重影响。水库建设总共影响到293个居民点，其中包括18个城市和工人住宅区以及275个农村居民点。

表57的数据显示，1957年5月1日从淹没区转移31418处个人房产，其中包括8503处城市房产（27.1%），22915处农村房产（72.9%），还有12246处国有、集体农庄以及合作社和公共建筑。居民疏散和房屋转移工作在1957年夏天古比雪夫水库竣工后仍在继续。例如，鞑靼自治共和国的1990幢房屋搬迁被推迟，其是否搬迁取决于坍岸情况和浸水强度。到1963年7月1日，乌里扬诺夫斯克州共搬迁1223处房产和1472户人家。[756]

到1957年5月1日，古比雪夫水库的所有筹备工作共耗资12亿30万卢布，是预算的71.2%，占水利枢纽总造价的11.8%（见表57和表58）。大部分支出用于居民转移及房屋搬迁（23.2%）、工程防护（22.6%）和森林砍伐（25%）（见表74）。

古比雪夫水库淹没区的移民和房屋搬迁工作于1951年开始，1957年春季结束。1951—1952 年，首批 5 个居民点和 2818 户居民从古比雪夫州水利枢纽建设区疏散。[757] 在其他地方，搬迁工作于 1952 年夏天稍晚启动。1952 年 7 月，乌里扬诺夫斯克州执委会官员在检查切尔达雷区克列斯托沃戈拉季谢村工作进展时发现，这里没有移民搬迁计划，移民搬迁在放任自流状态下进行。[758] 这种情况在 1952 年尤为典型，后来才在地方政府的努力下得到改善。

档案使我们追踪到居民和房屋的转移过程。古比雪夫州在 1951—1952 年共转移 2818 处房产（28.5 %）、1953 年——4124 处（41.8 %）、1954 年——1429 处（14.5 %）、1955 年——1086 处（11 %），1956 年最后转移了 417 处（4.2%）。[759]1953 年房屋转移的数量最多，1956 年的数量最少。相似趋势也出现在乌里扬诺夫斯克州和鞑靼自治共和国。与此同时，在雅罗斯拉夫尔州的伏尔加工程淹没区，有 29.7%的房产到最后（1940）方被撤离。这一事实表明，古比雪夫水库的组织性更高，基本能保证任务的执行，且在很大程度上杜绝了全员突击和赶工。不过，计划也并不总是能够完成（见档案资料 13）。例如，古比雪夫州 1954 年的移民计划仅完成 73%，而在乌里扬诺夫斯克州，到 1954 年 7 月 1 日，移民任务只完成 52%。[760] 政府采取严格的行政命令措施使这种情况得到缓解。

从 1950 年开始，地区移民部门和苏联农业部制定了统一的淹没区移民计划和新居住地的土地分配计划。根据计划，乌里扬诺夫斯克州的首要任务是在疏散居民的同时，兼顾库区工业和农业经济的进一步发展，并组织库区整体和单独的集体农庄与国营农场，[761] 但并没有规定工业和农业发展的具体计划。此外，计划还规定，针对即将被全部淹没的居民点，在搬迁之前要考虑农民在剩余土地上组织生产的可能性；将移民整合至拥有较多土地的集体农庄，从而扩大已有农庄，提高经济组织规模；将淹没区的房产搬迁至部分淹没居民点的旁边。[762]

实践中共有三种移民方案：将移民整合进已有居民点；将淹没区房屋转移到同一区域内不被淹没的地方；疏散至新建经济中心。搬迁目的地本应由地区政府与居民召开大会协商决定，但这种规定并不总能被遵守。在鞑靼自治共和国的阿列谢耶夫区和莱舍夫区，所有新址的遴选和确认都由执委会决定，而并未经过移民讨论和协商。[763]

土地经济设施计划的执行过程并未受到重视。因此，所做工作仅仅是在淹没后对新地块进行分配就开始了农业生产，不可避免的经济结构变化未被顾及。[764]

通过研究居民疏散，我们发现了居民点扩大的趋势。例如，通过相互整合，古比雪夫州 55 个移民村庄组建成了 30 个新村，乌里扬诺夫斯克州 82 个老居民点变成了 31 个。[765]

淹没区搬迁工作首先是要确定需要搬迁或拆迁的房屋类型。在对房产和地块进行清点后，地区评估委员会负责对搬迁和重建房屋进行估价。房主根据估价报告领取补助金。

对于各种类型的建筑物而言，其搬迁工作的必要步骤是计算其平均价格。根据表 60，在乌里扬诺夫斯克州，以平均搬迁距离 7.9 千米计算，一个带杂用建筑的标准农村房产的搬迁价格为 14400 卢布，其中包括搬迁房屋 6200 卢布，搬迁杂用建筑 8200 卢布。[766]50 年代所有伏尔加水库区域的这项指标平均在 10000 卢布到 12500 卢布之间。例如，高尔基水库的这项指标为 12000—12500 卢布，城市房屋的平均搬迁成本为 9500 卢布。[767]

地区执委会责成银行发放贷款。建造新房最多可贷 12000 卢布，贷期 10 年；房屋修复最多可贷 5000 卢布，贷期 5 年。[768] 在鞑靼共和国，移民以优惠条件得到了 870 万卢布的长期贷款用于改造和重建房屋，每个房产平均得到 895 卢布。[769] 相较伏尔加工程局淹没区，这里的贷款发放和优惠政策整体上有所改善，但仍有很大提升空间。

为开展居民点疏散工作，评估委员应向搬迁部门提供评估报告，从而为房产转移提供资金。一般来说，在 11—12 月会发放下一年 50%的房屋建设资金，另一半资金在清理工作完毕后发放。

财产转移的主要运输方式是畜力和公路运输。由于乌里扬诺夫斯克州的 5 个地区缺乏移民搬迁所需的交通工具，1954 年 6 月，78 辆卡车被派来协助。[770] 相较雷宾斯克水库，这里的搬迁距离要短得多。但在鞑靼共和国和乌里扬诺夫斯克州的左岸地区，由于交通工具严重不足，距离反而变得更长。1952 年，鞑靼共和国莱舍夫区的搬迁距离为 5—40 千米（平均搬迁距离 25.5 千米），鞑靼共和国阿列谢耶夫区搬迁距离为 3—30 千米（平均 19.8 千米）。[771] 为给移民提供建筑材料，还建立了专门基地，乌里扬诺夫斯克州组建了 12 个基地，鞑靼共和国建立了 4 个。[772]

尽管得到了国家援助，但淹没区居民仍遇到了严重困难。其中最主要的困难是各级单位不够重视，建筑材料、交通工具、资金、劳动力和供水不足，新居住地土地地块赤字等。水库淹没区筹备时的最大障碍则是过于仓促，筹备不足，有时还缺少物质技术资源。

移民的申请书和投诉书最能说明上述问题。例如，在乌里扬诺夫斯克州，截至 1957 年 7 月 15 日，区执委会共收到 406 份申请书，其中 260 份（64%）关于申请贷款以建造和修理房屋，60 份（14.8%）关于分配地段，56 份（13.8%）请求分配建筑材料，30 份（7.4%）投诉房产、花园和果园估价不准。[773] 所有申请都得到了审议，但由于缺乏土地、资金和建筑材料，228 份（56%）申请没有得到满意答复。在古比雪夫州，1952—1953 年共收到 40 份申请书。[774]

在研究档案资料、采访老住户的过程中，我们发现古比雪夫水电站整个淹没区有 60 多个居民甚至还有几个村庄拒绝搬迁。1955 年 12 月 1 日，乌里扬诺夫斯克市沃洛达尔斯克区有 11 人拒绝搬迁；1957 年 2 月，鞑靼古比雪夫市诺沃莫尔多沃村和鞑靼共和国诺沃斯拉夫卡村，有 12 名户主以及其家庭成员拒绝搬迁。[775] 这些人被采取了强制搬迁措施。1952 年，在鞑靼自治共和国，阿列谢耶夫区布尔切夫村的居民拒绝搬迁至小红亚尔村，莱舍夫区阿克伊巴什村的居民不同意搬迁至德尔扎维诺村，因为他们认为 35 千米的距离太远了。[776]

但整体而言，对抗是消极的。古比雪夫考古队副主任 N.Y. 梅尔佩特回忆说："当地被淹村庄的居民既郁闷又茫然。他们不仅哀悼每一幢房子，还哀悼每一棵树，每一片灌木。他们非常怕火，因为房子（或者更确切地说，是拆卸下来的圆木）被露天放置在含水层很深的河漫滩第三层阶地上。”其他目击者的回忆证实了梅尔佩特的说法。[777] 总之，大部分移民都处于精神紧张状态，具体表现为冷漠、绝望和无所适从。类似状况在雅罗斯拉夫尔州的伏尔加工程淹没区中大多数居民身上也曾发生过。[778]

城市和工人住宅区的巨大工程防护量是古比雪夫水库筹备工作的一个显著特点，因为受影响的地区都有大型居民点和企业。为落实这项工作，俄苏城乡建设部、公共事业部和喀山市执委会专门组建了强大的施工单位(见表 59)。鞑靼自治共和国建立了喀山水利道路桥梁工程托拉斯、鞑靼公共事业工程托拉斯和鞑靼农业工程托拉斯，乌里扬诺夫斯克州建立了州公共事业工程托拉斯。[779]

最大的工程是在鞑靼共和国和乌里扬诺夫斯克州进行的。大规模的工程防护反映出喀山市的社会经济价值，淹没区和浸没区中的 68 家工业企业中有 55 家（80.9%）得到了保护，总造价 4.9 亿卢布，还有一些居住区也得到了保护。[780] 为此，1953—1964 年修建了将近 21.6 千米的堤坝、50 多千米的下水道和排水沟、7 个水泵站以及一系列其他设施。[781] 到 1957 年 5 月 1 日，喀山市的防护工作实际上已经完成了 70%，总投资为 17725 万卢布（占预算造价的 87%），水库竣工之后喀山市的防护工作又持续了 7 年。泽列诺多尔斯克市、奇斯托波尔市，以及瓦西里耶沃镇和拉伊舍夫镇（鞑靼自治共和国）的情况相对更糟一些，其河岸加固和排水管道建设共花费 2235 万卢布，占预算造价的 80.7%。[782]

和伏尔加工程局淹没区一样，古比雪夫水库也要进行森林砍伐和清伐工作。如表 57 所示，1952—1957 年，共有 25.99 万公顷森林和灌木被清理。一大部分砍伐和清伐工作都是在乌里扬诺斯克州进行的，有 11.36 万公顷（占 43.7%），鞑靼共和国有 10.2 万公顷（39.2%），耗资分别为 18260 万卢布和 18310 万卢布，是预算的 107.7%和 85.4%。[783]

苏联和俄苏林业部、苏联建筑材料工业部和燃料工业部系统内也建立了一些专门单位。例如，在乌里扬诺夫斯克州建立了伏尔加标准房屋托拉斯和乌里扬诺夫斯克专业木材采购托拉斯，下辖11家木材采运企业。在鞑靼共和国则建立了鞑靼专业木材采购托拉斯，下辖3家木材采运企业（1955年——10家）。[784]每年在所有地区都会进行砍伐和清伐工人的有组织招募。例如，1952年，在鞑靼共和国，招工局派出了5000名砍伐和清伐工人。而在1953年，共有来自农村和城市的15200名徒步工人和230名马车夫从事该工作。[785]

水库库底清理工作既包含一些特殊区域（如航道、渔业区和防疫区）的筹建，也有其他被森林、灌木和独立树木覆盖的区域。除了直径10厘米以下的矮林，该地区的森林应被全部砍掉。[786]但实际上，砍伐和清伐工作并未全部完成。据当事者回忆，一些未被运走的树枝被埋入地沟里，部分残留下来的森林和灌木随后被淹没了。[787]

计划未完成的主要原因是森林和灌木面积的信息不一致、工程资金不到位、组织不善、物质技术支持不足、机械设备使用不理想、劳动纪律不严、劳动力短缺等。

在卫生清理方面，城市和工人住宅区的清理由公共事业部负责，农村地区则由州和区执委会与共和国部长会议负责。[788]通过比较该地区卫生清理工作的设计工作量（1954）和实际工作量（1957），我们发现，并非所有指标都能吻合，实际完成的工作量要少得多（见表61和表62）。例如，畜坟加固面积在设计中是16.21万平方米，而实际只完成了4.05万平方米，也就是原计划的约25%。

档案表明，卫生清理工作量普遍减少，且得到了包括国家卫生检查机关在内的多个国家级单位的允许。[789]针对被淹没的墓地，清理工作通常包括移除墓碑信息、碑体和围栏，被转移的主要是位于未来坍岸区的墓地。如表62所示，到1957年5月1日，有266个居民点完成了卫生清洁工作，28块墓地、31个畜坟得到清理、加固和搬离，建立了137处沿岸防疟区，森林砍伐面积9700公顷。在资金不足、工作界面划分不清的条件下，卫生清理工作完成得并不彻底，且是在全体动员情况下进行的。

因此，在1951—1957年古比雪夫水库筹备过程中，主要的工作内容与伏尔加河上游进行的工作大致相同，重点突出在工程防护及伐木清伐方面。总的来说，这些工作的组织性更好，特别是在移民搬迁和房屋转移工作中。然而，由于种种原因，工程防护、森林和灌木清理，以及卫生清洁工作并未在淹没前全部完成。

斯大林格勒水库1953—1958年的库底筹建工作与古比雪夫水库格外相似。如表63所示，斯大林格勒水库淹没了斯大林格勒州（今伏尔加格勒州——笔者注）12个地区和萨拉托夫州16个地区共26.93万公顷土地，其中耕地3.04万公顷（11.3%）、牧场和草场10.7万公顷（39.7%）、森林和灌木7.02万公顷（26.1%）。水库影响到125个居民点，其中包括6个城市和119个村庄。转移个人房产13180处、国有和集体农庄建筑5315处，共耗资98050万卢布（按1961年前价格计算——笔者注），占水利枢纽建设总支出的11.1%。资金主要被用于移民和房屋搬迁（28.5%）、工程防护（19.2%）和森林砍伐（10.1%）（见表74）。

斯大林格勒市、卡梅申市、杜博夫卡市、萨拉托夫市、沃尔斯克市、恩格斯市和尼古拉耶夫工人住宅区处于水库影响范围内，因此要提前进行工程防护。工程防护包括筑堤和河岸加固工作，造价1.88亿卢布。[790]

库底技术参数的反复修订是伐木和清伐工作的主要障碍。技术参数于1952年首次确立，直到1955年最终批准，其间经历了多次修改。因此，区域清理规模和条件也频繁变化。如表63，上述工程总面积为6.635万公顷，耗资9.8亿卢布。[791]

在斯大林格勒水库筹建过程中，共清理86个居民点、15块墓地，转移29块墓地和23个烈士公墓，1处炭疽墓地被加固，2处被转移，共耗资210万卢布。[792]

这一过程中的负面因素主要有：1）由于缺少总设计师，淹没区的设计预算文件迟迟得不到批准；2）在设计中忽视了一系列问题，包括价值4万卢布的牧场和草场损失补偿等；3）工程经费制度缺陷，资金被划拨相关建筑部门，从而导致314万卢布的资金浪费。[793] 在实际工作中还有工程造价上涨、质量下降和拖延现象，特别是在工程防护和沿岸集体农庄农业结构转型中。

与古比雪夫水库库底筹备几乎同时，高尔基水库也在1950—1955年组织建设。但高尔基水库的规模明显小于古比雪夫和斯大林格勒水库。在高尔基水库建设过程中，科斯特罗马低地大面积高产农田被部分保护起来，历史文化遗迹的保护也被给予相当大的关注。这对60—80年代水利枢纽建设带来根本性影响。

雅罗斯拉夫尔州执委会坚决主张保护科斯特罗马低地的涅克拉索夫区，执委会指出了库区淹没可能造成的巨大损失，包括高产土地流失、畜牧业减少和疟疾恶化等。[794] 因此，1951年，苏联部长会议批准支出3414万卢布对雅罗斯拉夫尔州涅克拉索夫区3600公顷土地进行保护，支出15085万卢布对科斯特罗马州科斯特罗马区1.05万公顷土地进行保护。两处面积总和1.41万公顷，占低地总面积的22.6%。[795]

如表64所示，高尔基水库淹没了高尔基州（今下诺夫哥罗德——笔者注）3个区、伊万诺沃州5个区、科斯特罗马州4个区及雅罗斯拉夫尔州5个区，共12.92万公顷。其中耕地2.1万公顷（16.2%）、草场和牧场4.7万公顷（36.4%）、森林和灌木4.1万公顷（31.7%）。水库建设影响到264个居民点，其中包括15个城市和工人住宅区以及249个农村居民点。1951—1955年，从淹没区共转移了8553户房产，其中城市2602处（30.4%）、农村5951处（69.6%）。此外，还搬迁了5154处国有、集体农庄等建筑。到1956年，所有工作共耗资7.882亿卢布，如表74所示，资金主要用于移民和房屋搬迁（32.1%）、工程防护（34.8%）和森林砍伐（7.3%）。

在工程防护方面，得益于对淹没区和浸没区的勘测与设计，对其中绝大多数城市和工业企业进行工程防护被认为是合理的。到1956年，雅罗斯拉夫尔、科斯特罗马、普廖斯、纳沃洛基、尤里耶韦茨、普切日、基涅什马，以及13家企业的工程防护总耗资达2.745亿卢布，科斯特罗马低地耗资 8590 万卢布。[796] 伐木和清伐工程规模不大，总面积只有 4.5 万公顷，耗资 5730 万卢布。[797]

尽管在卫生清理方面存在诸多矛盾和不完整信息，但我们也统计出了实际工作量：加固 5 处墓地，其中 1 处进行了迁葬，加固 12 处炭疽墓地和 21 处普通畜坟，填充 2.31 万立方米坑洞（计划 2400 立方米），清理森林 6400 立方米（计划是 1.14 万立方米）（见档案资料 11）。[798] 一些计划数据和实际数据有巨大差别。上述工作共花费了 403 万卢布，而不是计划的 340 万卢布。[799]

在详细研究和总结高尔基水库筹备经验后，专家们得出结论，注意力“主要集中在库区设施转移，而在新条件下恢复集体农庄正常生产经营活动则退居其次”。[800] 这个结论也基本符合 30—50 年代伏尔加河其他梯级工程的淹没区和浸没区。例如，针对高尔基库区沿岸地区的农业转型、土地开荒和改良，仅在集体农庄范围内制定了规划，但直到 1955 年 7 月 1 日却只完成了 11.8% 的工作量（见表 65）。[801] 造成这种状况的主要原因是缺乏统一领导、物质技术基础薄弱、计划和设计文件提交不及时或不完整。自发搬迁的情况在这里也有发生。例如，在伊万诺沃州，有 50% 到 60% 的集体农庄农户自发搬迁到其他地方。[802] 淹没区工作计划无法完成是司空见惯的。

1958—1971 年，萨拉托夫水库筹备工作在一定程度上借鉴了 50 年代伏尔加河水库，特别是高尔基水库的建设经验。高尔基水库和萨拉托夫水库筹备都涉及大量良田和农业设施的保护，分别有 10.9% 和 11.9% 的被淹农业用地被保护起来。在古比雪夫、十月镇、塞兹兰、赫瓦伦斯克、恰帕耶夫斯克，以及萨拉托夫地区的捷利科夫和尼古拉耶夫农业带，工程防护总面积为 1.38 万公顷。到 1971 年 10 月 1 日，这些工程共耗资 2320 万卢布（按 1961 年的价格计算——笔者注），占预算成本的 90.3%。[803]

支出资金规模揭示出沿岸地区农业转型、土地垦荒和改良受到的重视，这些工作耗资高达 1830 万卢布（占总造价的 20%，其中 67.5% 的资金在淹没前已被使用），集体农场设施的跨单位使用也得到了详细规划。[804]

例如，萨拉托夫州巴拉科沃区的规划包括以下内容：1）该地区的总体特征，包括土地使用的变化、农业用地和产值的损失；2）农业生产恢复、农业发展前景和移民搬迁地点选择的具体措施。[805] 这种做法使淹没区的损失较以往得到了更多补偿。

如表 66 所示，萨拉托夫水库淹没区包括古比雪夫州 10 个区、萨拉托夫州 4 个区、乌里扬诺夫斯克州 1 个区，共 11.6 万公顷土地。其中有 7500 公顷耕地（6.5%）、4.56 万公顷打草场和牧场（39.3%），以及 4.73 万公顷森林和灌木（40.8%）。萨拉托夫水库影响到 90 个居民点，其中包括 7 个城市和工人住宅区，以及 83 个农村居民点。1959—1967 年，从淹没区共转移 6570 户房产，耗资 1340 万卢布，占预算的 87.6%。此外，还有 1809 处国有和集体农庄建筑被转移。[806]1967 年水库浇筑后，还另外搬迁了 1170 幢房屋和 117 幢集体农庄和地方委员会建筑，共耗资 470 万卢布。[807]

到 1971 年 10 月 1 日，水库筹备工作共耗资 7420 万卢布。费用主要用于移民和房屋搬迁（34.8%）、工程防护（31.3）和森林砍伐（4.5%）（见表 74）。

如表 66 所示，伐木和清伐面积为 3.33 万公顷。这里的工程量明显少于其他伏尔加河水库的工程量。

在萨拉托夫水库库底的组织过程中，卫生清理工作的质量显著提高。34 块墓地和 11 个畜坟完成搬迁，原居住点的卫生清理工作也得到完成。[808] 实际耗资 52.24 万卢布，占预算的 82.3%。[809]

总体而言，尽管塞兹兰、赫瓦伦斯克和农业带的工程防护工作未完成，但相较之前其他水库，萨拉托夫水库的筹备工作做得更全面，组织性也更好。这得益于以下因素：1）借鉴伏尔加其他水库建设经验；2）俄苏部长会议及苏联有关部委和机关对执行工作负责；3）设计文件在水利设计研究院总工程师监督下完成，因此质量有所提高。

七八十年代，切博克萨雷水利枢纽的竣工使伏尔加河梯级工程全部完成，切博克萨雷水库淹没区的筹备过程也体现出巨大的科学意义。在实际操作中，切博克萨雷水库的筹备措施借鉴了30—60年代伏尔加河水库修建中积累的大量丰富经验，因此，相较其他水库，切博克萨雷水库库底筹备得到了特别关注。按1984年的价格计算，水库筹备的最终预算造价是整个水利工程建设总造价的43%。[810]

正是在切博克萨雷水库筹备过程中，居民疏散条件显著提升，工程防护规模也大幅扩大。城市和工人居住区的移民搬迁到了设施齐备的新房，耗损程度达到60%以上的农村房屋在搬迁时得到大修，或根据移民意愿对房屋进行了扩建和改建。[811]但和以前一样，私人房屋基本靠房主自主搬迁。淹没区受到保护的农用低地数量从设计任务书中的5处增至施工设计时的10处，同时还有219.8千米筑堤、315.2千米运河、85.3千米排水渠等（见表69）。18个工程防护项目的预算造价占切博克萨雷水库总支出的40%。工程防护工作使标准蓄水位68米下的淹没面积减少了2.55万公顷，搬迁房屋数量减少了1.56万幢。[812]

在伏尔加河梯级工程中，每一百万千瓦装机容量所需的房屋搬迁数量和农地淹没面积，切博克萨雷水电站是最少的（见表71），萨拉托夫水库和斯大林格勒水库位列倒数第二位和第三位。

为恢复切博克萨雷水利枢纽影响范围内的农业生产和农耕设施，最大限度开发新土地被列入规划。在标准蓄水位68米的情况下，计划开发4.96万公顷新土地（见表68）。

表67数据显示，在标准蓄水位63米的情况下，在高尔基州、马里自治共和国和楚瓦什自治共和国的18个地区，共有11.18万公顷土地被淹没。其中森林和灌木4.39万公顷（39.3%）、草场和牧场2.64万公顷（23.6%）、耕地3500公顷（3.1%）。水库建设影响到119个居民点，其中包括11个城市和工人住宅区、108个农村居住点。到1981年，共转移6168处私人房产，以及1517处国有、集体农庄和合作社建筑。伐木和清伐面积为4.39万公顷。据表74，按1969年价格计算，1980年所有措施共耗资1.77亿卢布，占预算造价的45.5%（见表70）。大部分费用用于移民与房屋搬迁（32.8%）和工程防护（31.1%）（见表74）。

伐木工作耗资只占1980年水库建设总支出的1.8%，较其他水利枢纽为最低。

此外，该水库的卫生清理工作比之前水库做得更为细致。工作内容还加入了对化工产品和废料、引水建筑物附近地区的专门处理和清洁。共有24块墓地和畜坟得到转移或加固。[813]

水库筹备过程中取得了毋庸置疑的成就，但同时也存在重大缺陷。主要表现为工作过于集中化、工期过长、计划落实滞后，特别是工程防护和土地改良的落实工作严重滞后，中央和地方党政经济部门精英的利益也冲突不断。另外，水利枢纽工期增加导致了二次伐木，而人力和物力资源的低效使用以及对高质量的追求则导致成本上升。[814]

切博克萨雷水库的设计和后续组织工作是在新条件下进行的，其中最主要的是中央指令的弱化和地方政府自主性的提高。例如，1971年，俄苏部长会议对切博克萨雷水利枢纽建设的合理性提出质疑，原因是水利枢纽建设对环境造成了严重影响。[815]经过长期磋商和双方让步，最终决定建设水库，但要对上述问题采取更高质量的补偿措施。应马里共和国和高尔基州的要求，切博克萨雷水库的平均水位为63米，而不是设计的68米。

因此，在30—80年代，伏尔加河梯级水库筹备工作采取了一系列广泛的综合措施，其中主要包括：1）移民和房屋搬迁；2）居民点等设施的工程防护；3）伐木和清伐；4）淹没区卫生清理。如表74所示，这些措施的平均造价分别占水库建设总支出的31.5%、24.9%、14.2%、0.4%，并共占71%。大功率水利枢纽工程需要大规模的水库淹没区筹备工作。

通过分析这些措施的实际执行情况，我们得出的结论是，与水利枢纽的建设相比，水库筹备工作居次要地位。基础工程的准备程度和资金投入情况决定着水库的蓄水时间和淹没区筹备工作的可用资金规模。除了水利枢纽本身的工程因素，影响水库筹备过程的还有社会、经济和法律因素。伏尔加河梯级水电站建在人口密集地区，这些地区分布有大量居民点、企业等设施。法律因素则体现在淹没区筹备过程中制定的大量法律文件和解决办法方面。但政府机构解决问题不完善或不及时的现象时有发生。

伏尔加河大型水库的修建对国民经济产生了巨大影响。如表 73 所示，1937—1980 年，共有 169.68 万公顷土地被淹没，其中包括 74.71 万公顷（44%）农业用地。草场和牧场损失最大，占被征用土地总面积的 33.2%，森林和灌木占 27.4%。1934—1985 年，从淹没开始前到淹没之后，共有 1961 个居民点受到影响，11.86 万处房产搬迁，约 45.71 万人转移（见表 72）。雷宾斯克和古比雪夫水库的建设成本最高。

第一次严峻考验是 1936—1941 年雷宾斯克和乌格里奇水库的组织工作。其淹没区筹备进程长期滞后，原因包括：政府准备不足，解决问题拖沓，立法和计划不完善，交通工具和建筑材料严重短缺，财政困难，以及赶工。政府没有制定清晰明确的执行机制，进而导致了大量有形和无形的浪费。大片森林覆盖区被淹没，浸没区居民点的工程防护也持续了很长时间。

尽管如此，在一过程中依然积累了一些意义非凡的经验，并在 50 年代高尔基、古比雪夫和斯大林格勒水库的组织过程中得到有效应用和发展。组织方面的问题主要是中央和地方党政经济机关之间纵向和横向的复杂关系。各级行政机关直接领导筹备措施的执行，党政机关负责监管，行政机关的搬迁部门和水电站建设管理局扮演协调人的角色。资金由相应机关单位管理，且大多由水利建设单位承担，即依靠联盟预算资金。

在社会领域，最重要的工作是移民搬迁和房屋转移工作。其模式如下：首先，确定建筑物基本类型（搬迁或拆除）。其次，对房产和土地进行清点，评估委员会估算搬迁成本和新居住地的房屋重建成本。房主收到估价报告后，政府发放一半的资金补助，另一半在搬迁工作全部完成后发放。

国家为移民提供物质援助的方式包括：现金补偿和贷款、税收优惠、建立运输队和建筑队、建设物质技术供给基地。尽管得到了支持，但移民仍然遇到了很大困难，主要包括人力、物资、资金短缺，建筑材料和交通工具不足等问题。淹没区居民对疏散措施持消极态度，但反抗是被动的，且主要表现为向各级机关投诉，拒绝搬迁的情况较少。

实践中包括三种移民方案：须搬迁地区的居民转移到已有的居民点；将淹没区的财产转移到与淹没区居民点相邻的新地方；或者搬迁至重新建立的经济中心。新居住地的地方应由区域政府根据与居民的协议决定，然而，当局的决定并不总是顾及移民的意愿，常常导致他们的处境变得更加糟糕，所以很大一部分居民被疏散到任意选定的地方。在这个过程中的研究显现出居住点扩大的趋势。

为落实工程防护、伐木和清伐、卫生清理等工作，通常会建立大型的专门单位——托拉斯。当地农村和城市居民也有偿参与到上述工作之中。

在规模最大的古比雪夫水库筹备过程中，工作重点是工程防护，以及采伐和清伐。总体而言，古比雪夫水库筹备工作的组织性更强，特别在移民和房屋搬迁方面。但工程防护、森林和灌木清伐以及卫生清理工作并没有在水库蓄水前完成。

高尔基水库建设首次采用了国内经验，将大面积高产农田部分保护起来免于淹没，同时也更注重历史文化遗迹的保护。这些因素对后来的水利工程建设产生了重大影响。

60年代以降，在萨拉托夫和切博克萨雷水库的建设过程中，水库筹备工作的资金支出呈上涨态势，更多被用于改善居民搬迁条件、恢复农业生产力和农业设施，以及浸没区居民点和珍贵农业用地的工程防护扩建方面。如果说在雷宾斯克水库修建初期，草场和牧场的征用补偿是31%的话，那么切博克萨雷水库建设时的补偿则几乎达到了100%。伏尔加河上人工海洋修建的正反两方面经验被不断分析、总结和实践。

然而，在伏尔加河梯级工程建设的全过程中，淹没区筹备工作或多或少受到一些因素的阻碍，如组织不力、时间紧张、物质技术和资金保障不足，设计文件的质量有时也难以保证，且提交不及时并经常更改，从而导致工作量反复修正。这些因素导致了组织混乱，建材、运输、资金和劳动力匮乏，供水不善和新居住地土地短缺，并最终导致计划搁浅或工期大变。通常情况下，最初的计划工作量很少能够按时全部完成，因此计划执行要延续很长时间。30—50 年代的水库建设中最能体现这些因素。

相较其他水库，萨拉托夫和切博克萨雷水库的筹备工作整体上更全面、更有组织性。这得益于以下因素：借鉴其他水库建设的经验；部委和机关之间责任分工明确；设计文件质量提高。但在水库筹备过程中也暴露出诸多缺陷，其中最主要的是工作集中度过高、成本过高、工期过长、计划落实滞后，特别是工程防护和土地改良的落实工作严重滞后，中央和地方党政经济代表的利益冲突不断。切博克萨雷水库的设计和后续组织工作是在新条件下进行的，主要体现在中央政府指令弱化，地方政府自主权提升。

# 第三章　伏尔加河水利建设的成就与代价

## 3.1　水电站对社会经济的影响：被顾及和被忽略的后果

由8座水利枢纽构成的伏尔加河梯级工程始建于20世纪30年代，竣工于80年代末。由于伏尔加河改造的全面性特征，水利建设对伏尔加河地区日常生活的方方面面，包括对社会经济发展，皆产生了强烈影响。由于它基于一个总体性构想，因此有必要从任务完成的角度考察梯级工程对伏尔加河流域以及对国家的影响。迄今主要是技术专家对伏尔加河水利枢纽的影响进行研究，但技术专家并没有考虑到伏尔加河资源开发的全部多样性后果，而只强调积极的一面。结合经济指标等要素从历史分析角度的研究也尚属空白。而与此同时，对于推进当代社会经济现代化任务而言，国民经济物质技术（包括能源）基础建立的历史经验具有重大意义。

伏尔加河梯级水利枢纽作为一项总体性工程务必解决以下几个任务。

1. 弥补中央、伏尔加和乌拉尔地区的电力赤字，其中主要的能源消耗来自工业企业。

通过伏尔加河各水电站年均发电量可以看到，发电量最高的水电站是伏尔加水电站（109亿千瓦时）、日古利水电站（101亿千瓦时）和萨拉托夫水电站（52亿千瓦时），共计262亿千瓦时，占梯级工程总发电量的84.2%（见表29）。发电量最少的是伊万科沃水电站（1亿千瓦时）、乌格里奇水电站（2亿千瓦时）和雷宾斯克水电站（9亿千瓦时）。但伏尔加河上游水电站仍在1941—1945年为莫斯科地区的电力供应做出了重大贡献。

萨拉托夫和切博克萨雷水电站彰显出伏尔加河梯级水利枢纽至关重要的能源意义。例如，根据俄罗斯水电集团的数据，2008年，萨拉托夫地区的发电量为426亿千瓦时，其中包括萨拉托夫水电站的52亿千瓦时（12.2%）、[816]巴拉科沃核电站的314亿千瓦时（73.7%）和热电站的50亿千瓦时（11.7%）。切博克萨雷水电站年均生产21亿千瓦时电能，占2000年代楚瓦什共和国年均耗电量的三分之一（见表29）。[817]

表75展示了1937—2007年伏尔加河水电站电能生产与占比的动态趋势。1937—1986年，年均能源产量持续增加，特别是在1958—1962年古比雪夫（日古利）和斯大林格勒（伏尔加）水利枢纽满负荷运转时期。1937—1958年，产量增加11亿千瓦时（12倍），1958—1962年增加226亿千瓦时（是1950年的18.8倍），1962—1971年增加52.1亿千瓦时（是1962年的1.2倍），1971—1986年增加21亿千瓦时（是1971年的1.1倍）。1937—1950年，水电站电能生产飙涨，并于1958—1962年达到顶峰。随后增长率骤降，直至1986年伏尔加河所有水电站年均发电311亿千瓦时。

从1937年到1962年，伏尔加河梯级水利枢纽发电量占全国水力发电总量的比重不断增加。1942年增加到6.2%（增加3.1倍），1950年增加到9.5%（增加1.5倍），1958年增加到27.8%（增加2.9倍），1962年高达33.1%（增加1.2倍）。但在1971年下降到23%，并在1986年降到11.7%。苏联解体后，包括水电站在内的电能总产量显著下降，因此伏尔加河水电站在发电总量中的比重有所增加，在2007年达到17.4%。

1962年之前，伏尔加河梯级水利枢纽发电量占全国总发电量的比重也不断增加，1962年达到6.4%。从1971年开始，占比下降到2.8%，1986年一度下降到1.9%。2000年，比重增加到3.5%（增加1.8倍），

2007年又下降到3.1%。在伏尔加河流域，21世纪初，梯级水利枢纽发电量占该地区总发电量的6.2%。[818]

在水利枢纽投产后的几年里，各项指数甚高，然后比重逐渐下降。例如，从1958年开始，日古利水电站年均发电量为101亿千瓦时，是1950年伏尔加地区总发电量的206.1%（是1950年俄苏总发电量的6.3%），是同期伏尔加地区总发电量的42.8%(是俄苏总发电量的6.4%)，是1963年伏尔加地区的21.1%（俄苏的4.1%），是1970年伏尔加地区的12.5%（俄苏的2.2%）(见表29和表76)。伏尔加水电站的情况亦然，从1962年开始，伏尔加水电站年均发电109亿千瓦时。

60年代初，在最大功率的日古利和伏尔加水电站建成后，伏尔加河流域集中了俄苏水电站装机容量的52.5%（占苏联水电站装机容量的34.4%），集中了俄苏所有水电站发电量的48.6%（占苏联所有水电站发电量的31.2%）。[819] 但到了1970年，特别是到了1980年，由于新水电站在伏尔加河和西伯利亚投产，上述数字骤降。日古利水电站在国家水力发电总量中的占比从1960年的19.8%下降到2007年的5.6%，伏尔加水电站从21.4%下降到6.1%。60年代初期，伏尔加河沿岸的热电厂生产了俄苏约25%的电能。[820] 后来热电厂发电量占比呈现增加趋势，到2007年，发电份额占俄罗斯总发电量的66.6%。[821]

由于梯级水利枢纽的大部分电能由伏尔加经济区的伏尔加、日古利和萨拉托夫水电站提供，因此笔者的考察对象也主要集中于此。此外，还有11.9%的电力由伏尔加－维亚特卡经济区的下诺夫哥罗德和切博克萨雷水电站提供，3.9%的电力由中央经济区的伊万科沃、雷宾斯克和乌格里奇水电站提供。

水电站电能生产的分配是在集中化的行政指令体系中进行的。在中央经济区，伊万科沃水电站供应莫斯科能源系统，而雷宾斯克和乌格里奇水电站供应莫斯科、雅罗斯拉夫尔能源系统和沃洛格达州的切列波韦茨市。[822]

位于伏尔加经济区的日古利和伏尔加水电站将大部分电力输送到莫

斯科州，以及伏尔加、乌拉尔和顿巴斯地区。根据 1950 年 8 月 21 日的政府决议，日古利水电站 61%的电力（61 亿千瓦时）将输送至莫斯科，以保障机械制造、化学、轻工和铁路电气化的用电，只有 39%的电力（24 亿千瓦时）被输送至伏尔加和乌拉尔地区（以萨拉托夫和古比雪夫市为主），以满足灌溉、石油、机械制造、化工、轻工和铁路电气化用电。[823] 日古利水电站的影响范围不仅有莫斯科州和伏尔加河流域的古比雪夫、萨拉托夫和乌里扬诺夫斯克，还囊括与莫斯科相连的伏尔加河上游地区。1960 年，日古利水电站为莫斯科电力局的供电量大约是 1954 年用电量的三分之二，而为伏尔加地区的供电量则与 1948 年的用电量持平。[824] 如表 77 所示，相较 1948 年，1960 年伏尔加地区的电力消耗中，工业用电应增长 5.5 倍，农业用电（包括灌溉）应增长 123.3 倍，交通运输增长 7.5 倍，总体增长 8.2 倍。在莫斯科和伏尔加河上游电力系统中也能观察到类似趋势，总耗电量分别增长 2.8 倍和 2.7 倍。

今天，日古利水电站的电能通过两条 50 万伏高压线路输送到中央联合电力系统，同样通过两条 50 万伏高压线路输送至乌拉尔和伏尔加河中游的联合电力系统，并通过 22 万伏和 11 万伏高压线路将电能输送给萨马拉、奔萨、乌里扬诺夫斯克和奥伦堡电力局。[825]

根据 1950 年 8 月 16 日苏联部长会议的决议，伏尔加水电站在年均发电 100 亿千瓦时的情况下，应将 20 亿千瓦时电能（即 20%）输送到莫斯科，12 亿千瓦时（12%）输送到中央黑土区，48 亿千瓦时（48%）输送到斯大林格勒（今伏尔加格勒——笔者注）、萨拉托夫和阿斯特拉罕地区，20 亿千瓦时（20%）用于里海沿岸低地北部和东部以及外伏尔加地区[826] 的引水灌溉。[827] 表 78 揭示出 1965 年的计划灌溉面积为 1680 万公顷，计划电力需求为 20.4 亿千瓦时。

1962 年，伏尔加水电站满负荷运转为消除电力赤字做出了贡献，对伏尔加河下游和顿巴斯地区的能源供应意义重大。也正是在这里，世界上首次 50 万伏电压输电得以实现，即以直流电形式通过伏尔加格勒 – 顿巴斯线路传输。[828] 伏尔加水电站满足了伏尔加河下游地区工业和灌溉的能源需求，替代了热电厂的工作容量和储备容量。例如，伏尔加格勒州的机械制造、冶金和化工企业，以及萨拉托夫州的石油、页岩、天然气、机械制造和化工企业成长迅速。[829]根据国家计委和各部委的资料，在伏尔加河下游、中央黑土区和莫斯科地区与伏尔加河上游、顿巴斯－第聂伯河地区，在国民经济的所有领域，1951—1960年的能源消耗将大幅增加，1965年将达到868亿千瓦时（见表79）。例如，中央地区的工业耗电量增加超过2倍，顿巴斯地区超过3倍。[830]萨拉托夫水电站在发电量方面明显逊色于日古利和伏尔加水电站，它从1971年开始满负荷运行，年均发电52亿千瓦时。根据1958年的计算，约80%的电力应通过高压输电线路传输到莫斯科，约20%的电力用于满足伏尔加地区的用电需求。[831]

位于伏尔加－维亚特卡经济区的高尔基水利枢纽向两个大型联合能源系统供电，一是伏尔加河上游系统（包括高尔基、伊万诺沃、弗拉基米尔、科斯特罗马和雅罗斯拉夫尔州），二是莫斯科系统，这不仅使这些地区每年额外获得16亿千瓦时电能，而且改善了雷宾斯克水电站在通航期的工作模式。[832]水电站和电力系统之间由22万伏和11万伏的输电线连接。[833]1989年，伏尔加河梯级工程最后一个水利枢纽——切博克萨雷水利枢纽在非设计参数下投入使用，它将电能传输至中央和伏尔加河流域的能源短缺区。[834]水电站生产的大部分电力被用于上述地区的工业部门，60年代占比平均约为61%。

大功率水电站竣工之初，其电能生产能力远超当地经济的能源消耗能力，因此，建设高压输电线就是要把电能输送到更远的地方去。1940年已能看到这种趋势，是时的乌格里奇水电站第一台机组刚刚启用，并开始向莫斯科供电。[835]

50年代末、60年代初，在古比雪夫、高尔基和斯大林格勒水电站建成以后，情况大变。1956年，“古比雪夫水电站—莫斯科”40万伏输电线路投入使用，1958年，“古比雪夫水电站—布谷利马”40万伏（1964年3月转为50万伏）输电线路投入使用。[836]后者使乌鲁苏国营区域发电站（鞑靼苏维埃社会主义自治共和国）得以与古比雪夫水电站并联运行，鞑靼斯坦石油地区开始获得额外能源，其能源供应可靠性有所提升。1959年，“古比雪夫水电站—布谷利马”输电线路延伸至车里雅宾斯克和斯维尔德洛夫斯克（今叶卡捷琳堡——笔者注），并与鞑靼共和国和乌拉尔电力系统相连。[837] 尽管如此，直到1963年扎因斯克国营区域发电站投产后，鞑靼共和国的电力需求方才得到满足。60年代初，古比雪夫水电站—莫斯科输电线电压提高到50万伏，其对莫斯科的输电能力故而增加40%，并且完成了中央和乌拉尔地区的电力系统整合，其电网总长度达到举世无双的4400千米。[838]

高压输电线的建设使苏联欧洲部分的主要电力系统合并为统一电力系统，伏尔加河流域的水电站、国营区域发电站和热电厂成为系统中的诸个主要环节。在供电地区，伏尔加河梯级水电站在承受最大负荷方面发挥了重要作用。陶里亚蒂至莫斯科和伏尔加格勒至莫斯科的500千伏交流线路是目前最大的输电线路之一。电能已经成为伏尔加地区一个由供求关系决定的专业化部门。早在1960年，已有81亿千瓦时的电能（占该地区发电量的25%）被输送到其他地区，其中一半以上输送至中央经济区，约三分之一输送到乌拉尔地区。[839] 大部分电能来自古比雪夫州，那里有最大的水电站和热电厂——古比雪夫水电站、别济米扬卡热电厂和新古比雪夫热电厂。

90年代以前的文献中只提及建设统一电力系统和输电线路的积极意义，但后来S.T.布德科夫开始对此展开批评。布德科夫指出，在电力生产方面，俄罗斯愈加落后于美国，个中原委主要是远距离输电技术和工艺的不完善导致高达18%的电力损失（在发达国家为5%—6%）。[840] 现在已知，约200万千米高压输电线路只征用了不到200万公顷土地。

前古比雪夫水电站能源总工（1952—1957）I.A.尼库林回忆说，早在50年代末和60年代初，电站部电力总工I.A.瑟罗米亚特尼科夫就反对建造超级水电站和超远距离输电线路，他认为这对于国家来说是不划算的。[841] 尼库林强调：“要回过头来建立区域能源系统，消除统一能源系统中的比例失调现象和远距离输电时不划算的过电流现象。还要减少电网中的大量损耗，我们的损耗是欧洲和亚洲发达国家的3倍，是美国的2倍。损耗没有任何好处，尤其对于超大型水电站来说。因此有必要恢复区域能源系统的行政独立性和财务独立性。”[842] 尼氏认为，工业发达国家能源系统的整合是建立在相应发展水平之上的，即在经济上是划算的；相反，对于苏联来说，经济上划算则既是前提条件也是目的本身。

整体而言，从1913年到1980年，俄国能源发展进程呈现出矛盾性。若按总发电量计算，俄国从世界第8位上升到第2位，而人均发电量却从第15位下降到第16位。[843]

2. 改善伏尔加河的航行条件，在航道内建设一条保证深度3.6—4米的不间断水路。

除能源意义外，伏尔加河梯级水利工程还具有或多或少的水路运输意义。1937年投入使用的伊万科沃水利枢纽为乌格里奇水库上游段（乌格里奇－伊万科沃段）保证了通航深度，船只可以通过船闸在雷宾斯克水库和乌格里奇水库之间往返。[844] 随着新水电站的建成，伏尔加河改造的交通意义逐渐增强。例如，伏尔加河上游水利枢纽建成后，伊万科沃水库－卡姆斯科耶乌斯季耶河段的保证深度从1.6米增加到2.6米。[845] 雷宾斯克水库的巨大库容实现了对伏尔加河全面的径流调节，从而有效地满足了水运和能源需要。这些水利枢纽保障了今天从莫斯科到伏尔加河以及伏尔加河－波罗的海深水航道的出航。

日古利和伏尔加水利枢纽是梯级中最大的水利枢纽，因此，应当更详细地分析其影响范围内伏尔加水路干线的运输发展情况。如表80所示，古比雪夫水库的货运总量从1940年的300万吨增长到1950年的570万吨，增长1.9倍。1956增长到1010万吨，较1950年增长1.8倍。1960年达到1300万吨，较1956年增长1.3倍。1940年和1950年，一些最为重要的港口和码头的货运量占货运总量的46%，1960年则达到65.2%，这得益于喀山、乌里扬诺夫斯克，尤其是斯塔夫罗波尔等大型港口城市工业的大幅发展。

由于古比雪夫水库深度达 40 米、波高达 3.5 米，内河航运的航行条件和沿岸经济发生了根本变化。[846] 大浪情况下大载重船只拥有了新的航线——689 千米（比以前缩短 50 千米）的主航线和 230 千米的附加航线，15 个风暴期用于掩护船只的码头被建起，喀山、乌里扬诺夫斯克、斯塔夫罗波尔的港口和客货码头建成，造船厂等设施得到改造。[847] 在设计任务书中，所有水运工程的总造价为 2.958 亿卢布（按 1950 年价格计算），即占古比雪夫水利枢纽总造价的 3.7%。[848]

斯大林格勒－古比雪夫航道的重要意义体现在：1949 年港口货运量逾 1000 万吨，占伏尔加河货运总量的 35%。[849] 到 1960 年，则计划将货运量增加到 1800 万吨，即增加 1.8 倍。[850] 货运总量应该达到 3850 万吨，其中转运量占 57.1%（见表 81）。货运量增长的决定性因素主要有以下几点：1）以水力发电为基础的农业产业发展和农产品商业化发展；2）通过水库转运的较高经济性；3）伏尔加河－顿河运河通航（运送顿涅茨克的煤炭）；4）马林斯基水系改造（西北地区与伏尔加河直接相连）；5）货运进一步发展，特别是面包、盐、棉花、石油等货物的流通。[851]

斯大林格勒水库的交通开发包含大量工作。共建造了 627 千米主航线和 60 千米补充航线、16 个避风港，以及沃尔日斯克、卡梅申、萨拉托夫等城市的 35 个港口和码头。[852] 水库交通开发的设计造价是 2230 万卢布，但截至 1961 年 1 月 1 日，实际花费了 1380 万卢布，占水利枢纽预算造价的 1.6%。[853]

古比雪夫水库－伏尔加格勒水库是水路干线中的一段。沿着这条水道，伏尔加河上游、北部和乌拉尔地区的大量木材被运至南方，反向运输则包括大量石油、煤炭、棉花、面包、盐等货物。[854] 此外，在水路铁路联运中，水库对伏尔加河辐射地区的货运意义甚重。

30—80 年代伏尔加河梯级水利枢纽的兴建使苏联欧洲部分形成了一条保证深度 3.65 米、总长约 4000 千米的完整的河流水系。[855] 在此之前，从特维尔市到雷宾斯克市一段只能在短时间内通航，且在雷宾斯克上游没有交通。伏尔加河上的梯级深度平均在伊万科沃－高尔基段的 1.6 米到卡姆斯科耶乌斯季耶－阿斯特拉罕段的2.5米。[856]水利工程使航道深度和宽度得以增加，从而大幅提高了商船尺寸和载重。例如，载重5000吨的船只和载重15000—18000吨（以前载重不超过1000吨）的分段式柴油船得到应用，且转运基地已无必要。[857]到90年代，内河船队还补充了载重达20000吨的特种内燃机船。[858]

莫斯科－伏尔加河运河、伏尔加河－波罗的海水路、白海－波罗的海运河、伏尔加河－顿河运河、北德文斯克水系，将伏尔加河与波罗的海、白海、亚速海和黑海连接起来。河海联运船得以进入波罗的海、北海、地中海、黑海和里海的外国港口。莫斯科交通枢纽进入完整的内河网络之中。

按照计划，伏尔加河的货运总量要从1940年的2620万吨和1948年的2170万吨增加到1955年的4770万吨和1960年的6220万吨，即增加2.4倍。[859]如表82所示，1962—1980年，伏尔加河经济区里的古比雪夫、斯大林格勒和萨拉托夫水利枢纽的货运量分别从2300万吨增加到6090万吨（2.7倍）、从2310万吨增加到4970万吨（2.2倍）、从2560万吨增加到6620万吨（2.6倍）。然而，设计预测并不总是确切的。例如，1960年，古比雪夫水库的计划货运量是1300万吨，而实际记录的是2300万吨，多了1.8倍（见表80和表82）。相反，斯大林格勒水库的计划是3850万吨，而实际记录是2310万吨，为计划的60%（见表81和表82）。

50—80年代，沿伏尔加河运输的货物量整体保持着稳定飙升的趋势。货运总量从1948年的2170万吨增加到1990年的3亿吨，翻了13.8倍；客运量从1930年的1900万人增加到1990年的1.2亿人，翻了6.6倍。[860]90年代初以降，由于国家生产能力下降，这些数字也骤跌。例如，高尔基水利枢纽的货运量从1990年开始减少了80%多，客运量从1990年的8980万人减少到1999年的1890万人，缩减到21%，到2002年方才增加到3000万人。[861]

虽然伏尔加河水运仍无法与公路和铁路运输相竞争，但根据1997

年的数据，伏尔加河及其支流的货运量平均约占俄罗斯内河运输的70%。[862]根据能源工程师的估计，包括梯级水库在内的俄罗斯统一深水系统的货运量，占其内河水运总量的比重从1988年的60.1%上升到2005年的65.6%。[863]

大型水库建成后，伏尔加河航运实践中既展现出了积极因素，也有负面因素。例如，P.D.布托罗夫、A.M.巴拉诺夫、A.A.列别杰夫等人分析了雷宾斯克水库10年里的运输经验及成就，他们同时也指出，阻碍新旧类型船只航行的困难在于：采伐残迹从水底上浮；河口未加深导致小河开发程度不高；对区域经济、新物流和运输的研究不足；缺少停泊设施；等等。[864]此外，由于新航运条件具有湖泊特点，风速和浪高有所增加，因此需要使用新型船只并新建避风港。

在其他伏尔加河水库的组织和运营过程中也存在类似问题。例如，伏尔加格勒水库的建成使航道深度从3.2米增至3.65米，流速从每日75千米降至17千米，浪高2.5米等湖泊航行特点出现，这些问题导致需要对河流经营进行根本性的调整，包括改换更大载重、更牢固的船只，建造避风港等设施，增加大量资金支出。

设计师没有考虑到水库底部淤积这个严重因素。而这会使航道保证深度减少，并可能在未来导致伏尔加河梯级水利枢纽的运输价值大打折扣。根据I.P.米罗什尼科夫的估算，到1997年，乌里扬诺夫斯克附近古比雪夫水库深处的淤泥层厚度将达到7—8米，航道深度将在未来继续下降。[865]

3.以水电站电能和水库大量水力储备为基础，保障伏尔加河流域大片干旱地区的引水灌溉。

设计文件中规定，古比雪夫、斯大林格勒和萨拉托夫水库，将是外伏尔加地区、伏尔加河下游和里海沿岸（包括哈萨克斯坦西部地区）的大型灌溉引水源。1958年全面竣工的古比雪夫水利枢纽，通过为斯大林格勒水利枢纽调节径流、提高水位、发电并输送至农村地区，从而为外伏尔加地区的大面积灌溉创造了先决条件。据设计者估算，每年将有15

亿千瓦时电能可用于古比雪夫左岸地区和萨拉托夫州逾100万公顷农业用地的灌溉。[866] 其主要任务是使农业抵御不良气候，增加粮食等农作物产量，为畜牧业提供稳定饲料基地并提高其生产力。

1962年启用的斯大林格勒水利枢纽具有最为重要的灌溉意义。伏尔加河中下游地区是苏联最大的粮食和牲畜产区，受斯大林格勒水库影响的农田面积超过1500万公顷。[867] 按照1950年的计划，20世纪60年代初水库建成后，将在伏尔加河流域和里海沿岸地区灌溉120万公顷农田、引水1100万公顷旱地，其中大部分位于萨拉托夫州（49.6%）和伏尔加河下游右岸草原（54.6%）（见表83）。而在1949年，伏尔加河下游地区仅4.5万公顷土地得到了浇灌。[868] 按20世纪60年代初的计划，还要灌溉外伏尔加地区200万公顷土地、伏尔加河下游60万公顷土地，并向里海沿岸地区600万—700万公顷土地引水。[869] 此外，得益于水电站大坝的建成，水头使灌溉地区的抽水高度减少了18—20米。

1967年建成的萨拉托夫水库在灌溉方面的价值较小。它应该灌溉6700公顷农地，其中包括3700公顷耕地和3000公顷饲料作物地。[870] 但直到1971年，由于灌溉系统没有建成，淹没区农业生产损失没有得到良好恢复。1988年，该地区固定泵站的电动机功率达到70万千瓦，占萨拉托夫水电站平均装机容量的51.5%。[871]

根据60年代的估计，伏尔加河流域拥有全国最大的灌溉能力——820万公顷。[872] 但其实际开发明显落后于计划。1961—1970年，灌溉面积仅增加9.6万公顷，到1971年1月1日，灌溉面积总共为30万公顷，较1965年增加72%。[873] 其他材料则显示，1968年，伏尔加河流域约有17万公顷土地得到灌溉。[874] 显而易见，灌溉系统建设缓慢是农业资金整体遵循剩余原则造成的。

20世纪90年代初，伏尔加河流域使用伏尔加河水灌溉的总面积为210万公顷。[875] 同时，引水计划却从未实施。2000年，伏尔加河流域的灌溉面积为170万公顷，其中伏尔加河中游地区占55.1%、下游占43.4%。[876]1995—2000年，由于经济总体下滑以及灌溉系统损坏，该地区农田灌溉面积减少15%，引水量减少41%。[877]V.V.奈坚科的信息截然不同，按照他的数据，2000年，在马里埃尔共和国、鞑靼斯坦共和国和楚瓦什共和国，以及伏尔加格勒、萨马拉、萨拉托夫和乌里扬诺夫斯克地区，共有约130万公顷土地得到灌溉，占农业用地总面积的4.4%，其中10.2%的情况不理想。[878]

最终，预计的灌溉目标——补偿被淹没土地的生产力——并没有实现。不仅如此，这个过程还产生了大规模负面后果。1977年，古比雪夫水电站工程总工程师N.A.马雷舍夫指出："随着苏联欧洲部分南部地区土地灌溉计划的实施，梯级水库在夏天的取水量飙升。通过计算可以发现，要满足灌溉需求就要有比已建水库更大的库容。水库大量放水……在夏天是行不通的，因为这将大大降低梯级水电站的工作效率。"[879]由于伏尔加河缺乏超大规模灌溉的水资源，并为了保持里海海平面稳定，20世纪50—80年代，一些工程单位制定了一项宏观计划——将北部河流的部分支流引入伏尔加河。计划第一阶段要引入维切格达河和伯朝拉河13立方千米河水，第二阶段为32立方千米。[880]但在80年代后期，这个工程由于代价高企被叫停，其主要原因是出现了严重的生态问题。

由于土壤改良质量差且未遵守灌溉技术要求，大量土地失去了农业作用。根据F.Y.希普诺夫的数据，1988年，伏尔加河流域高达50万—60万公顷土地沼泽化和盐碱化，其他土地则流失了原有肥力。[881]科学家称，出现这种状况的主要原因是水利工程造成的地下水位高企，以及灌溉用水量过大和缺少排水。后来也出现了另一种观点，认为灌溉土地盐碱化与伏尔加河梯级工程没有直接关系。[882]笔者认为，被灌溉的农田（特别是沿岸地区）之所以失效，其主要原因之一终究还是水库造成的地下水位上升，以及由此引发的土壤浸水和肥力下降。例如，1971年，由于萨拉托夫水库的修建，塞兹兰和赫瓦伦斯克浸没区的种植林被摧毁，而为防止淹没，人们在尼古拉耶夫斯基和捷利亚科夫斯基农业区修建了堤坝，但没有对地表径流进行排放和引流，以致地下水位上升和土壤盐碱化，直到后来完全报废。[883]

4. 为工业设施和居民点供水。

伏尔加河水库巨大的淡水储量使其成为工业企业（特别是化学工业）和居民（主要是快速扩张的城市）最重要的供水来源。设计师指出："莫斯科市以及其他一些地区和设施的供水历史表明，地方上的供水来源迟早会不足以应对发展中的国民经济。未来长时段里，伏尔加河和卡马河水利枢纽将成为苏联欧洲大部分地区大城市和工业区的强大的国家级水力储备。水库的存在将节约水利供水工程的资金。"[884] 此外，伏尔加河水利枢纽具有调节径流的功能，它的建立将降低防洪成本和洪涝损失。例如，在 1979 年的洪水中，伏尔加河在古比雪夫水利枢纽的最高水位下降了 1.9 米，斯大林格勒水利枢纽的水位降低了 1.3 米。[885]

伏尔加河 8 座水库的兴利库容为 68 立方千米，这使得它们能够保障毗邻地区居民和工农业企业的饮水和用水。伏尔加河和卡马河的年均取水量为 25 立方千米，其中 3—4 立方千米使用后不可回收。[886] 它们还被用作核电和火电厂的冷却池。

莫斯科市的主要水源是伊万科沃水库。据科学家预测，未来它将满足该城市 60%以上的用水需求。[887] 从高尔基水库修建了一条水道向伊万诺沃市供水。A.B. 阿瓦基扬认为，伏尔加河水利枢纽在居民点、工业中心和热电厂（例如科纳科沃和科斯特罗马国营区域发电站）用水保障中的作用不断增加。[888]

尽管有大规模的水利工程，但从 1961—1970 年开始，伏尔加河经济区的水资源赤字就愈演愈烈。主要原因是水消耗量显著增加、水库水面蒸发量巨大以及清理工程建设滞后。[889]

通过分析伏尔加河梯级水利枢纽 4 项基本任务的设计和实际情况，我们发现其对国民经济的影响不仅局限于发电、改善航运条件和建设统一深水航道、灌溉干旱土地并为居民和企业供水，其对伏尔加河流域和国家社会经济领域的影响也是多方面的、复杂的和矛盾的。

水利枢纽的兴建使这些地区出现了新的经济发展中心，配备公共服务、铁路、公路、通信线路、工业设施的新城市和村落建立起来，还有水利建筑单位开办了各色企业从事其他经营活动。显而易见，伏尔加河水利枢纽在大规模工业基地和住房建设中扮演着至关重要的角色。

这种情况在20世纪30年代伏尔加河上游水利枢纽兴修过程中便已出现，例如作为伏尔加工程局管理部门所在地的佩列博雷村便开始了大量房屋建设。1937—1950年，伏尔加劳改营囚犯的主要任务是为工业工程总局1号机械厂提供木工、金属加工和缝纫服务，并修建铁路和公路等。[890]

雷宾斯克水利枢纽在1950年投入使用后解放了一大批工人。因此，莫斯科电缆厂的一个车间在佩列博雷设立分部，并以此为基础于1950年底建成一个新电缆厂。[891] 同年，在雷宾斯克水电站大坝附近，一座水力机械厂开工，主要生产挖泥船和电站水利设备。同时开建的还有一座电气工厂。[892] 在此期间，雅罗斯拉夫尔州的机器制造、能源和橡胶化工产业发展迅猛。

毋庸置疑，五六十年代伏尔加河流域兴建的最大的梯级水利枢纽——古比雪夫、斯大林格勒和萨拉托夫——给地区经济发展带来了实质性影响。但若要客观地评估这些水利枢纽的地位和作用，则要对这一时期里地区经济的总体状况进行分析。

从50年代后半期到60年代初，伏尔加经济区是苏联开发程度最好、经济最发达的地区之一，其工农业总产值位居全苏第三位。[893] 在跨区域劳动分工中，伏尔加地区是苏联主要的石油基地，也是重要的天然气工业、机械制造和金属加工区。六七十年代，随着能源成为一个相对较新的刺激性行业，伏尔加河流域得益于水电站和大型热电厂的兴建而从能源赤字地区变成了能源富余地区。[894] 但另一方面，一个反常的情况却是，伏尔加河流域从能源供应者变成了能源接受者。仅在1965年，它向周边经济区（主要是中央地区和乌拉尔地区）输送了85亿千瓦时电能，但又从那儿获得了107亿千瓦时。[895]

50年代末以降，伏尔加河流域迅猛的经济发展得益于以下各因素及其组合：1）大量石油和天然气储备；2）卫国战争和战后建立的强大的宽领域军事综合体；3）熟练劳动力的储备；4）供水地区的良好开发；5）有利的地理和交通状况；6）能源基地的建立。[896]

由此可见，这一时期在伏尔加河流域出现的丰裕的水力发电基地，只是经济快速发展的一个因素，若无其他因素，其亦独木难支。

在卫国战争开始之前，一个快速发展的宽领域工业综合体被建立起来，共建造了143家大型工业企业（其中50家在高尔基州），战争期间则撤离了200余家。[897]但诸共和国和州的经济发展是非均质化的，例如在乌里扬诺夫斯克州，迅猛的工业发展到战争期间方始，而且是在工厂设备从苏联西部和中部地区撤离之后。

到1958年，伏尔加河流域的所有工厂皆拥有了自己的能源来源——热电厂。[898]例如在古比雪夫州，通过建造小型电站（包括库兹涅茨克和塞兹兰）并重建古比雪夫能源联合公司，这里的能源功率有所增加。[899]因此，以当地工业和能源为基石，该地区在五六十年代的经济发展突飞猛进。

古比雪夫州曾是伏尔加河流域经济最发达的地区之一。按1951—1955年苏联的五年计划，该州需要完成大量工作："……充分开展伏尔加河上水电站基础设施修建工作，启动冶金厂首批工程，掌握水轮机生产方法，扩大现有企业，大幅提高石油采掘和加工，发展工业。"[900]1951—1955年，古比雪夫州重工业产量增长80%，发电量增长逾2倍。[901]古比雪夫水利枢纽和新古比雪夫二号热电厂的投产使发电量从1950年的13亿千瓦时增加到1958年的122亿千瓦时，即9.4倍。[902]

1945—1960年，古比雪夫州的油气采掘量增长19.4倍，机械制造和金属加工业增长4倍以上，电力生产增长15倍，建筑材料增长30倍。[903]鞑靼自治共和国的类似指标略低。乌里扬诺夫斯克州的经济发展成就也不大，发电量从1940年的6050万千瓦时增加到1960年的5.561亿千瓦时，即9.2倍，同时在1960年，其从其他地区获得了4190万千瓦时电能（占其内部发电量的7.5%）。[904]

伏尔加河水利枢纽建设的历史经验表明，水利工程是地区发展的强大工具，因为每座大型水电站投产后皆成为该地区的经济增长点，以其生产的大量电能为基础，工业生产会出现并发展，新的就业岗位会被创造出来。最能体现水利枢纽对伏尔加经济区产生了巨大社会经济影响的例子便是50年代古比雪夫水利枢纽的建设。

为修建古比雪夫水利枢纽，造价1.37亿卢布的包含碎石工厂的高机械化采石场被建立起来，每年能够生产高达500万立方米的石头和碎石。[905]它们不仅能够完全保障水利枢纽建筑工地的需求，还能提供给该州其他行业，仅1957年便已有70%的石头和碎石被运送至其他行业。还有4个造价1.05亿卢布的机械修理厂投入使用，其中一个用于保障古比雪夫水利枢纽的需求，随后移交河运部用于船舶维修，第二个用于修理工程机械并为其他建筑工程做金属结构，其余的机修厂则从事汽车和拖拉机发动机的大修。[906]

此外，还建造了3个木工联合工厂、2个预制钢筋混凝土厂和1个预拌混凝土厂等。在水利枢纽建设过程中总共建设了至少15家建筑企业，总造价约为7.5亿卢布。[907]其他水利枢纽建设中也有类似例子。伏尔加河流域水电站竣工后释放了大量的工程建设能力，这成为新工业枢纽形成的决定性因素。

与积极一面相伴而生的还有负面情况。经济学家发现，“大型建筑基地（其在进一步施工过程中继续大幅增加自身产能）日益成为生产力布局的保守要素，因为它促进了工业生产和人口的集中化，且这种集中度有时大大超过该区域的最佳‘容量’，从而产生了一些外部和内部后果”。[908]其中的主要问题是原材料和产品运输距离的增长，以及企业经营状况和居民生活条件的恶化。

20世纪五六十年代，在古比雪夫州出现了陶里亚蒂－日古利工业中心。水利工程生产基地和之后的水电站电能是该工业中心出现的首个要素。在建造古比雪夫水利枢纽的过程中，新工厂的建设就已开始了，并扩张成为更加复杂的工业综合体。例如，在斯塔夫罗波尔市，1956年开始建设“斯特罗马什”（此处为音译，亦可意译为“建材制造”——译者

注）大型水泥设备生产企业（后来的伏尔加水泥机械制造厂——笔者注），在整个苏联时期，该厂生产了全国65%的水泥设备。[909] 机械制造领域的例子是1957—1959年建设的水银整流器厂（1964年后被称为电工技术厂——笔者注），用于制造高压输电线和电气化铁路。[910]

1958年5月，苏联颁布化学工业发展计划。在此框架下，斯塔夫罗波尔市决定建设3家大型化工企业：合成橡胶厂、化工厂和氮肥厂，3家工厂分别于1961年、1963年和1965年投产。[911]

从1958年到1965年，古比雪夫水利工程局交付了303个工业项目。[912] 丰富的工作经验以及强大的物质技术和人力资源基础，决定了选择承包单位在陶里亚蒂市建造伏尔加汽车厂——对20世纪后半叶俄国汽车工业发展有重要影响的大型工业综合体之一。[913] 它于1967年1月开始建造，1970年4月第一批汽车组装完毕。1970—2005年，伏尔加汽车厂共生产2326.4万辆汽车。[914]

除了陶里亚蒂－日古利工业中心，50—80年代，在伏尔加格勒水利工程局、高尔基水电站工程局、萨拉托夫水电站工程局和切博克萨雷水电站工程局的基础上，分别形成了伏尔加、外伏尔加、巴拉科沃和新切博克萨雷地区生产综合体，其中包括机械制造、化学和建筑工业（见表84）。规模最大的是伏尔加工业中心，其中包括铝厂、化工联合企业、轴承厂、磨具厂以及建筑材料生产企业。[915]

伏尔加河大型水库对许多位于淹没区与浸没区的工业企业带来巨大影响。例如，高尔基库区影响范围内大部分工厂得到重建，少部分被裁撤。在30个淹没区企业和10个浸没区企业中，有26个得到了保护，14个被转移或裁撤。[916] 重建以基于新技术和先进工艺流程的全面改造为基础，有时也会根据国民经济现代化要求更改企业专长。

在水利枢纽建设过程中要根据其水头建造铁路、公路和高压输电线路等重要设施。伏尔加河梯级工程完工后，一共修建了8条双线铁路和8条公路。此外在淹没路段还更换了新的道路和输电线。在古比雪夫水利枢纽建设期间，长200千米的塞兹兰－斯梅什利亚耶夫卡铁路和200千米的塞兹兰－古比雪夫公路建成；修建萨拉托夫水利枢纽时则建造了长逾 100 千米的普加乔夫－沃尔斯克铁路、长约 200 千米的塞兹兰－萨拉托夫 22 万伏输电线路等设施。[917]

毫无疑问，水利建设从根本上加快了地区城市化步伐。1959—1970 年，伏尔加河流域的城市人口比例从 46%上升至 57%，工业化程度最高的是古比雪夫、伏尔加格勒和萨拉托夫州，分别为 72%、66%和 65%。[918] 在 1936—1941 年雷宾斯克和乌格里奇水库的筹备过程中，淹没区的一部分农村人口迁居到城市，从而为工业企业提供了大量劳动力。例如，1940 年，雅罗斯拉夫尔州移民中约 33%搬迁到了雅罗斯拉夫尔、雷宾斯克和图塔耶夫市。[919] 在伏尔加河所有库区，按计划应有 10%的淹没区农村移民搬迁至城市。

这一趋势也体现在伏尔加河其他大型水利枢纽中，特别是古比雪夫和斯大林格勒水利枢纽。例如，在古比雪夫水利枢纽地区，斯塔夫罗波尔、日古廖夫斯克和共青城村的总人口在 60 年代初达到了 8 万人，而斯塔夫罗波尔在 1946 年只有 1.2 万人。[920] 城市居民数量随后快速增长。陶里亚蒂 1959 年人口只有 7.2 万人，1968 年已增长到 16.7 万人，2010 年达到了 72.18 万人，即增加 10 倍（见表 84）。在这些城市中还进行了大规模的城市建设。到 60 年代初，共建造了 55.7 万平方米的生活区，以及 18 所学校、4 家医院、59 家商店、36 间食堂、11 个俱乐部和电影院、20 个洗浴中心、21 所儿童机构等，共花费 6.14 亿卢布。[921] 电力、天然气、铁路公路网、水运和良好的自然条件促进了陶里亚蒂和日古廖夫斯克的发展。

1951 年，在斯大林格勒水利枢纽建筑工地附近开始了伏尔加斯基市的建设。1959 年，该市居民 6.7 万人，1968 年已达到 12.4 万人，2010 年为 30.47 万人，是 1959 年的 4.6 倍（见表 84）。[922] 1961 年，新建城市住宅面积约 30 万平方米、公共建筑面积 60 万平方米，[923] 其中包括 1 座文化宫、3 座电影院、8 所学校、11 所幼儿园、1 所水利技术学校、1 所医院、2 家诊所等公共设施。[924]

其他伏尔加河水利枢纽周边地区，其新旧城区的发展也同样迅速。1948年，在竣工的高尔基水电站不远处出现了未来扎沃尔日耶市的第一座建筑物；1960年，在切博克萨雷水电站附近建造了新切博克萨尔斯克市。如表84所示，扎沃尔日耶市的人口从1959年的2万人增加到2010年的4.15万人，是原来的2.1倍。而新切博克萨尔斯克市的人口则从1961年的3.3万人增加到2010年的12.74万人，即3.9倍。1971—1985年，新切博克萨尔斯克市建造了1所学校、6所幼儿园、1家诊所、1所产科医院、2家商店等设施，总耗资约600万卢布。[925]萨拉托夫水利枢纽附近的巴拉科沃市，虽然早在1911年就获得了城市地位，但其社会经济的加速发展与水电站建立密不可分，其城市人口从1959年的3.6万人增加到2010年的19.73万人，即5.5倍（见表84）。由此可见，上述5个城市中，有3个城市因伏尔加河水利建设而生。

2000年，伏尔加河流域聚集了445个城市，占俄罗斯城市总数的40%，俄罗斯74%的人口生活在这里。[926]1960—2000年，城镇人口增加了2倍。

由于需要建造配套居民点和生产基地，水利枢纽的总造价上涨，工期延长。因为这些工作也由水利枢纽基础设施的承建单位负责。

伏尔加河水利枢纽对地区社会造成的较大负面影响是淹没区居民的强制性搬迁。1934—1985年，共有约45.71万人因为水利枢纽建设迁居（见表72），其中从伏尔加工程局淹没区（雷宾斯克和乌格里奇水库）和古比雪夫库区迁走的人数最多，分别约为15.88万人和13.43万人。

水利工程设施的大规模建设进程对传统生活方式和已有水泛农业体系造成了不可逆转的破坏。在设计中完全没有顾及或只是略微研究过各地区如何参与水电站工作收入的分配，如何评估水电站建设和运营的损失，以及如何建立地租和赔偿制度。

伏尔加河流域水泛农田的淹没不仅造成了难以估量的经济、社会和文化损失，还导致伏尔加河宜居河谷的丧失，以及居民搬迁至时常不宜生活的高地。高质量用水的供应存在严重问题，一些居民点直到今天仍存在很大困难。另一方面，在许多由原有小村庄合并而成的新建村落中，公共设施条件有所提高，文化生活、教育和医疗设施综合体逐渐建立起来。[927] 这一进程肇始于50年代，确立于六七十年代。

然而在很多时候，移民的生活条件是更加恶化的，特别是先前住石头房的居民，他们无法把房子搬走，且获得的经济补偿远不足以建造同样的房子。一些拥有劳动能力、有机会获得贷款的移民能在新居住地建造不错的住房，并在一定程度上改善住房条件。尽管如此，从档案资料和年迈移民的回忆来看，由于缺少资金、劳动力和建材，很多移民在新居住地长期生活在土屋或设备简陋的房子里。[928] 许多资料显示，新居民地存在住房拥挤、短缺或地块面积小等问题。[929]

在淹没区移民搬迁过程中，严重的误算和疏漏导致了巨大的社会紧张，这种情绪在某些地方迄今犹在。例如，切博克萨雷水库影响区的工程防护最终只完成了50%，且在1995年之后便停止了。[930] 这成为今天地区居民对提高水库水位持消极态度的主要原因。

伏尔加河水利建设的主要负面后果是大面积区域的淹没。根据表73中的计算，1937—1980年，共有169.68万公顷农田被淹没，其中具有农业价值的土地为74.71万公顷（占44%）。损失最大的是高产打草场和牧场，占被淹没土地总数的33.2%，森林和灌木的损失占27.4%。在水泛农田被淹没前，伏尔加河流域一些地区存在饲料短缺的问题。毗邻未来萨拉托夫水库的集体农场可以作为例子，许多集体农庄填补了打草场、森林甚至哈萨克斯坦草原中的饲料缺口。[931]

伏尔加河水利枢纽对周边区域的农业造成了严重影响，苏联饲料资源遭受的影响最为突出。生物学家早在50年代就注意到了这个问题，但并未声张。例如，1954年，A.P.申尼科夫指出："沿着水库低平的河岸形成了一片高地下水位地带，里面的草场、牧场、森林和田地皆变为沼泽。牧场的淹没和沼泽化导致人们愈加集约地在旱地放牧，而过度放牧则破坏了干草地、森林和田野的土壤条件和生产力。例如，古比雪夫水库的水灌入了伏尔加河、卡马河及其下游支流数十万公顷的河滩打草场和牧场，这意味着数百万公担干草和牧草的损失……这是很难弥补的。雷宾斯克水库便是个例子。1941年，雷宾斯克水库淹没了莫洛加－舍克斯纳河间地……12年之后，水库沿岸饲料生产和种子繁殖业的发展于事无补，且沿岸畜牧业饱受饲料短缺影响。”[932]

针对饲料资源大幅缩减的问题，人们尝试通过新土地轮作换茬和类型转换来补救。在雷宾斯克水库建成之初，损失的耕地和打草地仅有31%得到了补偿，而到了切博克萨雷水库淹没时，则几乎能够弥补100%，但即使这样，也无法达到从前的收益和产量。50年代末，研究高尔基水库和其他水库的科学家写道："要特别注意水库建设对土地质量的影响，首先需要注意的是水利工程上游段和下游段的河滩地，长年淤泥堆积让这里是最有价值的，其产量是旱地的2—3倍，肥力是20—30倍。水库建设几乎完全损失了河滩地这块沃土，即使在旱地上开垦出相同面积的农田也于事无补。”[933]

即便如此，某些研究人员关于伏尔加河大型水利工程之影响的结论和预测（优质土壤损失、饲料资源恶化、补偿不足）不仅未成为科学界的成就，也未产生广泛的社会意义。总之，时至今日，伏尔加河流域诸多地区农业在优质饲料生产方面的困难犹在。

五六十年代，为补偿农产品损失，消除疟疾，人们在伏尔加水库广阔的浅水区中进行水稻栽培。[934]但该措施并未取得立竿见影的效果。

极为典型的例子是1955—1957年建成的高尔基水库对沿岸地区农业的影响。水利建设对毗邻地区的影响是非均质的。例如，在科斯特罗马州的科斯特罗马区，被淹没土地3.66万公顷，占地区总面积（17.49万公顷）的20.9%，其中草场和牧场占77.3%、森林和灌木分别占17%和5%。[935]红村区的对应指标分别为3.5%、15.8%、2.8%和0.6%。[936]

水库蓄水后，高尔基州损失最严重的是戈罗杰茨和契卡洛夫区。两地分别损失了11%和10%的土地，总计平均损失57.3%的草场。[937]从专业化角度看，两地主要经营畜牧－亚麻业和农产品加工，因此，畜牧饲料资源的大面积丧失导致地区发展难以为继。此外，政府还尝试将劳动力从受淹没影响的河岸经济地区转移出去，配置到经济发展大都不具可持续性的农耕腹地。[938]结果，农村人口愈加从原籍流向其他集体农庄或木材企业。

以还耕为目的，高尔基水库影响区内增划了1.36万公顷集体农田，占被淹面积的16.2%，其中约1万公顷不能用作农业用地，其余0.38万公顷土地中的80%需要全面开垦。[939]但林地属于低产量用地，此外还计划在集体农庄内开荒1.7万公顷新地，并将约4万公顷土地进行转型。[940]最终，1955年水库蓄水之初，沿岸地区集体农庄的土地开发和改良平均只完成了11.8%（见表65）。

除此之外，在高尔基水利枢纽下游段的库区影响范围内将有多达11万公顷农田会部分丧失肥力，因为它们将不再变成河滩地，并将失去淤泥层。[941]

通过土地转型来弥补损失的面积，导致了耕地的额外减少。新地区的转型和开垦并不能在面积和肥力方面补偿被淹没和浸水的土地。[942]这种做法的后果是沿岸地区经济中农产品的减少。例如，见诸伊万诺沃州新集体农庄的数据，粮食产量减少20%、亚麻减少15%、马铃薯减少8%、黄牛产品减少20%、猪肉产品减少8%、羊肉产品减少13%、家禽养殖减少18%。[943]

在伏尔加河其他水库的影响区内也出现了类似情况，但也存在特别之处。按计划，萨拉托夫水库沿岸集体农场恢复产能的方式是用如下方式更为集约地利用土地：灌溉，开发适于播种的荒地和休耕地，增加高产作物播种量，提高饲料作物产量，开垦菜园和果园。[944]

水库两岸毗邻地区的浸水过程导致了巨大的农业经济损失。例如，在萨拉托夫水库影响区域里，2.703万公顷浸没区中有61%是集体农庄土地，由于地下水上涨和崩岸，高达50%的土地无法再用于农业生产，其余的则转型为价值较低的土地：耕地变草场、草场变牧场。[945]

同时，在水利建设地区，新老工业中心和城市的出现与急速扩张导致对食品和工业原料的需求飙涨。在机械化和电气化水平提高的基础上，开始了郊区型经济和农业原料生产的加速建设和发展。直到苏联解体，这些地区居民的粮食保障一直存在困难。

在人口最稠密的苏联欧洲部分，高尔基水库和其他伏尔加河水库的建成导致该流域所有河滩地和部分超河滩地被淹没，并伴随着草地和优质沿河耕地的丧失、周遭土壤的沼泽化，以及农用地转型。所有伏尔加河水库皆存在这种情况。根据研究人员的估算，仅把饲料生产从被淹没的河滩地转移到新耕地，每年就会造成至少 100 亿卢布的损失（以 1988 年价格计算）[946]。伏尔加河梯级水库淹没的草场和牧场，其产量平均约为每公顷 35 公担，按此计算，每年至少可以收割 200 万吨珍贵干草。

40 年代末以降，在伏尔加河梯级水利枢纽设计中制定了伏尔加河经济区农业经济集中电气化的任务。其主要困难是高压和中压输电线分支网络的建设，因为若没有这些设施，伏尔加河流域的大功率水利枢纽就无法保障该地区的农业供电，从而无法助推农业发展以及伏尔加 – 阿赫图宾斯克河滩地的灌溉开发。[947] 然而这个任务时至今日仍没有完成。1929 年以来，苏联撤销了高达 100 万个私有电力设施，总功率约 1000 万千瓦。[948] 随后开始大型发电站建设，建成了统一能源系统，将集体农场接入国家电网。最终，苏联总共撤销 6600 个功率从 100 千瓦到 10000 千瓦不等的电站，共计 500 万千瓦。[949]

A.A. 卡尤莫夫认为，“世界电力发展实践表明，解决能源问题有 5 点重要的基本方针：保障电力设施建设和应用的生态安全；发电站最大限度地靠近消费者；不断降低每单位能源生产成本；避免发电能力与可利用份额脱节；每平方千米的技术应用能源产量最大化”。[950] 然而在苏联，特别是 50 年代以后，建设高单位出力发电站的原则占据上风。而生态能源经济已在俄罗斯形成许久了，20 世纪初俄国便有 25 万台风力磨坊，出力高达 100 万千瓦；30 年代有数十万台风力发电机和数万台水力发电机；1952 年，苏联有 6614 座小型水电站，总出力为 33.2 万千瓦（1959 年则有 5000 座，总出力为 48.16 万千瓦），所有这些电力来源可以提供约 1500 万千瓦时装机容量。[951] 但后来，小型发电厂被认为是没有前景的。

1982 年，全苏只剩下十几座水力磨坊和总功率 1000 千瓦的约 1000 台风力发电机，以及总功率为 42 万千瓦的 180 座小型水电站。[952]

与俄罗斯不同，西欧和美国充分认识到替代能源和小规模能源的重要性。例如，美国制定规划，到 2020 年，小型水电站的总功率应增加至 5000 万千瓦，每年发电 2000 亿千瓦时，且未来其功率能够达到全国所有水电站功率的一半。[953]

上述数据十分清楚地表明，我们绝不能说在建立大型国有水电站和热电厂之前，地区农业经济（和居民）面临着严重的电力短缺。包括民间私有电力能源在内的众多地方性能源很可能是阻碍了国家控制所有经济领域的计划。

50—80 年代大功率水利枢纽和输电线路的建设实践表明，它们解决的主要问题是如何向大型工业企业供电，而不是向偏远的农村居民点和农业经济供电。1989 年，苏联仍有 4 万多农村居民点没有通电。[954] 据许多四五十年代居住在伏尔加河水库周边的农村居民说，集中供电到 70 年代才出现。[955]

伏尔加河梯级水利枢纽运行的经济效益和发电成本也是格外关键的问题，但该问题的现实性和复杂性已超出本研究的范畴而需要经济、财政等各领域专家的协作。尽管如此，笔者根据现有资料尝试就这个问题表达自己的观点。

分析档案资料可以发现，苏联实际上直到 50 年代都没有确定水利枢纽效率的具体方法。后来苏联科学院制定的水电站能源效益的经济评估方法是比较同级别火力发电站成本。五六十年代，工程师得出结论：水电站的电力成本较低——平均为 0.17 戈比每千瓦时，火电站的平均成本为 0.77 戈比每千瓦时（1961 年价格），且水电站的销售收入要高得多，即水电站效益更高。[956]

这种方法是错误的。因为在计算水电站效益和电力成本时明显没有考虑到一系列消极因素，如淹没大量农业和林业土地带来的经济损失、对生态系统年复一年的负面影响（包括鲟鱼种群的灭绝）、对历史文化遗产的破坏等。根据计算，每平方米的伏尔加河水库平均“生产”1.43 千瓦时电能（见表 85），这证明了终止珍贵河滩区域的经济应用是不合理的。在这方面效益最低的是雷宾斯克和伊万科沃水库，两座水库每平方米只能“生产”0.2 千瓦时和 0.31 千瓦时电能。

伏尔加河水电能源是“廉价的”，这只是对于俄罗斯水电公司——统一电力系统公司的后继者而言的，并且这也是只适用于一定条件下的廉价，即不考虑水库及其基础设施、闸门的维修保养，不考虑工程防护支出，不考虑水利枢纽的日常维修和大修，不考虑经济、环境和其他类型损失。例如，日古利水电站按最低税率支付水力设施使用税——每 1000 千瓦 4 卢布或每年 4040 万卢布，而乌里扬诺夫斯克市大坝的维护费每年就需要 4000 万卢布（2005 年的价格）。[957] 2003 年，日古利水电站电力成本的官方价是 9.3 戈比每千瓦时，而俄罗斯统一电力系统公司给居民和企业的销售价格分别为 70 戈比和 99 戈比，利润为 752% 和 1064%。[958] 目前，由于水利枢纽和水库由不同部门管理，情况愈加复杂，伏尔加河水利枢纽的使用安全性和效率故而降低。

20 世纪 80 年代末到 21 世纪初，在中央指令式微、经济发展指标下滑的情况下，包括独立专家在内的许多俄罗斯专家对水利枢纽效益做出了评估，并公布了评估结果。众多讨论和研究的对象是切博克萨雷水利枢纽的盈利问题。1989 年 4 月 26 日，国家专家委员会第 7/76/79 号鉴定指出，由于经济效益低下，建设暂停施工，并将水电站不间断工作时的水库标准蓄水高度定为 63 米。[959] 2006 年，俄罗斯科学院西伯利亚分院工作人员分析了阿尔泰水利枢纽项目并得出结论：经济上，效益不高，因为它会提高消费者的用电价格；而从地质方面看，工程处于 9 级地震危险区。[960] 此类例子不胜枚举。

综上所述，伏尔加河梯级水利枢纽的主要任务在于向中央、伏尔加流域和乌拉尔地区的工业区大量供电，其中贡献量最大的是位于伏尔加河经济区的伏尔加水电站、日古利水电站和萨拉托夫水电站（占梯级能源总产出的 84.2%）。1937—1986 年，年均产能持续增加，特别是在

1958—1962 年古比雪夫（日古利）水电站和斯大林格勒（伏尔加）水电站满负荷运转之时。1937—1950 年，水电站发电量飙升，并于 1958—1962 年达到顶峰。随后，增长率骤降，直至 1986 年后才稳定下来。

1962 年前，在苏联全国总发电量中，伏尔加河梯级水利枢纽的比重不断增加，最终达到 6.4%。1971 年，该数值下降到 2.8%，1986 年降至 1.9%，2000 年增至 3.5%，2007 年下降到 3.1%。所有水电站的发电量几乎都符合这一趋势。1937—1962 年，伏尔加河水电站的产能比重稳步增加，从 2%上升到 33.1%，从 1971 年以后直到 80 年代末出现下降，并在 90 代初开始上升，到 2000 年达到 18.9%。但到 2007 年，又下降到 17.4%。在伏尔加河流域乃至全国范围内，从 60 年代开始，水力发电比重呈减少趋势，而热电厂的能源生产则有所提高。

伏尔加河大功率水利枢纽建成伊始，其发电量远超当地经济的能源需求量，因此，为将电能长距离输出，高压输电线路被建造起来，水电站生产的大量能源被传输至苏联其他地区。70 年代，苏联欧洲部分的主要能源系统整合为统一能源系统，其基础要素之一便是伏尔加河流域的水电站。然而，超大功率水电站和超长输电线路导致大量电力损失和大面积土地被征用。

30—80 年代，伏尔加梯级水利枢纽的兴建使苏联欧洲部分形成了一条保证深度 3.65 米、总长约 4000 千米的完整河流水系。水利建设带来的航道数量和宽度的增加使商船的规模和载重大大增加。运河水系则将伏尔加河与五海相连。

50—80 年代，伏尔加河水路的货物运输量整体呈现大幅上升趋势。1948—1990 年，总货运量增长 13.8 倍，1930—1990 年，客运量增长 6.6 倍。90 年代初以来，由于国家生产力下跌，这些数字也大幅下降，但现在它们正在逐渐增加。伏尔加河航运不仅有积极一面，同时也出现了负面因素。大型水库的修建使河流经济彻底重建，包括以载重量更大、更加坚固的船只取代原有船只，建设避风港等导致大量财务支出的措施。设计人员没有考虑到水库底部大量淤积这一导致航道保证深度减少的严重因素。

伏尔加河水利枢纽应保障伏尔加河中下游地区大片旱地的引水灌溉，从而补偿被淹没河滩地的产量损失。1962年投入使用的伏尔加水利枢纽具有最大的灌溉价值。50—80年代，伏尔加河流域的灌溉面积增加了大约10倍，但引水计划没有完成。1995—2000年，由于整体经济衰退以及灌溉系统损坏，伏尔加河流域的灌溉面积显著减少。

灌溉取得成就的同时也产生了严重的负面影响。由于改良工作质量较差、伏尔加河水量不足、灌溉技术低下，以及沿岸地区地下水位上涨导致的土壤盐碱化，灌溉设计指标最后并没有实现，相当一部分土地也因丧失了原有肥力而被淘汰出农业生产。

伏尔加河水库降低了防洪成本，并凭其浩瀚的淡水储量成为迅猛发展的城市中工业企业和居民最重要的供水来源。此外，它们还成为核电和火电厂的冷却池。尽管有大规模水利工程，但早在六七十年代，伏尔加河流域的水资源赤字便已凸显，其主要原因是用水量大幅增加、水库水面蒸发量巨大，以及净水技术落后。

伏尔加河梯级水利枢纽对伏尔加河地区和整个国家社会经济生活的影响是多方面、复杂和矛盾的。得益于水利枢纽建设，地区内出现了新的国民经济发展中心，出现了配有公共设施、铁路、公路、通信线路的城市和农村。同时，拥有大量水利建设工人的单位也为其他经济部门建立了各种企业，在建设大型建筑基地、工业企业和住房方面，伏尔加水利枢纽扮演了重要角色。这种情况在30年代伏尔加河上游水电站修建时便已开始出现，并在50—70年代显著扩大。最大的水利枢纽——日古利、伏尔加和萨拉托夫水利枢纽——对该地区的经济发展起到了最为重要的作用。同时，过剩的水电站资源只是伏尔加河流域经济高速发展的因素之一，若无其他因素，经济发展也不会那么迅速。

水电站竣工后释放出的大量建筑资源每每成为建设新工业中心的决定性因素。由此，50—80年代，以古比雪夫水利工程局、伏尔加格勒水利工程局、高尔基水电站工程局、萨拉托夫水电站工程局和切博克萨雷水电站工程局为基础，形成了陶里亚蒂－日古廖夫斯克、伏尔加斯基、扎沃尔日斯基、巴拉科沃和新切博克萨雷地区生产综合体，其中包括机械制造业、化工业和建筑工业。这种趋势的负面表现主要是原材料供应和产品销售距离的增加，以及企业经营条件和居民生活水平的下降。

水利建设从根本上加快了地区城市化进程。平均至少有10%的水库淹没区农村人口搬迁到城市。在水利枢纽工程所在地区，新城快速扩张，老城社会经济发展同时加速。古比雪夫和斯大林格勒水电站周边表现得最为明显，该地区首先出现了斯塔夫罗波尔市（今陶里亚蒂）和日古廖夫斯克市，接着出现了伏尔加斯基市。1959—2010年，陶里亚蒂和伏尔加斯基的城市人口分别增加了10倍和5倍。相应居民点和生产基地的建设导致水利枢纽造价上升，工期延长。

伏尔加河流域水库兴建导致宜居用地的丧失，居民迁往时常不适宜居住的高地，优质饮用水供应出现严重问题。在许多情况下，移民生活条件有所恶化。另一方面，在许多新的居民点，公共事业水平则有所提高，文化、生活、教育和医疗综合体逐渐形成。这种情况在50年代初步显露，并在六七十年代基本确立。

伏尔加河水利建设的负面影响主要是大量高产农田被淹没。在169.68万公顷被淹没土地中有33.2%的打草场和牧场，农业饲料资源故而受损最大。当局原计划通过土地转型、新地开垦、人工灌溉等措施弥补被淹河滩地的损失。但无论从面积上还是从肥力上，这些措施皆于事无补，此系苏联粮食短缺的主要原因之一。全球农业电气化的预测也没有被证实。50—80年代大功率水利枢纽和输电线路建设的实践表明，供电首先面向大型工业企业，而非偏远的农村地区。

通过简要分析伏尔加河梯级水利枢纽的经济效益，我们发现其计算方法是错误的，因为许多成本没有得到充分考量，甚至完全被忽略，例如淹没造成的大量农林用地损失，每年对地区生态系统的负面影响，以及对历史文化遗产的破坏。

## 3.2 伏尔加河梯级水利枢纽冲击下的历史文化遗产

自然环境宜人的伏尔加河河谷及其周遭像一块巨大的磁石，自古就吸引着人们的目光。这里聚集着形形色色的历史文化遗产，包括大量从石器时代到中世纪后期的文物。正是在这片土地上形成了俄罗斯的民族基础——芬兰乌戈尔人、鞑靼人（保加尔人）和俄罗斯人。

历史文化遗产一般分为不可移动文物和可移动文物。前者是具有考古、历史、自然等意义的古迹和具有科学、纪念、艺术等文化价值的建筑和建筑群；后者指的是不可移动文物里的或从中挖掘出的具有单独价值的物品。[961]

今天，将历史文化财富仅仅理解为有形文物的集合这种旧有观点已被修订。联合国教科文组织大会于 2003 年通过的《保护非物质文化遗产公约》将其定义为“各种社会实践、观念表述、表现形式、知识、技能，以及相关的工具、实物、手工艺品和文化场所……”。[962] 非物质遗产故而包括口传习俗和表现形式（包括语言），表演艺术，风俗、礼仪与节日，以及与自然、宇宙或手艺相关的知识、风俗和技能。笔者将历史记忆也归入非物质文化遗产当中，因为历史记忆是社会经验代代相传的一种机制，进而确保社会可持续发展必备的继承性。

如此说来，历史文化遗产是前人创造的有形和无形文物的集合，并反映出历史时代及其所有文化表现形式的紧密联系。历史文化遗产的主要价值在于它们不仅保存了人类社会和民族文化萌发和发展的信息，还建构了一种关于它们的认知体系，从而为社会意识保护战略的制定奠定基础。

在本研究情境下扮演重要角色的是“文化景观”这一概念（或“历史文化景观”——笔者注）。这一概念指的是“自然 - 文化的地域性集合，它源于自然与人的进化互动及其社会文化与经济活动，它由持续联系并相互依存的自然和文化因素经独特关联而成”。[963]

换言之，历史文化景观是一片拥有历史动迁系统类型学特征的区域，其组成部分包括社会、经济、文化活动的传统形式，大规模建筑，以及富有表现力的地貌、植被等。从上述概念角度看，水利枢纽对伏尔加河全流域历史文化遗产的全面破坏劣迹昭彰。

在苏维埃时期，历史文化遗产国家政策的主要因素包括党和经济特权阶层的集权主义原则，严厉的意识形态控制，官员的昏庸和冷漠，以及阶级斗争理想的优先地位。[964] 此外，政府的主要目标是加速工业化，文化领域被视为次要角色，情况较好的是与革命主题相关的文物，最差的是宗教、贵族庄园、十月革命前统治精英的遗产等。

伏尔加河流域的历史文化遗产第一次遭受超大规模人为影响，是在1932—1937年修建莫斯科—伏尔加运河，尤其是筹备伊万科沃水库期间。按照计划，未来水库的所有区域应在1937年全部沉入水下。一些不可移动的历史文化遗产故而不可挽回地消失了，特别是一些东正教教堂。因为国家政策明显不支持其保护，其任务反而是短时间内把库底建筑清理干净。因此，淹没区的祭祀文物一般通过爆破或拆卸方式清除，卸下的砖石等建筑材料被尽可能用于建造水利枢纽房屋和设施。由于缺少档案材料证据，伊万科沃水库修建时清除的教堂总数仍乃未知之数，但清楚的是，在科尔契瓦城共拆除和转移了30处石筑房屋和4座教堂：基督复活主教座堂（1808年建）[965]、喀山教堂（1826年建）、主显圣容教堂（1856年建）和1座边防堡垒教堂，这些教堂在淹没前被炸毁并拆成砖石。[966]

情况较好的是考古遗存。1932—1934年，国家物质文化历史研究院24位科学家在O.N.巴德尔带领下（有时被称作“莫斯科伏尔加勘探队”——笔者注）在这3年里在施工段内进行勘探。参加勘探的还有莫斯科国立大学考古学研究所、莫斯科国立大学“奥斯坦金诺”与考古博物馆、国家埃尔米塔什博物馆、国家中央修复厂（莫斯科），以及德米特里、加里宁（特维尔）和基姆雷博物馆。[967] 全俄中央执行委员会和俄苏人民委员会晚些时候于1934年2月10日发布决议，下令对施工涉及的文物予以初步登记和研究。[968]

1932年，勘探队成员主要对运河航线先前未尝研究的地段予以勘探，出土了2座古城遗址和1座土冢，其中包括伊万科沃古城遗址。考古工作规模在1933年达到最大，共出土12处遗址，包括7座古墓葬、3座古城遗址、1座原始聚落和1处古代遗迹。[969]1934年只进行了5处古迹的常设勘探。[970]

主要研究结束后，在1935—1936年土方工程期间，考古学家们还在工地上查缺补漏，踏勘某些新出土文物。[971]在莫斯科州和伏尔加河上游地区，运河周遭的考古研究做得不错，勘探队收获了大量从石器时代到18世纪的科研资料。1932—1936年，文物研究清单中有180项内容，包括古城遗址、村落遗址、古墓、遗迹和宝藏，其中绝大多数是第一次被人们发现和研究。[972]尽管如此，短时间内不可能对考古发掘的所有文物予以全面勘查，因此，科学家们的发掘量不超过总量的10%—15%。

考古工作规模相对有限，但未能出土的历史文化遗产损失也是有限的。这是由于伊万科沃水库和莫斯科—伏尔加运河的淹没区面积相对不大。

1932年3月，随着巴拉赫纳、雅罗斯拉夫尔、乌格里奇和彼尔姆水利枢纽的施工单位"中伏尔加工程局"建立，文物抢救性保护迫在眉睫。首先要修建的是淹没莫洛加－舍克斯纳河间地大量区域的雅罗斯拉夫尔和乌格里奇水利枢纽。因此，专门建立的国家物质文化历史研究院勘探队将主要目标确立为"……通过初步研究的方式，抢救那些位于两座水电站工地和未来淹没区内的历史文物，以及那些注定要被淹没的文物……"。[973]

由于沿伏尔加河及其支流的勘探线路总长约1000千米，勘探队遂决定分为4小队：一队由P.N.特列季亚科夫领头，负责河间地大部分区域，包括诺尔斯科耶村旁边的雅罗斯拉夫尔水电站工地；二队以M.V.沃耶沃茨基为首，负责舍克斯纳河及其支流的沿岸地区；三队在A.V.施密特带领下研究莫洛加河上游地区；四队由O.N.巴德尔领衔勘测伏尔加河在莫洛加城上游的大量河段。[974]勘探工作既在未来的水库淹没区，也在浸没区进行。勘探依据的是以档案文献为基础的室内整理数据，与莫斯科—

伏尔加运河线路不同，莫洛加－舍克斯纳河间地及其毗邻农田早先曾有少许研究。

中伏尔加工程局勘探队的首要目标是对上述地区的考古遗存予以全面考察和勘探研究。1933 年，6 位队员考察了 199 处遗迹，包括 31 处新石器时代和青铜器时代的原始聚落、1 座青铜器时代的墓地、10 件石器时代的独立文物、85 座铁器时代和中世纪村落遗址、12 座铁器时代和中世纪古城遗址、47 座封建时代土冢、6 座 9—10 世纪的坟岗、1 座 14—15 世纪的墓穴、6 座 15—18 世纪的旧坟地。[975] 这其中大部分位于伏尔加河滩地，并且是首次被发现。

见诸 1933 年公布的报告，勘查考古遗存的主要方式是外部检视河流、湖泊、冲沟岸边的露头，并在可能有古迹的地方进行试掘。[976] 地表特征研究之后方才进一步发掘价值最高的文物。1933—1937 年，勘探队在淹没区总共完整或部分出土 26 处古迹，其中包括新石器时代村落遗址 8 处、公元前 1000 年到公元 1000 年的 9 处古城遗址和 5 处村落遗址，以及 11—12 世纪的土冢 4 座。这 26 处古迹占在册总数的 13%。[977] 在这段时间里的所有研究中，最为妙趣横生的是 4—5 世纪的季亚科沃文化（Дьяковская культура）古城遗址，它在伏尔加河右岸的别列兹尼亚卡村旁边，距离雷宾斯克市不远。1934—1935 年，其发掘面积达到 2300 平方米，即该遗址得到完整勘查。[978] 但此类例子鲜矣。

1935 年，常设的考古研究大幅扩大至卡利亚津和乌格里奇地区。在卡利亚津附近是对古城村（с. Городище）旁边伏尔加河上游公元前 3 世纪至公元 6 世纪古代城迹的发掘，在乌格里奇附近则开始发掘金溪村（с. Золоторучье）旁边的旧石器时代晚期村迹。[979] 到 1938 年，该地区和其他地区的研究几近告终。

通过分析上述资料可知，许多因素严重影响着考古研究的质量。其中的主要因素包括：物质技术资源不足，资金和人力捉襟见肘，日不暇给，以及文物研究的选择方法，即如何选择不取决于科研需要和计划，而取决于历史文化珍品的抢救必要性。此外，反复修订的水利设计文件明显妨碍精准确定淹没区和浸没区的界限，从而使一些遗迹被遗漏。其结果是，莫斯科伏尔加勘探队和中伏尔加勘探队完成的相对完整的考古研究不超过已知遗迹总数的15%。从其他遗迹中只得到一些地表采集品[980]，有时是地表踏勘资料，无法作为完整的考古材料使用。因此，莫洛加－舍克斯纳河间地及其毗邻地区的考古遗存，大部分未经研究即被淹没。

虽然如此，仅有工作也收获了大量实物资料，超过去几十年数倍。尤其丰富的是反映铁器时代早期（公元前10000年至公元500年，主要是季亚科夫文化——笔者注）、青铜器时代和石器时代物质文化的证据。

如果说淹没区考古发掘在30年代获得了不小关注，那么其他物质和非物质文化历史遗产的情况则势在垂危，绝大多数未经初步研究即被毁灭。尤其典型的例子是伏尔加河上游流域的东正教教堂和修道院。

由于要清理雷宾斯克和乌格里奇水库河床，1936—1940年有5座修道院被拆除：列乌申施洗约翰女子修道院（建于1875年）、莫洛加阿法纳西耶沃修道院（14世纪）、尤克斯基－多罗费耶娃修道院（1615年）、卡利亚津市的圣三一修道院（不早于1434年）、乌格里奇市的圣母帡幪修道院（15世纪）。[981]这其中意义最大的是后两座。卡利亚津修道院在1917年之前拥有一等地位，其大型建筑群主要是彼得一世以前的建筑，包括几座石质教堂：1）圣三一主教座堂（1654）；2）主进堂教堂（1530）；3）马卡里耶夫教堂（1617）；4）阿列克谢耶夫教堂（1655）；5）圣母安息教堂（1884）。[982]

修道院拆除工作于1936—1939年进行，伏尔加工程局委员会负责文物保护工作，其他相关单位负责测量、拍照记录、建筑模型制作，以及部分壁画和珍贵财物的回收。[983]这些物品后被分配至各博物馆。

圣母帡幪修道院是15世纪莫斯科公国早期的石质建筑，它矗立在未来乌格里奇水电站的位置，尽管它拥有巨大历史价值且几乎完好无损，但终被炸毁。与卡利亚津的修道院不同，乌格里奇此地未进行任何文物抢救措施。修道院的组成部分是彼得一世前的砖砌建筑圣母帡幪主教座堂（1482），以及16世纪的主显圣容教堂和圣尼古拉教堂。[984]修道院内还有政教人士的坟墓，其中包括贵族阶层的杰出代表阿达舍夫一家阿列克谢、达尼拉和费奥多尔的墓。[985]

伏尔加工程局将淹没区的石质、木质教堂尽数拆毁。粗略估计共有不少于120座大小教堂（包括修道院）被爆破和部分拆毁，雷宾斯克库区和乌格里奇库区数量约减半。

莫洛加城被完全淹没，被部分淹没的有韦西耶贡斯克、卡利亚津、基姆雷、梅什金、波舍霍纳－沃洛达尔斯克、乌格里奇和切列波韦茨。卡利亚津、莫洛加和乌格里奇是最古老的城市，分别建于12世纪、11世纪和10世纪，它们具有巨大的历史文化价值。[986]除却圣三一修道院的5座教堂，卡利亚津还拆除了由沃兹德维任斯基教堂（1794）和基督圣诞教堂（1708）组成的（除钟楼——笔者注）尼古拉主教座堂，以及14座乡村教堂，总计18座教堂（除修道院——笔者注）。[987]38%的城市教堂和地区教堂因坐落在淹没区被拆除，拆下来的砖被用于建造基姆雷城萨维奥洛沃机器制造厂的厂房。[988]卡利亚津地区建筑文物被野蛮拆除的结果是，时至今日总共只有3座东正教教堂被保存下来。

乌格里奇地区的主要损失是建筑遗产。1917年之前，乌格里奇共有14—19世纪的30座教堂和4座修道院，1935—1940年，因水利建设被全部或部分拆除的教堂达18座（60%），修道院1座（25%）。此外，被拆除的还有一些墓地、15座石质民房和苏波涅沃宫左楼。18世纪贵族庄园文化的特色文物就此覆灭。[989]

1941年淹没开始前，莫洛加的历史文化遗产被全部拆除。其中主要是东正教建筑文物：1）包含3座18—19世纪教堂的阿法纳西耶沃修道院；2）复活主教座堂（1767）；3）主显圣容主教座堂（1882）；4）圣沃兹德维任斯基教堂（1778）；5）基督升天教堂（1756）；6）弗谢斯维亚茨基教堂（1805）。[990]此外，根据1889年数据，莫洛加城内有34座石质居民房和58座非居住房屋，其中一些也有历史价值。[991]

古代贵族庄园的损失是无法弥补的，因为其中有饶多巧夺天工之作，并在苏联时期保留着地方文化中心的作用。典型例子是著名贵族穆辛内－普什金内家族的伊洛夫纳庄园（图 35）和鲍里斯格列布庄园（两座庄园分别建于 1765 年和 1805 年，且都自带教堂），以及著名画家 V.V. 韦列夏金及其亲兄弟、国家黄油干酪工业奠基人 N.V. 韦列夏金的柳别茨庄园和贝尔托沃庄园。[992] 在伏尔加工程局淹没区内，有超过 25 座贵族地产被拆除，这些庄园有时不仅有居所，还有教堂和祖茔。

雷宾斯克和乌格里奇水库建设对历史文化遗产造成的影响不尽相同。如果说淹没区的历史文化遗产几乎被拆除殆尽，那么部分淹没区和浸没区遗产的拆除程度则相对较低。T.A. 特列季亚科娃公正地认为，“在免于被完全淹没的地区，社会圈的改变不只因为居民移居和物质财富搬迁，还直接受水利建设的影响，因为水利建设使城市和乡村的历史景观发生畸变，并加速了当地社会的解构，以及该社会文化遗产的部分遗失”。[993]

事实上，雷宾斯克和乌格里奇水库淹没 45.33 公顷土地不可挽回地摧毁了遗产的主要部分，包括历史建筑、自然景观等。非物质文化遗产的丧失问题至今仍未得到充分研究。由于这个问题具有复杂性和多面性，它理应成为一个单独的研究对象。据统计，在淹没区和浸没区共有逾 20 个行业——家具制造、船舶制造、乳酪生产、牧草栽培等，其中许多行业唯该地区所独有。[994]

沿着伏尔加河、莫洛加河和舍克斯纳河，人们在河间地长久群居给经济产业、人口分布、民间风俗等生活的方方面面留下了独特印迹。V.A. 格列奇辛将“伏尔加人”作为特殊群体划分出来，他们是在雅罗斯拉夫尔－特维尔地区，在伏尔加河上游水库修建前生活于河滩地小村庄的俄罗斯居民。[995] 格氏认为，伏尔加河主导着伏尔加人的生活，决定着他们的经济类型和精神特征。[996] 例如，伏尔加人的经济产业主要是临河而渔、河滩畜牧与耕种，以及通航季节的外快收入。而在精神世界，伏尔加人具有强烈的家族和血缘观念，性格直爽而勇敢，拥有自信和自尊心。[997] 走上集体化道路以后，伏尔加工程局的生产活动彻底终结了此地的自然发展。最终，水库沿岸大量地区变得荒无人烟，从而使人们与河流渐行渐远，“远离生活的诗意景象，远离生活的物质基础”。[998]

库区移民撤离后，移民文化因一众原因开始了大幅转型并具有如下特征：1）移民文化在新居住地伴随着“异乡人”情结逐渐恢复和稳定；2）同化作用，即一些特点除旧布新，并反映在日常生活、民间风俗、语言等方面；3）由群居人数决定的分散性，新条件下的生活改变了旧有习惯。[999]

1955—1957 年修建的古比雪夫水库涉及 5 个地区，特别是鞑靼共和国、乌里扬诺夫斯克和古比雪夫州，与伏尔加河上游水库一样，古比雪夫水库也造成历史文化遗产的大量损失。损失尤大的是伏尔加河中游一些民族的历史文化瑰宝，如俄罗斯族、鞑靼族、莫尔多瓦族这些自古以来便生活在河滩地上的民族。

在移民搬迁过程中，1952—1955 年有逾 60 座 18—20 世纪初的石质和木质东正教教堂被拆毁，其中许多具有重大历史建筑价值。石质教堂或被爆破，或被拆解成砖用以建造新城民房。例如，在乌里扬诺夫斯克州旧迈纳区的戈洛夫基诺古村，其主要名胜古迹是由著名建筑师 V.I. 巴热诺夫设计、在 I.G. 奥尔洛夫资助下于 1785 年建造的基督升天教堂。[1000] 50 年代上半叶，由于该村位于淹没区内，地区领导以旧迈纳村新校舍建设的用砖需求为名，决定将该教堂炸毁。[1001]

除戈洛夫基诺村的基督升天教堂以外，乌里扬诺夫斯克州的大量建筑文化古迹位于尼科尔斯科耶工人区、阿尔汉格尔斯科耶村、白亚尔村、比尔利亚村、十字古城村、旧格里亚兹努哈村等地。[1002] 这些古迹在水库淹没前全部被炸毁或被拆解成砖。在所有新建居民点，移民的建筑材料甚匮，教堂故而被尽可能拆成砖石，圆木用以补足公共房屋建设所需。例如，在古比雪夫州的赫里亚谢夫卡村有两座被拆除的砖砌教堂，其中之一的材料被用于建造工厂，而在上别洛泽尔卡村，材料被用于修建新赫里亚谢夫卡村和上别洛泽尔卡村的学校。[1003]

在古比雪夫州的伏尔加河畔斯塔夫罗波尔，以及鞑靼自治共和国的古比雪夫市，位于淹没区内的历史建筑古迹数量非同一般。伏尔加河畔斯塔夫罗波尔建于1738年，古比雪夫市形成于17世纪并于1780年获得城市地位。20世纪50年代初，伏尔加河畔斯塔夫罗波尔有3座石质教堂：1）圣三一主教座堂（建于1813年，取代了1757年的教堂）；2）圣母安息教堂（建于1897年，顶替了1755年的木质教堂）；3）圣尼古拉教堂（1843）。[1004] 同一时期，在鞑靼古比雪夫市坐落着2座教堂——圣三一主教座堂（始建于18世纪上半叶，重建于1852年）和监狱教堂（1885）。[1005] 此外，在这些城市中还坐落着几十座石质民房，其中不乏一些建筑杰作，例如鞑靼古比雪夫市师范学校（原女子中学——笔者注）一座建于1913年的双层红砖建筑，[1006] 它是整个城市最美的建筑。自然，上述遗产在淹没区移民搬迁时被拆除，还有大量墓地沉入水下。

许多移民的意识发生了分裂，这是由于国家一方面宣称要保护物质和非物质文化遗产，但实际情况却每有迥异。居民无法理解如此现实，鞑靼古比雪夫市居民V.P.波利亚科娃回忆道："某种分裂感长久存在，因为往事被留在了那里，在那个你再也去不了、再也见不到的老城里。意识到这点便会感到痛苦……"[1007] 波利亚科娃的同乡L.F.马里宁说："所有这些都被留在了一个很远的地方，无论什么东西——不是时间，不是水——都无法把我们的老城从记忆中抹去。跟许多人一样，折磨我一生的，是一种彻彻底底的失去感。"[1008]

相当数量的移民面对未来没有信心，充满恐惧。尽管国家宣称提供帮扶，但现实里许多人被弃置不顾而只能自行解决搬迁问题。此外，传统的价值观和道德伦理加速退化。在精神层面，大部分移民愈加焦虑、无助、沮丧、内疚和冷漠，许多人失去精神支柱，遭受巨大心理压力，处在神经崩溃边缘。这些结论来自古比雪夫水库淹没区移民的回忆录。[1009]

虽然历史文化遗产（尤其是宗教建筑）的拆除是主要趋势，1957年1月2日，苏联部长委员会发布第3号决议，决定起草设计文件对地处坍岸和浸没区的鞑靼共和国保加尔古城和斯维亚日斯克城予以工程防护。[1010] 一期工程是加固古城北坡，包括：1）北坡土方工程——2.88万立方米；2）堤坡加铺草皮——5100平方米；3）栽种柳林——3公顷；4）加固砂垫层堤坡——300平方米；5）建造木梯。[1011]所有保护措施长1.9千米，造价130万卢布。[1012]

斯维亚日斯克城的防护主要是斯维亚加河左岸加固，包括：1）土方工程——1900立方米；2）砂砾石混合土层——6800立方米；3）无间隙加铺草皮——1.5万平方米；4）栽种灌木和树木——2700株。[1013]固岸长510米，造价210万卢布。[1014]当然，保加尔古城和斯维亚日斯克城是鞑靼斯坦尤为珍贵的历史文化遗产，在伏尔加保加利亚中世纪首都区域内汇聚着13—18世纪鞑靼人和俄罗斯人的物质和非物质文化遗产，而在斯维亚日斯克城则集中着16—19世纪东正教和民间的建筑文物和精神文化遗产，包括建于1551年和1555年的谢尔盖圣三一修道院（1795年再建施洗约翰修道院）和博戈罗季茨基圣母安息修道院。[1015]

苏联领导人修建古比雪夫大功率水利枢纽和大型水库的计划须将河滩地全部淹没，因此，在该区域进行大规模保护抢救性考古研究刻不容缓。为此，专门组建了物质文化历史研究所古比雪夫考古勘探队，由苏联著名考古学家A.P.斯米尔诺夫领导。1948年10月14日，苏联部长委员会下达第3898号《关于增强文化遗产保护措施》的决议，此系古比雪夫、斯大林格勒和高尔基水电站考古工作的法律依据。[1016]

1938—1939年，古比雪夫考古勘探队完成了第一轮勘探研究工作，物质文化历史研究所、国家历史博物馆、鞑靼自治共和国中央博物馆和古比雪夫州博物馆组成3支小队，考察了古比雪夫州、乌里扬诺夫斯克州和鞑靼斯坦境内的伏尔加和卡马河河谷，以及乌萨河、切列姆尚河、鸭子河等地。[1017]勘探队发现大量石器时代、铁器时代早期，尤其是青铜时代的考古文物。趣味非凡的是A.V.兹布鲁耶娃一队1938年对古比雪夫州察廖夫土岗的研究成果，他们在青铜时代文化层的发掘过程中发现了该时期的宝藏。[1018]

1938年，A.P.斯米尔诺夫在鞑靼自治共和国的保加尔古城开始工作。而在1939年，A.V.兹布鲁耶娃在乌里扬诺夫斯克州的克列缅卡村附近开掘出5—14世纪的“鬼城”遗址，其1993—1996年的保护性发掘证明了保加尔早期游牧民族早在8—9世纪在伏尔加河中游地区的定居过程及其与当地伊缅科夫居民的和平共生。[1019]

伟大的卫国战争以后，在未来的古比雪夫库区，大规模考古研究开始于1947年，持续至1957年，主要涵盖从伏尔加河畔斯塔夫罗波尔到斯维亚加河河口的伏尔加河上游淹没区左岸地区。此外，在古比雪夫州乌萨河中下游、乌里扬诺夫斯克州大切列姆尚河中下游，以及迈纳河和鸭子河下游也予以了考古研究。大量工作在鞑靼自治共和国内的伏尔加河喀山段、卡马河下游（包括鞑靼古比雪夫市）地区进行。[1020]

古比雪夫考古勘探队由5个分队组成：A.M. 叶菲莫娃（保加尔村，鞑靼自治共和国）、N.Y. 梅尔佩特（古比雪夫州和乌里扬诺夫斯克州）、A.V. 兹布鲁耶娃（乌里扬诺夫斯克州）、A.A. 阿利霍娃（古比雪夫州）、N.F. 卡里宁及其后任者A.H. 哈利科夫（伏尔加河喀山段，鞑靼自治共和国）依次领衔一到五队。[1021]

N.Y. 梅尔佩特回忆，古比雪夫考古勘探队"拥有众多杰出的考古专家，他们的专业领域不仅涵盖所有时期的伏尔加河流域考古学，还有整体上的东欧考古学。在他们当中，有经验最为丰富的A.P. 斯米尔诺夫团队（A.M. 叶菲莫娃、O.S. 霍万斯卡娅、Z.A. 阿克秋林娜），还有旧石器时代专家（M.S. 帕尼契基娜）、青铜时代专家（A.H. 哈利科夫、A.E. 阿利霍娃、N.V. 特鲁布尼科娃、R.M. 穆恰耶夫——俄罗斯科学院考古学所所长、俄罗斯科学院通信院士）、铁器时代专家（A.V. 兹布鲁耶娃、N.F. 卡里宁）、中世纪专家（T.A. 赫列布尼科娃等）。我尤其想说的是，积极参与考古资料分析工作的还有享誉世界的人类学家G.F. 杰别茨和古动物学教授V.I. 察尔津。总共有逾25位顶尖科学家参与研究……"。[1022]

积极参与勘探活动的还有苏联科学院喀山分院、国家历史博物馆、埃尔米塔什、鞑靼自治共和国国家博物馆、古比雪夫和乌里扬诺夫斯克州立博物馆的工作人员，以及10所高等院校的学生等。[1023]

古比雪夫考古勘探队工作人员在长逾500千米的土地上，完整或部分发掘总面积逾3.5万平方米、约600个从旧石器时代到中世纪末期的原始聚落、土岗、土冢、古城、村落遗址等考古工程，共花费190万卢布。[1024]

由于时间、物力和人力资源的限制，勘探队领导层筛选出最具科学意义的文物最先研究，接着确定了一系列对于填补伏尔加河历史空白必不可少的指标，如位置、地表采集物、与其他文物的相互关系、自然环境和文字证据。

古比雪夫考古勘探队副队长N.Y.梅尔佩特回忆道："所有这些不得不赶着做，从开始到最后都没有地貌、地理、地质、生态和历史方面的初步研究。没有必不可少的符合现代要求的地图，没有土壤试验等指标。没有日常的例行勘探，因此也就没有对淹没区遗迹分布数量和特征的真正认识。"[1025] 最终，虽然勘探队进行了8年高强度的忘我工作，但最终得救以供科研的遗存不足发现总数的15%—20%。[1026]

尽管如此，古比雪夫考古勘探队也大幅扩充了伏尔加河流域考古资料库，一系列关于伏尔加河古代和中世纪历史的综合性成果问世。其中最有价值的是，在古比雪夫州斯塔夫罗波尔区的通古斯半岛、乌里扬诺夫斯克州先吉列耶夫区的别克加什岛、乌里扬诺夫斯克城市附近的温多尔村地区、鞑靼自治共和国塔尔汉斯区的红色格林卡村等地，勘探队开掘出了旧石器时代的石器所在地和第四纪兽骨所在地，这能够解释伏尔加河流域的人类定居问题，具有极为重大的科研意义。[1027] 勘探队还发现了原始人于约10万—6万年前在伏尔加河中游生活的确凿证据，以及伏尔加河喀山段的新石器时代原始聚落。[1028]

勘探队尤其重视青铜时代的考古遗存，对村落和土岗予以大量勘探。[1029] 在青铜时代，伏尔加河中游及其支流的岸边聚集着各种部落。该文化共同体的许多遗存得到研究，如阿巴舍沃文化、喀山沿岸文化、木椁墓文化、颜那亚文化等。这些文化与伏尔加河流域和乌拉尔地区众多民族的形成休戚相关，如喀山鞑靼人、楚瓦什人、乌德穆尔特人、莫尔多瓦人、马里人等。

在一众最有趣的青铜时代遗存之中，尤其需要注意位于古比雪夫州亚戈德诺耶村和赫里亚谢夫卡村左岸、切列姆尚河下游的土墩墓群。3年里，勘探队在 14 个土岗中开掘出 159 处公元前 2000 年的古墓，它们形成了几百米长的山脊，是木椁墓文化的氏族墓地。[1030]

五队在鞑靼共和国莱舍沃区的伊缅科夫古城进行了大量勘探工作，并划分出中世纪早期时代（4—7 世纪）的伊缅科夫文化这一斯拉夫人的起源。[1031] 重要资料来自鞑靼共和国巴雷莫村附近的伊缅科夫教堂和古城，以及罗日杰斯特韦诺村附近的村落和墓地遗址等。[1032]

勘探队亦对 8—15 世纪的考古遗存给予较大关注。二队队员首次在伏尔加河中游地区发掘出保加尔人的早期遗存，其中最具价值的是乌里扬诺夫斯克州切尔达克林斯基区开别雷村附近的 8—9 世纪的村迹和土冢。[1033] 它们为伏尔加河保加尔人历史研究一个较弱的时期提供了重要文物。从葬礼风俗和陪葬品角度看，开别雷土冢类似于顿河流域的萨尔托沃－玛雅基文明，这反映出亚速海地区保加尔人在伏尔加河中游的出现以及他们与当地人的融合过程。由于缺少带图片和照片的田野报告，加之部分文物流失，土冢的科学价值在今天有所下降。[1034]

中世纪遗迹中最重要的是保加尔古城，它提供了形形色色的考古资料，阐述了超其自身历史以外的事情。[1035] 大规模研究可靠地修复了 10—15 世纪伏尔加保加尔人的主要社会经济和文化发展趋势，古城的主要历史阶段、历史地貌、手工业生产、黑色冶金、对外贸易、货币等问题得到详细研究。

勘探队对遗迹的山脚和低地（即浸水处和淹没处）部分予以研究。此地有 4 座 14 世纪的砖砌浴室，以及木笼排水系统、城外商业区遗迹，包括 10—13 世纪斯拉夫人村庄的半地下房屋，这些遗存皆证明了俄罗斯人与保加尔人的紧密联系。[1036]

N.Y. 梅尔佩特在总结古比雪夫考古勘探队工作时回忆道：“在过去的二三十年代，伏尔加河中游地区的考古资料库极小，有些历史时期完全无法用材料证明，有些则只有少数文物为证。而就算把所有损失都算在内，古比雪夫勘探队的高强度工作不仅使资料库扩大了几十倍，还使之成为研究东欧草原和森林草原地带一系列连续历史时期的要素。因此，需要明确区分‘地带’设计者和建设者的破坏活动这一方面，另一方面是古比雪夫勘探队的抢救工作。后者，我们认为是科学家和公民应尽的义务……”[1037] 正是古比雪夫考古勘探队为伏尔加河广阔流域的所有后续研究注入强大动力。

1951—1957 年（除 1956 年），大规模考古工作因斯大林格勒水利枢纽的修建而展开。必不可少的是以抢救和科研为目的，探明斯大林格勒以北淹没区和浸没区的考古遗存量。为完成这一复杂任务，苏联科学院物质文化历史研究所成立了斯大林格勒考古勘探队，E.I. 克鲁普诺夫、K.F. 斯米尔诺夫、N.Y. 梅尔佩特分别于 1951—1954 年、1955 年、1957 年担任勘探队队长。[1038]

斯大林格勒勘探队由 4 小队组成：S.N. 扎米亚特尼娜、K.F. 斯米尔诺夫、V.P. 希洛夫、I.V. 西尼钦分别率领斯大林格勒旧石器时代队、伏尔加河下游一队、伏尔加河下游二队和外伏尔加队。[1039] 参加考古工作的还有国家历史博物馆、埃尔米塔什、苏联科学院人类学与民族学博物馆、莫斯科国立大学、列宁格勒国立大学、萨拉托夫国立大学、列宁格勒艺术学院、萨拉托夫州地方志博物馆的工作人员，以及 6 所高校的学生。[1040]

勘探研究沿伏尔加河两岸有条不紊地展开，囊括所有主要的古墓群和村落遗迹。科学家还发现并探究了 1 处旧石器时代聚落遗址、若干处青铜时代村迹，以及几百座土冢，并从中出土约 2000 座始于公元前 3000 年终于 15 世纪的坟墓。[1041] 斯大林格勒水库考古勘探共花费 110 万卢布。[1042]

旧石器时代分队于 1952 年取得重大突破，他们在淹没区发掘出距今约 10 万—8 万年的苏哈亚梅切特卡（Сухая Мечетка）旧时器时代聚落遗址。[1043] 从中出土的各种石器和大量兽骨证明狩猎是古人生存资料的主要来源。

勘探队踏勘了几个公元前 3000 年红铜时代的古冢，它们广泛分布在伏尔加河下游地区，属于颜那亚文化。[1044] 大量发现使人们不得不重构对其经济发展水平的原有认识。能够确定的是，颜那亚部落不仅从事畜牧业，还使用锄头农作，而地层学观察使我们得以分析颜那亚文化的相对年代及其群落在伏尔加河流域的存续和消弭。[1045]

通过发掘拉津村附近波尔塔夫卡文化的土冢遗迹，科学家确定了当地人在青铜时代木椁墓文化（公元前2000年）部落形成过程中的重要作用。[1046]此外，木椁墓文化的村落和墓地亦得到研究，由此获得的大量资料有助于得出社会经济发展水平的新结论，包括冶金、农作、畜牧业的发展，以及社会分化等。

斯大林格勒考古勘探队在发掘大量铁器时代早期（始于公元前7世纪，终于公元4世纪）遗迹时获得的材料亦有重要价值。[1047]针对萨夫罗马特（Савроматы）墓群的研究表明，木椁墓文化部落是伏尔加河流域萨夫罗马特人的一个主要组成部分。对更晚近时候萨尔马特遗迹的大量研究则使科学家们追踪到游牧民族的迁徙过程、社会经济关系，以及氏族部落的特点等方面。[1048]

墓地研究对于揭示9—14世纪伏尔加河草原居民的民族组成意义重大。其中一支与中世纪早期突厥语部落的乌古斯－佩切涅格人相关，另一支与波洛韦茨人相关。[1049]按工作的重要性、复杂性和工作量来说，只有古比雪夫考古勘探队可与斯大林格勒勘探队相媲美，尽管前者的考古量更大。得益于斯大林格勒勘探队的工作，一些具有重大科学价值的遗产得救。

区别于古比雪夫和斯大林格勒水利枢纽，高尔基水电站的技术设计规定要先保护建筑遗迹，而非考古遗存。此系苏联电站部与俄苏部长会议一同制定。俄苏部长会议建筑事务管理局遗迹保护处处长A.谢廖金指出："由于要修建高尔基水电站，高尔基州、伊万诺沃州和科斯特罗马州的一些俄式建筑位于淹没区中。由于不可能采取保护措施，转移这些石头建筑也不现实，管理局认为有必要编制被淹没建筑的完整档案（测量、拍照），从而把这些伏尔加河流域建筑史的材料保存下来。这些建筑大都建造于18世纪，具有巨大的建筑史价值。"[1050]

在最高价值历史文化遗产名录中有6座石质东正教教堂：1）基督复活教堂（伊万诺沃州普切日，建于17世纪），其主要价值在于其富丽堂皇的弧形砖装饰；2）圣母报领教堂（伊万诺沃州尤里耶韦茨，1700年），其精致的植物图案彩瓦建筑细部和檐壁具有巨大艺术价值；3）主进堂教堂（伊万诺沃州尤里耶韦茨，1757年），其屋檐和窗口边饰分外严丽；4）举荣圣架教堂（高尔基州卡通基村，1807年），其独特之处在于复合结构及原创性的建筑形式；5）喀山教堂（伊万诺沃州普切日，1754年）；6）圣母帡幪（耶稣升天）教堂（伊万诺沃州普切日，1764年）。[1051] 后两者属典型的18世纪风格，主要价值在于建筑细部和局部。由于未知原因，科斯特罗马州斯帕斯－韦日村的17世纪石质教堂未进入该名录，但其测量和拍照工作费用却在总预算中。[1052]

然而，根据N.A.梅尔兹柳金娜的资料，喀山和圣母帡幪教堂并不在普切日，而在尤里耶韦茨，且主进堂教堂也未被淹没。[1053] 即在尤里耶韦茨有3座教堂被淹没，而在普切日只有1座。因此，在未来高尔基水库河床地区，有6座宗教建筑遗迹于测量和拍照后被拆除。

此外，官方还计划将宝贵的18—19世纪木质建筑从高尔基州淹没区转移至弗拉基米尔州的尤里耶夫－波利斯基市，具体包括：1）新索洛古佐沃村的P.I.佐林第宅（19世纪）；2）老索洛古佐沃村的A.A.佐林第宅（19世纪）；3）老尤克村的沃尔古宁第宅（19世纪）；4）奥帕利诃村的祖耶夫第宅（19世纪）。[1054] 这些第宅是俄国木质建筑的典范，局部雕梁画栋。位于高尔基州契卡洛夫斯克的V.P.契卡洛夫木质故居（1896）也被从坍岸区转移至安全地点。[1055]

在高尔基水库淹没前，科斯特罗马著名的伊帕季耶夫修道院得到工程防护。[1056] 它建于13世纪末或14世纪初（根据不同文献记载），是俄罗斯最古老的修道院之一，在俄国历史中占据独特地位。毫不夸张地说，它与伟大的莫斯科大公和俄国沙皇息息相关（包括德米特里·顿斯科伊、伊凡雷帝），是罗曼诺夫家族的“龙兴之地”，正是在这里，1613年3月14日，全俄缙绅会议宣布米哈伊尔·费奥多罗维奇·罗曼诺夫即沙皇位。[1057]

在设计中未提及诸如克里韦奥泽罗修道院这样的重要建筑遗产。它坐落在尤里耶韦茨对面的低地，处于淹没区内。修道院建于17世纪上半叶，是当地最古老的修道院之一，几乎统一是古典主义早期的建筑风格。[1058] 除却大量石质和木质民房，其中还有 4 座石质教堂：1）圣三一主教座堂（1748）；2）耶路撒冷主教座堂（1827）；3）安提帕教堂（1799）；4）亚历山大涅夫斯基教堂（1796）。[1059] 修道院未经初步研究便被拆毁。

应该得到研究的还有 7 处遗迹：高尔基州戈罗杰茨区的谢尔科夫斯卡亚一号和二号新石器时代聚落遗址，安德罗诺沃一号、二号和诺戈维茨科耶的斯拉夫人村落遗址，以及科斯特罗马州科斯特罗马区奥文岑村和米斯科沃村附近的新石器时代聚落遗址。[1060] 高尔基考古勘探队为此成立。1954 年，在 N.N. 古林娜的领导下，高尔基勘探队对科斯特罗马到戈罗杰茨一段 350 千米的伏尔加河两岸进行勘探，研究了逾 20 座新石器时代和金属时代早期的遗迹。[1061] 相较古比雪夫和斯大林格勒水库淹没区，此地的考古工作量较少。

针对高尔基水库淹没区的历史文化遗产，国家总共支出 49.89 万卢布，其中 42.6 万（85.4%）用于建筑遗产的保护，7.29 万（14.6%）用于考古研究。[1062]

50 年代已然扩大的对伏尔加河水利枢纽淹没区，尤其是浸没区历史文化遗产的抢救规模，在六七十年代切博克萨雷水库筹备过程中进一步发展。相较以往，更为广泛的工程防护措施使大量自然历史景观得到保护，高尔基市、切博克萨雷、科斯莫杰米扬斯克、雷斯科沃、亚德林等居民点近岸地区在建筑、历史、美学方面最具价值的建筑亦被留存下来。[1063]

大多数未来水库淹没区和影响范围内的 17—19 世纪民用和宗教建筑位于切博克萨雷城内，这些建筑得到完善的科学记录（包括测量和绘制），最具艺术造诣的局部被安全转移至博物馆展出。固岸、排水、土壤硅酸盐化等措施的实施，使 17—18 世纪的圣三一修道院建筑群、18 世纪的基督复活教堂和圣母安息教堂免于水库的影响。[1064]

在高尔基州，马卡里耶夫村著名的马卡里耶夫－热尔托沃茨基修道院（建于 1435 年）得到重点防护。[1065] 与修道院相关的是声名显赫的 17

世纪宗教政治活动家阿瓦库姆和尼孔，以及17世纪至1916年一年一度的集市，该集市促进了全俄市场的形成。工程防护包括在修道院周围筑堤固岸940米，排水，修建引水渠和泵站。[1066]

在马里自治共和国，尤林斯克低地的工程防护区囊括了伏尔加河流域唯一一座城堡——尤里诺镇的19世纪谢列梅捷沃家族庄园园林建筑群的主体建筑。[1067]那里的大坝还保护着19世纪末的天使长米迦勒教堂。在伏尔加河水库浸没区的一些地方，由于地下水位飙升，该地区建筑的地基在得到防护的情况下亦会被破坏。

1969—1973年，切博克萨雷考古勘探队完成了对淹没区考古遗迹的研究。勘探队由Y.A.克拉斯诺夫领导，由苏联科学院考古研究所（曾经的物质文化历史研究院——笔者注）筹组。[1068]勘探所在地区先前已经过较好考察，切博克萨雷勘探队的工作负荷故而大大减轻。勘探队于5年中发掘出30处从新石器时代到中世纪晚期的遗迹，其中一些得到完整研究，另一些则处于踏勘状态。[1069]考古工作共花费20万卢布。[1070]

切博克萨雷勘探队的工作规模远少于古比雪夫和斯大林格勒勘探队，但从根本上超过高尔基勘探队的研究量。在苏拉河上的尼基季诺村和黑马扎村、尤里诺村、奥卡河河滩上的乌杰利纳亚舒梅茨和迈丹、沃洛达尔斯克地区，以及3—7世纪的阿科津古墓、伊万科夫古墓和乌尔茹姆金古墓等地，科学家发掘出新石器时代和青铜时代的遗迹。[1071]最大规模的发掘在切博克萨雷城进行了4年。最终结论是，切博克萨雷的出现不晚于13—14世纪初，它是楚瓦什共和国在伏尔加河航道上的手工业和贸易中心，勘探队追踪到了其早期历史阶段和物质文化。[1072]对各时期文物的研究使我们掌握了马里人、楚瓦什人和俄罗斯人的种种历史侧面。

但国家采取的抢救和保存措施仍远远不足，因此，在伏尔加河梯级水利枢纽8座水库逐一竣工后，历史文化遗产在淹没区被大量摧毁（除却被完整发掘的考古遗产——笔者注），在浸没区被小幅毁灭。与此同时，遗产的物质和非物质形式不可分割，由于生活的物质环境（即历史文化和自然景观、宗教和民用建筑、墓地等遗迹）遭受破坏，伏尔加河流域各民族的精神财富和传统因而丧失或退化，这一损失无法用金钱衡量。我们只举一例：被古比雪夫水库摧毁的村落和墓地遗迹早已成为没有道德障碍之所谓“影子”考古学家的劫掠对象。笔者 2003 年曾亲眼目睹，原鞑靼古比雪夫市未淹没区的古墓几乎皆被掘开。该问题须进一步细化研究。

历史文化遗产被毁的最典型的例子系古比雪夫水库影响区内鞑靼斯坦共和国的考古遗迹。如表 86 所示，除却 1000 逾处被淹没的考古遗产，坍岸又接连破坏约 800 处，占共和国登记遗产总数的 18%。仅在斯帕斯克区这一个区，总共 484 处考古遗迹中有 231 处（48%）被全部毁灭，71 处（15%）被部分毁灭。[1073]1961—1985 年，在鞑靼斯坦境内沿岸地区发现逾 600 处不同时代的冲毁和半冲毁遗迹。[1074] 其他库区的情况未尝更好，据不完全统计，在伏尔加河流域 7 个地区，水利建设造成逾 1315 处考古遗迹丧失，1385 处被破坏，共有 4510 处遭不同程度损害（见表 86）。从 90 年代开始，以文物买卖为目的的掠夺性勘探发掘，成为水库影响区历史文化遗产湮没的重要因素。

总之，苏联政府对于历史文化遗产保护的总体政策是前后矛盾的，并且是极度意识形态化的。情况较好的是与革命主题相关的历史文化遗产，情况不好的是宗教建筑、贵族庄园，以及革命前统治精英的遗产云云。此种情况在 30—60 年代普遍存在，从 70 年代开始有所好转。苏联历史文化遗产政策的主要因素是党和经济精英活动的极权主义原则、严厉的意识形态管控、官员的无知和冷漠，以及阶级斗争理想的首要地位。政府的主要目标在于加速工业化，文化被置于次要地位。

伏尔加河流域的历史文化遗产第一次遭受巨大影响是在 1932—1940 年修建莫斯科—伏尔加运河，尤其是雷宾斯克和乌格里奇水库期间。由于大面积农田被淹，不可移动文物遭到不可挽回的毁灭。淹没区的民用和宗教建筑一般会被爆破或拆除，拆下的砖瓦等建筑材料随后被用于水利设施的各种建筑工程中。类似经验大量应用于伏尔加河其他水利枢纽修建过程中。

淹没区的物质和非物质历史文化遗产，绝大多数未经初步研究便被摧毁，尤以雷宾斯克和乌格里奇库区的东正教教堂和修道院为甚。据估算，被爆破和部分拆除的有逾120座主座教堂和教堂、5座修道院和约25座旧贵族庄园，其中许多具有珍贵的历史文化价值。在部分淹没区和浸没区，遗产的毁灭程度较小。

伏尔加河梯级水库的修建导致辽阔区域内物质文化遗产主体部分遭到无法挽回的破坏，包括历史建筑、自然景观等。此外，非物质文化遗产也被极度破坏，一些传统手工艺、经济形式和民俗消逝，传统价值观与道德退化，精神支柱丧失。通过分析移民回忆录可以发现，在精神层面，许多移民变得忧虑、张皇、内疚、冷漠、沮丧和绝望，他们中的很多人处于精神紧张状态。

与30年代不同，在50年代的技术文件中，对处于坍岸区和浸没区的重要历史文化遗产进行工程防护已被提上议程。然而，如果说在古比雪夫和斯大林格勒水利枢纽项目中，主要注意力集中在考古遗迹上，那么在高尔基水电站的技术设计中，建筑遗产保护则占据首位。对高尔基库区物质遗产的抢救和保护有各种形式：1）测量和拍摄石质东正教教堂；2）从淹没区转移珍贵的木质建筑；3）对石质宗教建筑进行工程防护；4）抢救性考古发掘。

50年代逐渐成熟的遗产抢救措施，在六七十年代切博克萨雷水库筹备过程中进一步发展。愈加广泛的工程防护使大量历史自然景观得到保护，在建筑、历史、美学方面颇具价值的沿岸居民点亦获留存。

考古遗迹的情况较好。通过文献可见，30—60年代，为抢救伏尔加河梯级水库淹没区的文物，考古研究所及其前身组建了几支勘探队，首批组建的是1932—1934年、1933—1937年和1938—1939年的莫斯科伏尔加勘探队、中伏尔加勘探队和古比雪夫勘探队。

考古工作的规模、未探明的遗迹损失，以及其他历史文化遗产，皆取决于未来伏尔加河水库的面积。30年代的勘探经验被广泛应用于50年代古比雪夫和斯大林格勒的勘探工作中。

由5支小队组成的古比雪夫考古勘探队在1947—1957年完成主要抢救保护工作，其在古比雪夫淹没区进行的考古研究涵盖从旧石器时代到16世纪几乎所有时代的遗迹。芬兰乌戈尔人、突厥人和斯拉夫人的古迹在该地区首次被划分出来。斯大林格勒勘探队于1951—1957年在伏尔加河下游亦取得丰硕成果。古比雪夫和斯大林格勒勘探队的主要成就在于：第一，部分保护了对科研和后代意义最为重大的考古资料，这些资料关乎着生息在伏尔加河流域几乎所有民族的历史。第二，为伏尔加河流域开展进一步考古研究注入了强大动力。

通过评估30—70年代伏尔加河水库库区的考古成果能够发现，下列因素严重影响研究质量和完善度：物质技术资源不足，资金和人力捉襟见肘，日不暇给，以及研究对象的选择方法仅依据历史文化遗产的需抢救的必要程度。最终，全部考古勘探队能够相对完整研究的遗产不超已知总数的15%—20%。尽管如此，伏尔加河流域的考古资料库仍得到大幅扩充，它们反映出该地区从石器时代到18世纪末的历史发展进程。伴随大量历史文化遗产的湮灭，伏尔加河水利工程也从根本上牵动着该地区的自然环境。

## 3.3 伏尔加河流域的自然环境：退化还是灾难？

作为“大伏尔加”计划的实施成果，宏伟的俄罗斯大河变成了梯级水库，并成为欧洲最大的平原地带水利工程综合体。人类对伏尔加河流域自然环境的侵袭带来了长久且不可逆转的诸多改变。其中最彰明较著的是伏尔加河及其支流、河滩地、超河滩地和近岸地区生态系统的退化。

20世纪30—80年代勘测设计工作的主要关注点是保障伏尔加河水利枢纽的安全性、可靠性和经济技术指标的高水平。见诸1933—1936年苏联科学院和苏联国家计委的会议讨论材料，水利工程对自然环境之影响的问题未得到重视，而某些单位代表对伏尔加河和里海渔业经济等生态要素的担忧也未得到充分考量。

通过研究伏尔加河大型水利枢纽的建设过程可以发现一种倾向，即伏尔加河水资源经济开发的技术能力，与自然环境对水利工程之反应的研究水平之间，存在云泥之别。这主要归因于：1）经济任务的优先地位，首屈一指的是电能生产最大化；2）缺少足够时间进行长期系统调研；3）生物科学未得国家支持久矣；4）1930 年以前尚无大型水利枢纽建设实践经验。直到 1959 年，“水电设计院”才专门设立了一个分析和解决水库及其生态问题的专项部门，而关于水库设计和使用问题的第一次全苏会议则始于 1969 年。[1075] 由此可见，能够相对全面地对水利工程生态问题进行研究的条件直到六七十年代方才出现，而那时 8 座水利枢纽中的 7 座已经投产。

通过对各科学领域专家的多年研究进行文献材料梳理，我们可以确定，伏尔加河梯级水利枢纽对该流域生态系统的影响是一个具有全局性、复杂性、多面性和矛盾性的过程。笔者将在历史框架下揭示出最为严重的后果，特别是与伏尔加河流域和整个国家社会经济生活息息相关的影响。伏尔加河水利工程带来的后果如下：

1. 伏尔加河水库沿岸地区微气候改变，水循环发生根本变化。

对伏尔加河梯级工程之于外部环境影响过程的研究尚不全面。但显而易见的是，水利建设对以下地区的生态系统、经济活动和生活条件造成很大影响：1）水库及其沿岸地区；2）水位调节区下游河段；3）水利经济和水文活动影响区域内的边远地区[1076]。我们以雷宾斯克水库和古比雪夫水库为例研究水库周边地区的微气候转变。其他水库情况类似。

水库影响带的宽度在雷宾斯克水库是 10—12 千米，在古比雪夫水库则是 3—10 千米。[1077] 倘若将该区域下游 3 千米和上游 12 千米算在内，那么气候变化面积就从 37.74 万公顷增加到 151 万公顷，占水库总面积从 19.3%增加到 76.7%。

水库建造导致这些地区出现大面积开阔水域和林区采伐，进而致使大风天气增多和风速加快。例如，乌里扬诺夫斯克州先吉列伊市所在地区的日平均风速从每秒 3.5 米增至每秒 4.5 米，提高了 1.3 倍。[1078] 在古比雪夫水库地区，从卡马河口到奇斯托波尔，年均记录有280天有风，雷宾斯克库区则是203天（风速超过8米/秒）。[1079] 风起浪涌，雷宾斯克水库和古比雪夫水库的最大浪高分别达到2.5米和3.2米，而同一时间河流浪高一般不超过0.8米。[1080]

刮风状态加剧带来一系列负面后果：1）强风阻碍船舶正常行驶；2）大浪加剧岸崩并导致港口无法使用；3）沿岸土地被风蚀；4）植物枯萎；5）改变鸟类季节性迁徙规律等。[1081] 而与此同时，新风况又分外有利于风力发电这一可替代能源的发展。

通常而言，春季，水库会使周边地区变冷，从而改变植物生长期，而在夏末和秋季，水库又能起到保温作用。例如，雷宾斯克水库的新冰况，每年使其沿岸植物生长期的开端推迟2—4周，夏季降雨量由250毫米增至300毫米，[1082] 并最终导致一些农作物成熟不及。由于浩瀚的水体在夏季存储了大量热量，水库水温在秋天便推迟变冷，冰封期故每有推迟。[1083] 古比雪夫水库的研究数据显示，50年代末至60年代初，水库在6、7月对沿岸地区气候产生了降温影响，月平均气温下降了0.3—0.6℃，而在8、9月则升高了0.5—1.3℃，[1084] 库区与水库以外几千米地区的温差超过2℃。[1085] 水库对近岸和岛屿气候的影响较为温和，与距离较远的地区相比，昼夜温差变化不大，且总体上对大多数生物有积极影响。[1086]

太阳辐射强度对人类经济活动意义重大，但在水库之影响问题上人们却莫衷一是。例如，一些研究者认为，在温暖时期，水库毗邻地区的多云天数增加（2—4天）、降雨量增加（7%—10%），且岸边降雨量多于库区水域。[1087] 而另一些观点则认为，5月至7月，水库上空的晴天概率要多几个百分点，所以该地区上空的总辐射量要高于其他地区。[1088]

总的来说，伏尔加河库区水域和近岸地区具有海洋性微气候的性质：湿度大，风速大、风频高，昼夜温差减小，空气湿度变化幅度减小，风速变化幅度减小，气象数据昼夜峰值位移，大气近地面层温度和湿度的垂直分布与陆地相反等。[1089]

伴随淡水储备增加，水库建设还引起河流系统水循环巨变，并导致相应水陆生态系统发生根本性重构。其主要原因是河流流速和水量交换速度急剧减缓，以及河流调节水位变幅增大。[1090] 自然条件下，伏尔加河从源头到高尔基水利枢纽一段的全部水量交换需要 6 天，但现在则需要 280 天。[1091] 在伏尔加河水利枢纽建设之前，河水从雷宾斯克市流到伏尔加格勒市需 50 昼夜，之后则需 450—500 昼夜，这导致水库自净能力灾难性衰竭。[1092] 不同河段的水流速度减少 50%—80% 不等。新水情一个主要的负面特征是，对该水域和近岸生态系统而言，这基本上是一种水生与河滩生物群落（植物、动物、鱼类和微生物的统称——笔者注）无法适应的全新生态节律。[1093]

水坝放水主要是着眼其能源利益，其他经济和生态利益因此常被忽视。而与此同时，伏尔加河水库的水位波动经常达到极高值，有时则导致自然环境和供水系统处于极其危险的状况。例如，2005 年春季和 2010 年夏季，古比雪夫水库水位骤降，以致扎沃尔日斯克区和乌里扬诺夫斯克市右岸部分地区的生活用水水源地处在满是淤泥的发臭浅水池里。乌里扬诺夫斯克市水道管理局不得不紧急取用自流井水为居民供水。

1990—2005 年，古比雪夫水库水位平均从 49 米升高至 53.1 米，即上升 4.1 米。[1094]1955—1960 年，雷宾斯克水库水位变化幅度平均达到 3.6 米，个别年份达到 5.9 米。[1095] 由于水位变化很大，水库面积大幅减少。例如，水库冬季放水后，其面积将减少 48%，即从 45.5 万公顷减少到 23.66 万公顷。[1096] 冬季水位下降得最多，古比雪夫水库水位下降最大值为 7.5 米，伊万科沃水库最多下降 4.5 米，下降幅度最少的是伏尔加格勒水库和高尔基水库——3 米，以及萨拉托夫水库——1 米。[1097]

2. 水库沿岸地形巨变，大面积低水位区形成，沿岸地区被浸没。

在外动力地质作用和风浪的影响下，水库岸线愈发被破坏或重构。[1098] 水文气象、地质和工程地质共同影响的结果是水蚀、风化、滑坡、浅滩等现象的出现，进而引发河岸形变，尤其是上阶地和斜坡形变。[1099] 此外，在河道地段，航行和水流也对坍岸产生不小影响。

岸线变化最为猛烈的时期是水库建成初期。在古比雪夫水库 1955 年开始蓄水以后，从1959年到1963年，其水蚀区域（受破坏的河岸）长度从1000千米增至1400千米，受磨蚀堆积的拉平作用影响，岸线总长度减少400千米，从2500千米减少到2100千米。[1100]在1957—1960年和1966年，古比雪夫水库一些河段在一个季节里被冲毁的河岸最多达到了6—8米。[1101]1955年5月3—8日，在巨浪的冲击下，乌格里奇水库在乌格里奇市区的右坡后移了2—6米。[1102]

伏尔加河水库的应用实践表明，坍岸过程之后仍在继续。且设计师关于该过程会逐渐衰减的预测也落空了。例如，20世纪90年代末至21世纪初，雷宾斯克水库沿岸一些居民点的河岸每年后移2—6米，古比雪夫水库左岸在90年代上半叶被冲刷的速度则达到每年1—7米。[1103]2000年前后，在伏尔加格勒水库湖泊段左岸一年有4.4—5.9米的形变，右岸则是1.8米。[1104]

时至今日，河岸重构给伏尔加河地区的经济带来巨大损失。根据1995年的数据，在乌里扬诺夫斯克州，古比雪夫水库岸线每年平均后移2米，农业用地流失约90公顷。[1105]在水库预计60年的使用寿命里，该州总损失将达到1万亿卢布（1996年的价格），而加固河岸最危险的300多千米区域，则要花费逾20万亿卢布。[1106]雷宾斯克市河岸加固的预算造价为5500万卢布（1991年价格），相当于雷宾斯克水电站16年的营收总额。[1107]

2000年前，伏尔加河水库总长12580千米的河岸中有48.5%（6100千米）遭到冲刷和风蚀，其结果是，自水库投产以来，共有39000公顷农田流失（参见表87）。坍塌物在水底堆积又在很大程度上加剧了淤积和淤塞过程。以古比雪夫水库为例，据统计，从50年代末到60年代初，年均淤积量达到4500万吨，是进入水库所有冲积物的70%。[1108]

水库蓄水后形成了大量低水位区，也可理解为深度达2米的浅水水域。如表88所示，浅水区总面积为3995平方千米，占伏尔加河所有梯级水库总面积的20.3%。夏季或冬季放水后，浅水区水位会大幅提高，最多可提高2.4倍，面积达到8440平方千米（6个水库的数据）。数值变化最大的是伊万科沃水库（47.7%）、乌格里奇水库（35.7%）和高尔基水库（25.5%）。

浅水区既有积极意义也有消极意义。首先，普遍认为它可作为能源、交通、供水和渔业的蓄水池，尤其是鱼类产卵和农业的主要用地。[1109]

但水库甫一建成，浅水区面积巨大、水交换缓慢和流速过低的特点便导致所谓“水华”现象的出现，即在温度逾20℃时蓝绿藻类（水母）过度繁殖。[1110]藻类生物量取决于一系列因素，其中包括水库的大小和位置。雷宾斯克水库的水华现象最轻，持续1—2个月，覆盖15%—65%水域，藻类生物量达到每平方米4—11克。最严重的是伏尔加格勒水库，持续3—4个月时间，覆盖30%—65%水面，生物量达到4—33克每平方米。[1111]浅水区藻类过度繁殖导致水库气压和水文化学状况急剧恶化，包括氧气含量下降、二氧化碳含量增加和有毒物质释放。[1112]最终，水体发生二次污染，鱼类、无脊椎动物和其他藻类的生长被抑制，水体本身也不适合于居民、工业和休闲用水。

接踵而至的是浅水区杂草丛生和沼泽化过程。该现象最严重的是最早修建的伊万科沃水库。到2000年代初，其浅水区面积占该水库总面积的48%，长满杂草的地方占浅水区面积的54%，占水域总面积的26%。[1113]1983年，水利设计局首次制定《伊万科沃水库技术和卫生状况改善规划》，其中对一些浅水区的清伐和挖深工作给予了较大关注。[1114]该规划得到了部分实施。上述情况也大都出现在其他水库，例如，到1968年，古比雪夫水库的一些浅水区长草面积达5%—90%不等。[1115]今天，雷宾斯克水库约有7000公顷水面已变成沼泽。[1116]

为把大面积浅水区的负面影响降到最小，1968年，G.N.彼得罗夫建议将古比雪夫水库2.69万公顷浅水区专门划出来以发展渔业和农业。[1117]第一种方案是用来养鱼，第二种方案是建造堤坝把水排干。彼得罗夫指出：“利用浅水区调节径流以提高发电能力是行不通的，因为我们还有其他发电能源，而土地资源是有限的，因此应该直接用来生产粮食。在设计新水库时务必顾及浅水区的渔业和农业开发，这是土壤改良的重要阶段。”[1118] 但这些观点没有被采纳，直到今天，浅水区利用的优先选择仍是发电和供水。

由于大型水库的建设，10—30千米以内的近岸地区被浸没，水库水头增加导致地下水位上涨。[1119] 根据土壤结构和母岩的差异，这对不同地区土地的影响不一：在灰化土和生草灰化土地区是渐进的沼泽化，而在森林草原和草原地区，除了沼泽化，还有剧烈的盐碱化。[1120] 在这两种情况下，受破坏的不只是人们经济活动的标准条件，卫生防疫状况也在恶化。一些城市（如科斯特罗马、喀山、萨拉托夫等地）的居民区和工业设施皆处于水库水位线以下。[1121]

莫斯科—伏尔加运河和伏尔加河上游水库在三四十年代投产后，其沿岸地区浸没的负面影响到40年代末便已完全显现：1）居民和杂用建筑物的地下室进水；2）水井水位上升，以致水质恶化；3）房屋和地下工事塌陷；4）矿井和矿产地层被地下水淹没；5）耕地植物生长减慢，草地和森林自然植物被沼泽植物取代；6）在洼地形成适宜于疟蚊繁殖的沼泽地；7）河岸坍塌；8）土壤盐碱化。[1122]

对于水库浸没毗邻地区的研究尚不充分，定量估计相去甚远。例如，关于伏尔加河和卡马河梯级工程沿岸被浸没农用地的面积，有材料说是16万公顷，有的则说是24万公顷。[1123]

伏尔加河水库经常性严重浸没区的宽度拟为100—300米，若按此计算，那么这一区域内的农用地总量是12.58万—37.74万公顷。[1124] 所有被浸没地区的总面积将达到130万—390万公顷。地下水对沿岸农田的影响程度取决于很多因素，因此对它的估计和预测将是某一特定情况下的个案。在干旱地区，浸没甚至有可能会起到积极作用。

3. 沉积和淤塞严重，水质恶化。

河岸破坏严重，水体交换、流速和自净速度减慢，这些情况导致伏尔加河水库的沉降平衡急剧变化（沉降指微小固体粒子或泥沙在水中沉淀的过程——笔者注）。在河流条件下，绝大部分泥沙在涨潮后会留在河滩农地上，或顺流而下，但在水利枢纽建成后，很大一部分沉积物在水库底部积聚下来。如表 90 所示，沉积源 62%—66.7%是河岸被冲刷的产物，20%—22.5%是河流裹挟的泥沙。可以看到，平均有 15.55 亿立方米固体粒子在经过伏尔加河调节后沉积在了水底。

若表 91 中水库平均沉积速度的数据是真实的，那么 2010 年水库淤泥和泥沙的沉积厚度便在萨拉托夫水库的 2.5 厘米和古比雪夫水库的 44 厘米之间不等。同时，该过程的速度和程度在不同地区差异较大。

随伏尔加河水库建成而开始的淤塞是格外危险的。如表 91 所示，伏尔加河梯级水库的淤塞面积平均占总面积的 38.9%。不同水库的淤塞速率不一，从萨拉托夫水库的 24%（占水面面积）到伏尔加格勒水库的 53.5%不等。以乌里扬诺夫斯克州内的古比雪夫水库为例，I.P. 米罗什尼科夫断言："水库淤泥沉积形势甚为严峻。1979 年……我们勘查过砂砾石阻滞层，那时有些地方的水底淤泥就已经达到 6 米。倘若淤塞速度不变，那么今天在深水区应该达到 7—8 米。由于水库最深处达到 17—20 米，可以想见，伏尔加河一半的截面，至少在右岸，已被阻塞。"[1125]

淤塞不仅造成沙滩消失和沼泽化，还会造成硫化氢污染，毒害各级生物群落。此外，研究人员确定，旧马因斯基和乌里扬诺夫斯克深水段"作为一个规模巨大的自然净水设施正在发挥沉淀池的作用"，那里积攒了伏尔加河水中的有害物质。[1126] 要知道，旧马因斯基深水段是乌里扬诺夫斯克市右岸地区的居民用水来源。可能所有或很多水库的深水段皆有类似功能。

水库表层水的污染程度令人担忧，且伏尔加河上几乎所有水库皆有污染。对水质产生负面影响的主要人为因素包括：1）石化、机械、造纸、电力、化肥等工业废水，以及居民生活、农业和航运污水；2）伏尔加河及其部分支流的径流调节；3）"二次污染"，即淤泥沉积导致大量磷元素进入水中，从而加剧富营养化和水质恶化。[1127]

伏尔加河水利枢纽依次兴建并最终形成梯级水库导致伏尔加河水质指标衰落。自然河段的消失破坏了河流稳态，尤其是当新建水库位于已建水库上游时。例如，在切博克萨雷和卡马河下游水利枢纽的堤坝将伏尔加河和卡马河截断之后，古比雪夫水库的水文化学和水生生物成分发生剧变，无机磷含量提高2倍，氨氮和有机物含量飙升。[1128]伏尔加格勒水库的污染最为严重，主要原因在于：1）伏尔加格勒水利枢纽是梯级最下游一级；2）水库中有大面积浅水区和死水区，大量生物和农药涌入；3）气候加剧了富营养化。[1129]

1990—2000年的大量调研表明，伏尔加河水库表层水中的有机物、合成表面活性剂和重金属含量远超最高容许浓度。[1130]有害物质虽然含量不多，但它们的综合影响造成水体生态指标大幅恶化。伏尔加河中最常见的污染物是有机物、含油废水、合成表面活性剂、苯酚、汞，以及铜、锌、锰等元素的化合物。[1131]其中锰含量急剧增加并超出渔业和卫生标准阈值，给居民饮用水供给造成很大问题。

近年来的勘查使我们得出结论，在俄罗斯所有大河之中，伏尔加河经受着最大的污染物和废水负担。例如，其有害物和废水负担比西伯利亚的叶尼塞河多52.7倍和14.2倍。[1132]

伏尔加河梯级水库表层水的污染情况见表89所示的古比雪夫水库1985—2009年的水质变化动态。最重要的一项数据是单位水质综合污染指数。该指标1990年为1.92，1995年降至1.84，接着持续上升，2009年达4.36，2009年较1990年上升2.3倍。水库表层水水质等级在1985—2000年一直为中度污染（三级），2005年被确定为重污染（三级B），2009年则为严重污染（四级A），即水质在这段时间里每况愈下。通常来讲，底层水中由于有各种有害物质累积，其水质还要低一或两个级别。所以在1985—2009年，水质被定位为污染甚至严重污染（四级）。[1133]

伏尔加河流域周边的石化、能源等工业企业，以及公共设施和农业生产对古比雪夫水库表层水带来的负面影响，缘于净化系统调整不善，农业排放无人监管。1985—2009年的主要污染源是持续增长的城市污水（泽列诺多利斯克、喀山、卡马河畔切尔尼、下卡姆斯克、奇斯托波尔、乌里扬诺夫斯克和陶里亚蒂）。[1134]例如，1985年逾45514万立方米污水排进水库，2000年73130万立方米，其中包括近5000吨的易氧化物、

136 吨含油废水和 9700 吨悬浮质。[1135] 大部分排放物未经净化或净化不彻底。水库最脏的水集中在城市下游河段。来自支流的未净化污水也在其中推波助澜。

有害物含量超出最高容许浓度，此系古比雪夫水库在我们研究时段里的特征。通过监测表层水质状态，研究人员确定了主要污染物：苯酚超出最高容许浓度 1.6—44 倍、含油废水超 1.4—22.4 倍、铜化合物超 10—34 倍、锌化合物超 1—3 倍甚至更高，还有诸如氨氮、亚硝酸盐氮等其他有害物质。[1136] 苯酚和含油废水对鱼群伤害极大，而其他污染物则产生毒理作用。

水质污染的平均程度在不同年份是相对稳定的，但某些指标有时会发生大幅改变。例如，相较 1984 年，1985 年整体的含油废水污染度增加 2 倍，达到 3.2 个最大容许浓度；表面活性剂增加 1.7 倍，达到 0.5 个最大容许浓度；亚硝酸盐氮增加 1.5 倍，达到 1.7 个最大容许浓度。[1137]2000 年，水中铜化合物的年均浓度有所增加，达到 1—4 个最大容许浓度，同时，锌和镉化合物的浓度下降至 2—1 个最大容许浓度。[1138]2005—2009 年，古比雪夫水库在乌里扬诺夫斯克市的河段中，铜化合物的年均浓度每每超出正常指标 1—5 倍（最大值为 14 倍的最大容许浓度），锌化合物超标 1—2 倍（最大值为 3 倍的最大容许浓度），亚硝酸盐氮超标 1—3 倍（最大值为 8 倍的最大容许浓度），苯酚超标 3—4 倍（最大值为 10 倍的最大容许浓度），等等。[1139] 在其他近岸城市也观察到类似情况。在其他伏尔加河水库也有类似趋势，但数据各有特点。

伏尔加河流域的水资源状况与该地区的社会经济发展水平不符，因此，伏尔加河水库及其支流生态系统每年平均承受的毒素负担是俄罗斯其他水生生态系统的 5 倍。[1140]A.B. 阿瓦基扬指出，虽然水量交换缓慢带来一些负面影响，但与此同时，在水体透明度、颜色和悬浮物含量等方面也有所改善。如若没有水库，污染物便会向伏尔加河下游流动，以致鲟鱼产卵场丧失，河流也会变成人类活动有害废物的污水池。[1141] 然而，保存河流的自然状态会加强工农业生产的生态化，并促进各种废水的净化，同时还会大大减少伏尔加河全流域的有害物质累积。这种方法的现实例子就是西欧的莱茵河，20 世纪 70—90 年代，通过大量建设生物净化设施，并广泛应用低废节能技术，莱茵河的生态环境得到良好改善。[1142]

4. 渔业经济发生根本变化。

伏尔加河－里海流域自古就是俄国最重要的渔区。甚至在 20 世纪 70 年代生态系统受人为因素影响大幅变化以后，该水域总捕捞量仍占苏联国内的 48%，而鲟鱼捕捞量占全联盟的 90%，占全世界的 85%以上。[1143] 这一势头延续至今，21 世纪的前几年，伏尔加河－里海的总捕捞量占俄罗斯联邦的 50%，鲟鱼捕捞量占世界的约 85%。[1144]

如表 94 所示，1960—2005 年伏尔加河水库的捕捞量变化彰显出伏尔加河渔业经济的主要趋势。1960 年，伊万科沃、乌格里奇、雷宾斯克和新建的古比雪夫水库的总捕捞量共计 8503 吨。高尔基水库和伏尔加格勒水库投入使用之后，捕捞量有所提高，1965 年达到 12139 吨，增加 1.4 倍。1970—1980 年，考虑到萨拉托夫水库的出现，捕捞量在 10824 吨和 13455 吨之间徘徊。当伏尔加河梯级水利枢纽全部投产之后，捕捞量峰值于 1985 年和 1990 年出现，分别为 15937.6 吨和 15346.9 吨。随后，捕捞量持续下降，由 1995 年的 7357.7 吨下降至 2005 年的 6546 吨。总体上，相较 1985 年，2005 年的商业捕捞量下降 60%，8 座水库只有 4 座实际运营，捕捞量甚至低于 1960 年。实际的平均产鱼量整体上从 1960 年的每公顷 6.6 公斤，下降到 2005 年的 3.3 公斤，最大值则出现在 1965 年、1976 年、1985 年和 1990 年，分别为每公顷 7.6、7.6、8.1 和 7.8 公斤。1960—2005 年，产鱼量在每公顷 3.3 公斤和每公顷 8.1 公斤之间振荡，整个时期的平均值为每公顷 6.1 公斤。

同时，切博克萨雷、古比雪夫、萨拉托夫、斯大林格勒水库和下伏尔加水库的设计产鱼量平均为每公顷 48 公斤，预估产量最小的是切博克萨雷水库的每公顷 40 公斤，预估产量最大的是下伏尔加水库的每公顷 60 公斤（见表 92）。在调节以前，这些河段的产量分别为每公顷 27.9 公斤（是设计值的 58.8%）、5.9 公斤（14.7%）和 40 公斤（66.7%）。设计师认为，未来水库中的捕捞量峰值若想提高，只有在鱼类养殖和渔场改良（筹建捕鱼河段）所有措施完全落实的情况下方能达成。例如，在缺少这些措施的情况下，古比雪夫水库的平均产鱼量是每公顷 10 公斤，共计 5760 吨，若上述措施落实，产鱼量将达 40—45 公斤，共 24000 吨。[1145]

水利枢纽修建前后，产鱼量和捕捞量顺流而下而增加，并在伏尔加河下游达到最大值。水库修成前，在斯大林格勒—里海段的产鱼量和捕捞量相当于上游高尔基—切博克萨雷段的 6.8 倍和 18 倍，在水利枢纽建成后则为 1.5 倍和 1.8 倍。上述 5 座水库的总捕捞量为 92200 吨，是水利枢纽建成前的 5.9 倍。但实际上，1960 —2005 年，伏尔加河全部水库的平均产鱼量（每公顷 6.1 公斤）要比设计产量（每公顷 48 公斤）少 87%，并在每公顷 3.3 公斤和每公顷 8.1 公斤之间波动，而非设计值的 40 —60，就连水利枢纽建成前的平均产量（每公顷 27.9 公斤）也未达到。

20 世纪 30 年代，在伏尔加河上游的勘测设计和施工过程中，水利枢纽对渔业经济的影响问题几乎未被顾及。由于那时伏尔加河中游，特别是伏尔加河下游仍保持河流状态，鱼群在这一时期未受太大伤害。情况在 50 年代修建高尔基、古比雪夫和斯大林格勒水利枢纽时骤变。设计师们预测，水利工程会在一定程度上损害渔业经济，因为洄游鱼类（鲟鱼、鲱鱼、鲑鱼——笔者注）和半洄游鱼类（鲤鱼、鲈鱼、鳊鱼等——笔者注）的生活规律被破坏，适宜鱼类产卵的天然汛期受到影响。[1146]这些损失应该通过有针对性的渔业养殖和改良措施弥补。为此，在斯大林格勒水利枢纽下游河段和伏尔加河三角洲，计划修建总造价 1.29 亿卢布的 11 座渔业养殖场；在萨拉托夫库区筹备捕鱼区，建设鲟鱼养殖场，培育 50 万条鲟鱼和闪光鲟鱼苗，建设鱼苗繁殖场，下塘 1200 万条鲤鱼和鲈鱼鱼苗。[1147]此外，斯大林格勒和萨拉托夫水利枢纽工程中还包含鱼梯建设计划，并在水库里捕捞小鱼等没有经济价值的品种。伏尔加河和卡马河的所有此类措施预计成本为 5.3 亿卢布，以确保在产品成本降低 40%的情况下额外捕捞 98500 吨。[1148]落实上述措施的经济效益被认为是相当高的，可以提高水利枢纽的国民经济总体效益。

根据 1960 年的渔业生态论证，在自然条件下，伏尔加河 – 里海地区的洄游鲟科、鲱科和鲑科捕捞量能达到 45000 吨左右（见表 93），但修建水利枢纽之后的预计捕捞量只有 20500 吨，下降 54.4%。在 24500 吨损失中，鲟科减少 7300 吨（29.8%）、鲱科减少 17000 吨（69.4%）、鲑科减少 200 吨（0.8%）。

对渔业经济，特别是（半）洄游鱼类伤害最大的是 1962 年和 1971 年投产的斯大林格勒和萨拉托夫水利枢纽。斯大林格勒水利枢纽阻拦了大部分高捕捞价值鱼群向伏尔加河上游的迁徙路径，萨拉托夫水电站则几乎将这条路径完全截断。如表 93 所示，萨拉托夫水利枢纽造成的洄游鱼类损失达 7300 吨，相当于伏尔加河所有水电站捕捞量损失总数的 29.8%。按价格计，萨拉托夫水库（160000 吨）洄游鱼类和半洄游鱼类捕捞量减少，共造成零售业损失 1.46 亿卢布，净利润减少 7600 万卢布。[1149] 同时，鲟科丧失了伏尔加河下游大面积的产卵地。据各方统计，面积减少量为 3000—4000 公顷不等，缩小为原面积的 10%—13.3%，其中包括鳇鱼 100% 的产卵地、俄罗斯鲟 80%的产卵地和闪光鲟 60%的产卵地。[1150]

在伏尔加河梯级水利枢纽运行过程中，渔业养殖和改良措施远未全面开展，已执行措施也近乎劳而无功。伏尔加格勒水利枢纽的鱼梯只为不到 1%的洄游鱼类产卵量做出了贡献，而在萨拉托夫水利枢纽和水库建成后，即使如此少的上溯回游产卵意义也失去了。[1151] 相对有效的只有伏尔加河下游 11 座渔业养殖场。根据专家的结论，培育和投放鲟鱼鱼苗是合理且必要的，因为在 21 世纪初，在这些养鱼场的经营活动中，鲟鱼捕捞量达到 40%—55.8%。[1152] 然而，在伏尔加河 – 里海流域，鲟鱼的商业捕捞量从 1900 年的 22600 吨下降至 1995 年的 2200 吨，下降了 90%，其中包括从 1960 年到 1995 年下降 69%（见表 97）。2005 年开始，商业捕捞停止，如今仅用作工厂繁殖和科研工作。如表 96 所示，伏尔加河 – 里海地区半洄游鱼类和河流鱼类的商业捕捞量从 1933—1940 年的 24.181 万吨下降 77.77% 至 1998—2001 年的 5.376 万吨。

伏尔加河水库运营的实践揭示出鱼类区系的变化，其主要负面影响是价值颇高的洄游鱼类被对水体纯净度要求不高的低值鱼类所取代。例如，在伏尔加河中游的水库里，鲟科、鲱科和鲑科的一些洄游鱼类已经消失，如闪光鲟、裸腹鲟、黑背西鲱、伏尔加鲱和白鲑等。[1153]数量极少的有欧鳇和鲟鱼。与此同时，潜入水库的则有来自北方和南方的捕捞价值较低的“外来入侵者”，如鳗鲡、胡瓜鱼、欧白鲑、棱鲱、鰕虎鱼等。[1154]以伏尔加格勒水库为例，其鱼群组成较原始状态变化了39%。[1155]

时至今日，伏尔加河中游的鱼类区系主要是鲤科和鲈科。上游和下游的情况类似。里海商业捕捞78年的变化与伏尔加河休戚相关，并证实了高价值品种被替代的过程。如表95所示，1913—1991年，高价值鱼类的捕捞量从618900吨下降88.69%至70000吨，同时低价值鱼类的捕捞量从43800吨增加5.5倍至239000吨。从1913年到1991年，所有鱼类的总捕捞量下降52.38%。某些高价值鱼类的捕捞量在1900年至1940年代开始下降。[1156]

伏尔加河梯级水库生态系统紊乱的明证是患病鱼群激增。鲟鱼的首个病征——肌肉纤维化和鱼卵壁变薄——在80年代初的某些样本中出现，而到1987年，70%—80%的洄游产卵鱼皆出现了这些病征。[1157]1990年至2000年代初，古比雪夫水库的鱼绦虫病增加，而在伏尔加河下游，鲈鱼被发现罹患皮肤纤维肉瘤。[1158]最终，鱼儿不仅丧失了食用价值，还遭受繁殖能力衰竭或丧失等变故，以致种群数量和质量锐减。

伏尔加河水库鱼类（尤其是洄游和半洄游鱼类）储量、捕捞量和质量锐减，主要归因于超大规模的水利建设和“大功率”的各色人造污水。水利枢纽工程彻底改变了河流水位和热力状态，缩小了汛期水量和时长，夺去了洄游鱼产卵地。而在一些幸存之地，水利枢纽工程则压缩了淹没面积，降低了半洄游鱼的自然繁殖能力，减少了生源要素向里海的流出，改变了伏尔加河三角洲的演化，等等。[1159]如果说50年代以前“……鲟鱼种群生态的主要调节机制是自然因素和渔业捕捞”，那么50年代以后则是“水利建设和水力发电、工业与生活用水、经常性污染、不合理捕捞和非法捕捞……”。[1160]

1990年至2000年代，非法捕捞是珍贵鱼类减少的一个重要原因。2003年，伏尔加格勒水库的灰色捕捞占到50%，但随后减少至2007年的17%。[1161] 伏尔加河下游和里海地区的非法捕捞则甚为猖獗。仅在1998年，未统计的俄罗斯鲟捕捞量就有6800吨，是官方数据的11.3倍。[1162]

文献材料揭示出水利建设给渔业带来的等量价值损失。例如，1988年春，雷宾斯克水库泄水后，9500公顷水库里因鱼卵干燥导致的渔业资源损失达170万卢布，而1989年5月，高尔基水库因水位剧降导致产卵地面积缩小至275公顷，损失达430万卢布。[1163] 水库水位不稳造成的危害不胜枚举。伏尔加河径流调节导致渔业经济损失惨重，仅1959—1975年就有310万吨。[1164] 伏尔加河－里海流域每年因水力发电损失的捕捞量达41300吨，共计8000万卢布（按1996年价格计算）。1959—1985年，破坏渔业的放水导致鲟鱼经济损失共计14.31万吨、价值11亿卢布，半洄游鱼类和河流鱼类的经济损失共计90万吨、价值10亿卢布。[1165] 这些事实意味着，伏尔加河地区和整个国家失去了数十亿卢布的重要收入来源，俄罗斯人的膳食质量大幅降低，因为自古被广泛食用的珍馐鱼类绝迹了。

5. 伏尔加河流域的地震活动性和人为灾难的危险性上升。

萨拉托夫国立大学地质研究院专家指出，最新的构造运动幅度抬升地带长800—1000千米、宽100—150千米，从西南到东北横跨整个伏尔加河流域。[1166] 地质学家认为，本次构造运动不仅源于自然因素，也有人为成因。自然成因是断层（如日古利山断层），这引起氦气和氡气的剧烈释放，并使地下温度上升。人为成因是工业生产、采矿（包括石油和天然气）、重型工程和大型水库建造。[1167] 人工水库中的浩瀚水体给岩石圈加载了巨大压力，而水库水位的不断变化也引起地下水位的波动并破坏岩体结构。

S.T. 布季科夫指出："伏尔加河流域有很多坐拥大量企业、核电站、水电站、水坝和巨量水库水体的大型城市，通过分析这些城市的分布可以看到，大型工程所在地和大量人口聚居地与最新的构造运动地带相吻合。”[1168] 根据布季科夫的数据，80年代在鞑靼斯坦共和国、巴什基里亚共和国、萨马拉州和下诺夫哥罗德州，达到6级的地震骤增，而从1990年开始，达到5级的地震在萨拉托夫州和伏尔加格勒州被记录在案。[1169]

在萨马拉，可燃矿地质与开采研究院伏尔加分院的地球物理与地球化学专家证实了萨拉托夫地质学家的观点。通过分析1998—2008年在萨马拉州进行的工作，科学家得出如下结论："……发现大量地震活动策源地。山体岩石强度故而减弱，破坏作用产生，并形成受力地带。震源地形成一条宽6—8千米的地震带，沿萨马拉湾北部，与日古利大断层南部边缘重合，围绕日古尔约夫斯克市，紧贴日古利水电站机房。"[1170]

如此说来，水工建筑物的安全问题是燃眉之急，且问题并不在于诸如恐怖袭击或原子弹的外部威胁，问题在内部。G.S. 罗森贝格和G.P. 克拉斯诺晓科夫认为，"……原则上不能排除大型水库的溃坝威胁"。[1171] 俄罗斯科学院伏尔加河流域生态研究所的研究显示：在切博克萨雷和下卡姆斯克水坝受损情况下，古比雪夫水库的标准水位将升高5米，水库水量和水面面积将分别增长1.8倍和40%。[1172] 其结果是大量居民点、企业、农田等设施将被淹没。

此类状况的一个成因是伏尔加河水利枢纽的混凝土和钢筋混凝土结构逐渐耗损。自然，20世纪30—50年代建成的水电站状况最差，例如，2010年对雷宾斯克水利枢纽进行严格检查后，技术人员的结论是务必对其结构进行大修。[1173]

6. 伏尔加河流域林地面积锐减。

在伏尔加河水利枢纽淹没地带，共有46.46万公顷森林和灌木被清除，占停用土地总面积的27.4%（见表73）。其中古比雪夫水库河床中的砍伐量最大，有18.82万公顷，占梯级水利枢纽总砍伐面积的40.5%。水库的修建导致诸如河滩橡树等珍贵植物被完全清除。只有未来雷宾斯克水库所在地区有2000公顷橡树林，此系俄罗斯最北端的橡树林。[1174]

然而，淹没区的林地流失只是伏尔加河流域林地减少过程的一个方面，不容小觑的还有水库近岸地区和水源保护带内森林比例的下降。人们曾尝试通过退林等方式培育水泛农田。

1956年，研究人员在对高尔基水利枢纽建造的可能后果进行调研后指出："为获得经济上低效的土地而去砍伐国民经济价值巨大的森林，这是有害而危险的举动，更何况是要清除数千公顷面积的森林。"[1175]现实砍伐最终导致了侵蚀作用严重，洪峰流量增大，河流淤积和变浅，以及干旱气候加剧。[1176]显然，在30—80年代水利工程建设过程中，伏尔加河流域特别是沿岸地区的森林保护问题愈加尖锐。不过生态危机的首个严重征兆在19世纪末便已出现，那时由于森林砍伐，伏尔加河及其支流的水量平衡被破坏。[1177]与此同时，森林不仅是商业木材的来源，还维护着辽阔区域的生态稳定——改善空气质量，保持河流水位，促进自然地貌保护。[1178]

新建水库对沿岸木本植物有积极影响，但影响程度和特点各异。例如，在周期性淹没区和坍岸地区，森林会消失，而在严重浸没区，树木或干枯，或生长速度下降。[1179]故而此地的木本植物被灌木取代。1985年，在高尔基州的扎沃尔日耶，距离河岸7—10千米的地下水位上升，以致树木受涝灾而被破坏。[1180]

在马里埃尔共和国，I.A.阿列克谢耶夫领导的科考队对切博克萨雷水利枢纽的浸水地带进行了生态监测。他们证实了森林生态在地下水位上升影响下遭到严重破坏，仅在2005年，马里埃尔共和国因水库而遭受的自然环境损失就不少于1500万—2000万卢布，未能获得的利益则高达15亿—20亿卢布。[1181]

移民生活的卫生条件常常恶化，是因为水库淹没了森林和灌木遗迹、居民点、墓地、畜坟、泥炭沼泽和油田，居民安置点的供水出现困难，居住密度增加。众所周知，人的健康在很大程度上取决于水质，而50%的疾病也与不良饮用水有关。[1182]哪些病是由于人喝了水库中的水引起的？到目前为止尚无与此相关的可用数据。

综上所述，通过研究伏尔加河大型水利枢纽的建设过程可以发现，伏尔加河水资源经济开发的技术能力与自然环境对水利工程之反应的研究水平之间存在巨大鸿沟。其主要原因是：1）经济任务优先，尤其要保证电能生产最大化；2）长期的系统研究不足；3）生物科学长期得不到国家扶持；4）20 世纪 30 年代前没有大型水利枢纽建设实践经验。

总体而言，“大伏尔加”计划的实践表明，水利工程对自然环境之影响的问题并未得到重视，而某些单位代表对伏尔加河和里海渔业经济的命运和其他生态要素的担忧也未得到充分考量。与此同时，伏尔加河梯级水利枢纽对生态系统的影响是一个具有全局性、复杂性、多面性和矛盾性的过程。从历史分析角度看，伏尔加河梯级工程对自然环境最严重的影响如下：

1. 伏尔加河水库沿岸地区微气候变化，水循环彻底转型。周边 37.74 万—151 万公顷土地受影响。

对于梯级水库水域与河岸地带，海洋性微气候特征对人类活动的影响得失参半。例如，风势增强主要带来负面影响，因为它阻碍航运，加剧坍岸，破坏港口设施，但另一方面，它也促进了风能发展。

修建水库导致伏尔加河水系的水文循环骤变，并引起水生和陆地生态系统的根本性重构。其主要原因是流速和水量交换急剧放缓，以及水位剧烈波动。水体自净能力发生灾难性衰竭。水生与河滩生物种群无法适应这种崭新节律，此系新水文动态的一个主要负面特点。

2. 沿岸地貌大幅改变，大面积浅水区形成，沿岸地区浸水。河岸冲刷在水库建成的最初几年强度最高，但稍后也有发生，周边地区经济遭受巨大损失。水库投产期间，退出经济周转的土地不少于 3.9 万公顷。

浅水区总面积占伏尔加河梯级水库表面积的 20.3%，被用作能源、交通、供水、渔业和农业经济的蓄水池。与此同时，水体因过量的蓝藻而被二次污染，丧失了其生活、工业和休闲功能，水中生物群落生长被抑制。浅水区沼泽化严重，杂草丛生。

近岸地区浸水导致土壤逐渐沼泽化和盐碱化。人们经济活动的正常条件不仅被破坏，卫生防疫状况也因此恶化。浸没区总面积为 130 万到 390 万公顷。

3. 沉积作用和淤塞严重，水质恶化。剧烈坍岸、水体交换和流速锐减，以及自净能力衰竭，导致伏尔加河水库的沉降平衡急剧变化。大部分沉积物在库底积聚。

淤塞过程具有很大危险，伏尔加河梯级水库的淤塞面积平均占其总面积的 38.9%。其结果是土壤沼泽化和硫化氢污染，流域内生物链所有环节遭毒害。

水库水质恶化的主要人为因素包括：1）工农企业和公共领域的污水排放；2）伏尔加河及其支流的径流调节；3）二次污染。

伏尔加河水利枢纽和水库的逐一建成导致水质指标恶化。1990 年至 2000 年代的众多研究表明，伏尔加河水库表层水中的有机物、合成表面活性物质和重金属含量远超最大容许浓度。例如，1985—2009 年古比雪夫水库的水质动态变化表明，其水质已从中度污染变为严重污染。

4. 渔业经济发生巨大变故。伏尔加河水库的商业捕捞动态表明，相较 1985 年，2005 年的捕捞量下降 58%。1960—2005 年，伏尔加河梯级水库的实际平均产鱼量（每公顷 6.1 公斤）较设计产量（每公顷 48 公斤）少 87%，且没有达到水利枢纽建成前的均值（每公顷 27.9 公斤）。

伏尔加格勒和萨拉托夫水利枢纽给渔业，尤其是洄游和半洄游鱼类带来的损害最大。损失本应可以由计划中的渔业养殖和改良措施弥补，但在水利枢纽建设和使用过程中，这些措施或未得到充分执行，或执行效率低下。

鱼类区系的组成发生变化，其主要负面影响是价值颇高的洄游鱼类被低价值鱼所取代。鱼类储量和捕捞量显著减少、鱼儿天然品质下降则主要归因于水利建设和各种源头的巨量人为排污。

5. 伏尔加河流域的地震活动和人为灾害危险性增强。自然因素伴随巨型水利建设和其他人为影响，导致伏尔加河流域的地震活动陡增。

日古利地带处于活跃的构造运动中，这对居民和工业设施造成严重威胁。在大量地震活动策源地影响下，岩石强度减弱并发生断裂，进而引发地震。此外，伏尔加河水利枢纽的安全问题也迫在眉睫，特别是那些建于30—50年代的水利枢纽，因为它们的混凝土和钢筋混凝土结构正逐渐老化和耗损。

6. 伏尔加河流域的林地面积锐减。在水利枢纽淹没区，共有46.46万公顷森林和灌木被清除。伏尔加河水库沿岸地区的森林占比也大幅下降，因为人们试图通过退林来弥补被淹没的农田。

显而易见，在30—80年代水利建设过程中，伏尔加河流域的森林保护问题愈加尖锐。如果说在周期性淹没区和坍岸地区森林会消失，那么在严重浸水地带，树木则会干枯或生长速度下降。

# 结　语

在俄国，水利建设规划于1698—1917年开始编纂和实施，旨在通过兴修运河、水坝、水库和船闸，更新水路，以便利货船和军舰通行。众多伏尔加河水资源开发项目的基本思想系将伏尔加河与波罗的海、白海、黑海和北冰洋流域贯通。天然水道大大促进了全俄市场的形成。供私营工农企业用电的小功率水力装置和枢纽建设亦同时开始。

1921年后，水利建设在国家电气化计划框架内进行，但几乎未触及伏尔加河流域和小功率的塞兹兰水电站。1910年，以于萨马拉湾地区修建水电站之法利用伏尔加河水力能源的计划在萨马拉出炉。对该问题的勘测设计研究在20年代末以前由地方所主导，从1930年开始集中化。以萨马拉“伏尔加工程局”为基础，大伏尔加构想出现，并以中央党政机关指令的形式固定下来。从30年代初开始，可行性论证工作紧锣密鼓地展开。

苏联政治精英赋予水利建设以重要意义。伏尔加河根本性改造方案的基础理论于1931—1937年制定。受政府委派，苏联国家计委负责协调多部门和机构的大量工作，包括俄苏国家计委、苏联最高国民经济会议、重工业人民委员部等。尤其繁重和广泛的研究及辩论于1933—1936年进行。

“大伏尔加”规划的改进过程首先取决于政治局势和勘测设计研究结

论，后者形成于苏联计委或其他部门专家委员会的鉴定。通常，专家委员会将对上交的勘测设计材料进行研究，并就其现实意义和适用性得出结论，但专家们也会受巨大政治压力的规塑。一个典型例子便是1936年4月的苏联国家计委专家委员会，专家们重修了早先的大伏尔加构想，提高了淹没最大容许规模，孤注一掷于水利枢纽的能源价值。

政府内外学术机构对俄国，尤其是伏尔加河流域水利建设规划的编制和实施贡献巨大。研究力度和范围从30年代开始扩大，以论证伏尔加河自然资源经济开发方案。苏联政治精英明白，若无基础科学研究，工业技术加速发展无从谈起。苏联科学院能源研究所在“大伏尔加”规划的可行性论证中发挥了巨大作用。

“水电设计研究院”“水利设计研究院”及其前身，在研究阶段里从始至终系首要的政府内学术机构。正是它们设计出整个伏尔加河梯级水利枢纽。与民用的水电设计研究院不同，水利设计研究院在1953年以前隶属于内务部，因此拥有更大能力。1962年两院合并，这意味着苏联勘测设计研究垄断化过程之终结。

大量材料揭示出20世纪30—80年代伏尔加河水利建设的主要因素：

1. 主导因素系工业、交通、供水和农业发展之需。伏尔加河上游水利枢纽具有运输－动力意义，中游主要侧重能源－交通意义，下游具有灌溉－能源意义。全部8座水利枢纽保障着交通、居民和工农业企业的用水需求。

2. 巨大国防意义。建立强大军事工业集群是苏联最重要的内政方针。在战争时期，伏尔加河上游水利枢纽几乎是莫斯科电力系统唯一的不间断电力来源，这证实了苏联一种立场之正确性，即水力发电是工业能源基础的主要组成部分之一。

3. 20世纪二三十年代国家水利建设的成功经验。它继承性地贯穿在伏尔加河水利枢纽营建过程中，因为一处工程竣工后，工程技术设备和人员会被调派至新工程。

4. 高科技实力。最复杂的问题得以在相对较短时间内纾解，科学研究由政府内外的学术单位完成。

5. 法律基础。法律基础在政治体制的集权主义特质和各级政府的巨大行政资源上建立。法律文书反映出土地和自然资源的公有制原则，但这终究导致了粗放式开发。

6. 囚犯强制劳动力被广泛应用在30—50年代的6座水利枢纽建设中。

苏联内务人民委员部伏尔加工程局的设计师决定着伏尔加河的进一步改造过程。最终，为使电能生产和航道深度最大化，并保障居民、企业和农业灌溉用水，拥有最大蓄水位的大型水利枢纽被提上议程。但这亦造成大面积农田被淹没，并给渔业经济、自然环境造成巨大损失等负面影响。对伏尔加河水资源综合性能源利用的强调，为30年代末，尤其是50—70年代浩大的水利建设创造了机遇。正是时，在“大伏尔加”规划框架下，大功率水电站建设在苏联展开。

伏尔加河水资源经济开发构想的优先方针包括：1）从交通利用转向综合利用；2）梯级方案；3）功率最大化；4）勘测设计与施工集中化；5）由中央机关通过指令做出设计和建造决策；6）划拨大量物力、人力和财力。

中央党和经济机关宣布加速综合性水利枢纽修建，并确定上述方针。整个国家的利益被置于首位，但地方政府每每对建造过程施以重要影响。20世纪20年代末至30年代初中伏尔加边疆区政府对在日古利地区修建水电站的执着游说、50年代雅罗斯拉夫尔政府对科斯特罗马低地工程防护的坚持言犹在耳。随着行政指令体系的衰朽，地方政府的意见被愈加考量。但在1991年苏联解体以前，央地关系终究建立在“领导－属下”原则之上。

30年代初以前，伏尔加河开发构想主要聚焦其运输意义，随后方加入发电、供水和农业灌溉维度。侧重能源意义的综合构想于1936年4月确定，这缘于斯大林的加速工业化方针，要不惜任何代价为重工业供电。

因此，征服伏尔加河之新构想的主要目标变为：1）为苏联中央和边缘地区工业化的加速发展建设能源基础；2）保障连通五海的深水航道；3）改善居民和工业供水；4）利用水资源灌溉干旱农田。

伏尔加河水利枢纽设计文件的编纂过程较为艰难。负面因素是每有脱离实际的唯长官意志论，以及缺少在平原河流岩基上建设重型水利设施的经验。艰难情况出现于水库设计过程中，因为久无规定淹没区各项措施执行的统一标准文件，水库经济各干系部门故而极力减少自身开销。

设计文件质量不高、提交不及时以及反复修改致使计划搁浅。不仅水利枢纽的某些设施建造中断，库区移民安置、居民点工程防护、水库库底清伐云云亦受影响。

通过研究水利枢纽建设过程，特别是水库建设过程可以断定，水利枢纽拥有无可争议的优先级。尽管如此，其工期远远长于其他国家，如美国和加拿大。库区筹备工作平均在水利枢纽建设两年之后开始，并尽力在临近首次淹没时结束，由此可见时间极为有限。建设一座水利枢纽平均需 12 年，水库需 5 年。

为修建伏尔加河水电站，强大的专业化施工单位因此设立，这些单位的结构复杂，且根据工程进展和规模而调整。运行于伏尔加工程局、古比雪夫水利工程局等水利建设单位中的行政指令体制，官僚化程度高、创新敏感度低，其经济活动故而自相矛盾、前后不一。

伏尔加河梯级水利枢纽建设过程吊诡地将组织和技术进步与囚犯非熟练劳动力相结合、将新技术应用与某些场合的薄弱机械化相结合、将提高人民福祉的口号与强制移民至不宜居之所相结合。

水利建设进程中的生产指标取决于组织、生产力、机械化、物质技术供应、人员组成和技能的水平与架构，以及激励劳动与合理化建议的刑赏机制。在粗放对待物力与人力资源的情况下，有形和无形的劳动激励措施（劳动竞赛、先进工作方法、累进工资制等）无法彻底实现，也无法从根本上改进行政指令经济体制。

伏尔加河水电站修建过程中的主要负面因素是劳动组织不合理和各种资源浪费。水利建设工人由雇用工和劳改工组成。古拉格囚徒的强制劳动在30—50年代被广泛使用，同时通过现场雇用、招工、社会征召、借调、毕业分配和劳动动员充实自由劳动力。

囚犯劳动力有效使用的主要因素是囚犯数量、劳动能力、劳动生产率和技能水平，以及生活条件、监禁制度、被装保障、口粮供应和医疗服务。水利建设劳改营中通常有数量巨大的囚犯，参与施工的囚犯比例平均比苏联古拉格的该指标均值高8%。劳改营的不稳定因素主要系囚徒违反监禁制度、生活条件恶劣、医疗保障不足，以及缺衣少食。但强制劳动的动员方针在30—50年代着实为伊万科沃、雷宾斯克、乌格里奇、古比雪夫、斯大林格勒和高尔基水利枢纽建设提供了助力。

下列因素阻碍着伏尔加河水库淹没区筹备措施的执行：组织不善，物力、人力和财力保障不足，设计文件反复修订且提交不及时，日不暇给，以及移民的消极对抗。因此，筹备措施的实际执行期限接连变化，计划时常搁浅。水库的设计工作在淹没开始前鲜能全部完成。

六七十年代在萨拉托夫和切博克萨雷库区，淹没区筹备工作的执行愈呈积极之势。资金投入提高，以致居民疏散条件改善，包括移民农业生产和设备的恢复。浸没区的工程防护规模亦有扩大。这缘于地区利益获得顾及，其他水库建设积累下的经验，部门间更加明确的责任分工，以及设计文件质量的提高。该阶段的许多花销因此得到最大节省。

新档案的问世使苏联计划经济体制备受争议，特别是30—50年代初这段时间。计划任务中断、延期、变更甚至缺失的情况不一而足，从而表明计划任务的优先级在现实中并非绝对。同时，计划有时亦系重要的经济活动调节器和有效的操纵工具，为中央奖惩水利建设单位和地方政府领导制造由头。然而最终，该政策导致了工期延长和资源滥用。

伏尔加河梯级水利枢纽建设计划搁浅的主要原因在于：1）低效的劳动力组织和管理架构；2）熟练劳动力短缺及不合理使用；3）技术利用不充分；4）缺少工作统计和品控；5）物资供应薄弱；6）计划不周。这些原因可直接追溯至俄国文明的一个特点，即资源过剩（如自然、地域、人力等）造成的粗放性。我们看到的代价与成就在某种程度上是固有的，是系统性的，它贯穿伏尔加水电站兴建始终。

在研究过程中，笔者划分出伏尔加梯级建设的三个阶段：1）初始阶段——1933—1950 年（伊万科沃、乌格里奇和雷宾斯克水利枢纽）；2）主体阶段——1950—1962 年（古比雪夫、斯大林格勒和高尔基水利枢纽）；3）收尾阶段——1962—1989 年（萨拉托夫和切博克萨雷水利枢纽）。

水利建设对伏尔加河流域和整个国家的社会经济造成了复杂而矛盾的影响。60 年代初以前，伏尔加河水电站发电量在全苏电能生产中的比重逐年增加，并于 1962 年达到峰值，随后呈下降趋势，2007 年为 3.1%。热电厂发电量同时增加。到 20 世纪 70 年代，伏尔加河水电站成为苏联统一能源系统的主要组成部分，并主要为大型工业集群和居民点供电。边远乡村和农业企业的电气化则按剩余原则进行。

贯穿伏尔加河全线的水库链使水道保证深度达到 3.65 米，货船尺寸和载重得以增加。负面影响则是河流经济转型带来的巨大耗资和库底的一步步淤塞。

干旱农田灌溉的计划指标未曾达到。50—80 年代，随着浇灌面积增加，土壤盐碱化过程开始，肥力下降。今天，灌溉面积大幅缩减。

水库是居民生活和工农业用水的重要来源。但另一方面，由于浪费、净水设施建设滞后以及水库表面大量水体蒸发，水资源赤字增加。

苏联时期，伏尔加河水利建设被看作以大型工业企业为重的地区综合性开发工程。通过建设新居民点，合并原有施工基地、交通线路等基础设施，组织大量水利建筑工人，水电站建设所在地生成了新的社会经济发展中心。但水力能源只是伏尔加河流域经济发展的一个主要因素而已。

水电站竣工后释放的巨大建筑资源成为新工业集群建设的决定性变量。正是在水利建设托拉斯基础上形成了陶里亚蒂 - 日古利、伏尔加、外伏尔加等机械制造、化学和建筑工业集群。但其主要负面影响系增加了原材料供应和产品运输距离，降低了企业运营和居民生活条件。

地区城市化步伐加快。在水利枢纽兴建地，新城倏尔扩大，老城社会经济发展加速。势头最盛的系古比雪夫和斯大林格勒水电站周遭。与此同时，居民点和生产基地建设致使水利枢纽造价上涨，工期延长。

伏尔加河水库营建导致宜居家园丧失，居民被迫迁居至优质供水困难的高地。移民生活条件每有恶化，但许多新建大型居民点的基础设施水平则有所提高，教科文卫综合体逐渐形成。

浩大水利工程的主要负面影响在于自然环境遭受的人为压力飙升，大面积珍贵农田被淹，且其损失无法挽回。

对淹没区和沿岸地区的历史文化遗产而言，伏尔加河梯级造成大规模且自相矛盾的影响。之于历史遗存的态度先决于下列因素：政权之集权主义准则、意识形态之首要地位、官员之无能怠政。在30年代的伊万科沃、乌格里奇和雷宾斯克水利枢纽淹没区，宗教建筑和贵族庄园几乎未经研究即被摧毁。但在50年代的古比雪夫尤其是高尔基水电站工程中，则愈加对最具价值之历史文化遗产予以工程防护。在六七十年代切博克萨雷水库建设过程中，历史文化遗产得到最大化保护。较之以往，更加广泛的工程防护促进了宝贵历史自然景观的存续。高尔基水电站淹没区的文物抢救和保护范围亦有扩大。

相较其他文物，考古遗存的境况更佳。为抢救淹没区的考古遗存，30—60年代专门建立了考古学研究所勘探队。未来水库的面积大小决定着勘探队的工作量，以及未探明和损失的遗产数量。

下列因素严重影响考古研究的质量和完整性：物力、财力和人力资源不足，时间限制，以及研究对象选择的特殊性。获得相对完整研究的遗产不超过已知遗产数量的15%—20%。但另一方面，勘探工作使关于伏尔加河流域近乎所有民族历史的珍贵考古材料得到保存，并为进一步研究注入巨大动力。

伏尔加河水库建设不仅不可挽回地破坏了物质文化遗产，也极大破坏了非物质文化遗产。一些传统手工艺、经济形式和风俗淹灭，传统价值观与道德退化，精神支柱遗失。

人类活动向伏尔加河流域自然环境的大规模介入，造成伏尔加河及其支流、河滩地和超河滩地、近岸农田的生态系统发生从微调到灭绝的一系列变化。伏尔加河几乎完全变成一个调节水系。

伏尔加河水库生态状况的主要负面因素有：1）人为污染；2）伏尔加河及其支流的径流调节；3）二次污染。这些因素紧密联系并相互影响。经过水利枢纽的多次截流，伏尔加河已变为一个沉降槽，而愈加严重的人造污染物则成为毒源。随着这些有毒物质在库底累积，水体二次污染的危险性陡增。

与社会经济领域紧密相关，水利建设对伏尔加河流域自然环境最重要的影响包括：1）水库近岸 37.74 万—151 万公顷地区的微气候发生改变；2）河岸重构，河间地形成（占水库表面积的 20.3%），130 万—390 万公顷近岸农田被浸没；3）沉积作用和淤塞严重（占水库表面积的 38.9%）；4）渔业经济巨变，捕捞量减少，品质恶化；5）流域内地震活动性增强；6）林地面积骤减。这些影响必将进一步导致人类经济活动条件恶化和生活质量下降。

伏尔加河系欧洲最大的河流，其水资源利用综合性构想的实现已然导致伏尔加河梯级水库及其近岸地区的生态状况发生系统性恶化。整体而言，苏联和当代俄罗斯关于自然资源利用的国家政策，曾经具有并将继续具有粗放式、不合理的特点。今天，在伏尔加河流域，生态危机已迫在眉睫，有关人类精神存在和物质生存的尖锐问题已然萌生。务必及早反思国家自然环境政策的基本原则，包括大小河流（尤其是平原地带河流）的水资源开发。将水库打造为优质水源应当成为优先工作，否则，伏尔加河流域或将重蹈底格里斯河与幼发拉底河间地之覆辙，因大兴水利而沦为一片沙砾荒漠。

本研究的核心结论可一言以蔽之：以毁灭数千年形成之文化和自然环境为代价去创造国家民族的经济繁荣，断不可为。

# 参考文献

## 1. 档案

### 1.1 俄罗斯联邦国家档案馆

Ф. Р–5446. Совет Министров СССР. 1923–1991 гг. Оп. 1. Д. 6, 143, 146, 166, 302, 442, 457, 485, 504, 505, 525, 565, 571, 661, 698, 759. Оп. 2. Д. 494, 720. Оп. 4. Д. 2, 4, 14, 16, 19. Оп. 24 а. Д. 6. Оп. 29. Д. 33, 36. Оп. 81 б. Д. 6524.

Ф. Р–8359. Оперативная группа Куйбышевгидростроя МВД СССР. 1950–1951 гг. Оп. 1. Д. 2, 4, 6.

Ф. Р–9401. Министерство внутренних дел СССР. 1934–1960 гг. Оп. 1. Д. 80, 96, 3821. Оп. 1а. Д. 127, 166, 383.

Ф. Р–9414. Главное управление мест заключения Министерства внутренних дел СССР. 1930–1960 гг. Оп. 1. Д. 368, 377, 439, 442, 457, 493, 495, 550, 565, 711, 724, 1138, 1139, 1140, 1146, 1151, 1154, 1155, 1160, 1161, 1190, 1191, 1231, 1251, 1298, 1312, 1315, 1335, 1354, 1393, 1413, 1418, 1429, 1806, 1811, 2740, 2779, 2784, 2796, 2890. Оп. 1 а. Д. 77, 143, 250, 364, 365, 371, 379, 390, 406, 424, 435, 442, 457, 472, 479, 489, 495, 500, 640, 641, 766, 767, 852, 961, 1117, 1266. Оп. 3. Д. 9, 10, 69, 70. Оп. 4. Д. 2,

4, 14, 15, 16, 17, 18, 19, 37, 38, 39, 42, 43, 44, 45, 111, 112, 113.

### 1.2 俄罗斯国家经济档案馆

Ф. 339. Государственный Комитет Совета Министров СССР по делам строительства (Госстрой СССР). 1950–1991 гг. Оп. 1. Д. 301, 1511, 1513, 1516.

Ф. 4372. Государственный плановый комитет (Госплан) СССР Совета Министров СССР. 1921–1991 гг. Оп. 4. Д. 8 а, 9, 90, 92, 160. Оп. 16. Д. 65, 139, 246. Оп. 26. Д. 297, 298, 299, 300, 301, 302, 303. Оп. 28. Д. 247, 456. Оп. 29. Д. 24, 37, 346, 450, 591, 678, 1098. Оп. 31. Д. 831, 832, 842, 844. Оп. 32. Д. 207, 210, 211, 212, 213, 215, 216, 217, 223, 224, 235, 236, 240 423, 424, 563. Оп. 33. Д. 470. Д. 637. Оп. 34. Д. 174, 180, 181, 182, 183, 184, 185, 186, 187, 188, 189, 190, 191, 192, 193, 194, 200, 201, 203, 206, 248 а, 248 б, 251, 595. Оп. 35. Д. 111. Оп. 55. Д. 54, 55, 163.

Ф. 7854. Главные управления по строительству и монтажу гидроэлектростанций. 1934–1967 гг. Оп. 1. Д. 2, 16, 22, 23, 27, 73, 74, 115, 150, 190. Оп. 2. Д. 383, 384, 448, 453, 454, 527, 603, 618, 795, 797, 988, 1446, 1548.

Ф. 9572. Министерство строительства электростанций (МСЭС) СССР. 1954–1962 гг. Оп. 1. Д. 168, 252, 296, 461, 622, 867, 869, 1063, 1065.

### 1.3 俄罗斯科学院档案馆

Ф. 174. Совет по изучению производительных сил Академии наук СССР (СОПС). 1930–1959 гг. Оп. 2. Д. 30, 31, 32, 33, 34, 35, 36, 37, 38, 40, 41, 43. Оп. 2 б. Д. 38, 39. Оп. 3 а. Д. 11. Оп. 3 б. Д. 6, 7. Оп. 5 а. Д. 2. Оп. 11 а. Д. 153, 154, 233, 234, 235, 236. Оп. 12 а. Д. 82, 83, 96. Оп. 21. Д. 11, 12. Оп. 13. Д. 105. Оп. 23. Д. 47, 48. Оп. 24. Д. 45.

Ф. 209. Энергетический институт им. Г. М. Кржижановского Академии наук СССР. 1931–1947 гг. Оп. 1/1626. Д. 42.

### 1.4 俄罗斯科学院圣彼得堡分院档案馆

Ф. 1. Конференция Академии наук СССР. 1705–1949 гг. Оп. 1а. Д.

162.

Ф. 2. Канцелярия Президиума Академии наук СССР. 1804–1959 гг. Оп. 1–1917. Д. 40. Оп. 1–1918. Д. 36.

Ф. 132. Комиссия по изучению естественных производительных сил страны Академии наук СССР (КЕПС). 1915–1930 гг. Оп. 1. Д. 7, 9, 27, 29, 30, 31, 32, 33, 55, 208, 209.

### 1.5 俄罗斯国家科学技术文件档案馆科马拉分馆

Ф. Р–28. Куйбышевский филиал Всесоюзного ордена Ленина проектно—изыскательского и научно—исследовательского института «Гидропроект» им. С. Я. Жука Министерства энергетики и электрификации СССР, г. Куйбышев, 1950–1980 гг. Оп. 4–4. Д. 31, 32.

Ф. Р–109. Всесоюзный ордена Ленина проектно—изыскательский и научно—исследовательский институт «Гидропроект» им. С. Я. Жука Министерства энергетики и электрификации СССР и его предшественник, г. Москва. 1940–1980 гг. Оп. 2–4. Д. 1, 17, 18, 19, 145, 194, 196, 409, 410, 411, 414, 415, 514. Оп. 4–4. Д. 2, 44, 45, 125, 129. Оп. 5–4. Д. 655, 656, 657, 658, 662, 663, 664, 665. Оп. 8–4. Д. 290, 291, 298, 299, 300, 407, 425, 466, 485, 486, 505, 506, 577, 578, 579, 581, 625, 626, 1124, 1125, 1131, 1136, 1137, 1139, 1141, 1142, 1181, 1182, 1183, 1184, 1185, 1186, 1187, 1188, 1189, 1190, 1192, 1193, 1195, 1197, 1199, 1205.

Ф. Р–119. Всесоюзный государственный проектный институт «Гидроэнергопроект» Министерства строительства электростанций СССР, г. Москва, 1932–1962 гг. Оп. 1–4. Д. 7, 8, 10, 11, 12, 18, 19, 24, 359, 425, 436, 437, 438. Оп 2–4. Д. 39, 66, 262, 263, 264, 265, 266, 267, 268, 270, 271, 272, 277, 278, 279, 292, 293, 294, 295, 296, 297, 298, 299, 300, 303, 311, 312, 351, 391, 392, 394, 395, 396, 397, 398, 411. Оп. 6–4. Д. 61 а, 76, 114, 114 а, 115, 115 а, 116, 117, 238, 239, 240, 242, 243, 245, 246, 283, 284, 285, 321, 322, 323, 325, 326, 327, 329, 330, 332, 333, 414,

415, 416, 495, 496.

Ф. Р–309. Всесоюзный ордена Трудового Красного Знамени научно—исследовательский институт водоснабжения, канализации, гидротехнических сооружений и инженерной гидрогеологии (ВНИИВОДГЕО) Госстроя СССР и его предшественники, г. Москва. 1918–1970 гг. Оп. 1–1. Д. 66, 75, 78, 82, 106, 108, 138, 141, 150, 159, 163, 173, 175, 193, 199, 228, 229, 257.

### 1.6 雅罗斯拉夫尔州国家档案馆

Ф. Р–2216. Плановая комиссия исполнительного комитета Ярославского областного Совета депутатов трудящихся. 1936–1965 гг. Оп. 1. Д. 1, 20. Оп. 4. Д. 376.

Ф. Р–2380. Ярославский областной Совет депутатов трудящихся и его исполнительный комитет. 1936–1991. Оп. 3. Д. 9.

Ф. Р–3335. Переселенческий отдел при исполнительном комитете Ярославского областного Совета депутатов трудящихся. 1936–1940 гг. Оп. 1. Д. 49, 66, 90.

### 1.7 雅罗斯拉夫尔州国家档案馆雷宾斯克分馆

Ф. Р–606. Мологский районный совет депутатов трудящихся и его исполнительный комитет. 1919–1940 гг. Оп. 1. Д. 482, 483, 484, 499, 554, 576, 673, 674, 677, 767, 768, 769, 771, 870, 877.

Ф. Р–649. Осмерицкий сельский совет рабочих, крестьянских и красноармейских депутатов Мологского района Ярославской области, д. Осмерицы. 1919–1940 гг. Оп. 1. Д. 67, 79, 92.

Ф. Р–652. Рындинский сельский совет депутатов трудящихся Мологского района Ярославской области, д. Рындино. 1919–1940 гг. Оп. 1. Д. 154, 155, 159, 188, 189.

Ф. Р–1110. Брейтовский райсовет депутатов трудящихся и его исполнительный комитет. 1928–1961 гг. Оп. 1. Д. 132, 158.

### 1.8 雅罗斯拉夫尔州国家档案馆乌格里奇分馆

Ф. Р–113. Угличский районный совет депутатов трудящихся и его исполнительный комитет. 1919–1940 гг. Оп. 1. Д. 360, 394, 491, 492, 515, 516, 518, 547, 585, 616, 882, 884.

### 1.9 萨马拉州社会政治历史国家档案馆

Ф. 888. Куйбышевский политотдел строительства Куйбышевского гидроузла и Самарлага НКВД СССР. 1938–1940 гг. Оп. 1. Д. 1, 3, 6, 12, 14, 29, 67, 87.

Ф. 898. Куйбышевская парторганизация Управления строительства Куйбышевского гидроузла. 1934–1940 гг. Оп. 1. Д. 14, 15, 17.

Ф. 1141. Куйбышевский крайком ВКП (б). 1928–1938 гг. Оп. 2. Д. 27, 28, 33, 35. Оп. 17. Д. 12. Оп. 20. Д. 6 а, 1084, 1087, 1095.

Ф. 6567. Политотдел Управления ИТЛ и строительства ГЭС, г. Куйбышев. 1950–1954 гг. Оп. 1. Д. 1, 34, 199. Оп. 2. Д. 5, 45.

Ф. 7264. Комсомольская организация Управления ИТЛ политотдела Кунеевского ИТЛ МВД. 1953–1957 гг. Оп. 1. Д. 2.

Ф. 7717. Политотдел Кунеевского ИТЛ МВД СССР. 1953–1958 гг. Оп. 1. Д. 1, 10. Оп. 5. Д. 1. Оп. 6. Д. 1.

### 1.10 萨马拉州中央国家档案馆

Ф. Р–56. Самарский городской Совет народных депутатов. 1918–1993 гг. Оп. 1. Д. 886, 1233.

Ф. Р–779. Куйбышевский крайисполком. 1928–1937 гг. Оп. 2. Д. 28, 46, 72, 114.

Ф. Р–1000. Попов Ф. Г. 1902–1979 гг. Оп. 3. Д. 9, 70.

Ф. Р–1664. Управление строительства Куйбышевского гидроузла. 1935–1941 гг. Оп. 14. Д. 1. Оп. 15. Д. 1. Оп. 19. Д. 1, 2. Оп. 20. Д. 3. Оп. 22. Д. 1, 3. Оп. 23. Д. 1, 2. Оп. 29. Д. 1, 8.

Ф. Р–2558. Самарский областной Совет народных депутатов. 1937–

1991 гг. Оп. 6. Д. 331, 342, 345, 346, 352. Оп. 7. Д. 2082, 2088, 2154, 2159, 2208, 2210, 2221, 2222, 2229, 2279, 2295, 2441. Оп. 10. Д. 31.

Ф. Р–4072. Переселенческий отдел Куйбышевского облисполкома. 1941–1956 гг. Оп. 1. Д. 31. 47, 48, 53, 59. Оп. 2. Д. 3, 7. Оп. 3. Д. 4, 11, 12.

### 1.11 陶里亚蒂市政府档案局

Ф. Р–18. Управление строительства Куйбышевгидростроя Министерства строительства электростанций СССР. 1949–1965 гг. Оп. 1. Д. 2, 3, 5, 8, 9, 10, 11, 17, 19, 25, 29, 30, 31, 39, 49, 57, 63, 64, 68, 70, 82, 84, 103, 104, 105, 106, 110, 111, 112, 127, 128, 144, 156, 157, 159, 162, 175, 176, 180, 205, 207, 209, 225, 226, 237 а, 238, 240, 241, 242, 249, 250, 255, 257, 258, 282, 283, 284, 285, 287, 301, 313, 313 а, 314, 315, 316, 317, 318, 320, 328, 329, 330, 331, 335, 336, 337, 356, 385, 400, 401, 403, 404, 405, 406, 407, 413, 415 а, 419, 420, 421, 424 а, 425, 426, 483, 484, 491, 492, 492 а, 493, 501, 515, 516, 520, 521, 532, 561, 565, 569, 580, 581, 582, 583.

### 1.12 乌里扬诺夫斯克州现代史国家档案馆

Ф. Р–8. Ульяновский обком ВКП (б)–КПСС. 1950–1958 гг. Оп. 8. Д. 195. Оп. 10. Д. 100, Д. 357. Оп. 11. Д. 49, 60, 102. Оп. 12. Д. 234. Оп. 13. Д. 60, 71.

Ф. 13. Ульяновский горком КПСС. 1958 г. Оп. 1. Д. 2852.

### 1.13 乌里扬诺夫斯克州国家档案馆

Ф. Р–3037. Ульяновский областной исполнительный комитет. 1950–1964 гг. Оп. 2. Д. 1, 2, 3, 61, 62, 85, 86, 96, 106, 112, 113, 120, 126.

Ф. Р–3632. Ульяновский областной отдел Всероссийского общества охраны памятников истории и культуры. 1971 г. Оп. 1. Д. 83.

### 1.14 鞑靼斯坦共和国国家档案馆

Ф. Р–128. Совет Министров Татарской АССР. 1920–1983 гг. Оп. 2. Д. 949, 950, 951, 952, 953, 995, 1085, 1099, 1156.

### 1.15 鞑靼斯坦共和国斯帕斯克区执委会档案处

Ф. 195. Куйбышевский районный исполнительный комитет. 1952–1958 гг. Оп. 1. Д. 1, 6, 7, 8, 68, 104, 228, 310, 311, 328, 330.

## 2. 公开文件


1. Брыков А. П. Новая пятилетка Средней Волги. Доклад на 2—й краевой партконференции / А. П. Брыков.–М.–Самара: Гос. изд—во, Средневолж. краевое отд., 1930.–80 с.

2. Волжская ГЭС имени В. И. Ленина (1950–1958 гг.): документы и материалы / сост. А. Д. Фадеев, А. П. Яковлева; под ред. Н. С. Черных.–Куйбышев: Куйб. книжное изд—во, 1963.–408 с.: ил.

3. ГУЛАГ (Главное управление лагерей). 1918–1960 / сост. А. И. Кокурин, Н. В. Петров; ред. А. Н. Яковлев; Междунар. фонд «Демократия».–М.: Изд—во «Материк», 2002.–888 с.

4. Депеша Самарской консистории Ведомства Православного вероисповедания Епископа Самарского и Ставропольского Симеона графу В. А. Орлову–Давыдову от 10.06.1913 г. / Госуд. центр. музей соврем. истории России. Фонд Г. М. Кржижановского. ГИК–37926/695 (фотокопия).

5. Дневник работ Куйбышевского отряда по обследованию участка строительной площадки плотины // Царёв курган: каталог археолог. коллекции / отв. ред. Д. А. Сташенков.–Самара: Изд—во Самар. обл. ист.—краеведч. музея, 2003.–164 с.: ил.–С. 12–21.

6. Заключённые на стройках коммунизма. ГУЛАГ и объекты энергетики в СССР: собрание документов и фотографий / отв. ред. О. В. Хлевнюк; отв. сост. О. В. Лавинская, Ю. Г. Орлова; сост. Д. Н. Нохотович, Н. Д. Писарева, С. В. Сомонова.–М.: Изд—во «Российская политическая

энциклопедия», 2008.–448 с.: ил.

7. История сталинского ГУЛАГа. Конец 1920—х–первая половина 1950—х годов. Собрание документов в 7 т. Т. 1. Массовые репрессии в СССР / отв. ред. Н. Верт, С. В. Мироненко; отв. сост. И. А. Зюзина.–М.: Изд—во «Российская политическая энциклопедия», 2004.–726 с.

8. История сталинского ГУЛАГа. Конец 1920—х–первая половина 1950—х годов. Собрание документов в 7 т. Т. 3. Экономика ГУЛАГа / отв. ред. и сост. О. В. Хлевнюк.–М.: Изд—во «Российская политическая энциклопедия», 2004.–624 с.

9. Конвенция об охране нематериального культурного наследия от 17.10.2003 г. [Электронный ресурс].–Режим доступа: http :// www.unesdok.unesco.org/images/0013/001325/132540r.pdf, свободный.

10. Концепция энергетической стратегии России на период до 2030 г. (проект) // Прил. к научн., обществ.—дел. журналу «Энергетическая политика».–М.: Изд—во Ин—та энергетич. стратегии, 2007.–116 с.

11. Ласский, К. Э. О значении реки Волги в торгово—промышленном отношении в связи с мерами, необходимыми для приведения этой реки в положение, отвечающее нуждам торговли и промышленности России: Всерос. торгово—пром. съезд 1896 г. / К. Э. Ласский.–Н. Новгород: Типогр. губ. правления, 1896.–74 с.

12. Обоснование инвестиций завершения строительства Чебоксарского гидроузла 0272–ОИ. Этап 2. Т. 1. Общая пояснительная записка.–Самара: ОАО «Инж. центр энергетики Поволжья», 2006.–429 с.: ил.

13. Обоснование инвестиций завершения строительства Чебоксарского гидроузла 0272–ОИ. Этап 2. Т. 2. Оценка воздействия на окружающую среду.–Самара: ОАО «Инж. центр энергетики Поволжья», 2006.–435 с.: ил.

14. Организация науки в первые годы Советской власти (1917–1925): сб. документов / отв. ред. К. В. Островитянов, ред. А. В. Кольцов, Б. В. Левшин и др.; сост. М. С. Батракова, Л. В. Жигалова, В. Н. Макеева.–Л.: Изд—во «Наука», 1968.–420 с.

15. Отчёт о деятельности Российской академии наук по отделениям физико—математических наук и исторических наук и филологии за 1917 г., составленный непременным секретарем академиком С. Ф. Ольденбургом и читанный в публичном заседании 29 декабря 1917 г.– Петроград: [б. и.], 1917.–323 с.

16. Отчёт экспертной группы по оценке биоразнообразия водно—растительных угодий Нижней Волги / сост. А. К. Горбунов, Н. Н. Мошонкин, Н. Д. Руцкий и др.–Астрахань: [б. и.], 2002.–137 с.

17. Письмо Г. М. Кржижановского В. А. Ильину от 23.11.1915 г. / Госуд. центр. музей соврем. истории России. Фонд Г. М. Кржижановского. ГИК–35269/3 (подлинник).

18. План ГОЭЛРО. План электрификации РСФСР. Доклад VIII съезду Советов Государственной комиссии по электрификации России.–М.: Гос. технич. изд—во, 1955.–784 с.

19. Проблема Волго—Каспия: труды ноябрьской сессии 1933 г.–Л.: Изд—во Академии наук СССР, 1934.–628 с.

20. Резолюции ноябрьской сессии, посвященной проблеме Волго—Каспия.–Л.: Изд—во Академии наук СССР, 1934.–49 с.

21. Решения партии и правительства по хозяйственным вопросам (1917–1967): сб. документов за 50 лет. В 5 т. Т. 2: 1929–1940 гг. / сост. К. У. Черненко–М.: Изд—во полит. лит—ры, 1967.–798 с.

22. Сталинские стройки ГУЛАГа. 1930–1953 / ред. А. Н. Яковлев; сост. А. И. Кокурин, Ю. Н. Моруков; Междунар. фонд «Демократия».– М.: Изд—во «Материк», 2005.–568 с.

23. Стратегический план развития городского округа Тольятти до 2020 года (приложение № 1 к решению Городской Думы № 335 от 07.07.2010 г.).–Тольятти [б. и.], 2010.–242 с.

24. Стенограмма утреннего пленарного заседания Государственной Думы 17 января 2003 г. [Электронный ресурс].–Режим доступа: http :// www.akdi.ru/gd/PLEN_Z/2003/01/s17—01_u.htm, свободный.

25. Технический отчёт о проектировании и строительстве Волжской ГЭС имени В. И. Ленина, 1950–1958 гг. В 2 т. Т. 1. Описание сооружений гидроузла / ред. Н. А. Малышев, Г. Л. Саруханов.–М.—Л.: Гос. энерг. изд—во, 1963.–512 с.: ил.

26. Технический отчёт о проектировании и строительстве Волжской ГЭС имени В. И. Ленина, 1950–1958 гг. В 2 т. Т. 2. Организация и производство строительно—монтажных работ / ред. Н. В. Разин, А. В. Арнгольд, Н. Л. Тригер.–М.—Л.: Гос. энерг. изд—во, 1963.–592 с.: ил.

27. Технический отчёт о проектировании и строительстве Волжской ГЭС имени XXII съезда КПСС, 1950–1961 гг. В 2 т. Т. 1. Основные сооружения гидроузла / ред. А. В. Михайлов.–М.—Л.: Изд—во «Энергия», 1965.–648 с.

28. Технический отчёт о проектировании и строительстве Волжской ГЭС имени XXII съезда КПСС, 1950–1961 гг. В 2 т. Т. 2. Организация и производство строительно—монтажных работ / ред. А. Я. Кузнецов.–М.—Л.: Изд—во «Энергия», 1966.–584 с.

29. Федеральный закон «Об объектах культурного наследия (памятниках истории и культуры) народов Российской Федерации».–М.: Изд—во «Ось—89», 2007.–64 с.

30. Формирование гидро—ОГК–перспективы для инвесторов [Электронный ресурс].–Режим доступа: http :// www.finam.ru/investments/research0000100B95/default.asp, свободный.

31. Чебоксарская ГЭС на реке Волга. Технический отчёт о проектировании, строительстве и первом периоде эксплуатации. В 2 т. Т. 1.–М.: Изд—во ин—та «Гидропроект», 1988.–504 с.

32. Чебоксарская ГЭС на реке Волга. Технический отчёт о проектировании, строительстве и первом периоде эксплуатации. В 2 т. Т. 2.–М.: Изд—во ин—та «Гидропроект», 1988.–517 с.

33. Электрификация СССР: сб. документов и материалов. 1926–1932 гг. / Центр. гос. архив Октябр. революции СССР, Ин—т экономики Академии наук СССР.–М.: Изд—во «Экономика», 1966.–477 с.

## 3. 参考与统计汇编

### 3.1　公开材料

1. Гидроэнергетика СССР: статистический обзор.–М.: Изд—во «Информэнерго», 1969.–91 с.

2. Города России: энциклопедия / гл. ред. Г. М. Лаппо.–М.: Изд—во «Большая Российская энциклопедия», 1994.–559 с.: ил.

3. Город Симбирск, как железнодорожный узел и как волжский порт: статистический сборник.–Симбирск: Типо—литография А. Т. Токарева, 1915.–42 с.

4. Ежегодник качества поверхностных вод по территории деятельности Приволжского УГКС (Татарская АССР, Пензенская, Куйбышевская, Саратовская, Оренбургская области) за 1985 г. / Приволж. терр. упр. по гидрометеорологии и контролю прир. среды.–Куйбышев: [б. и.], 1986.–167 с.

5. Ежегодник качества поверхностных вод по территории Ульяновской области за 1990 год / Приволж. терр. упр. по гидрометеорологии; Куйб. терр. центр наблюдений за загрязнением прир.

среды; сост. И. Н. Волгина; ред. Г. Н. Ардаков.–Куйбышев: [б. и.], 1991.–39 с.

6. Исаев, А. И. Рыбное хозяйство водохранилищ: справочник / А. И. Исаев, Е. И. Карпова.–М.: Изд—во «Пищевая пром—сть», 1980.–304 с.

7. Контрольные цифры народного хозяйства и социально—культурного строительства Средне—Волжского края. 1928–1930 г.–Самара: Издание Средне—Волж. плановой комиссии, 1929.–357 с.

8. Контрольные цифры народного хозяйства Средне—Волжской области на 1928–1929 г. Вып. 2.–Самара: Издание Средне—Волж. обл. плановой комиссии, 1928.–83 с.

9. Куйбышевское водохранилище (научно—информационный справочник) / отв. ред. Г. С. Розенберг, Л. А. Выхристюк; Ин—т экологии Волж. бассейна Рос. акад. наук.–Тольятти: Изд—во ИЭВБ РАН, 2008.–123 с.

10. Лузанская, Д. И. Рыбохозяйственное использование внутренних водоемов СССР (озёр, рек и водохранилищ): справочник / Д. И. Лузанская.–М.: Изд—во «Пищевая пром—сть», 1965.–599 с.

11. Мустафин, М. Р. Всё о Татарстане: экон.—геогр. справочник / М. Р. Мустафин, Р. Г. Хузеев.–Казань: Татар. книжное изд—во, 1992.–175 с.

12. Народное хозяйство СССР 1922–1972: юбил. стат. ежегодник / Центр. статист. упр—е при Совете Министров СССР.–М.: Изд—во «Статистика», 1972.–847 с.

13. Народное хозяйство СССР, 1922–1982: юбил. стат. ежегодник / Центр. статист. упр—е при Совете Министров СССР.–М.: Изд—во «Статистика», 1982.–883 с.

14. Народное хозяйство СССР за 60 лет: юбил. стат. ежегодник/ Центр. статист. упр—е при Совете Министров СССР.–М.: Изд—во «Статистика», 1977.–710 с.

15. Население России за 100 лет (1897–1997): стат. сб. / Госкомстат России.–М.: ЗАО «Моск. изд. дом», 1998.–222 с.

16. Обзор состояния загрязнения поверхностных вод на территории деятельности Приволжского УГМС за 1995 год / Приволж. терр. упр. по гидрометеорологии и мониторингу окр. среды; Приволж. терр. центр по мониторингу загрязнения окр. среды.–Самара: [б. и.], 1996.–173 с.

17. Обзор состояния загрязнения поверхностных вод на территории деятельности Приволжского УГМС за 2000 год / Приволж. межрегион. терр. упр. по гидрометеорологии и мониторингу окр. среды; Приволж. терр. центр по мониторингу загрязнения окр. среды; отв. ред. Г. Н. Ардаков.–Самара: [б. и.], 2001.–157 с.

18. Обзор состояния загрязнения поверхностных вод на территории деятельности Приволжского УГМС и УГМС Республики Татарстан в 2005 году / Приволж. межрегион. терр. упр. по гидрометеорологии и мониторингу окр. среды; ГУ «Самар. центр по гидрометеорологии и мониторингу окр. среды с регион. функциями»; Приволж. центр по мониторингу загрязнения окр. среды; отв. ред. Н. Р. Бигильдеева.–Самара: [б. и.], 2006.–74 с.

19. Обзор состояния загрязнения поверхностных вод на территории деятельности Приволжского УГМС и УГМС Республики Татарстан в 2009 году / Приволж. межрегион. терр. упр. фед. службы по гидрометеорологии и мониторингу окр. среды; ГУ «Самар. центр по гидрометеорологии и мониторингу окр. среды с регион. функциями»; Центр по мониторингу загрязнения окр. среды; отв. ред. Н. Р. Бигильдеева.–Самара: [б. и.], 2010.–87 с.

20. Обзор состояния загрязнения поверхностных вод суши на территории деятельности Приволжского УГКС за 1980 год / Приволж. терр. упр. по гидрометеорологии и контролю окр. среды. Ч. II.–Куйбышев: [б. и.], 1981.–115 с.

21. Развитие и размещение производительных сил областей и автономных республик Поволжского экономического района в 1961–1980 гг. / Госплан РСФСР, Центр. науч.—исслед. экон. ин—т.–М.: Изд—во Мин—ва к—ры, 1973.–311 с.

22. Регионы России. Социально—экономические показатели. 2009: стат. сб. / Росстат.–М.: [б. и.], 2009.–990 с.

23. Регионы России. Социально—экономические показатели. 2010: стат. сб. / Росстат.–М.: [б. и.], 2010.–996 с.

24. Россия в цифрах. 2008: крат. стат. сб. / Росстат.–М.: [б. и.], 2008.–510 с.

25. Россия в цифрах. 2010: крат. стат. сб. / Росстат.–М.: [б. и.], 2010.–558 с.

26. Россия. Полное географическое описание нашего Отечества. Среднее и Нижнее Поволжье и Заволжье / ред. В. П. Родин.–Репринт. изд. – Ульяновск: Изд—во «Ульян. Дом печати», 1998.–600 с.: ил.

27. Россия: энциклопедический справочник / под ред. А. П. Горкина.–М.: Изд—во «Дрофа», 1998.–592 с.

28. Система исправительно—трудовых лагерей в СССР, 1923–1960: справочник / сост. М. Б. Смирнов; под ред. Н. Г. Охотина, А. Б. Рогинского; общество «Мемориал»; Гос. архив РФ.–М.: Изд—во «Звенья», 1998.–600 с.

29. Средне—Волжский край (экономический и социально—культурный обзор).–М.–Самара: Гос. изд—во; Средне—Волж. краев. отделение, 1930.–530 с.

30. Средняя Волга. Социально—экономический справочник / под общ. ред. С. Н. Крылова.–М.–Самара: Средне—Волж. краев. изд—во, 1934.–391 с.: ил.

31. Ставрополь и Ставропольский уезд 18–20 вв. Справочник

[Электронный ресурс].–Режим доступа: http :// web.archive.org/web/20080302102237/portal.tgl.ru/tgl/meria/arxiv/fond.htm, свободный.

32. Ульяновская–Симбирская энциклопедия. В 2 т. Т. 2: Н–Я / ред.—сост. В. Н. Егоров.–Ульяновск: Изд—во «Симбирская книга», 2004.–592 с.: ил.

33. Ульяновская область к 50—летию Великой Победы: стат. сб. / Госкомстат РФ, Ульян. обл. ком. гос. статистики.–Ульяновск: Изд—во Ульяновскстата, 1995.–239 с.

34. Ульяновская область к 60—й годовщине Великой Победы: стат. сб. / Федерал. служба гос. статистики, террит. орган Росстата по Ульян. обл.–Ульяновск: Изд—во Ульяновскстата, 2005.–171 с.

35. Характеристика сдвигов в развитии и размещении производительных сил Поволжского экономического района за 1961–1970 гг. / Госплан РСФСР, Центр. науч.—исслед. экон. ин—т.; под ред. В. Я. Любовного, Н. А. Соловьева.–М.: Изд—во Мин—ва к—ры, 1972.–383 с.

36. Численность населения Российской Федерации по городам, поселкам городского типа и районам на 1 января 2010 года [Электронный ресурс].–Режим доступа: http :// www.gks.ru/bgd/regl/b10_109/Main.htm, свободный.

37. Чувашия–цифры и факты: стат. сб. / Комстат. Чуваш. Респ.–Чебоксары: Изд—во Комстата Чув. Респ., 2003.–90 с.

38. Ярославская область за 50 лет: 1936–1986: очерки, документы, материалы / науч. ред. В. Т. Анисков.–Ярославль: Верхне—Волж. книжное изд—во, 1986.–256 с.

39. Ярославской области 60 лет: крат. стат. сб. / Яросл. обл. гос. статистики.–Ростов Великий: Изд—во «Русь», 1996.–127 с.

### 3.2 未刊行材料

1. Анализ состояния поверхностных вод Куйбышевского

водохранилища за 2005–2009 гг. / Госуд. учреждение «Ульян. област. центр по гидрометеорологии и мониторингу окружающей среды».–2010.–3 с.

2. Археологические памятники Спасского района Республики Татарстан: списки памятников полностью затопленных, частично затопленных водохранилищем и относительно сохранившихся / предоставлены директором Болгарского историко—архит. музея–заповедника Р. З. Махмутовым Е. А. Бурдину 14 сент. 2004 г.–22 с.

## 4. 回忆录与口述史

### 4.1 公开材料

1. Знаменитые люди о Казанском крае.–Казань: Татар. книжное изд—во, 1990.–221 с.: ил.

2. Игнатьева, Н. Ностальгия по Волге, которой нет / Н. Игнатьева // Симбирский курьер.–1993.–20 июля.–С. 4.

3. Капустина, В. А. Вспоминая Шексну и Мологу / В. А. Капустина // Русский путь на рубеже веков.–2005.–№ 1 (6).–С. 35–65.

4. Комзин, И. В. Я верю в мечту.–М.: Изд—во полит. лит—ры, 1973.–368 с.

5. Ленгвенс, Л. Ф. Старт промышленного Углича / Л. Ф. Ленгвенс; ред. Т. В. Ерохина.–Углич: Изд—во Углич. госуд. историко—худож. музея, 2001.–56 с.

6. Ставрополь–на–Волге и его окрестности в воспоминаниях и документах / сост. В. А. Казакова, С. Г. Мельник.–Тольятти: Изд—во гор. музейного комплекса «Наследие», 2004.–340 с.

7. Солоневич, И. Л. Россия в концлагере / И. Л. Солоневич.–М.: Изд—во «Российская политическая энциклопедия», 2000.–465 с.

## 4.2 笔者田野调查材料

1. Агафонов, А. С. Воспоминания / А. С. Агафонов; записал Е. А. Бурдин 22 сент. 2004 г. в г. Ульяновск.–1 с.

2. Андреева, Н. Г. Воспоминания / Н. Г. Андреева; записал Е. А. Бурдин 8 авг. 2003 г. в г. Болгар (Спасский р—н Респ. Татарстан).–2 с.

3. Андриянова, М. Г. Воспоминания / М. Г. Андриянова; записал Е. А. Бурдин 21 июля 2006 г. в г. Казань.–1 с.

4. Бобков, В. К. Воспоминания / В. К. Бобков; записал Е. А. Бурдин 4 июня 2009 г. в г. Ульяновск.–2 с.

5. Борисова, А. А. Воспоминания / А. А. Борисова; записал Е. А. Бурдин 14 июня 2006 г. в с. Вожи (Спасский р—н Респ. Татарстан).–1 с.

6. Васина, Е. И. Воспоминания / Е. И. Васина; записал Е. А. Бурдин 14 июня 2006 г. в с. Вожи (Спасский р—н Респ. Татарстан).–1 с.

7. Гускин, В. И. Воспоминания / В. И. Гускин; записал Е. А. Бурдин 15 апр. 2011 г. в г. Рыбинск (Яросл. обл.).–2 с.

8. Исаков, Г. И. Воспоминания / Г. И. Исаков; записал Е. А. Бурдин 19 июля 2004 г. в с. Крестово Городище (Ульяновская область).–1 с.

9. Ерёмин, В. С. Воспоминания / В. С. Ерёмин; записал Е. А. Бурдин 10 авг. 2004 г. в г. Болгар (Спасский р—н Респ. Татарстан).–2 с.

10. Казаков, Е. П. Письмо доктора исторических наук Е. П. Казакова (Институт истории Академии наук Респ. Татарстан, г. Казань) от 10.11.2008 г. Е. А. Бурдину.–2 с.

11. Капустина, В. А. Воспоминания / В. А. Капустина; записал Е. А. Бурдин 14 апр. 2011 г. в г. Рыбинск (Яросл. обл.).–9 с.

12. Колосовская, Е. Н. Воспоминания / Е. Н. Колосовская; записал Е. А. Бурдин 30 апр. 2009 г. в с. Щербеть (Спасский р—н Респ. Татарстан).–1 с.

13. Корсаков, Г. И. Воспоминания / Г. И. Корсаков; записал Е. А.

Бурдин 16 апр. 2011 г. в г. Рыбинск (Яросл. обл.).–3 с.

14. Корчагин, А. А. Воспоминания / А. А. Корчагин; записал Е. А. Бурдин 04 сент. 2009 г. в с. Куралово (Спасский р—н Респ. Татарстан).–3 с.

15. Костригина, М. К. Воспоминания / М. К. Костригина; записал Е. А. Бурдин 2 авг. 2009 г. в с. Никольское (Спасский р—н Респ. Татарстан).–1 с.

16. Красулин, И. И. Воспоминания / И. И. Красулин; рукопись нач. 1970—х гг. (г. Куйбышев) предоставлена Е. А. Бурдину директором Болгарского историко—архит. музея–заповедника Р. З. Махмутовым (г. Болгар, Спасский р—н Респ. Татарстан).–4 с.

17. Кувшинникова, М. И. Воспоминания / М. И. Капустина; записал Е. А. Бурдин 14 апр. 2011 г. в г. Рыбинск (Яросл. обл.).–7 с.

18. Леонтьева, Е. П. Воспоминания / Е. П. Леонтьева; записал Е. А. Бурдин 21 июля 2006 г. в г. Казань.–1 с.

19. Малинин, Л. Ф. Воспоминания / Л. Ф. Малинин; записал Е. А. Бурдин 9 авг. 2003 г. в  г. Болгар (Спасский р—н Респ. Татарстан).–1 с.

20. Меличихина, С. И. Воспоминания / С. И. Меличихина; записал Е. А. Бурдин 12 авг. 2004 г. в г. Болгар (Спасский р—н Респ. Татарстан).–2 с.

21. Мерперт, Н. Я. Письмо доктора исторических наук Н. Я. Мерперта  (Ин—т археологии Рос. Академии наук, г. Москва) от 29.03.2004 г. Е. А. Бурдину.–10 с.

22. Мордвинов, Ю. Н. Воспоминания / Ю. Н. Мордвинов; записал Е. А. Бурдин 11 июля 2004 г. в р. п. Старая Майна (Ульяновская область).–1 с.

23. Новотельнов, Н. М. Воспоминания / Н. М. Новотельнов; записал Е. А. Бурдин 15 апр. 2011 г. в г. Рыбинск (Яросл. обл.).–3 с.

24. Полякова, В. П. Воспоминания / В. П. Полякова; записал Е. А. Бурдин  9 авг. 2003 г. в г. Болгар (Спасский р—н Респ. Татарстан).–1 с.

25. Поселеннов, М. О. Воспоминания / М. О. Поселеннов, М.

Г. Поселеннова; записал Е. А. Бурдин 19 июля 2004 г. в с. Крестово Городище (Ульяновская область).–1 с.

26. Прохорова, А. Г. Воспоминания / А. Г. Прохорова; записал Е. А. Бурдин 29 апр. 2007 г. в г. Болгар (Спасский р—н Респ. Татарстан).–3 с.

27. Растрёмина, В. Ф. Воспоминания / В. Ф. Растремина; записал Е. А. Бурдин 15 июня 2006 г. в г. Болгар (Спасский р—н Респ. Татарстан).–1 с.

28. Романов, Н. Н. Воспоминания / Н. Н. Романов; записал Е. А. Бурдин 7 июня 2009 г. в г. Ульяновск.–2 с.

29. Садыков, К. Воспоминания / К. Садыков; рукопись 1977 г. (г. Казань) предоставлена Е. А. Бурдину директором Болгарского историко—архит. музея–заповедника Р. З. Махмутовым (г. Болгар, Спасский р—н Респ. Татарстан).–22 с.

30. Сафронова, А. Н. Воспоминания / А. Н. Сафронова; записал Е. А. Бурдин 11 дек. 2008 г. в г. Ульяновск.–1 с.

31. Сорокина, Г. П. Воспоминания / Г. П. Сорокина; записал Е. А. Бурдин 9 дек. 2006 г. в г. Ульяновск.–1 с.

32. Токмаков, В. А. Письмо директора музея истории Главного управления федеральной службы исполнения наказаний России по Самарской области В. А. Токмакова от 15.07.2004 г. Е. А. Бурдину.–6 с.

33. Трусов, А. И. Воспоминания / А. И. Трусов; записал Е. А. Бурдин 14 авг. 2004 г. в г. Казани.–1 с.

34. Трусова, А. М. Воспоминания / А. М. Трусова; записал Е. А. Бурдин 14 авг. 2004 г. в г. Казани.–2 с.

35. Юманов, Г. А. Воспоминания / Г. А. Юманов; записал Е. А. Бурдин 7 июня 2004 г. в г. Жигулёвске.–1 с.

36. Яковлев, В. Н. Письмо главного инженера В. Н. Яковлева (Волжское отделение института геологии и разработки горючих ископаемых, г. Самара) от 13.10.2010 г. Е. А. Бурдину.–1 с.

## 5. 报　刊

### 5.1　报纸

1. Большая Волга. Орган политического отдела и Управления Волгостроя НКВД СССР. 1939–1940 гг.

2. Гидростроитель. Орган партийного комитета КПСС и Управления строительства Куйбышевгидростроя. 1953, 1955, 1957 гг.

3. Колхозный путь. Орган Куйбышевского районного комитета ВКП (б)–КПСС и районного Совета депутатов трудящихся (Татарская АССР). 1938, 1940, 1950, 1952–1955, 1957 гг.

4. Правда. Орган Центрального комитета ВКП (б)–КПСС. 1931–1932, 1935, 1937, 1951, 1955, 1958 гг.

5. Пролетарский путь. Орган Ульяновского губернского исполнительного комитета, губернского комитета ВКП (б) и губернского профессионального совета. 1931 г.

6. Рыбинская правда. Орган Рыбинского районного комитета ВКП (б) и районного Совета депутатов трудящихся (Ярославская область). 1938, 1940 г.

7. Северный рабочий. Орган Ярославского областного комитета ВКП (б)–КПСС и областного Совета депутатов трудящихся. 1936, 1939, 1945–1946 гг.

8. Советское хозяйство. Орган Куйбышевского районного комитета КПСС и районного Совета депутатов трудящихся (Татарская АССР). 1960 г.

9. Сталинский организатор. Орган Сенгилеевского районного комитета КПСС и районного Совета депутатов трудящихся (Ульяновская область). 1955 г.

10. Строитель. Орган партийного бюро, постройкома и Управления строительного треста № 39 (г. Ульяновск). 1955 г.

11. Ульяновская правда. Орган Ульяновского областного и городского комитетов КПСС, Областного и городского Советов депутатов трудящихся. 1953–1958 гг.

### 5.2 杂志

1. Волгострой. 1936 г. Технико—экономический журнал Волгостроя НКВД СССР.

2. Гидротехническое строительство. Научно—производственный и экономический журнал Союзстроя–Гидроэлектропроекта–Министерства электростанций СССР. 1931–1934, 1936–1937, 1947–1952, 1954–1958 гг.

## 6. 参考书目

1. 25 лет Угличской и Рыбинской ГЭС: из опыта строительства и эксплуатации / под общ. ред. Н. А. Малышева и М. М. Мальцева.–М.-Л.: Изд-во «Энергия», 1967.–312 с.: ил.

2. IX съезд Гидробиологического общества РАН, г. Тольятти, 18–22 сент. 2006 г.: тезисы докладов. Т. II / отв. ред. А. Ф. Алимов, Г. С. Розенберг; Ин-т экологии Волж. бассейна Рос. акад. наук.–Тольятти: Изд-во ИЭВБ РАН, 2006.–281 с.

3. XX плен. межвуз. координац. совещание по проблеме эрозионных, русловых и устьевых процессов, Ульяновск, 13–15 окт. 2005 г.: доклады и крат. сообщения / отв. ред. Р. С. Чалов, А. И. Золотов, Р. С. Рулева и др.; Моск. гос. ун-т, Ульян. гос. пед. ун-т.–Ульяновск: [б. и.], 2005.–281 с.

4. Абакумов В. А. Иваньковское водохранилище: современное состояние и проблемы охраны / В. А. Абакумов, Н. П. Ахметьева, В. Ф. Бреховских и др.–М.: Изд-во «Наука», 2000.–344 с.: ил.

5. Абросимов, А. Богатое наследие: из истории земли Некоузской / А. Абросимов, Н. Алексеев // Русь.–1997.–№ 4.–С. 72–75.

6. Авакян, А. Б. Взгляд на каскад / А. Б. Авакян // Экология и жизнь.–2000.–№ 1.–С. 48–51.

7. Авакян, А. Б. Водохранилища / А. Б. Авакян, В. П. Салтанкин, В. А. Шарапов.–М.: Изд-во «Мысль», 1987.–325 с.: ил.

8. Авакян, А. Б. Водохранилища гидроэлектростанций СССР / А. Б. Авакян, В. А. Шарапов.–3-е изд., перераб. и доп.–М.: Изд-во «Энергия», 1977.–398 с.: ил.

9. Авакян, А. Б. Волга в прошлом, настоящем и будущем / А. Б. Авакян.–М.: Изд-во «Экопресс–3М», 1998.–31 с.: ил.

10. Авакян, А. Б. Исследования водохранилищ и их воздействие на окружающую среду / А. Б. Авакян // Водные ресурсы.–1999.–Т. 26.–№ 5.–С. 554–567.

11. Авакян, А. Б. Опыт 60-летней эксплуатации Рыбинского водохранилища / А. Б. Авакян, А. С. Литвинов, И. К. Ривьер // Водные ресурсы.–2002.–№ 1.–С. 5–15.

12. Аграновский, А. А. Сталинград–великая стройка коммунизма / А. А. Аграновский.–М.: Гос. политич. изд-во, 1953.–88 с.

13. Актуальные проблемы экологии Ярославской области: материалы Второй науч.-практич. конф. Т. 1 / отв. ред. В. И. Лукьяненко; Верхневолж. отдел. Рос. экологич. академии.–Ярославль: Изд-во ВВО РЭА, 2002.–270 с.

14. Александров, А. П. Из опыта строительства Сталинградской ГЭС / А. П. Александров, А. Я. Кузнецов.–М.: Изд-во «Оргэнергострой», 1960.–59 с.

15. Алексеев, Н. М. Из истории Мологского края, его жителей и их потомков / Н. М. Алексеев, Г. М. Бобкова.–Рыбинск: Изд-во «Рыбинское подворье», 2007.–269 с.

16. Алексеевский район: история и современность / отв. ред. Б. А. Николаев.–Казань: Изд-во «По городам и весям», 2000.–398 с.: ил.

17. Артёмов, Е. Т. Научно-техническая политика в советской модели позднеиндустриальной модернизации / Е. Т. Артемов; отв. ред. В. В. Алексеев.–М.: Изд-во «Российская политическая энциклопедия», 2006.–256 с.

18. Архангельский, Н. А. Географический очерк Средневолжского края / Н. А. Архангельский.–Москва–Самара: Гос. изд-во, Средневолж. краевое отделение, 1931.–96 с.

19. Археологические памятники зоны водохранилищ Волго–Камского каскада / отв. ред. П. Н. Старостин; Рос. академия наук, Казан. науч. центр, Ин-т языка, лит-ры и истории.–Казань: Изд-во ИЯЛИ, 1992.–144 с.: ил.

20. Археологические работы Академии на новостройках в 1932–1933 гг. Т. I. / Известия Государственной академии истории материальной культуры им. Н. Я. Марра. Вып. 109.–М.-Л.: Объединение госуд. книжно-журнальных изд-в, 1935.–226 с.

21. Архитектурное наследство. Вып. 51 / отв. ред. И. А. Бондаренко.–М.: Изд-во «КРАСАНД», 2009.–340 с.: ил.

22. Архитектурное наследство. Вып. 52 / отв. ред. И. А. Бондаренко.–М.: Изд-во «КомКнига» 2010.–344 с.: ил.

23. Асарин, А. Е. Волжско–Камский каскад гидроузлов (к 50-летию пуска первого агрегата Куйбышевской ГЭС) / А. Е. Асарин, Р. М. Хазиахметов // Гидротехническое строительство.–2005.–№ 9.–С. 23–28.

24. Асарин, А. Е. Из Гидропроекта / А. Е. Асарин // Экология и жизнь.– 2000.–№ 1.–С. 51–54.

25. Афанасов, О. В. Ангарский и Озёрный ИТЛ при реализации проекта строительства Братской ГЭС / О. В. Афанасов // Иркутский историко-экономический ежегодник. 2007: материалы науч. конф. / гл. ред. В. М. Левченко.–Иркутск: Изд-во Байкал. гос. ун-та экономики и

права, 2007.–324 с.–С. 218–220.

26. Афанасов, О. В. Озёрный ИТЛ при реализации проекта строительства Усть-Илимской ГЭС в начале 60-х гг. XX в. / О. В. Афанасов // Материалы 6-й науч.-практич. конф., Усть-Илимск, 21 апр. 2006 г.–Иркутск: Изд-во Байкал. гос. ун-та экономики и права, 2007.–159 с.–С. 24–25.

27. Ахметов, А. А. История заселения и развития Симбирско–Ульяновского Заволжья (XVII–XX вв.) / А. А. Ахметов.–Ульяновск: Изд-во «Корпорация технологий продвижения», 2002.–267 с.

28. Барковский, В. С. Тайны Москва–Волгостроя / В. С. Барковский.–М.: ООО «Типография СТД РФ», 2007.–40 с.

29. Белова, Е. Б. Стихия плана: практика работы Госплана СССР в первой половине 30-х гг. / Е. Б. Белова // Экономическая история. Ежегодник. 2001 / Моск. гос. ун-т, ист. фак., Центр экон. истории и др.; редкол.: Л. И. Бородкин, Ю. А. Петров (отв. редакторы) и др.–М.: Изд-во «Российская политическая энциклопедия», 2002.–655 с.–С. 579–606.

30. Беляков, А. А. Внутренние водные пути России в правительственной политике конца XIX–начала XX века / А. А. Беляков // Отечественная история.–1995.–№ 2.– С. 154–165.

31. Богоявленский К. В. Волжская районная гидроэлектрическая станция. (К вопросу о Волгострое) / К. В. Богоявленский.–Самара: Гос. изд-во, Средневолж. краевое отделение, 1928 г.–22 с.

32. Боровкова, Т. Н. Куйбышевское водохранилище: краткая физико-географическая характеристика / Т. Н. Боровкова.–Куйбышев: Куйб. книжное изд-во, 1962.–92 с.: ил.

33. Бородкин, Л. И. Структура и стимулирование принудительного труда в ГУЛАГе: Норильлаг, конец 1930-х–начало 1950-х гг. / Л. И. Бородкин, С. Эртц // Экономическая история. Ежегодник. 2003 / Моск.

гос. ун-т, ист. фак., Центр экон. истории и др.; редкол.: Л. И. Бородкин, Ю. А. Петров (отв. редакторы) и др.–М.: Изд-во «Российская политическая энциклопедия», 2004.–600 с.: ил.–С. 177–233.

34. Бородкин, Л. И. Ударники из «социально-опасных»: стимулирование лагерного труда в 1930-х гг. / Л. И. Бородкин // Экономическая история. Обозрение. Вып. 11 / под ред. Л. И. Бородкина.– М.: Изд-во Моск. гос. ун-та, 2005.–192 с.–С. 130–141.

35. Брыкин, А. П. Мой светлый город Волжский / А. П. Брыкин.– Волжский: Изд-во «Графика». 1999.–186 с.

36. Будьков, С. Т. Чёрная быль о Волге / С. Т. Будьков // Татарстан.–1996.–№ 6.–С. 22–31.

37. Буланов, М. И. Канал Москва–Волга: хроника Волжского района гидросооружений / М. И. Буланов.–Дубна: [б. и.], 2007.–136 с.

38. Буров, Г. М. Каменный век Ульяновского Поволжья: путеводитель по археолог. памятникам / Г. М. Буров.–Саратов: Приволж. книжное изд-во, Ульян. отд-ние, 1980.–120 с.: ил.

39. Буров, Г. М. Медно-бронзовый век Ульяновского Поволжья: путеводитель по археолог. памятникам / Г. М. Буров.–Саратов: Приволж. книжное изд-во, Ульян. отд-ние, 1981.–102 с.: ил.

40. Буторин, Н. В. Гидрологические процессы и динамика водных масс в водохранилищах Волжского каскада.–Л.: Изд-во «Наука», 1969.– 322 с.

41. Буторов, П. Д. Опыт эксплуатации Рыбинского водохранилища / П. Д. Буторов, А. М. Баранов, А. А. Лебедев и др.–М.: Изд-во Мин-ва реч. флота СССР, 1952.–96 с.

42. Валеев, Р. М. Проблемы изучения и сохранения памятников истории и культуры Республики Татарстан и татарского народа / Р. М. Валеев // Вопросы древней истории Волго–Камья, г. Казань, 2001 /

редколл. Е. П. Казаков и др.–Казань: Изд-во «Мастер–Лайн», 2001.–188 с.–С. 5–13.

43. Ванштейн, Г. М. Гидроэнергетика СССР / Г. М. Ванштейн.–М.: Изд-во «Энергия», 1972.–159 с.

44. Вартазарова, Л. С. Энергетика и экономика СССР 1960–1985 гг.: эконометрический анализ / Л. Л Вартазарова, В. И. Васильев, Ю. П. Иванилов, Л. Г. Никифоров.–М.: Изд-во вычислит. центра Академии наук СССР, 1988.–24 с.

45. Великанов, А. Л. Реалии великой реки / А. Л. Великанов // Экология и жизнь.–2000.–№ 1.–С. 40–43.

46. Великий Волжский путь. История формирования и развитие: материалы науч.-практич. конф., Казань, 27–29 авг. 2001 г. / Академия наук Респ. Татарстан, Ин-т истории; Казан. гос. ун-т; отв. ред. Р. Р. Хайрутдинов.–Казань: Изд-во «Мастер–Лайн», 2002.–396 с.: ил.

47. Верхневолжье: судьба реки и судьбы людей. Труды I Мышкинской регион. экологич. конф. Вып. 1 / ред. В. А. Гречухин.–Мышкин: Изд-во «Рыбинское подворье», 2001.–93 с.

48. Верхневолжье: судьба реки и судьбы людей. Труды II Мышкинской межобл. экологич. конф. Вып. 2 / ред. В. А. Гречухин.–Мышкин: Изд-во «Рыбинское подворье», 2002.–123 с.

49. Верхневолжье: судьба реки и судьбы людей. Труды III Мышкинской межобл. экологич. конф. Вып. 3 / ред. В. А. Гречухин.–Мышкин: Изд-во «Тройка–ФОТО», 2003.–187 с.

50. Верхневолжье: судьба реки и судьбы людей. Труды IV Мышкинской межобл. экологич. конф. Вып. 4 / ред. В. А. Гречухин.–Мышкин: Изд-во «Тройка–ФОТО», 2004.–135 с.

51. Вечканов, Г. С. Миграция трудовых ресурсов в СССР / Г. С. Вечканов.–Л.: Изд-во Ленингр. гос. ун-та, 1981.–143 с.

52. Вечный двигатель. Волжско–Камский гидроэнергетический каскад: вчера, сегодня, завтра / под общ. ред. Р. М. Хазиахметова; авт.-сост. С. Г. Мельник; Фонд «Юбилейная летопись».–М.: Изд-во «Новости», 2007.–352 с.: ил.

53. Виноградова, Н. Большая Волга / Н. Виноградова // Речной транспорт.–1982.–№ 7.–С. 6–8.

54. Винтер, А. В. Великие стройки коммунизма / А. В. Винтер.–М.: Изд-во Академии наук СССР, 1954.–87 с.

55. Вишневский, А. Г. Серп и рубль: консервативная модернизация в СССР / А. Г. Вишневский.–М.: Объед. гуманит. изд-во, 1998.–432 с.

56. Водные экосистемы. Трофические уровни и проблемы поддержания биоразнообразия: материалы Всеросс. конф. с междунар. участием «Водные и наземные экосистемы: проблемы и перспективы исследований», Вологда, 24–28 нояб. 2008 г.–Вологда: Изд-во Вологод. гос. пед. ун-та, 2008.–404 с.

57. Возрождение Волги–шаг к спасению России. Кн. 1 / под ред. И. К. Комарова; комис. по изуч. производит. сил и прир. ресурсов РАН; Нижег. гос. архит.-строит. академия и др.–М.–Н. Новгород: Изд-во «Экология», 1996.–464 с.

58. Волга и её жизнь: сб. научных тр. / Академия наук СССР, Ин-т биологии внутр. вод; отв. ред. Н. В. Буторин.–Л.: Изд-во «Наука», 1978.–350 с.

59. Волга. Боль и беда России: фотоальбом / вступ. слово В. И. Белова; ввод. ст. Ф. Я. Шипунова; осн. текст В. Ильина; фото В. В. Якобсона и др.–М.: Изд-во «Планета», 1989.–301 с.: ил.

60. Волга–1. Проблемы изучения и рационального использования биологических ресурсов водоёмов: материалы Первой конф. по изучению водоёмов бассейна Волги, Тольятти, 2–8 сент. 1968 г. / отв. ред. Н. А.

Дзюбан.–Куйбышев: Куйб. книжное изд-во, 1971.–320 с.

61. Волга–1. Первая конф. по изучению водоёмов бассейна Волги: тезисы докладов, Тольятти, 2–8 сент. 1968 г. / отв. ред. Н. А. Дзюбан.–Куйбышев: Куйб. книжное изд-во, 1968.–251 с.

62. Волжская гидроэлектростанция имени В. И. Ленина / под ред. П. А. Володина.–М.: Изд-во лит-ры по строительству, 1964.–401 с.

63. Волжский и Камский каскады гидроэлектростанций / под общ. ред. Г. А. Руссо.–М.-Л.: Гос. энергетич. изд-во, 1960.–272 с.: ил.

64. Вопросы археологии Поволжья. Вып. 3.–Самара: Изд-во Самар. обл. ист.-краеведч. музея, 2003.–348 с.

65. Вопросы экономической географии Поволжья / отв. ред. Т. А. Александрова.–Куйбышев: Изд-во Куйб. план. ин-та, 1971.–141 с.

66. Высокое напряжение / ред. В. А. Коркина.–Саратов: Приволж. книжное изд-во, 1969.–266 с.

67. Гаврилова, Е. Возрождение Волги выльется в астрономическую сумму / Е. Гаврилова // Симбирский курьер.–1996.–№ 104.–6 августа.–С. 5.

68. Гаврилова, Е. Почему пересыхает Волга? / Е. Гаврилова // Симбирский курьер.–1995.–№ 127.–28 октября.–С. 1.

69. Герасимов, Ю. Л. Основы рыбного хозяйства: учебное пособие / Ю. Л. Герасимов.–Самара: Изд-во Самар. гос. ун-та, 2003.–108 с.

70. Гидроэнергетика и комплексное использование водных ресурсов СССР / под общ. ред. П. С. Непорожнего.–М.: Изд-во «Энергия», 1970.–320 с.

71. Глухова, Е. М. Вольнонаёмные и заключённые на строительстве Сталинградской ГЭС (1950–1953 гг.) / Е. М. Глухова; Федеральное агентство по образованию, ГОУ ВПО «Волгоградский гос. ун-т», Волжский гуманитарный ин-т ВолГУ.–Волгоград: Волгогр. науч. изд-во,

2008.–258 с.

72. Головщиков, К. Д. Город Молога и его историческое прошлое (Ярославская губерния) / К. Д. Головщиков.–Рыбинск: ООО «Формат–Принт», 2005.–176 с.

73. Города под водой: путешествие по затопленным берегам Верхней Волги / авт.-сост. В. И. Ерохин.–Тверь: Изд-во «Гранд–Холдинг», 2010.–112 с.: ил.

74. Гранберг, А. Г. Совет по изучению производительных сил. Этапы становления и развития: 1915–2005 / А. Г. Гранберг, Б. М. Штульберг, А. А. Адамеску и др.–М.: Изд-во «ЛЕНАНД», 2005.–176 с.

75. Грегори, П. Политическая экономия сталинизма: пер. с англ / П. Грегори.–2-е изд.–М.: Изд-во «Российская политическая энциклопедия», 2008.–400 с.

76. Гречухин, В. А. В столице русской Атлантиды / В. А. Гречухин // Русь.–1998.–№ 3.–С. 146–153.

77. ГУЛАГ: экономика принудительного труда / под ред. Л. И. Бородкина, П. Грегори, О. В. Хлевнюка.–М.: Изд-во «Российская политическая энциклопедия», 2005.–320 с.

78. Гумилёв, Л. Н. Чтобы свеча не погасла / Л. Н. Гумилёв.–М.: Изд-во «ЭКСМО-Пресс», 2002.–378 с.: ил.

79. Гуреев, П. А. Льготы при оргнаборе и общественном призыве / П. А. Гуреев.–М.: Изд-во «Юрид. лит-ра», 1968.–136 с.

80. Давыдов, М. М. Великое гидротехническое строительство в СССР / М. М. Давыдов.–М.: Изд-во «Правда», 1951.–32 с.

81. Дебольский, В. К. Волжские берега / В. К. Дебольский // Экология и жизнь.–2000.–№ 1.–С. 44–47.

82. Дедков, А. П. Экзогенное рельефообразование в Казанско–Ульяновском Приволжье / А. П. Дедков.–Казань: Изд-во Казан. гос. ун-та,

1970.–256 с.: ил.

83. Денисова, Л. Н. Исчезающая деревня России Нечерноземья в 1960–1980-е гг. / Л. Н. Денисова.–М.: Изд-во «Наука», 1996.–214 с.

84. Долгополов К. В. Поволжье. Экономико-географический очерк / К. В. Долгополов, Е. Ф. Фёдорова.–М.: Изд-во «Просвещение», 1968.–208 с.: ил.

85. Дробышев, В. Волга. То, что случилось, мало назвать драмой / В. Дробышев // Природа и человек.–1989.–№ 11.–С. 12–14.

86. Елохин, Е. А. Экономическая эффективность Волжско–Камского каскада / Е. А. Елохин, Л. Г. Горулева // Гидротехническое строительство.–1969.–№ 2.–С. 15–18.

87. Ельчанинова, О. Ю. Сельское население Среднего Поволжья в период реформ 1953–1964 гг. / О. Ю. Ельчанинова.–Самара: Изд-во «Научно-технический центр», 2006.–176 с.

88. Ерёменко, С. Земля трещит по швам? / С. Ерёменко // «АиФ–Самара».–2005.–№ 4.–26 января.–С. 11.

89. Ермошкина, Р. Л. К истории проектирования ангарского каскада гидростанций / Р. Л. Ермошкина // Иркутский историко-экономический ежегодник. 1999: материалы чтений, Иркутск, 25–26 марта 1999 г. / Иркутская гос. экон. академия; гл. ред. В. М. Левченко.–Иркутск: Изд-во ИГЭА, 1999.–271 с.–С. 192–198.

90. Ермошкина, Р. Л. Общие закономерности и особенности лесосводки при строительстве Иркутской ГЭС / Р. Л. Ермошкина // Иркутский историко-экономический ежегодник. 2004: материалы науч. конф. / Байкал. гос. ун-т экономики и права; гл. ред. В. М. Левченко.–Иркутск: Изд-во БГУЭП, 2004.–231 с.–С. 116–119.

91. Ермошкина, Р. Л. Первый опыт эксплуатации Братского водохранилища / Р. Л. Ермошкина // Иркутский историко-экономический

ежегодник. 2001: материалы чтений, Иркутск, 28–29 марта 2001 г. / Иркутская гос. экон. академия; гл. ред. В. М. Левченко.–Иркутск: Изд-во ИГЭА, 2001.–264 с.–С. 159–161.

92. Ерофеев, В. В. Самарская губерния–край родной. Том 2 / В. В. Ерофеев, Е. А. Чубачкин.–Самара: Изд-во «Книга», 2008.–304 с.: ил.

93. Жимерин, Д. Г. ГОЭЛРО–60 лет / Д. Г. Жимерин.–М.: Изд-во «Знание», 1980.–72 с.

94. Жимерин, Д. Г. Энергетика: настоящее и будущее / Жимерин, Д. Г.–М.: Изд-во «Знание», 1978.–192 с.

95. Жиромская, В. Б. Жизненный потенциал послевоенных поколений в России: историко-демографический аспект. 1946–1960 / В. Б. Жиромская // отв. ред. Ю. А. Поляков.–М.: Изд-во Рос. гос. гуманит. ун-та, 2009.–311 с.

96. Журавлёв, С. В. АВТОВАЗ между прошлым и будущим: история Волжского автомобильного завода. 1966–2005 / С. В. Журавлёв, М. Р. Зезина, Р. Г. Пихоя, А. К. Соколов; Рос. акад. гос. службы при Президенте России, Ин-т рос. истории Рос. академии наук.–М.: Изд-во РАГС, 2006.–719 с.: ил.

97. Зайцев, М. А. Историческое развитие проблем природопользования Ярославского Поволжья и пути их решения / М. А. Зайцев // Биологические науки.–1993.–№ 1.–С. 5–24.

98. Иванова, Г. М. История ГУЛАГа. 1918–1958: социально-экономический и политико-правовой аспекты / Г. М. Иванова; Ин-т рос. истории Рос. академии наук.–М.: Изд-во «Наука», 2006.–438 с.

99. Иванов, В. П. Рыбное хозяйство Каспийского бассейна (Белая книга) / В. П. Иванов, А. Ю. Мажник.–М.: ТОО «Журнал «Рыбное хозяйство», 1997.–40 с.

100. Из археологии Волго–Камья: сб. научных ст. / отв. ред. А. Х.

Халиков.–Казань: Татар. книжное изд-во, 1990.–192 с.: ил.

101. История Гидропроекта. 1930–2000 / под ред. В. Д. Новоженина.–М.: ООО «Парк Принт», 2000.–544 с.: ил.

102. История Самарского Поволжья с древнейших времён до наших дней. XX век (1918–1998) / Рос. академия наук, Самар. науч. центр; гл. ред. П. С. Кабытов.–М.: Изд-во «Наука», 2000.–232 с.: ил.

103. История Татарской АССР: с древнейших времен до наших дней / Ин-т языка, литературы и истории им. Г. Ибрагимова Академии наук СССР.–Казань: Татар. книжное изд-во, 1968.–720 с.

104. Казаков, Е. П. Археологические памятники Татарской АССР / Е. П. Казаков, П. Н. Старостин, А. Х. Халиков.–Казань: Татар. книжное изд-во, 1987.–240 с.

105. Калимуллин, А. М. Историческое исследование региональных экологических проблем / А. М. Калимуллин.–М.: Изд-во «Прометей», 2006.–368 с.

106. Клопов, Э. В. Рабочий класс СССР: тенденции развития в 60–70-е годы / Э В. Клопов.–М.: Изд-во «Мысль», 1985.–336 с.

107. Ключарев, Н. Большая Волга / Н. Ключарев.–Ульяновск: Изд-во «Ульяновская правда», 1952.–56 с.

108. Князев, Ю. А. Зарево над Волгой. Хроника 125 дней Всесоюзной ударной стройки–Чебоксарской ГЭС / Ю. А. Князев.–Чебоксары: Чуваш. книжное изд-во, 1981.–121 с.

109. Козлов, Б. И. Академия наук СССР и индустриализация России: вклад Академии наук СССР. (Очерк социальной истории. 1925–1963) / Б. И. Козлов.–М .: Изд-во «Academia», 2003.–272 с.: ил.

110. Кокурин, А. И. ГУЛАГ: структура и кадры / А. И. Кокурин, Н. В. Петров // Свободная мысль.–1999.–№ 8.–С. 109–128; № 9.–С. 110–123; № 11.–С. 107–125; № 12.–С. 94–111.–2000.–№ 1.–С. 108–123; № 2.–С.

110–125; № 3.–С. 105–123; № 5.–С. 99–116; № 6.–С. 109–124.

111. Кокурин, А. И. ГУЛАГ: структура и кадры / А. И. Кокурин, Ю. Н. Моруков // Свободная мысль.–2000.–№ 7.–С. 107–121; № 8.–С. 111–128; № 9.–С. 103–124; № 10.–С. 104–119; № 11.–С. 109–121; № 12.–С. 89–110; № 3.–С. 105–123; № 5.–С. 99–116; № 6.–С. 109–124.

112. Колобов, Н. В. Климат Среднего Поволжья / Н. В. Колобов.–Казань: Изд-во Казан. гос. ун-та, 1968.–252 с.

113. Колодяжный, В. А. Из глубин / В. А. Колодяжный.–СПб.: [б.и.], 2009.–304 с.

114. Кольцов, А. В. Создание и деятельность комиссии по изучению естественных производительных сил России. 1915–1930 / А. В. Кольцов.–СПб.: Изд-во «Наука», 1999.–181 с.

115. Комаров, И. К. Возрождение Волги–шаг к спасению России / И. К. Комаров // Наука в России.–1996.–№ 5.–С. 53–56.

116. Комзин, И. В. Волжская ГЭС имени В. И. Ленина / И. В. Комзин, Е. В. Лукьянов.–Куйбышев: Куйб. книжное изд-во, 1960.–120 с.

117. Комплексная оценка результатов строительства и эксплуатации Чебоксарской ГЭС: тезисы докл. конф. / Горьков. инженер.-строит. ин-т; отв. ред. В. В. Найденко.–Горький: Изд-во ГИСИ, 1989.–72 с.

118. Кораблёв, И. П. Организация рыболовства / И. П. Кораблёв // Распределение и численность рыб Куйбышевского водохранилища и обусловливающие их факторы / Тр. Татарского отд. ГосНИОРХ.–1972. – Вып. XII.–С. 180–200.

119. Краснов, Ю. А. Средневековые Чебоксары. Материалы Чебоксарской экспедиции 1969–1973 гг. / Ю. А. Краснов, В. Ф. Каховский.–М.: Изд-во «Наука», 1978.–192 с.: ил.

120. Краткие сообщения о докладах и полевых исследованиях Института истории материальной культуры. Вып. 55 / отв. ред. А. Д.

Удальцов.–М.: Изд-во Академии наук СССР, 1954.–164 с.: ил.

121. Краткие сообщения о докладах и полевых исследованиях Института Археологии. Вып. 84 / отв. ред. Т. С. Пассек.–М.: Изд-во Академии наук СССР, 1960.–144 с.: ил.

122. Крупнов, Е. И. Сталинградская археологическая экспедиция / Е. И. Крупнов / Вестник АН СССР.–1953.–№ 6.–С. 42–48.

123. Кудрин, Б. И. О плане электрификации России / Б. И. Кудрин // Экономические стратегии.–2006.–№ 3.–С. 30–35.

124. Кузёмин, И. Н. Днепровский каскад ГЭС / И. Н. Кузёмин.–Киев: Изд-во «Будівельник», 1981.–224 с.: ил.

125. Кузнецова, Н. В. Восстановление и развитие экономики Нижнего Поволжья в послевоенные годы (1945–1953 гг.) / Н. В. Кузнецова.–Волгоград: Изд-во Волгогр. гос. ун-та, 2002.–290 с.

126. Кузнецов, В. А. Рыбы Волжско–Камского края / В. А. Кузнецов.–Казань: Изд-во «Kazan-Казань», 2005.–208 с.: ил.

127. Кузьмина, Т. Н. Индустриальное развитие Поволжья. 1928–июнь 1941 гг.: достижения, издержки, уроки / Т. Н. Кузьмина, Н. А. Шарошкин.–Пенза: Изд-во Пенз. гос. пед. ун-та, 2005.–604 с.

128. Куйбышевское водохранилище / сост. Н. В. Буторин, М. А. Фортунатов и др.; отв. ред. А. В. Монаков.–Л.: Изд-во «Наука», 1983.–214 с.: ил.

129. Куйбышевская область: ист.-экон. очерк / сост. Л. В. Храмков, К. Я. Наякшин, Ф. Г. Попов и др.–Куйбышев: Куйб. книжное изд-во, 1983.–351 с.: ил.

130. Кулыгин, В. В. Уголовно-правовая охрана культурных ценностей / В. В. Кулыгин.–М.: Изд-во «Юрист», 2006.–125 с.

131. Культурный ландшафт как объект наследия / под ред. Ю. А. Веденина, М. Е. Кулешовой.–СПб.: Изд-во «Дмитрий Буланин», 2004.–620

с.: ил.

132. Лебедев, Н. Средне-Волжский район / Н. Лебедев.–М.: Изд-во «Плановое хозяйство», 1927.–84 с.

133. Лельчук, В. С. Научно-техническая революция и промышленное развитие СССР / В. С. Лельчук; отв. ред. М. П. Ким; Академия наук СССР, Ин-т истории СССР .–М.: Изд-во «Наука», 1987.–285 с.

134. Лёве, Х.-Д. Сталин: пер. с нем. / Х.-Д. Лёве.–М.: Изд-во «Российская политическая энциклопедия», 2009.–351 с.

135. Лившиц, А. Э. Проблемы изучения истории создания новых промышленных центров во второй половине XX века (На материалах г. Тольятти) / А. Э. Лифшиц // Татищевские чтения: материалы Всерос. науч. конф., Тольятти, 10–12 окт. 2002 г.; отв. ред. А. Э. Лившиц.–Тольятти: Изд-во Тольят. гос. ун-та, 2002.–192 с.–С. 149–152.

136. Лифанов, И. А. Организация чаши водохранилищ / И. А. Лифанов.–М.: Гос. энергетич. изд-во, 1946.–224 с.

137. Лукин, А. В. Куйбышевское водохранилище / А. В. Лукин // Известия ГосНИОРХ.–1975.–Т. 102.–243 с.–С. 105–118.

138. Лукьяненко, В. И. Экологические аспекты ихтиотоксикологии / В. И. Лукьяненко.–М.: Изд-во «Агропромиздат», 1987.–240 с.

139. Любимова, Е. В. Экономический анализ эффективности Алтайской ГЭС / Е. В. Любимова; Ин-т экономики и орг. пром. пр-ва Сибир. отделения Рос. академии наук.–Новосибирск: Изд-во ИЭОПП СО РАН, 2006.–20 с.

140. Малышев, Н. А. Волжская гидроэлектростанция имени В. И. Ленина / Н. А. Малышев, Н. В. Разин, Г. А. Руссо.–М.: Гос. энергетич. изд-во, 1960.–349 с.

141. Малышев, Н. А. Рождённый Великим Октябрем Волжско–Камский каскад гидроэлектростанций / Н. А. Малышев //

Гидротехническое строительство.–1977.–№ 10.–С. 3–6.

142. Маркевич, А. М. Советская экономика 1930-х гг. Отраслевые наркоматы и главки: официальные задачи и реальная практика / А. М. Маркевич // Экономическая история. Обозрение. Вып. 8 / под ред. Л. И. Бородкина.–М.: Изд-во Моск. гос. ун-та, 2002.–176 с.–С. 89–91.

143. Матарзин, Ю. М. Гидрология водохранилищ / Ю. М. Матарзин.–Пермь: Изд-во Перм. гос. ун-та, 2003.–296 с.

144. Матвеева, Г. И. Среднее Поволжье в IV–VII вв.: именьковская культура / Г. И. Матвеева.–Самара: Самар. гос. ун-т, 2004.–166 с.

145. Материалы Всесоюзной науч. конф. по проблеме комплексного использования и охраны водных ресурсов бассейна Волги.–Вып. 1. Водные ресурсы и их комплексное использование / отв. ред. Ю. М. Матарзин.–Пермь: [б. и.], 1975.–202 с.

146. Материалы Всесоюзной науч. конф. по проблеме комплексного использования и охраны водных ресурсов бассейна Волги.–Вып. 3. Гидробиология и повышение биологической продуктивности водоёмов / отв. ред. Ю. М. Матарзин.–Пермь: [б. и.], 1975.–198 с.

147. Материалы и исследования по археологии СССР. № 5. Третьяков, П. Н. К истории племён Верхнего Поволжья в первом тысячелетии н.э. / Третьяков П. Н // Академия наук СССР, Ин-т истории материальной культуры; отв. ред. М. И. Артамонов.–М.: Изд-во АН СССР, 1941.–150 с.: ил.

148. Материалы и исследования по археологии. № 13. Материалы по археологии Верхнего Поволжья / Академия наук СССР, Ин-т истории материальной культуры; отв. ред. П. Н. Третьяков.–М.-Л.: АН СССР, 1950.–179 с.: ил.

149. Материалы и исследования по археологии СССР. № 42. Труды Куйбышевской археологической экспедиции. Т. 1 / Академия наук СССР,

Ин-т истории материальной культуры; отв. ред. А. П. Смирнов.–М.: Изд-во АН СССР, 1954.–508 с.: ил.

150. Материалы и исследования по археологии СССР. № 60. Древности Нижнего Поволжья (Итоги работ Сталинградской археологической экспедиции). Т. 1 / Академия наук СССР, Ин-т истории материальной культуры; отв. ред. Е. И. Крупнов.–М: Изд-во АН СССР, 1959.–596 с.: ил.

151. Материалы и исследования по археологии СССР. № 61. Труды Куйбышевской археологической экспедиции. Т. 2 / Академия наук СССР, Ин-т истории материальной культуры; отв. ред. А. П. Смирнов.–М.: Изд-во АН СССР, 1958.–460 с.: ил.

152. Материалы и исследования по археологии СССР. № 78. Древности Нижнего Поволжья (Итоги работ Сталинградской археологической экспедиции). Т. 2 / Академия наук СССР, Ин-т истории материальной культуры; отв. ред. Е. И. Крупнов, К. Ф. Смирнов.–М: Изд-во АН СССР, 1960.–310 с.: ил.

153. Материалы и исследования по археологии СССР. № 80. Труды Куйбышевской археологической экспедиции. Т. 3 / Академия наук СССР, Ин-т истории материальной культуры; отв. ред. А. П. Смирнов.–М.: Изд-во АН СССР, 1960.–252 с.: ил.

154. Материалы и исследования по археологии. № 110. Труды Горьковской археологической экспедиции. Археологические памятники Верхнего и Среднего Поволжья / Академия наук СССР, Ин-т истории материальной культуры; отв. ред. П. Н. Третьяков.–М.-Л.: АН СССР, 1963.–276 с.: ил.

155. Мерперт, Н. Я. К вопросу о древнейших болгарских племенах / Н. Я. Мерперт.–Казань: Изд-во «Татполиграф», 1957.–37 с.

156. Мечников, Л. И. Цивилизация и великие исторические реки; статьи / Л. И. Мечников.–М.: Изд-во «Прогресс–Пангея», 1995.–464 с.

157. Мирошников, И. П. Спустя полвека... / И. П. Мирошников / Мономах.–2007.–№ 4.–С. 12–13.

158. Мирошников, И. П. Волга должна быть вне суверенитетов / И. П. Мирошников // Ульяновская правда.–1997.–№ 161–162.–13 сентября.–С. 7.

159. Моисеенкова, Т. А. Эколого-экономическая сбалансированность промышленных узлов / Т. А. Моисеенкова.–Саратов: Изд-во Сарат. гос. ун-та, 1989.–216 с.

160. Молога. Земля и море: фотоальбом / авт.–сост. В. А. Гречухин, В. И. Ерохин, Л. М. Иванов.–Рыбинск: Изд-во «Рыбинский Дом печати», 2007.–304 с.

161. Молога: история и судьба древней русской земли. Вып. 2 / сост. Н. М. Алексеев.–Рыбинск: Изд-во «Рыбинское подворье», 1996.–80 с.

162. Молога: история и судьба древней русской земли. Вып. 3 / сост. Н. М. Алексеев.–Рыбинск: Изд-во «Рыбинское подворье», 1997.–112 с.

163. Молога: история и судьба древней русской земли. Вып. 4 / сост. Н. М. Алексеев.–Рыбинск: Изд-во «Рыбинское подворье», 1999.–128 с.

164. Молога. Рыбинское водохранилище. История и современность: к 60-летию затопления Молого-Шекснинского междуречья и образования Рыбинского водохранилища: материалы науч. конф. / сост. Н. М. Алексеев.–Рыбинск: Изд-во «Рыбинское подворье», 2003.–208 с.

165. Мологский край: проблемы и пути их решения: материалы Круглого стола, Ярославль, 5–6 июня 2003 г. / отв. ред. В. И. Лукьяненко; Верхневолж. отд. Рос. экологич. академии.–Ярославль: Изд-во ВВО РЭА, 2003.–202 с.

166. Мордвинов, Ю. Н. Взгляд в прошлое. Из истории селений Старомайнского района Ульяновской области / Ю. Н. Мордвинов.–Ульяновск: Изд. дом «Караван», 2007.–416 с.: ил.

167. Мухамедов, Р. А. Утверждение плановости в советской

экономике в 1920–1930-е годы: по материалам Среднего Поволжья / Р. А. Мухамедов.–Ульяновск: Изд-во «Корпорация технологий продвижения», 2007.–224 с.

168. Назаренко, В. А. О рациональном использовании рек и озёр Ульяновской области / В. А. Назаренко, А. А. Рузавин, В. И. Пузырников // Материалы науч.-методич. конф., Ульяновск, 26–27 февр. 1994 г.–Ульяновск: Изд-во Ульян. гос. пед. ун-та, 1994.–232 с.–С. 13–15.

169. Найденко, В. В. Великая Волга на рубеже тысячелетий. От экологического кризиса к устойчивому развитию. В 2 т. Т. 1. Общ. характеристика бассейна р. Волга. Анализ причин эколог. кризиса / В. В. Найденко.–Н. Новгород: Изд-во «Промграфика», 2003.–432 с.: ил.

170. Найденко, В. В. Великая Волга на рубеже тысячелетий. От экологического кризиса к устойчивому развитию. В 2 т. Т. 2. Практ. меры преодоления эколог. кризиса и обеспечения перехода Волж. бассейна к устойчив. развитию / В. В. Найденко.–Н. Новгород: Изд-во «Промграфика», 2003.–368 с.: ил.

171. Найденко, В. В. Государственная экологическая программа «Возрождение Волги» / В. В. Найденко // Водоснабжение и санитарная техника.–1992.–№ 10.–С. 2–4.

172. Налётов, П. Ф. Энергетические ресурсы Средневолжского края / П. Ф. Налётов.–М.–Самара: Объединение гос. книжно-журнальных изд-в, Средневолж. краевое отделение, 1931.–92 с.

173. Население России в XX веке: исторические очерки. В 3 т. Т. 1: 1900–1939 / Рос. акад. наук, отд-ние истории, Науч. совет по ист. демографии и ист. географии, Ин-т рос. истории.–М.: Изд-во «Российская политическая энциклопедия», 2000.–463 с.

174. Население России в XX веке: исторические очерки. В 3 т. Т. 2: 1940–1959 / Рос. акад. наук, отд-ние истории, науч. совет по ист.

демографии и ист. географии, Ин-т рос. истории.–М.: Изд-во «Российская политическая энциклопедия», 2001.–416 с.

175. Наука и техника в первые годы советской власти: социокультурное измерение (1917–1940) / Рос. акад. наук, Ин-т истории естествознания и техники; под ред. Е. Б. Музруковой; ред.-сост. Л. В. Чеснова.–М.: Изд-во «Academia», 2007.–496 с.

176. Некрасова, И. М. Ленинский план электрификации страны и его осуществление в 1921–1931 гг. / И. М. Некрасова.–М.: Изд-во Академии наук СССР, 1960.–146 с.

177. Непорожний, П. С. Электрификация СССР. 1917–1967 / П. С. Непорожний; под общ. ред. П. С. Непорожнего.–М.: Изд-во «Энергия», 1967.–543 с.: ил.

178. Нестеров, Ю. А. Молога–память и боль / Ю. А. Нестеров.–Ярославль: Верхне-Волж. книжное изд-во, 1991.–69 с.: ил.

179. Никаноров, Ю. И. Иваньковское водохранилище / Ю. И. Никаноров // Известия ГосНИОРХ.–1975.–Т. 102.–С. 5–25.

180. Никитина, А. Г. Историзм социально-политического явления / А. Г. Никитина // ПОЛИС.–2000.–№ 5.–С. 31–36.

181. Новиков, Ю. В. Как здоровье, Волга? / Ю. В. Новиков, Е. В. Штанников.–Саратов: Приволж. книжное изд-во, 1985.–168 с.

182. Носик, Б. М. По Руси Ярославской / Б. М. Носик.–М.: Изд-во «Мысль», 1968.–236 с.

183. Опыт российских модернизаций. XVIII–XX века / отв. ред. В. В. Алексеев.–М.: Изд-во «Наука», 2000.–246 с.

184. Осокина, Е. А. За фасадом «сталинского изобилия»: распределение и рынок в снабжении населения в годы индустриализации, 1927–1941 / Е. А. Осокина.–М.: Изд-во «Российская политическая энциклопедия», 2008.–351 с.

185. Отечественная история: энциклопедия. В 5 т. Т. 2: Д–К / редкол.: В. Л. Янин (гл. ред.) и др.–М.: Изд-во «Большая Российская энциклопедия», 1996.–656 с.: ил.

186. Плюснина, В. В. Ангарский каскад: экологические последствия (2-я половина XX века) / В. В. Плюснина, И. А. Дальжинова / отв. ред. К. Б. Митупов; Бурят. гос. ун-т.–Улан-Удэ: Изд-во БГУ, 2008.–144 с.

187. Побережников, И. В. Переход от традиционному к индустриальному обществу: теоретико-методологические проблемы модернизации / И. В. Побережников.–М.: Изд-во «Российская политическая энциклопедия», 2006.–240 с.

188. Поволжье. Экономико-географическая характеристика / отв. ред. К. В. Долгополов, В. В. Покшишевский, С. Н. Рязанцев.–М.: Гос. изд-во географич. лит-ры, 1957.–464 с.: ил.

189. Погребинский, А. П. История народного хозяйства СССР (1917–1963 гг.) / А. П. Погребинский, В. Е. Мотылёв, Т. К. Пажитнова и др.–М.: Изд-во «Высш. школа», 1964.–288 с.

190. Политические репрессии в Ставрополе–на–Волге в 1920–1950-е годы: чтобы помнили... / сост. Н. А. Ялымов.–Тольятти: Изд-во «Центр информационных технологий», 2005.–320 с.: ил.

191. Полякова, М. А. Охрана культурного наследия России / М. А. Полякова.–М.: Изд-во «Дрофа», 2005.–271 с.: ил.

192. Природа и экология Угличского края. Исследования и материалы по истории Угличского Верхневолжья. Вып. 6 / ред. В. И. Ерохина–Углич: Изд-во Углич. гос. историко-худож. музея, 2000.–164 с.

193. Природа Симбирского Поволжья: сб. научных тр. / Ульян. обл. краеведческий музей, Отдел по экологии и природопользованию Ульян. обл.–Вып. 3.–Ульяновск: [б. и.], 2002.–243 с.

194. Проблемы развития и размещения производительных сил

Поволжья / отв. ред. А. А. Адамеску.–М.: Изд-во «Мысль», 1973.–272 с.

195. Проблемы размещения производительных сил Поволжья: труды Поволжской научно-практич. конф. / отв. ред. В. А. Арефьев.–Куйбышев: Куйб. книжное изд-во, 1965.–484 с.

196. Провинциальный город в контексте событий истории России. Краеведческие чтения. Вып. 2 / сост. Е. В. Чертовских, Е. В. Михасик.–Калязин: Изд-во Каляз. краевед. музея, 2001.–76 с.

197. Проектирование и строительство больших плотин: сб. докладов. Вып. 7. / под ред. А. А. Борового.–М.: Энергет. изд-во, 1982.–144 с.: ил.

198. Пути рационального рыбохозяйственного использования волжских водохранилищ: сб. науч. тр. / Гос. науч.-исслед. ин-т озёрного и речного х-ва Росрыбхоза; под ред. Н. И. Захарова и Н. И. Небольсиной.–Вып. 303.–Ленинград: Изд-во ГосНИОРХа, 1989.–152 с.

199. Пчелинцев, О. С. Региональная экономика в системе устойчивого развития / О. С. Пчелинцев.–М.: Изд-во «Наука», 2004.–419 с.

200. Раифа–Свияжск. / сост. Т. А. Горшкова, О. В. Бакин, Г. А. Мюллер и др.–Казань: Изд-во «Kazan–Казань», 2001.–224 с.: ил.

201. Распределение и численность рыб Куйбышевского водохранилища и обусловливающие их факторы / Татар. отделение гос. науч.-исслед. ин-та озёрного и реч. рыбного х-ва; отв. ред. Э. П. Цыплаков.–Вып. XII.–Казань: Татар. книжн. изд-во, 1972.–275 с.

202. Рассказов, Л. П. Роль ГУЛАГа в предвоенных пятилетках / Л. П. Рассказов // Экономическая история. Ежегодник, 2002 / Моск. гос. ун-т, ист. фак. Центр экон. истории и др.; редкол.: Л. И. Бородкин, Ю. А. Петров и др.–М.: Изд-во «Российская политическая энциклопедия», 2003.–624 с.–С. 269–319.

203. Реент, Ю. А. История уголовно-исполнительной системы России: учебник / Ю. А. Реент // под ред. Ю. И. Калинина.–Рязань: Изд-во

Академии права и управления Федер. службы исп. наказаний, 2006.–374 с.

204. Ремесло окаянное. Очерки по истории уголовно-исполнительной системы Самарской области, 1894–2004. Т. 1.–Самара: Изд-во «Ульян. Дом печати», 2004.–496 с.: ил.

205. Репина, Л. Волжскому водохранилищу–10 лет / Л. Репина // Ульяновская правда.–1965.–№ 240.–10 октября.–С. 2.

206. Репинецкий, А. И. Работники промышленности Поволжья: демографический состав, образовательный и профессиональный уровень. (1946–1965 гг.) / А. И. Репинецкий.–Самара: Изд-во ООО «Научно-технический центр», 1999.–404 с.

207. Рогозин, И. С. Оползни Ульяновского и Сызранского Поволжья / И. С. Рогозин, З. Т. Киселёва.–М.: Изд-во «Наука», 1965.–160 с.: ил.

208. Родионов, Г. А. Волжско–Камский каскад гидроэлектростанций–основа комплексного использования водных ресурсов Поволжья / Г. А. Родионов, Л. С. Подоплелов.– Саратов: Сарат. книжное изд-во, 1983.–106 с.: ил.

209. Розанов, В. В. Русский Нил / В. В. Розанов // Экология и жизнь.–2000.–№ 1.–С. 38–39.

210. Розенберг, Г. С. Волжский бассейн: экологическая ситуация и пути рационального природопользования / Г. С. Розенберг, Г. П. Краснощеков; Ин-т экологии Волж. бассейна Рос. академии наук.–Тольятти: Изд-во ИЭВБ РАН, 1996.–250 с.

211. Розенберг, Г. С. Крутые ступени перехода к устойчивому развитию / Г. С. Розенберг, Д. Б. Гелашвили, Г. П. Краснощеков // Вестник Российской академии наук.–1996.–Т. 66, № 5.–С. 436–440.

212. Розенберг, Г. С. Опыт достижения устойчивого развития на территории Волжского бассейна / Г. С. Розенберг, Г. П. Краснощеков, Д. Б. Гелашвили // Устойчивое развитие. Наука и практика.–2003.–№ 1.–С.

19–31.

213. Ромодановский, А. Гидрология Волги / А. Ромодановский // Ульяновская правда.–1957.–№ 254.–25 декабря.–С. 3.

214. Ромодановский, А. Новый режим Волги / А. Ромодановский // Ульяновская правда.–1961.–№ 291.–12 декабря.–С. 4.

215. Русская Атлантида. Путеводитель по затопленным городам Верхней Волги: фотоальбом / авт.-сост. В. И. Ерохин.–Рыбинск: ООО «Формат–принт», 2005.–48 с.: ил.

216. Рыбы севера Нижнего Поволжья: в 3 кн. Кн. 1. Состав ихтиофауны, методы изучения / Е. В. Завьялов, А. Б. Ручин, Г. В. Шляхтин и др.–Саратов: Изд-во Сарат. гос. ун-та, 2007.–208 с.: ил.

217. Рыбы севера Нижнего Поволжья: в 3 кн. Кн. 2. История изучения ихтиофауны / Е. В. Завьялов, В. С. Болдырев, В. Ю. Ильин и др.; под ред. Е. В. Завьялова.–Саратов: Изд-во Сарат. гос. ун-та, 2010.–336 с.: ил.

218. Савчук, Н. В. Ангаро–Енисейский регион: социально-экологические проблемы хозяйственного освоения (1950–1990 гг.) / Н. В. Савчук.–Ангарск: Изд-во Ангар. гос. технич. академии, 2006.–294 с.

219. Савчук, Н. В. социальная сфера Ангаро–Енисейского региона в условиях экологической нестабильности (1950–1990 гг.).–Ангарск: Изд-во Ангар. гос. технич. академии, 2007.–200 с.

220. Савчук, Н. В. Экологический аспект в концепции индустриального освоения Иркутской области (1950–1990 гг.) / Н. В. Савчук // Известия Иркутской государственной экономической академии.–2005.–№3–4 (44–45).–С. 39–43.

221. Семыкин, Ю. А. К вопросу о поселениях ранних болгар в Среднем Поволжье / Ю. А. Семыкин // Культуры евразийских степей второй половины I тыс. н.э.: материалы I междунар. археологич. конф./

отв. ред. Д. А. Сташенков.–Самара: Изд-во Самар. обл. ист.-краеведч. музея, 1996.–384 с.: ил.–С. 66–74.

222. Сергиенко, Л. И. Экологизация региональных природно-хозяйственных систем Нижнего Поволжья / Л. И. Сергиенко.–Волгоград: Изд-во Волгогр. гос. ун-та, 2003.–138 с.

223. Сечин, Ю. Т. Биоресурсные исследования на внутренних водоемах / Ю. Т. Сечин.–Калуга: Изд-во науч. лит-ры «Эйдос», 2010.–204 с.

224. Смирнов, А. П. Волжские булгары. Труды Госуд. Историч. музея. Вып. XIX / А. П. Смирнов.–М.: Изд-во Гос. Историч. музея, 1951 г.–302 с.

225. Смирнов, А. П. Древняя и средняя история Ульяновского края в свете новых археологических исследований / А. П. Смирнов.–Ульяновск: Ульян. книжное изд-во, 1955.–66 с.: ил.

226. Созидатели. Строительный комплекс Ставрополя–Тольятти: 1950–2000 / гл. ред. С. Г. Мельник.–Тольятти: ООО «Этажи–М», 2003.–448 с.: ил.

227. Спасские сказания / отв. ред. Л. П. Абрамов.–Казань: Изд-во «По городам и весям», 2003.–432 с.: ил.

228. Стоны Волги: публицистические очерки / сост. В. Дроботов, А. Марков, А. Цуканов; отв. ред. А. В. Кокшилов.–Волгоград: Нижне-Волж. книжное изд-во, 1990.–128 с.

229. Структура островных экосистем Куйбышевского водохранилища / сост. Ю. Е. Егоров, И. Д. Голубева и др.; отв. ред. Ю. Е. Егоров.–М.: Изд-во «Наука», 1980.–175 с.: ил.

230. Суворов, Н. А. Калязинские храмы и монастыри / Н. А. Суворов.–Калязин: Изд-во «ГП Кимрская типография», 2004.–64 с.

231. Суворов, Н. А. Калязин: страницы истории / Н. А. Суворов.–Калязин: Изд-во «ГП Кимрская типография», 2000.–182 с.

232. Тачалов, С. Н. Рукотворное море: (записки гидролога) / С. Н. Тачалов.–Ярославль: Верхне-Волж. книжное изд-во, 1982.–151 с.

233. Технический прогресс энергетики СССР / под ред. П. С. Непорожнего; сост. А. А. Троицкий, В. И. Горин, Г. И. Моисеев и др.–М.: Изд-во «Энергоатомиздат», 1986.–224 с.: ил.

234. Труды Гидропроекта. Сборник 16. Гидроэнергетика и комплексное гидротехническое строительство за 50 лет Советской власти / под общ. ред. Д. М. Юринова.–М.: Изд-во «Энергия», 1969.–560 с.

235. Упадышев, Н. В. ГУЛАГ на Европейском Севере России: генезис, эволюция, распад / Н. В. Упадышев; Поморский гос. ун-т.–Архангельск: Изд-во ПомГУ, 2007.–324 с.

236. Учёные записки / Куйб. плановый ин-т; ред. М А. Шершнёв.–Куйбышев: Обл. типогр. упр-я по печати Куйб. облисполкома, 1965.–108 с.: ил.

237. Фёдоров, Н. А. Была ли тачка у министра?..: очерки о строителях канала Москва–Волга / Н. А. Фёдоров.–Дмитров: Изд-во «СПАС», 1997.–224 с.

238. Фируллина, И. И. Город Тольятти: история формирования и развития / И. И. Фируллина // Экономика Самарской губернии: 150 лет развития: материалы регион. науч.-практич. конф., Самара, 26–27 апр. 2001 г. / отв. ред. Н. Ф. Тагирова, Н. Л. Клейн.–Самара: Изд-во Самар гос. экон. академии, 2001.–344 с.–С. 301–303.

239. Ханжин, Б. М. История разрушения и уничтожения биологических ресурсов Волго-Каспийского бассейна-Шаги на пути человеческой гибели / Б. М. Ханжин, Т. Ф. Ханжина.-Элиста: АЛЛ «Джангар», 2003.–64 с.

240. Хлебникова, Т. А. Древнерусское поселение в Болгарах / Т. А. Хлебникова // КСИИМК.–Вып. 62.–1956.–С. 141–146.

241. Хлевнюк, О. В. Политбюро. Механизмы политической власти в 30-е годы / О. В. Хлевнюк.–М.: Изд-во «Российская политическая энциклопедия», 1996.–432 с.

242. Хонин, В. А. Проблемы индустриализации Среднего Поволжья / В. А. Хонин.–Москва–Самара: Гос. книжное изд-во, Средневолж. краевое отделение, 1930.–111 с.

243. Храмков, Л. В. Самарский край в судьбах России: учеб. пособие по самар. краеведению для высших и средних общеобразоват. учреждений / Л. В. Храмков.–Самара: Изд-во Самар. гос. ун-та, 2006.–370 с.

244. Цыплаков, Э. П. Рыбы Куйбышевского водохранилища / Э. П. Цыплаков, Л. М. Хузеева, К. И. Васянин и др. // Труды Татарского отд. ГосНИОРХ.– 1970.–Вып. XI.–С. 51–108.

245. Чаплыгин, А. В. Волгострой. Проблема использования гидроэлектрической энергии реки Волги у Самарской луки / А. В. Чаплыгин.–Самара: Изд-во Средне-волж. краевого исп. комитета, 1929.–26 с.

246. Чаплыгин, А. В. Волгострой / А. В. Чаплыгин.–Самара: Гос. изд-во, Средне-волж. краевое отделение, 1930.–126 с.

247. Чаплыгин, А. В. Грандиозное сооружение эпохи социализма. Гидроэнергетический узел на Самарской Луке / А. В. Чаплыгин.–Куйбышев: Куйб. изд-во, 1937.–48 с.

248. Черкасова, М. Гидрогигантомания–где её корни? / М. Черкасова // Знание-сила.–1989.– № 4.–С. 44–48.

249. Черкасова, М. Гидрогигантомания: кому она нужна? / М. Черкасова // Знание-сила.–1989.–№ 2.–С. 51–55.

250. Шабалина, Л. П. Динамика численности, этнического состава населения Поволжья / Л. П. Шабалина, И. Е. Канцерова // Вестник

УлГПУ: сб. науч. ст.–Ульяновск: Изд-во Ульян. гос. пед. ун-та, 2009.–Вып. 5.–247 с.–С. 132–137.

251. Шенников, А. П. Волжские луга Средне-Волжской области. По материалам геоботанических исследований в 1914–1921 гг. в бывшей Симбирской губернии / А. П. Шенников.–Л.: Изд-во Ульян. Окрземуправления и Окрплана, 1930.–386 с.

252. Шенников, А. П. Пути увеличения кормовых ресурсов животноводства на берегах водохранилищ / А. П. Шенников // Природа.–1954.–№ 5.–С. 52–56.

253. Шер, С. Энергетика в экономике США, 1850–1975 / С. Шер, Б. Нетчерт: пер. с англ.–М.: Изд-во экономич. лит-ры, 1963.–436 с.

254. Шилов, В. П. Очерки по истории древних племён Нижнего Поволжья / В. П. Шилов.–Л.: Изд-во «Наука», 1975.–208 с.

255. Штеренлихт, Д. В. Очерки истории гидравлики, водных и строительных искусств. В пяти книгах. Книга 3. Россия. Конец XVII–начало XIX вв. Учебное пособие для вузов / Д. В. Штеренлихт.–М.: Изд-во «ГЕОС», 1999.–382 с.: ил.

256. Штеренлихт, Д. В. Очерки истории гидравлики, водных и строительных искусств. В шести книгах. Книга 6. XIX в. и первая треть XX в. Часть вторая. Учебное пособие для вузов / Д. В. Штеренлихт.–М.: Изд-во «ГЕОС», 2005.–384 с.: ил.

257. Экологически чистая энергетика (в помощь лектору) / сост. А. А. Каюмов; областной совет ВООП и областной молодежный экологический центр «Дронт».–Горький: «б.и.», 1990.–77 с.: ил.

258. Электрификация СССР / под общ. ред. П. С. Непорожнего.–М.: Изд-во «Энергия», 1970.–543 с.: ил.

259. Электроэнергетика России. История и перспективы развития / ред. А. Ф. Дьяков.–М.: Изд-во «Информэнерго», 1997.–568 с.: ил.

260. Энергетика России (1920–2020 гг.). Том 1. План ГОЭЛРО / под. общ. ред. В. В. Бушуева.–М.: Изд. дом «Энергия», 2006.–1067 с.

261. Энергетическое строительство СССР за 40 лет / ред. А. А. Иванов.–М.: Гос. энергетич. изд-во, 1958.–287 с.

262. Юбилейный сборник научных трудов Гидропроекта (1930–2000). Вып. 159 / гл. ред. Г. Г. Лапин.–М.: Изд-во АО «Институт Гидропроект», 2000.–704 с.: ил.

263. Яковлев, А. Большая Волга. Очерки / А. Яковлев; предисл. А. В. Чаплыгина.–М.: Объединение гос. книжно-журнальных изд-в «Молодая гвардия», 1933.–78 с.: ил.

## 7. 论文类

1. Горюнова, В. Б. Эколого–токсическая характеристика Волги и Северной части Каспийского моря в связи с воспроизводством осетровых рыб. Дис. ... канд. биол. наук / В. Б. Горюнова.–Москва, 2005.–167 с.

2. Глухова, Е. М.Строительство Сталинградской ГЭС: комплектование кадрами, организация труда и быта. Дис. ... канд. ист. наук / Е. М. Глухова.–Волгоград, 2007.–246 с.

3. Есина, О. И. Действие органических соединений олова на молодь осетровых рыб. Дис. ... канд. биол. наук / О. И. Есина.–Астрахань, 2006.–123 с.

4. Лазарева, Г. А. Изменения экологического состояния Горьковского и Чебоксарского водохранилищ по многолетним данным гидробиологического мониторинга. Автореф. дис. ... канд. биол. наук / Г. А. Лазарева.–Москва, 2005.–25 с.

5. Небольсина, Т. К. Экосистема Волгоградского водохранилища и

пути создания рационального рыбного хозяйства. Дис. ... д-ра биол. наук / Т. К. Небольсина.–Саратов, 1980.–367 с.

6. Савчук, Н. В. Социально-экологические проблемы хозяйственного освоения Ангаро–Енисейского региона (1950-е–1991 г.). Автореф. дис. ... д-ра ист. наук / Н. В. Савчук.–Иркутск, 2007.–46 с.

7. Усова, Т. В. Формирование пополнения севрюги в Волго–Каспийском регионе в современных условиях. Дис. ... канд. биол. наук / Т. В. Усова.–Астрахань.–2005.–129 с.

8. Черезов, А. Н. Влияние уровневого режима Куйбышевского водохранилища на хозяйственную деятельность прибрежной территории Республики Татарстан. Автореф. дис. ... канд. геогр. наук / А. Н. Черезов.–Пермь, 2006.–26 с.

## 8. 电子资源

1. Беляков, А. А. Гидротехника и геополитика [Электронный ресурс] / А. А. Беляков.–Режим доступа: http://www.rau.su/observer/N11-12_02/11-12_12.htm, свободный.

2. Волжская ГЭС. Общие сведения [Электронный ресурс].–Режим доступа: http :// www.volges.rushydro.ru/hpp/general, свободный.

3. Довбыш, В. Н. О негативном экологическом воздействии волжских водохранилищ [Электронный ресурс] / В. Н. Довбыш // Доклад на Конгрессе V Международного научно-промышленного форума «Великие реки–2003».–Режим доступа: http:// www.priroda-samara.ru/index.php?id=lider&cont=_2, свободный.

4. Жигулёвская ГЭС. История ГЭС [Электронный ресурс].–Режим доступа: http :// www.zhiges.rushydro.ru/hpp/hpp-history, свободный.

5. Жигулёвская ГЭС. Краткая информация о предприятии

[Электронный ресурс].–Режим доступа: http://enc.ex.ru/cgi-bin/n1firm.pl?lang=1&f=2777, свободный.

6. Нижегородская ГЭС. Общие сведения [Электронный ресурс].–Режим доступа: http :// www.nizhges.rushydro.ru/hpp/general-info, свободный.

7. Решение круглого стола «Проблемы поднятия уровня воды Нижнекамского водохранилища», Казань, 26 октября 2005 г. [Электронный ресурс].–Режим доступа: http :// www.ant86.narod.ru/res_kr.htm, свободный.

8. Саратовская ГЭС. Значение [Электронный ресурс].–Режим доступа: http :// www.sarges.rushydro.ru/hpp/znachenie, свободный.

9. Хузин, Ф. Ш. О памятниках археологии в зоне затопления Нижнекамской ГЭС [Электронный ресурс] / Ф. Ш. Хузин.–Режим доступа: http :// www.nauctat.ru/nauka-i-inovatsii/o-pamyatnikach-archeologii-v-zone-zatopleniya-nizhnekamskoy-ges.html, свободный.

10. Чебоксарская ГЭС. Общие сведения [Электронный ресурс].–Режим доступа: http :// www.cheges.rushydro.ru/hpp/general-info, свободный.

11. Чебоксарское водохранилище ежегодно наносит ущерб экологии Марий Эл [Электронный ресурс].–Режим доступа: http :// www.regions.ru/ru/main/messagepage/1939959/, свободный.

12. Эколого-экономическая эффективность строительства Алтайской ГЭС [Электронный ресурс].–Режим доступа: http :// www.ecoclub.nsu.ru/katun/new/new3_4.shtm, свободный.

# 缩略词

| **АН – Академия наук** | 科学院 |
| --- | --- |
| АРАН – архив Российской академии наук | 俄罗斯科学院档案馆 |
| БГИАМЗ – Болгарский государственный историко-архитектурный музей-заповедник | 保加尔国家历史建筑文物保护区博物馆 |
| ВОДГЕО – Всесоюзный научно-исследовательский институт водоснабжения, канализации, гидротехнических сооружений и инженерной гидрогеологии | 全苏给排水、水工建筑与工程水文地质科学研究所 |
| ВОЛГРЭС – Волжская гидроэлектростанция | 伏尔加水电站 |
| ВСНХ – Высший совет народного хозяйства | 最高国民经济会议 |
| ВЦИК – Всероссийский исполнительный комитет | 全俄执行委员会 |
| ГАНИУО – Государственный архив новейшей истории Ульяновской области | 乌里扬诺夫斯克州现代史国家档案馆 |
| ГАРМЭ – Государственный архив Республики Марий Эл | 马里埃尔共和国国家档案馆 |
| ГАРФ – Государственный архив Российской Федерации | 俄罗斯联邦国家档案馆 |
| ГАУО – Государственный архив Ульяновской области | 乌里扬诺夫斯克州国家档案馆 |
| ГАЯО – Государственный архив Ярославской области | 雅罗斯拉夫尔州国家档案馆 |

续表

| АН – Академия наук | 科学院 |
| --- | --- |
| ГИАЧР – Государственный исторический архив Чувашской Республики | 楚瓦什共和国国家历史档案馆 |
| ГИДЭП – проектно-изыскательский трест «Гидроэнергопроект» | 勘测设计托拉斯“水电设计院” |
| Гипроречтранс – Государственный институт проектирования и изысканий на речном транспорте | 国家河运设计与勘测研究院 |
| ГКО – государственный комитет обороны | 国家国防委员会 |
| ГМК «Наследие» – городской музейный комплекс (г. Тольятти, Самарская обл.) | 城市博物馆集群（陶里亚蒂市，萨马拉州） |
| ГосНИОРХ – Государственный научно-исследовательский институт озёрного и речного рыбного хозяйства | 国家湖河渔业科学研究所 |
| ГОЭЛРО – государственный план электрификации России | 俄罗斯国家电气化计划 |
| ГРЭС – государственная районная электростанция (тепловая конденсационная электростанция) | 国家地区发电站（凝汽式火力发电厂） |
| ГУВД – Главное управление внутренних дел | 内务管理总局 |
| ГУЛАГ – Главное управление лагерей | 劳改营管理总局 |
| ГУФСИН – Главное управление федеральной службы исполнения наказаний | 联邦惩处总局 |
| ГЭС – гидроэлектростанция | 水电站 |
| ЕЭС – единая энергетическая система | 统一能源系统 |
| ИА РАН – Институт археологии Российской академии наук | 俄罗斯科学院考古学研究所 |
| ИТЛ – исправительно-трудовой лагерь | 劳改营 |
| ИТР – инженерно-технический работник | 工程技术工人 |
| ИЯЛИ АН Татарстана – Институт языка, литературы и истории Академии наук Республики Татарстан | 鞑靼斯坦共和国科学院语言、文学、历史学研究所 |
| КАЭ – Куйбышевская археологическая экспедиция | 古比雪夫考古勘探队 |

续表

| **АН – Академия наук** | 科学院 |
|---|---|
| кВ – киловольт | 千伏 |
| КВО – культурно-воспитательный отдел | 文教处 |
| кВт – киловатт | 千瓦 |
| кВт/ч – киловатт/час | 千瓦时 |
| КЕПС – комиссия по изучению естественных производительных сил России | 俄罗斯自然生产力研究委员会 |
| КПСС – коммунистическая партия Советского Союза | 苏联共产党 |
| КСИИМК – краткие сообщения Института истории материальной культуры | 物质文化历史研究院简报 |
| КСНХ – Краевой высший совет народного хозяйства | 边疆区最高国民经济会议 |
| КФАН – Казанский филиал Академии наук СССР | 苏联科学院喀山分院 |
| ЛМЗ – Ленинградский металлический завод | 列宁格勒冶金厂 |
| ЛЭП – линия электропередачи | 输电线路 |
| МВД – министерство внутренних дел | 内务部 |
| МВт – мегаватт | 兆瓦 |
| МИА – материалы и исследования по археологии СССР | 苏联考古学资料与研究 |
| МПС – министерство путей сообщения | 交通部 |
| МСЭС – министерство строительства электростанций | 电站建设部 |
| НАРТ – национальный архив Республики Татарстан | 鞑靼斯坦国家档案馆 |
| НИИ – научно-исследовательский институт | 科学研究所 |
| НКВД – народный комиссариат внутренних дел | 内务人民委员部 |
| НКЗ – народный комиссариат земледелия | 农业人民委员部 |
| НКПС – народный комиссариат путей сообщения | 交通人民委员部 |
| НКТП – народный комиссариат тяжёлой промышленности | 重工业人民委员部 |

续表

| АН – Академия наук | 科学院 |
| --- | --- |
| НПГ – нормальный подпорный горизонт | 正常蓄水位 |
| ОПЗЗ – отдел подготовки зоны затопления | 淹没区筹备处 |
| ПДК – предельно допустимая концентрация | 最大容许浓度 |
| РГАЭ – Российский государственный архив экономики | 俄罗斯国家经济档案馆 |
| РГИ – Российский гидрологический институт | 俄罗斯水文研究院 |
| РСФСР – Российская Советская Федеративная Социалистическая Республика | 俄罗斯苏维埃联邦社会主义共和国 |
| РТ – Республика Татарстан | 鞑靼斯坦共和国 |
| РФ ГАЯО – Рыбинский филиал государственного архива Ярославской области | 雅罗斯拉夫尔州国家档案馆雷宾斯克分馆 |
| САЭ – Сталинградская археологическая экспедиция | 斯大林格勒考古勘探队 |
| СМУ – строительно-монтажное управление | 建筑安装管理局 |
| СНК – Совет народных комиссаров | 人民委员会 |
| СОГАСПИ – Самарский областной государственный архив социально-политической истории | 萨马拉州国家社会政治历史档案馆 |
| СОПС – Совет по изучению производительных сил | 生产力研究委员会 |
| Союзводпроект – Всесоюзный трест по изысканиям и проектированию оросительных и осушительных систем и гидротехнических сооружений | 全苏灌溉排水系统与水利工程勘测设计托拉斯 |
| СПАВ – синтетические поверхностно-активные вещества | 合成表面活性剂 |
| СПФ АРАН – Санкт-Петербургский филиал архива Российской академии наук | 俄罗斯科学院档案馆圣彼得堡分馆 |
| СССР – Союз Советских Социалистических Республик | 苏维埃社会主义共和国联盟 |
| ТАССР – Татарская автономная советская социалистическая республика | 鞑靼苏维埃社会主义自治共和国 |

续表

| **АН – Академия наук** | 科学院 |
|---|---|
| ТЭС – тепловая электростанция | 热电厂 |
| УКИЗВ – удельный комбинированный индекс загрязнённости воды | 单位水质综合污染指数 |
| УК – уголовный кодекс | 刑法典 |
| УНКВД – Управление народного комиссариата внутренних дел | 人民内务委员部管理局 |
| УФ ГАЯО – Угличский филиал государственного архива Ярославской области | 雅罗斯拉夫尔州国家档案馆乌格里奇分馆 |
| Филиал РГАНТД – филиал Российского государственного архива научно-технической документации в г. Самаре | 俄罗斯国家科学技术文件档案馆萨马拉分馆 |
| ФСБ – федеральная служба безопасности | 联邦安全局 |
| ЦГАСО – Центральный государственный архив Самарской области | 萨马拉州中央国家档案馆 |
| ЦК ВКП (б) – Центральный комитет Всесоюзной коммунистической партии большевиков | 联共（布）中央委员会 |
| ЦК ВЛКСМ – Центральный комитет Всесоюзного ленинского коммунистического союза молодёжи | 苏联共青团中央委员会 |
| ЦЭС – Центральный электротехнический совет | 中央电力委员会 |
| ШИЗО – штрафной изолятор | 惩戒隔离室 |
| ЭНИН – Энергетический институт | 能源研究院 |

# 附　录

## 一、档案资料

**档案资料 1. 苏联人民委员会和联共（布）中央委员会 1932 年 3 月 23 日《关于在伏尔加河上兴建水电站的决议》**[1]

1. 在中伏尔加系统建设 3 座大型水电站是必要的，一座位于伊万诺沃－沃兹涅先斯克地区，另一座位于下诺夫哥罗德地区，第三座位于卡马河上的彼尔姆地区，旨在实现彼尔姆的水力发电设备满足乌拉尔中部地区，特别是下塔吉尔工厂枢纽的能源需求。

2. 这些设备的装机功率确定为 80 万—100 万千瓦。

3. 为顺利完成这些工作，务必设立专属管理单位中伏尔加工程局，任命 A.V. 温特尔为主任、B.E. 韦杰涅耶夫为副主任，保留二人在 1933 年第聂伯河工程正常运行中的责任。

4. 规定现有第聂伯河工程局作为中伏尔加工程局的工作单位。第聂伯河工程竣工后，第聂伯河工程局的组织机构移至中伏尔加工程局，第聂伯河工程局的所有设备和人员调派至中伏尔加工程局。

5. 责成重工业人民委员部能源中心于 1932 年 10 月 1 日前提交中伏

[1] РГАЭ. Ф. 4372. Оп. 28. Д. 456. Л. 29–30.

尔加河和卡马河工程方案。

6. 责成温特尔同志于一个月内提交1932年第二、第三季度的经济运作计划。

7. 水利建设截至1935年春。

8. 责令重工业人民委员部制定中伏尔加工程局章程。

**档案资料2. 苏联国家计委主席V.I. 梅日劳克1935年4月5日给联共（布）中央委员会－斯大林同志秘书处的报告(1935年4月1日第1071/10号)** [1]

去年秋，苏联国家计委受政府委托吸收全国权威专家，督促各单位推进外伏尔加地区灌溉、伏尔加河改造和伏尔加河－顿河联通工程。专家委员会主要讨论的问题包括：

1. 以卡梅申水利枢纽或萨马拉水利枢纽或顿河－伏尔加河综合体为基础……灌溉外伏尔加地区。

2. 灌溉计划对伏尔加河－里海的影响。

3. 伏尔加河－顿河联通工程。

4. 伏尔加河整体改造，即协调配合水利枢纽体系中各独立部分的能源输送以及水利设施修建（其中包括乌格里奇、雅罗斯拉夫尔、高尔基、萨马拉、卡梅申等）。

5. 伏尔加河干流的能源运输……

苏联国家计委专家委员会详细讨论了人民委员会政府委员会关于修建卡梅申和萨马拉水利枢纽的决议，并做出如下结论：

为完成联共（布）中央委员会和人民委员会1932年5月22日确定的关于灌溉外伏尔加地区400万公顷土地的任务，下伏尔加工程的设计方案最为详尽，即以卡梅申水利枢纽为基础灌溉这一地区……

萨马拉水利枢纽方案由于勘测研究不足而尚未完成……目前还无法采用，尽管它依仗中心地理位置而拥有巨大能源意义。

[1] РГАЭ. Ф. 4372. Оп. 32. Д. 212. Л. 93–96.

按照今年卡梅申水利枢纽的实施计划，须在萨马拉地区进行一系列紧急勘探工作，人民委员会决定在1934年第四季度和1935年为此专项拨款。

针对深度问题，专家和政府委员会得出结论：保证伏尔加河全线3.5米深在技术上极为困难。因此，鉴于政府确定了干线水路深5米的任务，国家计委已组织对深度问题予以补充研究。

在讨论1935年全部国民经济计划时，政府确定，对外伏尔加地区灌溉问题做进一步研究的拨款，应在为苏联农业人民委员部规定的总数额之内。

但联共(布)中央委员会和苏联人民委员会在讨论政府委员会报告后，可能不得不根据外伏尔加地区灌溉、伏尔加河改造和伏尔加河－顿河联通工程的工期和目标，调整拨款数额。

**档案资料3. 全俄中央执行委员会和苏联人民委员会1936年8月1日《关于征用土地以在伏尔加河上建设雷宾斯克和乌格里奇水利枢纽的决议》**[1]

1. 为研究和解决土地征用以满足伏尔加工程局需求，在雅罗斯拉夫尔、加里宁和列宁格勒州执委会主席团下设委员会，该委员会由州执委会主席领导，由内务人民委员部各州特派员、伏尔加工程局主任、俄苏财政人民委员部主席和州土地管理局领导组成，必要时增加护林造林管理总局等其他相关单位代表。

2. 委员会负责：

1）确定工程建设和淹没需征用土地面积；

2）统计移民数量；

3）确定移民搬迁地、土地供应面积，建设生活基础设施；

4）规定土地征用和搬迁期限；

5）拟订关于建筑物等财产转移的协议，以及矛盾和投诉解决办法；

[1] РФ ГАЯО. Ф. Р–606. Оп. 1. Д. 483. Л. 4–7.

6）拟订独立土地所有者、国家和企业单位在新址的布局计划。

3. 委员会决议系最终决议，仅在特殊情况下方可在决议出台 10 日内向相应州执委会提起申诉。

4. 责成伏尔加工程局和州执委会在 1937 年 8 月 1 日前确定淹没区和浸没区之准确界线，同时解决新址动迁安置和建设问题。

5. 在亟须更改州委员会已确定之土地征用计划时，伏尔加工程局向委员会提出相应申请；委员会须在申请送达 3 日内批准申请。在申请未审核期间不暂停伏尔加工程局工作。

6. 伏尔加工程局按如下方法统计建筑物：

1）若属于个人、集体农庄、合作社或公共单位的建筑物由伏尔加工程局搬迁，由该建筑物所有者支付费用，建筑物折旧由当地公共事业部门城市建筑评估委员会和农业建筑土地管理局计算；

2）对于折损程度不超过建筑本身造价 60%的建筑，伏尔加工程局补偿其建筑物搬迁费和农具、设备等财产的运费；

3）折损度超过 60%的建筑物不属伏尔加工程局搬迁对象；在此情况下，伏尔加工程局按该建筑物搬迁时的实际价格补偿其主人，或主人自行将建筑物拆卸为建材，伏尔加工程局补偿这些建材和其他财产之运费。

4）仅当建筑物价格未超清算估价时，伏尔加工程局可舍弃这些建筑物，在未经清算的地方，价格未超保险评估之建筑物将被舍弃。

7. 属集体农庄、合作社或公共单位之建筑，以及集体农庄庄员、个体户和其他劳动者所属之建筑物，若其折损度超过建筑物造价 60%，则建筑物主人可向银行贷款用以建造简易型新房，贷款期限 20 年。城市建筑物主人之贷款由当地公共事业银行发放，农村建筑物主人之贷款由农业银行发放。

此笔资金应由农业银行、公共事业与住房建设中央银行在贷款总计划中加以规定。

8. 由州委员会认定的无须搬迁或重建之国家机关企业、建筑和设施，无偿转交至伏尔加工程局。

由州委员会认定须搬迁或在新址重建之国家机关企业、建筑和设施，由伏尔加工程局负责搬迁并在现有容积内恢复，保留建筑特点。

9. 评估委员会确定土地征用导致之损失规模，及补偿这些损失的方法和期限。委员会之组成方式系：

1）在农村地区，由地区执委会、地区土地部门、地区财政部门和内务部伏尔加工程局代表组成；

2）在城市和工人居住区，由市苏维埃、市公用事业部门、市财政部门和内务部伏尔加工程局代表组成。相关个人或单位务必加入委员会参与制订解决方案。

评估委员会工资由伏尔加工程局拨付。

10. 第 9 条中之评估委员会的决议可在出台 10 日内依据管辖条例向国家仲裁委员会或人民法院提起申诉。

11. 仅在相应用于搬迁或建造的新地划拨后，伏尔加工程局方对城市、农村等居民点某些公民已建地块进行作业。

州执委会务必于收到伏尔加工程局相应申请一个月之内选取新地。

12. 在未经搬迁或建造前，伏尔加工程局支付临时居所费用，规模不超过当地房租价格。

13. 责成雅罗斯拉夫尔、加里宁和列宁格勒州执委会：

1）为移民家庭提供必要物资；

2）在土地规划、改良和水利措施的工作计划中，首先关注从伏尔加工程局地区迁出之移民的生活设施；

3）与伏尔加工程局一同于两月内，编制并向俄苏人民委员会提交有权获得生活面积且非房屋所有者的城市和工人居住区搬迁计划，并确定迁移和新居所设施之价格，以及在必要情况下建设新房以安置劳动者；

4）于一月内制定伏尔加工程局淹没区内的畜坟处理措施，以预防动物流行病扩散，并将建议提交至苏联农业人民委员部。

**档案资料 4. 苏联人民委员会和联共（布）中央委员会 1937 年 7 月 10 日第 1339 号《关于在伏尔加河上建设古比雪夫水利枢纽和在卡马河上建设水利枢纽的决议》**[1]

1. 为进一步实现苏联欧洲部分中央地区电气化、增强外伏尔加地区灌溉、改善伏尔加河航行条件，在萨马拉湾古比雪夫山脉旁建造水坝、水电站和船闸，并兴建外伏尔加地区灌溉工程。

责成苏联内务人民委员部实施建设。

2. 责令苏联内务人民委员部于 1937 年完成如下工作：

1）结束设计任务书编写和为此必需之勘测工作，在 1938 年 1 月 1 日前将设计任务书提交苏联人民委员会批准；

2）在设计任务书和技术设计未经批准前，加紧该工程前期筹备工作（辅助性电站、道路、房屋、维修基地建设，当地建筑材料准备等）；

3）着手勘探工作，用以编写伏尔加河和卡马河上古比雪夫水利枢纽上下游水电站的技术设计和草图设计，从而使技术设计连同其所有附件不晚于 1939 年 5 月 1 日提交苏联人民委员会批准。

3. 责成苏联农业委员部编制以古比雪夫枢纽电能为首要基础的外伏尔加土地灌溉设计任务书，并于 1938 年 3 月 30 日前提交苏联人民委员会批准，责成苏联农业委员部专心致力于编制古比雪夫水利枢纽工程的设计任务书。

责成苏联内务部于 1940 年 1 月 1 日前，以苏联人民委员会批准之设计任务书为基础，编制外伏尔加土地灌溉在水工建筑、水库、主干运河方面的技术设计。

4. 委托苏联重工业人民委员部基于世界已有经验研究远距离电能传输系统，对编制技术设计必不可少的所有经验性工作于 1940 年前结束，必要设备生产由重工业委员部工厂于 1941 年进行。

输电线路工程首先在燃料赤字工业区（伊万诺沃州、高尔基州、鞑

[1] ЦГАСО. Ф. 56. Оп. 1. Д. 1233. Л. 40–42.

鞑自治共和国、古比雪夫州）和乌拉尔工业区进行技术设计，并于 1941 年 1 月 1 日前提交苏联人民委员会批准。

5. 责成苏联内务人民委员部于 1938 年 1 月 1 日前将古比雪夫水电站涡轮结构和制造任务提交重工业人民委员部，重工业人民委员部负责将这些任务下派至其各工厂。

6. 为完成勘探、设计和建造工作，并按时供应材料和设备：

1）将重工业人民委员部下属古比雪夫水利枢纽管理局，连同其所有勘测设计人员和设备，移交至苏联内务人民委员部；

2）责成护林造林管理总局尽快批准未来水库淹没区内 48 米标高的森林采伐，批准 64 米标高以内的林区面积勘查；

3）责成苏联林业人民委员部按照与施工方的协议，交付卡马河及其支流一带的林区，以完成施工所需木材自采工作；

4）允许苏联内务人民委员部根据工程需要建立自有水泥厂；

5）绝对机密；

6）在古比雪夫水利枢纽方案批准之前，允许施工管理局在地方土地机关批准情况下征用土地以备先期工作；

7）在划拨物质资源（设备、材料）时，建议苏联国家计委以单独标题为古比雪夫水利枢纽建设划拨资源。

7. 苏联财政人民委员会取消对建设所需木材砍伐征收费用。

8. 停止卡马河彼尔姆水利枢纽建设，所有施工人员、财产——动产和不动产、设备和材料移交苏联内务人民委员部。裁撤程序由苏联重工业人民委员部和内务人民委员部共同实行。

9. 委托苏联内务人民委员部以于卡马河上修建水利装置（包括大功率水库）为目的，勘测索利卡姆斯克城周边，以实现卡马河上游、维舍拉河和科尔瓦河径流调节，并考察未来引伯朝拉河水入卡马河和伏尔加河流域之可能性。

索利卡姆斯克水电站的勘测和建设须于 1939 年 1 月 1 日前将设计任务书提交苏联人民委员会批准，水电站于 1943 年投入运营。

10. 责成重工业人民委员部以合同方式参与苏联内务人民委员部实行的水利枢纽勘测设计。

11. 责令内务人民委员部于20日内向苏联人民委员会提交必需的财政、材料和设备申请，用以在1937年进行古比雪夫枢纽勘测设计和先期建设工作。

12. 于1937年拨款总数获批前，将划拨彼尔姆水电站建设之1937年第三季度的500万卢布贷款，转拨古比雪夫水利枢纽管理局。

13. 将划拨彼尔姆水电站建设之1937年第三、第四季度的500万卢布贷款，转拨索利卡姆斯克水利枢纽1937年的勘测设计工作。

**档案资料5. 莫洛加社会保障局局长L.E. 别列津纳1938年7月12日致N.I. 叶若夫的信**[1]

亲爱的尼古拉·伊万诺维奇，恳请您帮助我解决一个问题，哪里能给我最终答复，何时把我的老人们送进残疾人疗养院。情况如下：

因伏尔加工程局水坝建设，我们莫洛加地区被指派搬迁，1937年8个村苏维埃进行了大规模搬迁，集体农庄庄员已全部离开，空荡荡的村子里剩下一群残疾人和孤寡老人，他们举目无亲，没有任何生活来源，我们地区一共有70人。1938年4月4日，州执委会下属搬迁委员会决定把70位高龄老人送进残疾人疗养院。可虽然决定了，但情况依旧，预算未被批准。

亲爱的尼古拉·伊万诺维奇，我不知道预算未被批准的原因，我从1937年5月开始到处写信，同时收集材料，但预算批准问题始终没有解决。

1937年我写信给苏维埃监察机关、社会保障人民委员会、州执委会、州社会保障处，两次写给区执委会主席团和州检察长，但事情依旧没有解决，老人们仍过着穷苦日子，这严重违背了斯大林宪

[1] РФ ГАЯО. Ф. Р–606. Оп. 1. Д. 675. Л. 9.

法第120条。

我恳请您，叶若夫同志，帮忙击穿这堵墙，把老人送进疗养院。

此致敬礼

别列津纳

**档案资料6. 联共（布）雅罗斯拉夫尔州委书记N.S.帕托利切夫和州执委会主席D.A.博利沙科夫致联共（布）中央委员会A.A.安德烈耶夫同志和苏联人民委员会V.M.莫洛托夫同志的信（日期估计在1939年7—8月——笔者注）**[1]

雷宾斯克和乌格里奇水利枢纽的修建将淹没雅罗斯拉夫尔州8个行政区。

根据伏尔加工程局先期数据，本州将有34.2万公顷土地被淹没。

为此需征用182座集体农庄的全部土地；191座集体农庄将被部分淹没；11627处上述集体农庄庄员的宅旁园地将被征用。

水利枢纽建设3年里，上述集体农庄中有110座已迁至新址，其中有10座正在为今年搬迁做准备（建筑物浮运，新建房屋等）。

莫洛加区85%将被淹没，布列伊托夫区——60%，叶尔马科夫区——43%，这些地方均迁至本州内其他伏尔加河毗邻地区，如雷宾斯克、图塔耶夫、雅罗斯拉夫尔、科斯特罗马、克拉斯诺谢里等。

把集体农庄移民安置在伏尔加河沿岸地区方便他们沿河浮运个人房屋并重建新居。

莫洛加、布列伊托夫、叶尔马科夫区原定于1939年完成搬迁工作，但实际上该工作在春播伊始便已完成，所有财产已移至雅罗斯拉夫尔和图塔耶夫区的集体农庄。

集体农庄移民家庭暂住在当地集体农庄农户家中并参与农作；移民

[1] ГАЯО. Ф. Р–2380. Оп. 3. Д. 9. Л. 1–5.

已将房子浮运至新地，但却放置在岸边而未重建，因为缺少空闲土地用于宅旁园地建设。

苏联人民委员会经济委员会于 1939 年 7 月 11 日拒绝雅罗斯拉夫尔州执委会和联共（布）州委会关于将集体农庄公共土地划出一部分给移民作宅旁园地的申请。

该状况使移民陷入艰难境地，因为他们已从原居住地搬离，从春天开始就在接收他们的集体农庄里干活，可他们如今住在拥挤的房间里，自己的房屋仍拆散着放在岸边，需要不间断看管。农户们担心他们在冬天来临前都无法把自己的家建好。

经济委员会在今年 II/VII 的决议中建议利用空闲土地储备和开发新土地为这些农户分配宅旁园地。但开发新土地由于被森林覆盖，因而违反水源保护区禁伐林保护法，移民问题故而无从解决。

鉴于上述情况，联共（布）州委会和州执委会请联共（布）中央委员会和苏联人民委员会关注该问题，按《农业劳动组合章程》最低标准破例使用公共集体农庄土地解决移民安置问题……雅罗斯拉夫尔地区 14 座集体农庄需 114 块宅旁园地，即 30.19 公顷公共集体农庄土地，图塔耶夫区 3 座集体农庄需 71 块宅旁园地，占地面积 25.2 公顷（早前州执委会申请给 442 个家庭分配土地，今天其他家庭的搬迁暂缓）。

请联共（布）州委会和州执委会同时关注第二个亟须解决的问题——关于乌格里奇水利枢纽开工期限。

按建设计划，乌格里奇水坝将要抵挡 1940 年春天的洪水；淹没区涉及乌格里奇地区 36 座集体农庄土地，16 座集体农庄土地被最大程度淹没。截至今天，3 座集体农庄已搬至新址（地区内）。今年 11 月 1 日前，首先须转移另外 13 座集体农庄的 297 户家庭，其中 233 户为集体农庄庄员。但在宅旁园地问题解决之前，搬迁仍处于暂停状态。

按早前与有关居民协商后制定的计划，根据被淹没的集体农庄土地面积，拟将被淹没集体农庄的宅旁园地安置在未被淹没的剩余土地或毗邻的集体农庄里。非集体农庄居民拟迁至乌格里奇城。

为将233户集体农庄农户安置在未淹没区，须占用乌格里奇地区8座集体农庄的107.7公顷公共集体农庄土地。联共（布）州委会和州执委会请求联共（布）中央委员会和苏联人民委员会允许上述申请。

此外，1940年春季放水将淹没乌格里奇地区一些集体农庄附近的打草场，因此，为保障集体农庄牲畜的喂养，须对水源保护区禁伐林带内的土地进行开荒（除根铲掘、垦荒、植草）。为此，要求苏联人民委员会经济委员会允许从国家森林资源中为乌格里奇区8座集体农庄增划682.57公顷森林面积，并允许乌格里奇区9座集体农庄从公共土地中清伐和开发368.1公顷森林。

第三个亟须解决的问题是关于伏尔加工程局淹没区的搬迁规划与执行。

除上述集体农庄，雅罗斯拉夫尔州还有68座集体农庄的3430户须全部撤离，另外还有被部分淹没的182个集体农庄的1044户须搬迁。

联共（布）州委会和州执委会认为，可通过个人招募的方式和顺序，将部分单独的集体农庄农户分配至工业、木材采伐、泥炭采掘和州国营农场中，名额由这一工作的结果决定。

可将少数集体农庄农户按就近原则，安置在州内其他有空闲庄园储备的集体农庄。由于未被淹没村庄的集体农庄较为分散，他们的公有财产将分别转入接收他们的集体农庄。

其余集体农庄农户在州内搬迁情况下则需占用公共集体农庄土地。

联共（布）州委会和州执委会请联共（布）中央委员会和苏联人民委员会在进一步搬迁问题上给我们相应指示。

**档案资料7. 土地征用与建筑物转移处主任V. 贝霍夫斯基1939年10月在伏尔加工程局第四届党代会上的发言摘录**[1]

我们的工作光荣而独特，因为与人民的生活息息相关。我们应在今

[1] ГАРФ. Ф. Р–9414. Оп. 4. Д. 15. Л. 143–145.

年和1940年初转移两万个家庭。

……我想再次强调，我们工作在成千上万活生生的人民当中，这些人世世代代生活在一个地方，他们的爷爷、奶奶、曾祖一辈子都生活在这个农舍里。

我们要将这些人转移到一个崭新的地方，但他们对故乡仍十分怀念。不久前我与一位老人聊天，她在雷宾斯克区已经住了一年半，可每年她都会回老家看看。为什么？因为她是在自己的旧农屋里出嫁的，正是这些记忆令她魂牵梦萦……我可以这么说，由于一些国际事件，我们村里已经出现一个流言：战争若一爆发，我们就不用搬家了，什么水利枢纽，什么伏尔加工程局，都不会有了。

**档案资料8. 苏联人民委员会1940年5月5日第668号《关于从雷宾斯克和乌格里奇水库淹没区转移的决议》**[1]

1. 因雷宾斯克和乌格里奇水利枢纽建设，现规定雷宾斯克和乌格里奇水库淹没区居民务必搬迁，此地建筑和设施须拆除或转移。

2. 雷宾斯克和乌格里奇水库淹没区的城市和农村居民搬迁，由雅罗斯拉夫尔、加里宁和沃洛格达州执委会及相关城镇和农村委员会负责。

国有、合作社和公共单位的企业、住房、建筑和设施搬迁，由相应人民委员部和单位负责。

个人房屋和设施搬迁，由所有者自行完成，由苏联内务人民委员部出资，地区和城市执委会务必提供运输帮助。

所有搬迁、重建、城镇规划、筑堤等防护措施，以及这些工作的建材保障工作，由苏联内务人民委员部伏尔加工程局负责。

3. 为确定建筑和设施搬迁之适宜性，评估搬迁和拆除成本，确定淹没区未使用土地费用，兹建立评估委员会：

1）农村评估委员会组成成员包括：区执委会（主席）、区土地管理部门、区财政部门和苏联内务人民委员部伏尔加工程局代表；

---

[1] РФ ГАЯО. Ф. Р–606. Оп. 1. Д. 870. Л. 72–76.

2）城市评估委员会组成成员包括：市执委会（主席）、市公共事业部门、市财政部门和苏联内务人民委员部伏尔加工程局代表组成。

务必吸收相关个人和单位参与委员会工作。

评估委员会关于建筑物搬迁、费用估算、淹没区未使用土地费用的决议，可依据管辖条例于10日内向国家仲裁委员会和人民法院提起申诉。

评估委员会之经费开支由相应执委会划拨。

4. 针对雷宾斯克和乌格里奇水库建设导致的建筑物拆迁支出，规定如下补偿方法：

1）在将房屋和建筑物迁至新址时，搬迁和重建（保留原有容积和用途）费用由苏联内务人民委员部伏尔加工程局拨付，且在国有、合作社和公共单位的重建房屋中首先安置原有人员；

2）无须搬迁和重建之国有企业和机构的建筑和设施，根据苏联人民委员会1936年2月15日决议，无偿移交至苏联内务人民委员部伏尔加工程局……

无须搬迁和重建之地方苏维埃、合作社、公共单位和个人的建筑与设施，移交至苏联内务人民委员部伏尔加工程局，伏尔加工程局以拆除时的核算或保险价格补偿所有者；

3）无自有房屋之工人和职工家庭，以及新居住地未供应其居住面积之家庭，按每家1000卢布给予现金补偿；

补偿金只发放给截至该决议颁布日在该房屋内生活不少于6个月的家庭；

4）对于无须搬迁和重建房屋中生活的孤寡老人和无劳动能力者，当地执委会向其提供居住面积；

5）淹没区未使用的土地费用由苏联内务人民委员部伏尔加工程局补偿；

6）从雷宾斯克和乌格里奇水库淹没区迁出之机构、企业、单位和个人的财产搬运（设备、牲畜、食物等）费用，全部由苏联内务人民委员部伏尔加工程局拨付。

5. 针对从雷宾斯克和乌格里奇水库淹没区迁出至城市或加入其他集体农庄的集体农庄庄员，规定如下计算方法：

1）对于迁至城市的集体农庄庄员，根据农业劳动组合章程第十点进行统计；

2）对于并入其他集体农庄的集体农庄庄员，其股金和应缴公积金份额，通过划出公有财产和资金的相应部分转移至指定集体农庄；

因搬迁转至其他集体农庄的集体农庄庄员，无须缴纳入庄费用；

3）因搬迁被裁撤的集体农庄，务必在裁撤前完成全部国家任务并清偿所有贷款；

完成任务和清偿贷款后剩余的公有财产和公积金，由州执委会按照加入该集体农庄的庄员数量比例（以货币计），在接受移民的集体农庄之间指派委员会负责分配，在被裁撤集体农庄所有庄员迁至城市情况下，该集体农庄的公有财产和资金由执委会决定转移至其他集体农庄。

6. 免除雷宾斯克和乌格里奇水库淹没区集体农庄移民的所有税费，并自搬迁之日起两年内免除须向国家上缴的粮、肉、奶、油。

7. 苏联内务人民委员部伏尔加工程局负责莫洛加市苏维埃住宅楼和文化楼的搬迁和重建，以及波舍霍尼耶－沃洛达尔斯克市和梅什金市的堤防工程。

8. 俄苏公共事业人民委员部负责制定从雷宾斯克和乌格里奇水库淹没区迁至城镇的规划方案，以及浸没城市的筑堤等防护措施（波舍霍尼耶－沃洛达尔斯克市和梅什金市除外）。

9. 责成所有人民委员部、其他机关，以及地方权力机关于1940—1941年为淹没区企业、建筑和设施搬迁提供保障。

10. 责令雅罗斯拉夫尔、加里宁和沃洛格达州执委会，以政府批准的雷宾斯克和乌格里奇水利枢纽投产时间为准，配合苏联内务人民委员部伏尔加工程局，确定雷宾斯克和乌格里奇水库淹没区内每个居民点居民和建筑物搬迁时间，责成市和区执委会，以及农村苏维埃将规定时间告知每户家庭和建筑物主人。

规定搬迁时间过后，地方苏维埃有权强制搬迁，苏联内务人民委员部伏尔加工程局根据本决议第四条第二点自行处理建筑物拆迁补偿事宜。

11. 责成雅罗斯拉夫尔、加里宁、沃洛格达州执委会，在雷宾斯克和乌格里奇水库淹没区搬迁计划批准时，考虑最大化使用移民以补充工业和运输人员的必要性。

接收移民的工业企业务必在移民搬迁和住宅重建时向其提供运输和建材援助。

12. 鉴于浸没区农田转型的必要性，责成苏联农业人民委员部，在土地因雷宾斯克和乌格里奇水利枢纽建设而被部分淹没或浸没的集体农庄，开展土地规划工作。

13. 苏联人民委员会护林造林总局有权根据雅罗斯拉夫尔、加里宁和沃洛格达州执委会的申请，从当地水源保护区国家森林储备中为部分淹没区和浸没区集体农庄分配 5 公顷以下的独立林地，以备农耕。

14. 允许雅罗斯拉夫尔、加里宁、沃洛格达州执委会，为雷宾斯克和乌格里奇水库淹没区的搬迁工作组建专属经济核算施工办公室。责成上述州执委会从地方预算中为施工办公室划拨开支费用。

15. 苏联内务人民委员部伏尔加工程局有权配合雅罗斯拉夫尔、加里宁和沃洛格达州执委会，在规定预算拨款限额内，在一定情况下批准建筑物和居民搬迁预算资金的重新分配。

16. 责令工业银行对苏联内务人民委员部伏尔加工程局的淹没区搬迁支出进行严格审计，禁止其他用途。

17. 责成苏联林业人民委员部、苏联人民委员会护林总局及雅罗斯拉夫尔、加里宁和沃洛格达州执委会，于 1940 年和 1941 年前将集体农庄移民迁出，并在国家和当地森林中把移民重新组织为集体农庄，为每户集体农庄庄员准备 10 立方米木材以建造个人建筑，准备 2 立方米木材以建造公有建筑物，并免除伐木费……

**档案资料 9. 雅罗斯拉夫尔州莫洛加地区恰帕耶瓦集体农庄移民 I.D. 尼古拉耶夫 1940 年 5 月 13 日写给其子 V.I. 尼古拉耶夫的信**[1]

亲爱的儿子瓦夏……我们住在帕维尔叔叔家，搬迁之事很糟。一半已经搬走，还剩 37 户，但他们无处可去。房子建得非常慢，两年半才建了 8 座。搬走的人住在非常挤的公寓里，可我们连公寓也没有，而区里想在 7 月 1 日前把我们都迁走。我们的房子还没弄就开始丢东西。没有公寓可去，相信你也知道，这里也过不下去了，因为既不能种地，也不能种菜。我们现在就像站在十字路口，不知去哪儿。瓦夏，"关心民生"的口号非常气人。搬迁就是在侮辱人，把人从一个地方赶到另一个地方，还不给建新房。对于集体农庄庄员来说，这非常困难。组织计划搬迁耗尽了集体农庄庄员的精力，而许多家庭的情况甚至更糟。恰帕耶夫集体农庄很强、很大、很好，现在已所剩无几，牲畜很多都被牵走，但建筑没有（后面字迹不清——笔者注）。由此可知，要么被杀了，要么病死了。很遗憾，强有力的集体农庄和社会劳动都不会再有了。瓦夏，我们给你寄了 30 卢布……再见，我们还活着，也健康，希望你也这样。爱你的爸爸、妈妈、纽拉、列娜、柳夏。

**档案资料 10. 莫洛加区执委会 1940 年 9 月 9 日给萨夫罗诺夫检察长关于红军战士 V.I. 尼古拉耶夫家庭搬迁问题的回复**[2]

关于您于今年 8 月 10 日提出的问题，莫洛加区苏维埃执委会回复如下：关于恰帕耶夫集体农庄红军战士尼古拉耶夫家庭搬迁的问题，评估委员会于 1938 年决定将恰帕耶夫集体农庄尼古拉耶夫家的房屋搬迁至克拉斯诺谢里地区。房屋搬迁的各项费用由伏尔加工程局克拉斯诺谢里工段计算，该工段系与伏尔加工程局签订合同，负责集体农庄和庄员的建筑物搬迁。1938 年秋，在区苏维埃执委会和搬迁部门的协助下，克拉斯诺谢里工段从莫洛加区浮运 26 座集体农庄庄员房屋，由于工段组织工作

[1] РФ ГАЯО. Ф. Р–606. Оп. 1. Д. 767. Л. 70–70 об.

[2] РФ ГАЯО. Ф. Р–606. Оп. 1. Д. 767. Л. 65.

不善，至今没有完全恢复重建，其中包括尼古拉耶夫家的房屋。从今年3月和7月在克拉斯诺谢里地区的调查中能够发现，尼古拉耶夫的房屋至今没有重建，建筑物部分丢失在路上。雅罗斯拉夫尔州苏维埃执委会已责成克拉斯诺谢里工段于1940年10月1日前完成所有房屋重建工作。在此期限内，重建I.D.尼古拉耶夫家的房屋，并为其补齐丢失的材料。

**档案资料11. 苏联国家卫生监察总局、卫生部副部长1952年3月12日批准的淹没区、浸没区居民点搬迁卫生监察及防疟措施细则摘录**[1]

1.居民和房屋搬迁工作完成后须立即对先前淹没区和浸没区的居住点进行卫生清洁。淹没区和浸没区的卫生清理措施规模，根据1950年11月5日苏联国家卫生监察局批准的《水利枢纽建设条件下水库库底及水工建筑动线卫生条例》，以及水库库底及水工建筑动线卫生措施技术设计确定……

2.墓地通常无须搬迁，但在特殊情况下可经全苏国家卫生监察机关允许后搬迁。其卫生措施根据1950年11月5日苏联国家卫生监察局批准的《水利枢纽建设条件下水库库底及水工建筑动线卫生条例》和水库库底及运河卫生措施技术设计确定。

3.在必须搬迁淹没区或坍岸区已有墓地时，须采取如下措施：

1）当地劳动者代表苏维埃执委会在卫生防疫机关代表参与下，挑选墓地安置新址，或将墓穴中尸骸移至已有墓地；

新安置地须符合苏联国家卫生监察局1948年12月20日批准的《墓地安置与维护卫生条例》之要求；

2）以当地劳动者代表苏维埃决议为基础，封闭已有墓地并开启新墓地，确定迁坟时间和程序，并向居民通告；

3）当地劳动者代表苏维埃执委会在获得卫生监察机关正面结论后，可准许个人坟墓迁移；

[1] Филиал РГАНТД. Ф. Р–119. Оп. 6–4. Д. 243. Л. 68–71.

尸骸的取出和转移须符合苏联国家卫生监察局1948年12月20日批准的《墓地安置与维护卫生条例》的要求；

4）在执委会规定的迁坟时间过后，所有剩余墓地的转移须由被授权的水库库底和运河卫生措施执行单位进行；

坟墓开启由人工或使用机械操作，尸体须放置在钉牢带盖的焦油棺材中运送至新墓地，尸骸通常转移至公墓；

公墓的尸骸转移须符合劳动者代表苏维埃执委会特别决议和州国家卫生监察局的指令；

5）所有墓地解封后，密封后的墓地处土壤须用浓度为10%的氯水进行消毒，并压平夯实；

6）墓地转移和迁坟须在卫生部门代表在场和监督下进行；

7）畜坟通常不允许迁移新址，淹没区或坍岸区的畜坟须根据水库库底筹备及运河卫生措施技术设计加固；

在畜坟必须迁移情况下，新址选择由当地劳动者代表苏维埃执委会进行，必须有卫生防疫部门代表参加，动物尸体取出由人工或使用机械操作，放置在钉牢带盖的箱子中运送；

在密封的畜坟处，须对土壤消毒并采取本细则第15条第4点规定的所有其他措施；

8）淹没区和坍岸区的所有炭疽畜坟须根据水库库底筹备及运河卫生措施技术设计加固……

**档案资料12. 苏联司法部库涅耶夫劳改营管理局监禁与运营处主任1953年10月10日关于库涅耶夫劳改营囚犯情绪的证明文件**[1]

在库涅耶夫劳改营管理局信件审查过程中，犯人与其亲友通信里的陈述体现出一系列特点。

1. 爱国主义特征。

2. 反苏维埃内容。

[1] СОГАСПИ. Ф. 7117. Оп. 1. Д. 10. Л. 146–151.

3. 对大赦不满。

4. 对监禁制度不满。

5. 逃跑倾向。

6. 毒品运送。

7. 与自由和雇用工人的联系。

信件中最具特点的内容摘录如下：

### 爱国主义特征

劳改营囚犯谢尔巴科夫·叶甫根尼·叶夫捷霍维奇，1912 年生，根据第 54—10 条判处有期徒刑 10 年，地址：克拉斯诺达尔边疆区，给安娜·弗拉基米尔罗夫娜的信：

"……集体农庄庄员尽一切可能诵读苏共中央书记 N.S. 赫鲁晓夫《关于我国农业进一步发展措施》的报告。这是一份明智的报告，指出了正确的农业发展道路，不仅针对公共农业，对个人、集体农庄庄员、工人和职工也有益处……"

劳改营囚犯罗曼诺夫·瓦西里·彼得罗维奇，1908 年生，根据第 54—10 条判处有期徒刑 10 年，地址：立陶宛苏维埃社会主义共和国，给罗曼诺娃·柳博芙·瓦西里耶夫娜的信：

"……集体农庄庄员如今的生活状况轻松一些，税费减少到 43%，没有牲口的人不用缴税。感谢我党和政府对我们的关怀……"

2 号劳改营囚犯丘马琴科·彼得·巴甫洛维奇，1929 年生，根据第 54—10 条判处有期徒刑 10 年，地址：伊兹梅尔州，给斯科洛娃·阿加菲娅·费多罗夫娜的信：

"……我们劳动是为了荣誉，这个月上旬的工单完成了 160%，我们远远超过两个小队，现在我们正努力赶上并超过第三个小队，我们的目标是：诚实工作，挣个几百卢布并抵扣工作日，抵扣越多，我们离家和自由就越近……”

2号劳改营囚犯克利穆什金·格奥尔吉·米哈伊洛维奇，1930年生，根据1947年6月4日令被判处有期徒刑7年，地址：江布尔州，给波罗博夫·阿尔卡季的信：

“……生活条件好，被子、床垫等都有，还有教各种专业的技工学校，我想获得一些专业知识……”

## 反苏维埃内容

1号劳改营囚犯普列什科夫·德米特里·谢苗诺维奇，根据第54—10条判处有期徒刑10年，地址：新西伯利亚州，给P.S.雷顿斯卡的信：

“……我不是有1个上诉，而是75个，很遗憾，我们的或者更确切地说你们的政府是宽宏大量的。哦不，我所有的希望都落空了，事实上他们正想或者更确切地说已经想好要把罪犯……”

证明：所有信件均已管制。

2号劳改营囚犯库克萨·格奥尔吉·彼得洛维奇，1917年生，根据第58—10条判处有期徒刑10年，地址：克拉斯诺达尔边疆区，给库克萨·瓦连京·伊万诺维奇的信：

“……我什么都不用想，我曾经想了很多，如今有人替我想，那些人就以此为生。我没活着，因为我没有思想，我是一头牲畜，一头牛，只是没被阉割，这是唯一的区别……”

信件得到管制。

2号劳改营囚犯布兹洛夫·尼古拉·洛吉诺维奇，1913年生，根据第58—10条判处有期徒刑10年，地址：江布尔州，给布兹廖夫·瓦西里·洛吉诺维奇的信：

“今天我收到你的信，感谢你们对不幸囚徒的关注，再过4天我就在这个奴隶制束缚中5年没看见你们了……”

证明：所有信件均已管制。

2号劳改营囚犯列夫琴科·伊万·安德烈耶维奇，1915年生，根据第54—10条判处有期徒刑10年，地址：第聂伯罗彼得罗夫斯克州，给列夫琴科·加林娜·瓦西里耶夫娜的信：

“……我的加洛奇卡，我曾想为你创造一种生活，一种你可以快乐的生活，可恶棍们没有给我这个机会，将我们分开。但我和你说一点，为了失去的儿子，为了你流的泪，为了走过的第二次世界大战，我和你说，我的妻，我永远不会宽恕大大小小的敌人，我永远记得从1936年开始他们欠我的所有债……”

### 对大赦不满

4号劳改营囚犯格尔曼·瓦西里·马尔基扬诺维奇，根据1947年6月4日令判处有期徒刑4年，地址：基辅州，给格尔曼·斯捷潘·马尔基扬诺维奇的信：

“……强盗获得大赦，而诚实之人却还在狱中。克拉斯诺达尔水电站竣工3周年庆典，可与平常别无二致，桌子上没有新饭菜，仍旧是燕麦……”

斯大林州普里斯金娜·安娜·阿妮西莫夫娜，给8号劳改营囚犯普里斯金·亚历山大·巴甫洛维奇的信：

“……我很清楚，特赦20名囚犯不可能——这是法律，够了，偷东西的人被释放，而像您一样的人却一个都没被释放……”

证明：所有信件均被已被管制。

## 对监禁制度不满

劳改营（几号劳改营不清楚——笔者注）囚犯库兹涅佐夫·弗拉基米尔·杰缅季耶维奇，地址：列宁格勒市，给图尼斯·叶卡捷琳娜·彼得罗夫娜的信：

"……第四个月，我没钱了，虽然我从附近搬到这里，总共15千米，为什么会这样？这就是管理人员对我们兄弟的态度……"

证明：信息由劳改营负责人提供。

4号劳改营囚犯萨瓦里斯基·阿纳托利·德米特里耶维奇，1928年生，根据1947年6月4日令判处有期徒刑10年，地址：阿尔马维尔，花园街72号，给叶菲姆琴科·达莉娅·雅科夫列夫娜的信：

"……饿着肚子不想给你写信，除了黑面包和燕麦，别无所有……"

4号劳改营囚犯里亚申科·阿纳托利·亚历山德罗维奇，1934年生，根据1947年6月4日令判处有期徒刑7.5年，给阿尔科娃·安东尼娜·基里洛夫娜的信：

"这里甚至很难收到汇款，不只是分户账，我已收到您的汇款，腿都磨破了……"

3号劳改营囚犯什特恩·伊格纳特·费奥多罗维奇，1901年生，根据1947年6月4日令判处有期徒刑8年，地址：符拉迪沃斯托克（海参崴），波格拉尼奇街21幢6号，给叶夫图少夫·娜杰日达·费奥多罗夫娜的信：

"……这里的人禽兽不如，我从1953年6月19日开始工作，但一直没有收到过一分钱，伙食也被拖欠。我的钱被工头和所有禽兽瓜分了，而我却无从投诉，我们没有任何权利，工作日抵扣也逐渐减少，禽兽们把抵扣都算在自己和自己朋友身上，而工作十分繁重……”

证明：调查事实并追究责任。

8号劳改营囚犯帕维柳诺斯·科斯塔斯，1921年生，根据1947年6月4日令判处有期徒刑3.5年，地址：立陶宛苏维埃社会主义共和国，给帕维柳诺斯·阿涅拉的信：

“……没有一个劳改营不是这样胡作非为，在我们这里，该被释放的人，还必须再多待2—3个月，岂有此理……”

2号劳改营囚犯瓦洛夫·亚历山大·谢尔盖耶维奇，1927年生，根据1947年6月4日令判处有期徒刑15年，地址：第比利斯市，给安德罗锡安·叶卡捷琳娜·伊万诺夫娜的信：

“让我崩溃的是，这里没有真理，我已经按规定完成了任务，但永远没有终点，我白干了，在伏尔加顿河1.6个月的抵扣日没了，我已经上报，但没有结果……”

2号劳改营囚犯特奇金·根纳季·康德拉季耶维奇，给格达塔列夫·伊万·伊万诺维奇的信：

“……健康不重要，一份燕麦和下水……”

4号劳改营囚犯沙什科夫·列奥尼德·伊万诺维奇，1915年生，根据第58—10条被判处有期徒刑10年，地址：高尔基州，给西罗特金娜·维拉·米特罗法诺夫娜的信：

“……进入一个无关紧要的劳改营，领导坏到不能再坏，你赚的钱他都搜刮走，一连3个月我们一分钱也没拿到，只给我们吃面包和水，燕麦已难以下咽……”

## 逃跑倾向

4号劳改营囚犯杰乌林·维克多·尼古拉耶维奇，1924年生，根据1947年6月4日令判处有期徒刑10年，地址：库斯塔奈州明基戈尔区博洛沃耶村市集街15号，给宋尼科娃·玛莉娅·阿列克谢耶夫娜的信：

"……妈妈，我有个恳切的请求，你一定要帮我。我特别需要钱，你别惊讶，我本来可以不问的，你有钱吗？我给家人们写信请他们尽快寄来，我们会还清的，但你要帮助我。去问季姆基为什么我要借钱，他应该知道。现在我的命运就取决于你的帮助，为了儿子尽快去寄吧，越快越好，如果可能，也请给我寄些手套和袜子。亲爱的妈妈，不要去想我有什么目的。我的目的只有一个——尽快获得自由、生活和健康……"

证明：信件得到管制。

## 毒品运送（大麻等）

4号劳改营囚犯萨莫伊罗夫·扎伊纳尔，根据1947年6月4日令判处有期徒刑10年，地址：塔什干州，给贝克梅尔扎耶夫·阿尔瓦伊的信：

"……立刻寄一双靴子、200克大麻、1000卢布、食品、4公斤羊油、葡萄干、杏干等……"

证明：包裹得到管制。

8号劳改营囚犯罗森科夫·埃里克·谢尔盖耶维奇，根据1947年6月4日令判处有期徒刑6年，罗森科夫从莫斯科给他的信：

"……埃里克，我会寄给你一个包裹，里面将有几包糖，而且有编号，1号包、2号包等，第一包是你的，所以你要仔细检查，如果我们在糖包上写，那么第一包是你的，你要仔细检查这包，那里会有你要的东西。埃里克，当你收到包裹时，你要留心检查，尤其是一包一包或散装的糖。当你收到第二个的时候，给我们写信，去看，那里会有。”

2号劳改营囚犯塔什霍扎耶夫·萨达扎伊，1922年生，根据1947年6月4日令判处有期徒刑20年，地址：乌兹别克斯坦，给哈基耶夫·马什霍日的信：

“……请寄7号邮件。”

证明：包裹得到管制。

……在该证明中，因为篇幅巨大，没有摘录所有材料，只能把陈述记下来……

**档案资料13. 俄苏部长会议1955年8月26日第1131号《关于古比雪夫水电站水库淹没区筹备工作进程的决议》[1]**

基于俄苏国家监察部的检查，俄苏部长会议指出，古比雪夫水电站水库淹没区的建筑物和设施搬迁、城市和工人住宅区的工程防护、森林和灌木的采伐和库区卫生筹备，远远落后于计划。

鞑靼自治共和国的工作不合格，截至1955年8月1日，集体农庄和个人的房屋搬迁计划仅完成51.8%，集体农庄公共建筑——38.6%，国有、公共与合作社设施——39.5%。1955年应投产的12口自流井，8月1日没有一口建成，43座矿井仅竣工5座。

虽有政府指示，但鞑靼自治共和国部长会议和俄苏城镇建设部仍未保障喀山市工程防护建设计划的完成。截至1955年8月1日，喀山市工程防护年度计划仅完成32.1%。在工地上，仅约75%的必需工人数量在工作，且最好的施工时间已然错过。对工地上挖掘机、铲土机、推土机和汽车运输的使用不合格。

古比雪夫水库淹没区森林清伐工作严重滞后。截至1955年8月1

[1] Управление по делам архивов мэрии городского округа Тольятти. Ф. Р–18. Оп. 1. Д. 249. Л. 95–100.

日，俄苏森林工业部规定的1955年清伐5.03万公顷的任务仅完成29%，首先须完成的约4000公顷任务也未完成。在鞑靼自治共和国，截至8月1日，39—46米标高的未清理森林面积仍有1.2万公顷。水库淹没区有17.5万立方米木材未运出。交付给古比雪夫水利工程局的清伐森林严重推迟。

截至8月1日，俄苏燃料工业部已完成55%的国民经济年度计划，即1955年清伐3.73万公顷森林和2.03万公顷灌木。淹没区木材外运和已清理面积交付缓慢。

俄苏水利部未担负起自流井和矿井的建设工作。计划在鞑靼自治共和国和乌里扬诺夫斯克州建设的18口自流井，7个月中仅有8口建成，92座矿井只有38座建成。

苏联公共事业部对鞑靼共和国泽列诺多尔斯克市、瓦西里耶沃工人住宅区，以及乌里扬诺夫斯克州梅列克斯市的工程防护建设严重滞后。7个月中计划仅完成32.4%。

俄苏汽车运输和公路部在与古比雪夫水电站水库建设相关的路桥建设工作中不合格。截至1955年8月1日，鞑靼自治共和国上述工作的年度计划仅完成26.4%。

在鞑靼自治共和国、乌里扬诺夫斯克州的乌里扬诺夫斯克和先吉列伊渔厂，俄苏渔业部至今仍未着手古比雪夫水库淹没区9个收鱼点的搬迁工作。

尽管俄苏部长会议多次警告，但鞑靼自治共和国部长会议、喀山市执委会、俄苏城镇建设部仍未在鞑靼自治共和国水库淹没区筹备工作和喀山市工程防护工作中提升领导作用。

俄苏部长委员会决议：

1. 责成鞑靼自治共和国部长会议、乌里扬诺夫斯克和古比雪夫州执委会、俄苏城镇建设部、木材工业部、燃料工业部、渔业部、食品工业部、公共事业部、水利部、卫生部、汽车运输与公路部，纠正该决议指出之不足，采取坚决措施加强古比雪夫水电站水库淹没区筹备工作。

2. 责成鞑靼自治共和国部长会议保障喀山市工程防护建设工程，在1955年9月15日前提供不少于1000名工人；

于年底前保障必需数量的俄苏汽车运输与公路部鞑靼汽车托拉斯货车，运送石头、碎石等其他建筑材料以备工程防护；

于两月内完成防护堤一线建筑物搬迁。

针对水库库底清理和采伐工作，允许鞑靼自治共和国部长会议在1955年10月1日至1956年4月1日，按组织选拔程序从农村居民中为俄苏森林工业部和燃料工业部季节性招收6200名工人和2500名马车夫。

3. 责成俄苏城镇建设部：

1）大幅改善对喀山市工程防护建设工作的管理，在1955年第三、第四季度，完成上半年未完成的工作；

2）保障工程防护工作中的劳动力招收和正确使用，并在工作中引入至少两班建筑机械车辆；

3）为1955年招收的建筑工人保障6000平方米居住面积，为此，在不改变生产计划情况下将部里其他项目资金额外转移分配至喀山市工程防护建设管理局；

4）1955年第三、第四季度向喀山市工程防护建设管理局和“喀山技术工程局”托拉斯划拨高质量焊条、防水石棉油毡等建材，划拨数量以保障1955年工作计划完成为准；

5）于一月内为喀山市工程防护建设管理局弥补截至1955年7月1日的流动资金不足；

6）为喀山市工程防护建设管理局指派5名具有水利设施建筑经验的工程技术人员；

7）保障古比雪夫州斯塔夫罗波尔市总面积960平方米的4幢住宅楼于1955年交付，为此，在不改变生产计划情况下将部里其他项目资金额外转移分配至古比雪夫州工程局托拉斯。

4. 责成俄苏建材工业部：

1）用乌斯季－贝斯特良斯基采矿场的上等耐寒石料和碎石，填补

1955年第三季度喀山市工程防护建设管理局和鞑靼公共事业工程局托拉斯的装载不足，用古宾斯基采矿场的粗石支援古比雪夫州汽车运输与公路管理局，并保障上述材料在1955年第三、第四季度满负荷装运；

2）保障休克耶沃和中央石膏矿搬迁必需的技术文件，划拨资金和材料以重建这些石膏矿。

5. 责成俄苏公共事业部：

1）于1955年9月15日前结束乌里扬诺夫斯克、先吉列伊和梅列克斯市工程防护设施技术文件和喀山市卫生筹备文件的编制；

2）保障乌里扬诺夫斯克市工程防护建筑的石料供应。

6. 责成俄苏公共事业部和鞑靼自治共和国部长会议保障建筑材料和设备资源全部使用，用于鞑靼自治共和国工程防护和城市搬迁，根据工作时间表将建材和设备转交俄苏城镇建设部。

7. 责成俄苏水利部、鞑靼自治共和国部长委员会和乌里扬诺夫斯克州执委会，于两周内采取措施，加强各单位在鞑靼自治共和国和乌里扬诺夫斯克州的自流井和矿井建设，保障1955年计划无条件完成。

……

9. 责成俄苏农业部在1955—1956年秋冬时段从运输业建设部调拨拖拉机，用以清理道路，以及集体农庄公共建筑物、集体农庄庄员房屋和建材搬迁。

10. 接受古比雪夫州执委会副主席祖博夫同志和乌里扬诺夫斯克州执委会副主席捷秋舍夫同志的如下申请，古比雪夫州和乌里扬诺夫斯克州地域内46米标高以下的古比雪夫水电站水库淹没区所有筹备工作，应在规定时间——1955年11月1日——结束……

## 二、表格

表 1. 国家电气化计划首个方案中的水电站功率 (1921 年) ( 兆瓦 ) [1]

| 河流 | 所在地 | 装机容量 |
|---|---|---|
| 1. 第聂伯河 | 乌克兰 | 588.4 |
| 2. 沃尔霍夫河 | 列宁格勒州 | 58.8 |
| 3. 斯维里河 2 | 列宁格勒州 | 88.3 |
| 4. 斯维里河 3 | 列宁格勒州 | 121.4 |
| 5. 别拉亚河 | 高加索 | 44.1 |
| 6. 丘索瓦亚河 | 乌拉尔 | 58.8 |
| 7. 卡通河 | 阿尔泰 | 44.1 |
| 8. 契尔奇克河 | 突厥斯坦 | 44.1 |
| 总共 | | 1048 |

表 2. 1913—1935 年俄罗斯电站总功率 ( 十亿千瓦 ) [2]

| 年份 | 1913 | 1922 | 1925 | 1929 | 1932 | 1933 | 1934 | 1935 |
|---|---|---|---|---|---|---|---|---|
| 所有电站 | 1.098 | 1.247 | 1.397 | 2.296 | 4.677 | 5.579 | 6.212 | 6.9 |
| 地区电站 | 0.177 | 0.277 | 0.367 | 0.938 | 3.02 | 3.714 | 4.158 | 4.8 |

表 3. 1913—1935 年俄罗斯电站总功率 ( 十亿千瓦 ) [3]

| 年份 | 总功率 | 水电站 | 水电站功率占比 ( % ) |
|---|---|---|---|
| 1913 | 1.141 | 0.016 | 1.4 |
| 1928 | 1.905 | 0.121 | 6.4 |
| 1935 | 6.923 | 0.896 | 12.9 |

[1] План ГОЭЛРО. План электрификации РСФСР. Доклад VIII съезду Советов Государственной комиссии по электрификации России. М., 1955. С. 85.

[2] РГАЭ. Ф. 4372. Оп. 34. Д. 595. Л. 62.

[3] Гидроэнергетика СССР: статистический обзор. М., 1969. С. 18; Народное хозяйство СССР, 1922 – 1982: юбил. стат. ежегодник / ЦСУ при Совете Министров СССР. М., 1982. С. 179.

表 4. 1926—1929 年中伏尔加边疆区社会经济发展指标[1]

| 指标 | 边疆区 | 苏联平均 |
| --- | --- | --- |
| 1. 1928—1929 年每千人发电功率（千瓦） | 1.3 | 5.4 |
| 2. 电能在所有机械设备中占比 | 10.9 % | 44.1 % |
| 3. 1927—1928 年人均农产品消耗（卢布） | 10.9 | 16.8 |
| 4. 1928—1929 年注册工业人均固定资产 | 20.7 | 64 |
| 5. 1928—1929 年人均生产总值（卢布） | 30.1 | 92.8 |
| 6. 1926 年识字率 | 36.4% | 44.1% |

表 5. 中伏尔加边疆区萨马拉水利枢纽电能需求预测（1930 年，百万千瓦时）[2]

| 需求项 | 电量 |
| --- | --- |
| 1. 公用事业 | 175 |
| 2. 工业： | |
| 1）当地 | 200 |
| 2）页岩 | 245 |
| 3）化学 | 1363 |
| 4）建筑 | 436 |
| 5）金属加工 | 2088 |
| 总共： | 4332 |
| 3. 农业（灌溉） | 1100 |
| 总共： | 5607 |

表 6. 1947 年前中央、伏尔加、乌拉尔地区电能需求预测（1935 年，百万千瓦）[3]

| 年份 / 地区 | 1932 | 1937 | 1942 | 1947 |
| --- | --- | --- | --- | --- |
| 中央 | 3925 | 8130 | 18000 | 27500 |
| 乌拉尔 | 1040 | 5220 | 13100 | 20500 |
| 伏尔加河沿岸 | 552 | 1475 | 4210 | 8080 |
| 总共 | 5517 | 14825 | 35310 | 56080 |

[1] Хонин В.А. Проблемы индустриализации Среднего Поволжья. Москва – Самара, 1930. С. 16–17.

[2] РГАЭ. Ф. 4372. Оп. 28. Д. 456. Л. 25; Чаплыгин А.В. Волгострой. Самара, 1930. С. 106, 108.

[3] РГАЭ. Ф. 4372. Оп. 31. Д. 212. Л. 31.

表 7. 苏联与伏尔加河流域河流货运量发展预测 (1932 年，百万吨 )[1]

| 水路＼年份 | 1913 | 1929 | 1930 | 1940 |
|---|---|---|---|---|
| 总共 | 48.2 | 50.7 | 63.2 | 无数据 |
| 伏尔加河流域河流 | 25.3 | 24.5 | 29.9 | 无数据 |
| 沿伏尔加河 | 19 | 15.3 | 18.1 | 100 |

表 8. 伏尔加河梯级水利枢纽的主要意义[2]

| 水利枢纽 | 建造年份 | 主要任务 |
|---|---|---|
| 1. 伊万科沃 | 1933 — 1937 | 能源、水路运输、供水 |
| 2. 乌格里奇 | 1935 — 1942 | 能源、水路运输 |
| 3. 雷宾斯克 | 1935—1950 | 调节伏尔加河上游和舍克斯纳河径流、能源、水路运输、供水 |
| 4. 高尔基(下诺夫哥罗德) | 1948—1957 | 能源、水路运输、供水 |
| 5. 古比雪夫（日古利） | 1949—1957 | 调节伏尔加河中游径流、能源、水路运输、灌溉、供水 |
| 6. 斯大林格勒（伏尔加） | 1951 — 1962 | 能源、水路运输、灌溉、渔业经济 |
| 7. 萨拉托夫 | 1956 — 1971 | 能源、水路运输、灌溉、渔业经济 |
| 8. 切博克萨雷 | 1968 — 1989 | 能源、水路运输、供水 |

表 9. 1941—1945 年雷宾斯克和乌格里奇水利枢纽发电总量 ( 百万千瓦时 )[3]

| 水利枢纽＼年份 | 1941 | 1942 | 1943 | 1944 | 1945 | 总共 |
|---|---|---|---|---|---|---|
| 雷宾斯克 | 55.3 | 752.3 | 594 | 848.4 | 654.6 | 2904.6 |
| 乌格里奇 | 137.4 | 213.1 | 274.4 | 203.9 | 264.1 | 1092.9 |
| 总共 | 192.7 | 965.4 | 868.4 | 1052.3 | 918.7 | 3997.5 |

[1] РГАЭ. Ф. 4372. Оп. 31. Д. 831. Л. 126.

[2] Найденко В.В. Великая Волга на рубеже тысячелетий. От экологического кризиса к устойчивому развитию. В 2 т. Т. 1. Общ. характеристика бассейна р. Волга. Анализ причин эколог. кризиса. Н. Новгород, 2003. С. 61.

[3] 25 лет Угличской и Рыбинской ГЭС: из опыта строительства и эксплуатации / под общ. ред. Н.А. Малышева и М.М. Мальцева. М.-Л., 1967. С. 103–109.

表 10. 30—70 年代“水电设计研究院”和“水利设计研究院”人员总数（千人）[1]

<table>
<tr><th>年份<br>研究院</th><th>1932</th><th>1937</th><th>1941</th><th>1957</th><th>1961</th><th>1962</th><th>1976</th></tr>
<tr><td>水电设计院及其前身</td><td>3500</td><td>3687</td><td>无数据</td><td>无数据</td><td>9200</td><td rowspan="2">17200</td><td rowspan="2">19279</td></tr>
<tr><td>水利设计院及其前身</td><td>无数据</td><td>无数据</td><td>35</td><td>8970</td><td>8500</td></tr>
</table>

表 11. 1937 年雷宾斯克和乌格里奇水利枢纽技术设计总预算（千卢布）[2]

<table>
<tr><th>工作类型</th><th>雷宾斯克水利枢纽</th><th>乌格里奇水利枢纽</th><th>总共</th></tr>
<tr><td>1. 基本水工建筑物</td><td>523817.97</td><td>274226.34</td><td>798044.31</td></tr>
<tr><td>2. 所需铁路和公路</td><td>2337.06</td><td>15140.16</td><td>17477.22</td></tr>
<tr><td>3. 所需住宅和通信</td><td>12015.9</td><td>8848.35</td><td>20864.25</td></tr>
<tr><td>4. 建筑物转移</td><td>203230.37</td><td>30994.06</td><td>234224.43</td></tr>
<tr><td>5. 淹没区征用和清理</td><td>96192.81</td><td>7648.1</td><td>103840.91</td></tr>
<tr><td>6. 勘测设计工作</td><td>39670.16</td><td>20604</td><td>60274.16</td></tr>
<tr><td>7. 辅助工程</td><td>81951.35</td><td>48549.5</td><td>130500.85</td></tr>
<tr><td>8. 其他花销</td><td>57637.93</td><td>9775.88</td><td>67413.81</td></tr>
<tr><td>总共技术设计预算</td><td>1016853.55</td><td>415786.39</td><td>1432639.94</td></tr>
<tr><td colspan="4">初步设计预算</td></tr>
<tr><td>1. 改移公路、重建桥梁</td><td>33684</td><td>44294</td><td>77978</td></tr>
<tr><td>2. 避风港建设</td><td>73902.21</td><td>—</td><td>73902.21</td></tr>
<tr><td>3. 浸没区建筑物转移与征用</td><td>38778.14</td><td>17481.7</td><td>56259.84</td></tr>
<tr><td>总共</td><td>146364.35</td><td>61775.7</td><td>208140.05</td></tr>
</table>

注：横线表示未规定该工作类型。

[1] История Гидропроекта. 1930 – 2000 / Под ред. В.Д. Новоженина. М., 2000. С. 46, 98, 113, 118, 129, 131, 167; РГАЭ. Ф. 7854. Оп. 1. Д. 115. Л. 35.

[2] Филиал РГАНТД. Ф. Р–119. Оп. 2–4. Д. 296. Л. 2.

表 12. 不同设计阶段古比雪夫水利枢纽的主要指标（1937—1957 年）[1]

| 指标 | 1937—1940 年的设计 | 1949 年的报告书 | 1950 年的设计任务书 | 1954 年的技术设计 | 1957 年修正的技术设计 |
|---|---|---|---|---|---|
| 装机功率，百万千瓦 | 3.4 | 2.3 | 2.1 | 2.1 | 2.1 |
| 发电量，十亿千瓦时 | 15.5 | 11.5 | 10.7 | 10.8 | 11 |
| 主要工作量：<br>1）土石，百万立方米；<br>2）混凝土和钢筋混凝土，百万立方米；<br>3）金属构件和机械，千吨 | <br>377<br>14.1<br>167 | <br>215<br>10.8<br>137 | <br>149<br>6.03<br>65.8 | <br>151<br>7.38<br>81.1 | <br>143<br>6.87<br>81.1 |
| 单位费用：<br>1）每千瓦，卢布；<br>2）每千瓦时，卢布 | 无数据 | 无数据 | 3380<br>0.63 | 3710<br>0.69 | 无数据 |
| 每千瓦时成本 | 无数据 | 无数据 | 1.35 | 1.45 | 无数据 |
| 回收期，年 | 无数据 | 无数据 | 6.4 | 9.2 | 无数据 |

表 13. 伏尔加河梯级水利枢纽勘测设计工作总支出 (%)[2]

| 水利枢纽名称 | 设计工作 | 勘测研究工作 | 总共占建设造价百分比 |
|---|---|---|---|
| 1. 伊万科沃 | 1.35 | 1.75 | 3.1 |
| 2. 乌格里奇 | 1.43 | 2.88 | 4.31 |
| 3. 雷宾斯克 | 0.85 | 2.56 | 3.41 |
| 4. 高尔基（下诺夫哥罗德） | 2.23 | 2.95 | 5.18 |
| 5. 古比雪夫（日古利） | 1.37 | 1.67 | 3.04 |

[1] Технический отчёт о проектировании и строительстве Волжской ГЭС имени В.И. Ленина, 1950 – 1958 гг. В 2 т. Т. 1. Описание сооружений гидроузла / ред. Н.А. Малышев, Г.Л. Саруханов. М.-Л., 1963. С. 30.

[2] Волжский и Камский каскады гидроэлектростанций / под общ. ред. Г.А. Руссо. М.-Л., 1960. С. 220; Чебоксарская ГЭС на реке Волга. Технический отчёт о проектировании, строительстве и первом периоде эксплуатации. В 2 т. Т. 1. М., 1988. С. 19.

续表

| 水利枢纽名称 | 设计工作 | 勘测研究工作 | 总共占建设造价百分比 |
| --- | --- | --- | --- |
| 6. 斯大林格勒（伏尔加） | 1.27 | 1.78 | 3.05 |
| 7. 萨拉托夫 | 1.44 | 2 | 3.44 |
| 8. 切博克萨雷 | 无数据 | 无数据 | 3.2 |

表 14. 雷宾斯克和乌格里奇水利枢纽基础工程总工作量（1937 年）[1]

| 工作类型 | 雷宾斯克水利枢纽 | 乌格里奇水利枢纽 | 总共 |
| --- | --- | --- | --- |
| 土方，百万立方米 | 26.08 | 14.57 | 40.65 |
| 混凝土，千立方米 | 1315.2 | 669.5 | 1984.7 |
| 戗堤和过滤，千立方米 | 506.4 | 260.8 | 767.2 |
| 坡面铺砌与加固，千平方米 | 1288.1 | 632.5 | 1920.6 |
| 木排砍伐与拆卸，千平方米 | 244.4 | 270.4 | 514.8 |
| 金属桩，千吨 | 4.6 | 2.4 | 7 |
| 木桩，延米 | 685 | 1414 | 2099 |
| 金属构件，千吨 | 32.3 | 13.4 | 45.7 |

表 15. 雷宾斯克和乌格里奇水利枢纽实现完成工作量（1955 年）[2]

| 工作类型 | 雷宾斯克水利枢纽 | 乌格里奇水利枢纽 | 总共 |
| --- | --- | --- | --- |
| 土方工程，百万立方米 | 34.02 | 18.28 | 52.3 |
| 混凝土工程，千立方米 | 1553 | 793 | 2346 |
| 戗堤和过滤，千立方米 | 433 | 213 | 646 |
| 坡面铺砌与加固，千平方米 | 1258 | 772 | 2030 |
| 金属桩，千吨 | 2.58 | 4.59 | 7.17 |
| 金属构件，千吨 | 36.2 | 14.49 | 50.69 |

[1] Филиал РГАНТД. Ф. Р–119. Оп. 2–4. Д. 296. Л. 4.

[2] 25 лет Угличской и Рыбинской ГЭС : из опыта строительства и эксплуатации / под общ. ред. Н. А. Малышева и М. М. Мальцева. – М.-Л. : Энергия, 1967. – 312 с. – С. 76–77.

表 16. 1937—1948 年伏尔加工程局计划完成率（%）[1]

| 计划部分＼年份 | 1937 | 1938 | 1939 | 1940 | 1948 |
| --- | --- | --- | --- | --- | --- |
| 投资计划 | 65.1 | 104 | 93.4 | 99.1 | 105.4 |
| 主体工程计划 | 75.1 | 90.6 | 72.7 | 86.4 | 124 |

表 17. 古比雪夫水利枢纽实际完成工作量（1950—1957 年）[2]

| 工作类型＼年份 | 1950—1951 | 1952 | 1953 | 1954 | 1955 | 1956 | 1957 | 总共 |
| --- | --- | --- | --- | --- | --- | --- | --- | --- |
| 土方工程，百万立方米 | 8.2 | 24.7 | 29.1 | 41 | 50 | 27.8 | 13.1 | 193.9 |
| 混凝土工程，千立方米 | 7 | 39 | 501 | 1934 | 3133 | 1436 | 622.2 | 7672.2 |
| 戗堤和过滤，千立方米 | — | 95.4 | 296.8 | 817.5 | 1111.6 | 1288 | 634.5 | 4243.8 |
| 钢筋结构，千吨 | — | — | 24.4 | 123.3 | 177.1 | 47 | 25.5 | 397.3 |
| 金属桩，千吨 | 2.1 | 7.9 | 5.3 | 16.9 | 10.4 | 2.1 | 0.2 | 44.9 |
| 金属构件，千吨 | 0.1 | 4.9 | 7.7 | 22 | 39.5 | 50.3 | 29.5 | 154 |

注：横线表示该工作未进行。

[1] ГАРФ. Ф. Р–9414. Оп. 1 а. Д. 961. Л. 8, 18. Оп. 4. Д. 16. Л. 147, 156. Д. 38. Л. 2, 36–37. Д. 41. Л. 19; РГАЭ. Ф. 7854. Оп. 2. Д. 383. Л. 4. Д. 453. Л. 4 ; История сталинского ГУЛАГа. Конец 1920-х – первая половина 1950-х годов : собрание документов в 7 т. : т. 3 : экономика ГУЛАГа / отв. ред. и сост. О. В. Хлевнюк. – М. : РОССПЭН, 2004. – 624 с. – С. 149.

[2] Технический отчёт о проектировании и строительстве Волжской ГЭС имени В.И. Ленина, 1950 – 1958 гг. В 2 т. Т. 2. Организация и производство строительно-монтажных работ / ред. Н.В. Разин, А.В. Арнгольд, Н.Л. Тригер. М.-Л., 1963. С. 18.

表 18. 斯大林格勒水利枢纽实际完成工作量（1950—1961 年）[1]

| 工作类型 \ 年份 | 1950—1952 | 1953 | 1954 | 1955 | 1956 | 1957 | 1958 | 1959 | 1960 | 1961 | 总共 |
|---|---|---|---|---|---|---|---|---|---|---|---|
| 土方工程，百万立方米 | 15.7 | 21.4 | 15.2 | 14.9 | 11.3 | 14.3 | 38 | 8.8 | 3.5 | 0.6 | 143.7 |
| 混凝土工程，千立方米 | — | 0.1 | 45.5 | 255.5 | 971.7 | 1928.4 | 1567.4 | 509.1 | 147.2 | 38 | 5462.9 |
| 戗堤和过滤，千立方米 | — | 182 | 137 | 173.1 | 329.3 | 463 | 1349 | 755 | 389 | 105 | 3882.4 |
| 钢筋结构，千吨 | — | — | 3.7 | 16.9 | 37.5 | 64.1 | 51.3 | 30 | 15 | — | 218.5 |
| 金属桩，千吨 | 4.53 | 6.16 | 0.06 | 0.7 | 5.08 | 4.2 | 1.74 | 0.44 | — | — | 22.91 |
| 金属构件，千吨 | — | — | — | — | 1.1 | 8.6 | 28.7 | 24.1 | 10.1 | 6.8 | 79.4 |

注：横线表示该工作未完成。

表 19. 1953—1957 年古比雪夫工程局人员劳动生产率（%）[2]

| 指标 \ 年份 | 1953 | 1954 | 1955 | 1956 | 1957 |
|---|---|---|---|---|---|
| 生产计划实际完成率 | 129.8 | 126.1 | 120 | 117.1 | 97 |
| 超额完成指标的工人数 | 19.4 | 14 | 17 | 12.4 | 14.8 |

[1] * 数据取自 : РГАЭ. Ф. 7854. Оп. 2. Д. 1446. Л. 62; Технический отчёт о проектировании и строительстве Волжской ГЭС имени XXII съезда КПСС, 1950 – 1961 гг. В 2 т. Т. 1. Основные сооружения гидроузла / ред. А.В. Михайлов. М.-Л., 1965. С. 629.

[2] Технический отчёт о проектировании и строительстве Волжской ГЭС имени В.И. Ленина, 1950 – 1958 гг. В 2 т. Т. 2. Организация и производство строительно-монтажных работ / ред. Н.В. Разин, А.В. Арнгольд, Н.Л. Тригер. М.-Л., 1963. С. 125; Управление по делам архивов мэрии городского округа Тольятти. Ф. Р–18. Оп. 1. Д. 162. Л. 69. Д. 240. Л. 47. Д. 415. Л. 63. Д. 501. Л. 35.

表 20. 1949—1957 年古比雪夫工程局计划完成度（%）[1]

| 年份<br>计划部分 | 1949 | 1950 | 1951 | 1952 | 1953 | 1954 | 1955 | 1956 | 1957 |
|---|---|---|---|---|---|---|---|---|---|
| 投资计划 | 33.3 | 87.5 | 103.3 | 97.5 | 104.4 | 109 | 97.3 | 102.5 | 103.4 |
| 主体工程计划 | 无数据 | 97.5 | 85.1 | 97 | 61.3 | 113.6 | 无数据 | 105.6 | 103.2 |

表 21. 1951—1957 年古比雪夫水利枢纽工地年均雇用人员数量（千人）[2]

| 年份 | 工人 | 工程技术人员 | 职工 | 总共 |
|---|---|---|---|---|
| 1951* | 无数据 | 740 | 无数据 | 4569 |
| 1952 | 3924 | 2530 | 4784 | 11238 |
| 1953 | 8621 | 10251 | | 18872 |
| 1954 | 14043 | 10864 | | 24907 |
| 1955 | 21391 | 11304 | | 32695 |
| 1956 | 24287 | 无数据 | 无数据 | 无数据 |
| 1957 | 21705 | 3625 | 2770 | 28100 |

*1951 年 4 月 1 日数据。

表 22. 1951—1961 年斯大林格勒水利枢纽工地年均雇用人员数量（千人）[3]

| 年份 | 工人 | 工程技术人员 | 职工 | 总共 |
|---|---|---|---|---|
| 1951 | 7927 | 763 | 491 | 9181 |

[1] РГАЭ. Ф. 9572. Оп. 1. Д. 296. Л. 48; СОГАСПИ. Ф. 6567. Оп. 1. Д. 34. Л. 9. Ф. 7717. Оп. 1. Д. 1. Л. 74; Управление по делам архивов мэрии городского округа Тольятти. Ф. Р–18. Оп. 1. Д. 105. Л. 81–82. Д. 162. Л. 4, 9. Д. 240. Л. 2. Д. 415 а. Л. 7, 10. Д. 501. Л. 2, 4–5.

[2] Заключённые на стройках коммунизма. ГУЛАГ и объекты энергетики в СССР: собрание документов и фотографий / отв. ред. О.В. Хлевнюк. М., 2008. С. 143; Управление по делам архивов мэрии городского округа Тольятти. Ф. Р–18. Оп. 1. Д. 104. Л. 2. Д. 159. Л. 71. Д. 241. Л. 51. Д. 315. Л. 13. Д. 316. Л. 24, 25–26. Д. 405. Л. 8, 25. Д. 501. Л. 30–33.

[3] Технический отчёт о проектировании и строительстве Волжской ГЭС имени XXII съезда КПСС, 1950 – 1961 гг. В 2 т. Т. 2. Организация и производство строительно-монтажных работ / ред. А.Я. Кузнецов. М.-Л., 1966. С. 563.

续表

| 年份 | 工人 | 工程技术人员 | 职工 | 总共 |
|---|---|---|---|---|
| 1952 | 22154 | 1362 | 672 | 24188 |
| 1953 | 17681 | 1892 | 2055 | 21628 |
| 1954 | 17474 | 1855 | 1849 | 21178 |
| 1955 | 15051 | 2577 | 1462 | 19090 |
| 1956 | 19643 | 2897 | 1128 | 23668 |
| 1957 | 24709 | 3607 | 1499 | 29815 |
| 1958 | 32872 | 3376 | 1744 | 37992 |
| 1959 | 30167 | 2803 | 1641 | 34611 |
| 1960 | 25790 | 2734 | 1135 | 29659 |
| 1961 | 21602 | 2399 | 873 | 24874 |

表 23. 1953—1956 年古比雪夫水利枢纽工地雇用人员流动性（千人）[1]

| 指标＼年份 | 1953 | 1954 | 1955 | 1956 |
|---|---|---|---|---|
| 接收 | 15242 | 19772 | 20566 | 3562 |
| 离职 | 7538 | 14117 | 13928 | 6014 |
| 流动性 | 49.4 % | 71.4 % | 67.7 % | 168.8 % |

表 24. 1951—1958 年古比雪夫水利枢纽工地合理化建议指标[2]

| 指标＼年份 | 1951 | 1952 | 1953 | 1954 | 1955 | 1956 | 1957—1958 | 总共 |
|---|---|---|---|---|---|---|---|---|
| 建议提出数 | 348 | 544 | 539 | 1512 | 1304 | 979 | 1606 | 6832 |
| 应用于生产数 | 70 | 144 | 147 | 820 | 766 | 691 | 1027 | 3665 |
| 节省费用，百万卢布 | 3.6 | 6.1 | 5.3 | 6.7 | 23.3 | 19.6 | 8.5 | 73.1 |

[1] РГАЭ. Ф. 9572. Оп. 1. Д. 296. Л. 49; Управление по делам архивов мэрии городского округа Тольятти. Ф. Р–18. Оп. 1. Д. 159. Л. 71. Д. 162. Л. Л. 69. Д. 315. Л. 13. Д. 415 а. Л. 60.

[2] Технический отчёт о проектировании и строительстве Волжской ГЭС имени В. И. Ленина, 1950 – 1958 гг. В 2 т. Т. 2. Организация и производство строительно-монтажных работ / ред. Н.В. Разин, А.В. Арнгольд, Н.Л. Тригер. М.-Л., 1963. С. 131.

表 25. 切博克萨雷水利枢纽设计工作量与实际完成工作量（1968—1986 年）[1]

| 工作类型 | 设计任务量 | 实际工作量 |
| --- | --- | --- |
| 土方工程，百万立方米 | 28.8 | 69.9 |
| 混凝土工程，千立方米 | 2378.5 | 2332.7 |
| 戗堤和过滤，千立方米 | 1674.3 | 1490.8 |
| 钢筋结构，千吨 | 166.2 | 132.1 |
| 金属桩，千吨 | 1.33 | 0.97 |
| 金属构件，千吨 | 52.05 | 38.65 |

表 26. 1968—1985 年切博克萨雷投资计划完成度（%）[2]

| 年份 | 1968—1975 | 1976 | 1977 | 1978 | 1979 | 1980 | 1981 | 1982 | 1983 | 1984 | 1985 |
| --- | --- | --- | --- | --- | --- | --- | --- | --- | --- | --- | --- |
| 计划完成度 | 70 | 76.5 | 103.8 | 109.4 | 102.7 | 156 | 105.4 | 97.8 | 105 | 103.6 | 103 |

表 27. 1974—1985 年切博克萨雷水利枢纽工地人员数量（千人）[3]

| 年份 \ 类型 | 工人 | 技术工程人员 | 职工等 | 总共 |
| --- | --- | --- | --- | --- |
| 1974 | 2228 | 353 | 232 | 2813 |
| 1975 | 3542 | 477 | 378 | 4397 |
| 1976 | 5125 | 498 | 613 | 6236 |
| 1977 | 5560 | 697 | 661 | 6918 |
| 1978 | 6284 | 774 | 699 | 7757 |

[1] Чебоксарская ГЭС на реке Волга. Технический отчёт о проектировании, строительстве и первом периоде эксплуатации. В 2 т. Т. 2. М., 1988. С. 196, 201.

[2] Чебоксарская ГЭС на реке Волга. Технический отчёт о проектировании, строительстве и первом периоде эксплуатации. В 2 т. Т. 2. М., 1988. С. 202.

[3] Чебоксарская ГЭС на реке Волга. Технический отчёт о проектировании, строительстве и первом периоде эксплуатации. В 2 т. Т. 2. М., 1988. С. 160.

续表

| 年份 \ 类型 | 工人 | 技术工程人员 | 职工等 | 总共 |
|---|---|---|---|---|
| 1979 | 7033 | 880 | 844 | 8757 |
| 1980 | 8247 | 1152 | 1019 | 10418 |
| 1981* | 5811 | 890 | 682 | 7383 |
| 1982 | 5335 | 841 | 767 | 6943 |
| 1983 | 5419 | 877 | 688 | 6984 |
| 1984 | 5112 | 883 | 693 | 6688 |
| 1985 | 4877 | 862 | 673 | 6412 |

* 注：从 1981 年开始仅包含切博克萨雷工程局人员，不包括承包单位人员。

表 28. 伏尔加河梯级水利枢纽主体工程总量[1]

| 水利枢纽名称 | 土方工程，百万立方米 | 混凝土工程，百万立方米 | 金属构件与机械，千吨 |
|---|---|---|---|
| 1. 伊万科沃 | 15.2 | 0.55 | 6.8 |
| 2. 乌格里奇 | 18.3 | 0.79 | 14.5 |
| 3. 雷宾斯克 | 34 | 1.55 | 36.2 |
| 4. 高尔基（下诺夫哥罗德） | 41.3 | 1.38 | 31.7 |
| 5. 古比雪夫（日古利） | 193.9 | 7.67 | 154 |
| 6. 斯大林格勒（伏尔加） | 140 | 5.64 | 67.1 |
| 7. 萨拉托夫 | 59.2 | 1.42 | 43.5 |
| 8. 切博克萨雷 | 69.9 | 2.33 | 38.6 |
| 总共 | 571.8 | 21.33 | 392.4 |

[1] 25 лет Угличской и Рыбинской ГЭС: из опыта строительства и эксплуатации / под общ. ред. Н.А. Малышева и М.М. Мальцева. М.-Л., 1967. С. 76–77; Волжский и Камский каскады гидроэлектростанций / под общ. ред. Г.А. Руссо. М.-Л., 1960. С. 32; Технический отчёт о проектировании и строительстве Волжской ГЭС имени В.И. Ленина, 1950 – 1958 гг. В 2 т. Т. 2. Организация и производство строительно-монтажных работ / ред. Н.В. Разин, А.В. Арнгольд, Н.Л. Тригер. М.-Л., 1963. С. 18; Чебоксарская ГЭС на реке Волга. Технический отчёт о проектировании, строительстве и первом периоде эксплуатации. В 2 т. Т. 2. М., 1988. С. 196, 201.

表 29. 伏尔加河梯级水利枢纽参数（平均值）[1]

| 水利枢纽 | 平均装机容量，兆瓦 | 水电站平均发电量，十亿千瓦时 | 建筑年份 | 正常蓄水位，米 | 正常蓄水位下水库表面积，平方千米 | 最大静压头，米 |
|---|---|---|---|---|---|---|
| 1. 伊万科沃 | 30 | 0.1 | 1933—1937 | 124.0 | 327 | 14.5 |
| 2. 乌格里奇 | 110 | 0.2 | 1935—1942 | 113.0 | 249 | 16 |
| 3. 雷宾斯克 | 338.1 | 0.9 | 1935—1950 | 102.3 | 4550 | 18 |
| 4. 高尔基（下诺夫哥罗德） | 520 | 1.6 | 1948—1957 | 84.0 | 1570 | 17 |
| 5. 古比雪夫（日古利） | 2333.3 | 10.1 | 1950—1958 | 53.0 | 6150 | 30 |
| 6. 斯大林格勒（伏尔加） | 2546.6 | 10.9 | 1951—1962 | 15.0 | 3117 | 27 |
| 7. 萨拉托夫 | 1359.6 | 5.2 | 1956—1971 | 28.0 | 1831 | 15 |
| 8. 切博克萨雷 | 1381.3 | 2.1 | 1968—1989 | 63.0 | 1915 | 18.9 |
| 总共 | 8618.9 | 31.1 | | | 19709 | |

[1] Асарин А.Е., Хазиахметов Р.М. Волжско–Камский каскад гидроузлов // Гидротехническое строительство. 2005. № 9. С. 25; Асарин А.Е. Плюсы и минусы Рыбинского гидроузла // Молога. Рыбинское водохранилище. История и современность: к 60-летию затопления Молого-Шекснинского междуречья и образования Рыбинского водохранилища: материалы науч. конф. / сост. Н.М. Алексеев. Рыбинск, 2003. С. 18; Вечный двигатель. Волжско–Камский гидроэнергетический каскад: вчера, сегодня, завтра / под общ. ред. Р.М. Хазиахметова. М., 2007. С. 334–342; Найденко В.В. Великая Волга на рубеже тысячелетий. От экологического кризиса к устойчивому развитию. В 2 т. Т. 1. Общ. характеристика бассейна р. Волга. Н. Новгород, 2003. С. 59.

表 30. 1913—2007 年俄罗斯电能生产总指标（十亿千瓦时）[1]

| 年份 | 总发电 | 水电站发电 | 比重（%） |
|---|---|---|---|
| 1913 | 2.04 | 0.035 | 1.7 |
| 1928 | 5.01 | 0.43 | 8.6 |
| 1935 | 26.3 | 3.7 | 14.1 |
| 1940 | 48.3 | 5.1 | 10.6 |
| 1945 | 43.3 | 4.8 | 11.1 |
| 1950 | 91.2 | 12.7 | 13.9 |
| 1955 | 170.2 | 23.2 | 13.6 |
| 1960 | 292.3 | 50.9 | 17.4 |
| 1965 | 506.7 | 81.4 | 16.1 |
| 1970 | 740.9 | 124.4 | 16.8 |
| 1975 | 1038.6 | 126 | 12.1 |
| 1980 | 1294 | 184 | 14.2 |
| 1985 | 1600 | 265.6 | 16.6 |
| 1992 | 1008 | 173 | 17.2 |
| 1995 | 860 | 177 | 17.6 |
| 2000 | 878 | 165 | 18.8 |
| 2005 | 953 | 175 | 18.4 |
| 2007 | 1015 | 179 | 17.6 |

表 31. 1933—1937 年德米特里劳改营囚犯年均数量（千人）[2]

| 1933 | 1934 | 1935 | 1936 | 1937 |
|---|---|---|---|---|
| 51502 | 156319 | 188792 | 177215 | 99742 |

[1] Гидроэнергетика СССР: статистический обзор. М., 1969. С. 16; Найденко В.В. Великая Волга на рубеже тысячелетий. От экологического кризиса к устойчивому развитию. В 2 т. Т. 1. Общ. характеристика бассейна р. Волга. Н. Новгород, 2003. С. 59; Народное хозяйство СССР, 1922 – 1982: юбил. стат. ежегодник / ЦСУ. М., 1982. С. 179. Россия в цифрах. 2008: крат. стат. сб. / Росстат. М., 2008. С. 230.

[2] Кокурин А.И., Петров Н.В. ГУЛАГ: структура и кадры // Свободная мысль. 2000. № 1. С. 121; Система исправительно-трудовых лагерей в СССР: 1923 – 1960: справочник / сост. М.Б. Смирнов; под ред. Н.Г. Охотина, А.Б. Рогинского. М., 1998. С. 214.

表 32. 1937 年 12 月与 1938 年 1 月德米特罗夫劳改营囚犯劳动力使用率（%）[1]

| 劳改营 | 在册人员中的囚犯比重 | | | | | | | |
|---|---|---|---|---|---|---|---|---|
| | 一类 | | 二类 | | 三类 | | 四类 | |
| | 实际 | | 实际 | | 实际 | | 实际 | |
| | 12 月 | 1 月 | 12 月 | 1 月 | 12 月 | 1 月 | 12 月 | 1 月 |
| 德米特拉格 | 83 | 82.3 | 10.8 | 11.3 | 2.7 | 3.2 | 3.5 | 3.2 |
| 所有劳改营 | 64.4 | 62.5 | 10.2 | 10.4 | 8.5 | 9.5 | 17 | 17.5 |

表 33. 1936—1953 年伏尔加劳改营囚犯年均人数（千人）[2]

| 1936 | 1937 | 1938 | 1939 | 1940 | 1941 | 1942 | 1943 | 1944 |
|---|---|---|---|---|---|---|---|---|
| 33276 | 56884 | 76312 | 67092 | 65824 | 81521 | 40089 | 24387 | 22798 |
| 1945 | 1946 | 1947 | 1948 | 1949 | 1950 | 1951 | 1952 | 1953 |
| 17313 | 16979 | 19737 | 18278 | 18415 | 18400 | 17109 | 15632 | 14597 |

[1] ГА РФ. Ф. Р–9414. Оп. 1. Д. 1139. Л. 1.

[2] ГА РФ. Ф. Р–9414. Оп. 1 а. Д. 364. Л. 1, 7, 13, 19, 25, 31, 37, 42, 48, 53, 59, 65. Д. 371. Л. 1, 10, 20, 30, 38, 47, 55, 60, 71, 74, 83. Д. 379. Л. 3, 7, 14. 17, 24, 26, 39, 41, 54, 57, 69, 71, 72, 83–85, 92–94, 101, 103–104, 109–110 об. Д. 390. Л. 1, 3, 4, 14, 16–17, 29, 31–32, 46, 48–49, 61, 63, 65, 73, 75, 85, 98, 112, 129, 144, 161. Д. 406. Л. 1, 20, 39 об., 56, 75, 99 об., 110, 129, 148, 167, 186, 204. Д. 424. Л. 2, 17, 21, 29, 40, 45, 58–59, 73, 78, 87, 96, 102, 114–115, 126, 130 об., 134, 145–146, 161, 174, 190. Д. 435. Л. 1 об.–2, 9 об.–10, 15 об.–16, 21 об.–22, 27 об.–28, 33 об.–34, 39 об.–40, 45 об.–46, 51 об.–52, 57 об.–58, 63 об.–64, 69 об.–70. Д. 457. Л. 2, 6, 10, 14, 18, 22, 26, 30, 34, 38, 42, 46. Д. 472. Л. 2, 6, 11, 16 об.–17, 23 об.–24, 32 об.–33, 40 об.–41, 48 об.–49, 55 об.–56, 62 об.–63, 69 об.–70, 77 об.–78. Д. 479. Л. 1 об.–2, 17 об.–18, 25 об.–26, 33 об.–34, 41 об.–42, 49 об.–50, 57 об.–58, 65 об.–66, 73 об.–74, 81 об.–82, 89 об.–90. Д. 495. Л. 1 об.–2, 8 об.–9, 14 об.–15, 20 об.–21, 26 об. –27, 32 об.–33, 38 об.–39, 44 об.–45, 50 об.–51, 56 об.–57, 62 об.–63, 68 об.–69. Д. 500. Л. 1 об.–2, 7 об.–8, 13 об.–14. 22, 36 об. Д. 852. Л. 23. Оп. 1. Д. 1140. Л. 2, 4, 6, 47, 87, 88 а, 114, 123, 140, 144, 235. Д. 1155. Л. 20.

表 34. 1936—1947 年伏尔加劳改营囚犯使用情况（占年均人员比重，%）[1]

<table>
<tr><th>类别<br>年份</th><th>一类</th><th>二类</th><th>三类</th><th>四类</th></tr>
<tr><td>1936</td><td>79.2</td><td>11.4</td><td>9.4</td><td>0</td></tr>
<tr><td>1938</td><td>78</td><td>9.5</td><td>6.7</td><td>5.8</td></tr>
<tr><td>1939</td><td>77.5</td><td>9.1</td><td>8</td><td>5.4</td></tr>
<tr><td>1940</td><td>79.9</td><td>6</td><td colspan="2">14.1</td></tr>
<tr><td>1941</td><td>75.8</td><td>6</td><td colspan="2">18.2</td></tr>
<tr><td>1942</td><td>47.7</td><td>7.5</td><td colspan="2">44.8</td></tr>
<tr><td>1943</td><td>58.1</td><td>8.4</td><td>31.8</td><td>1.7</td></tr>
<tr><td>1944</td><td>57.4</td><td>8.7</td><td>27.3</td><td>1.6</td></tr>
<tr><td>1945</td><td>68.1</td><td>7.2</td><td colspan="2">24.7</td></tr>
<tr><td>1946</td><td>67.7</td><td>6.1</td><td colspan="2">26.2</td></tr>
<tr><td>1947</td><td>73.1</td><td>6.8</td><td colspan="2">20.1</td></tr>
</table>

表 35. 1941 年 1—7 月伏尔加劳改营囚犯罢工人数走势（千人）[2]

| 月份<br>指标 | 1 月 | 2 月 | 3 月 | 4 月 | 5 月 | 6 月 | 7 月 |
|---|---|---|---|---|---|---|---|
| 罢工 | 6317 | 8143 | 8479 | 3823 | 1993 | 1442 | 1091 |
| 因缺衣少鞋 | 2993 | 1180 | 311 | 171 | 47 | 0 | 0 |
| 在册人员 | 88867 | 90764 | 95174 | 94695 | 91178 | 86938 | 84528 |
| 占在册人员比重 | 7.1 | 8.9 | 8.9 | 4 | 2.2 | 1.7 | 1.3 |

[1] ГА РФ. Ф. Р–9414. Оп. 1 а. Д. 852. Л. 24. Оп. 1. Д. 72. Л. 4, 7. Д. 1140. Л. 81, 98, 117, 158, 203. Д. 1155. Л. 13, 16.

[2] Заключённые на стройках коммунизма. ГУЛАГ и объекты энергетики в СССР: собрание документов и фотографий / отв. ред. О. В. Хлевнюк. М., 2008. С. 193–194.

表 36. 1937—1940 年萨马拉劳改营年均人数（千人）[1]

| 1937 | 1938 | 1939 | 1940 |
|---|---|---|---|
| 9026 | 26993 | 32063 | 33882 |

表 37. 1937—1940 年萨马拉劳改营囚犯总数（千人）[2]

| 1937 | 1938 | 1939 | 1940 |
|---|---|---|---|
| 2159（01.10.） | 15894（01.01.） | 36761（01.01.） | 36546（01.01.） |

表 38. 1938—1939 年萨马拉劳改营囚犯劳动力使用情况（占年均人员比重）[3]

| 类别 / 年份 | 一类 | 二类 | 三类 | 四类 |
|---|---|---|---|---|
| 1938 | 79.9 | 8.1<br>（5—7 月） | 9.7（5—7 月） | |
| 1939<br>（1—10 月） | 83.1 | 7.1 | 9.8 | |

［1］ ГА РФ. Ф. Р–9414. Оп. 1. Д. 1138. Л. 3. Д. 1139. Л. 47, 184. Д. 1140. Л. 6, 91, 116–117, 186, 189; Ремесло окаянное. Очерки по истории уголовно-исполнительной системы Самарской области, 1894 – 2004. Т. 1. Самара, 2004. С. 126; Система исправительно-трудовых лагерей в СССР: 1923– 1960: справочник / сост. М.Б. Смирнов; под ред. Н.Г. Охотина, А.Б. Рогинского. М., 1998. С. 370.

［2］ ГА РФ. Ф. Р–9414. Оп. 1. Д. 1140. Л. 116; Ремесло окаянное. Очерки по истории уголовно-исполнительной системы Самарской области, 1894 – 2004. Т. 1. Самара, 2004. С. 126; Система исправительно-трудовых лагерей в СССР: 1923 – 1960: справочник / сост. М.Б. Смирнов; под ред. Н.Г. Охотина, А.Б. Рогинского. М., 1998. С. 370.

［3］ ГА РФ. Ф. Р–9414. Оп. 1. Д. 1139. Л. 47, 193–194, 246. Д. 1140. Л. 186; Заключённые на стройках коммунизма. ГУЛАГ и объекты энергетики в СССР: собрание документов и фотографий / отв. ред. О.В. Хлевнюк. М., 2008. С. 187; СОГАСПИ. Ф. 888. Оп. 1. Д. 3. Л. 7.

表 39. 1937—1940 年萨马拉劳改营囚犯伙食标准[1]

| 标准<br>指标 | “惩罚性”伙食，克 | “一般性”伙食，克 | “突击员”伙食，克 |
|---|---|---|---|
| 米 | 35 | 90 | 120 |
| 肉（10 天） | 0 | 33 | 50 |
| 鱼（20 天） | 75 | 133 | 200 |
| 蔬菜 | 400 | 620 | 750 |
| 糖 | 6 | 8 | 8 |
| 面包 | 300 | 400—1000 | 1000 以上 |
| 总卡路里 | 1148 | 无数据 | 4240 |
| 总价值 | 51 戈比 | 1 卢布 9 戈比 | 1 卢布 45 戈比 |

表 40. 1949—1957 年库涅耶夫劳改营年均囚犯数量（千人）[2]

| 1949 | 1950 | 1951 | 1952 | 1953 | 1954 | 1955 | 1956 | 1957 |
|---|---|---|---|---|---|---|---|---|
| 1290 | 8689 | 18503 | 33908 | 38984 | 41325 | 35759 | 29529 | 16586 |

表 41. 1950—1953 年阿赫图宾斯克劳改营年均囚犯数量（千人）[3]

| 1950 | 1951 | 1952 | 1953 |
|---|---|---|---|
| 3132 | 9194 | 18835 | 25204 |

[1] Ремесло окаянное. Очерки по истории уголовно-исполнительной системы Самарской области, 1894– 2004. Т. 1. Самара, 2004. С. 130–131.

[2] ГА РФ. Ф. Р–8359. Оп. 1. Д. 2. Л. 5, 26, 49, 101, 138. Д. 4. Л. 5, 10, 19, 25, 30, 102, 208, 223, 230, 246. Д. 6. Л. 2. Ф. Р–9414. Оп. 1. Д. 457. Л. 204. Д. 495. Л. 38, 49, 81. Д. 1413. Л. 12, 18. Д. 1418. Л. 13, 29; Система исправительно-трудовых лагерей в СССР: 1923 – 1960: справочник / сост. М.Б. Смирнов; под ред. Н.Г. Охотина, А.Б. Рогинского. М., 1998. С. 308; СОГАСПИ. Ф. 7717. Оп. 1. Д. 10. Л. 214.

[3] Глухова Е.М. Строительство Сталинградской ГЭС: комплектование кадрами, организация труда и быта. Дис. ... канд. ист. наук. Волгоград, 2007. С. 234; Система исправительно-трудовых лагерей в СССР: 1923 – 1960: справочник / сост. М.Б. Смирнов; под ред. Н.Г. Охотина, А.Б. Рогинского. М., 1998. С. 151.

表 42. 1950—1953 年阿赫图宾斯克劳改营囚犯总数（千人）[1]

| 日期 | 计划量 | 实际量 |
| --- | --- | --- |
| 01.11.1950 | 4000 | 1284 |
| 01.01.1951 | 11360 | 4980 |
| 01.06.1951 | 无数据 | 8939 |
| 01.01.1952 | 37760 | 13664 |
| 01.05.1952 | 无数据 | 16798 |
| 01.01.1953 | 63200 | 26044 |
| 15.03.1953 | 无数据 | 24364 |

表 43. 1950—1954 年库涅耶夫劳改营囚犯劳动力使用情况（占年均人员比重）[2]

| 年份 | 一类<br>实际 / 计划 | 二类<br>实际 / 计划 | 三类<br>实际 / 计划 | 四类<br>实际 / 计划 |
| --- | --- | --- | --- | --- |
| 1950 | 85/95 | 15/5 | | |
| 1951（11 个月） | 81.15/82 | 10.25/10 | 4.8/5.6 | 3.8/2.4 |
| 1953 | 80.2/81.4 | 8.5/8.8 | 2.9/5 | 8.4/4.8 |
| 1954 | 85.2/83.8 | 7.9/8.4 | 3.1/4.2<br>（9 个月） | 3.25/2.7<br>（9 个月） |

［1］ Глухова Е.М. Строительство Сталинградской ГЭС: комплектование кадрами, организация труда и быта. Дис. ... канд. ист. наук. Волгоград, 2007. С. 234; Система исправительно-трудовых лагерей в СССР: 1923– 1960: справочник / сост. М.Б. Смирнов; под ред. Н.Г. Охотина, А.Б. Рогинского. М., 1998. С. 151.

［2］ ГА РФ. Ф. Р–8359. Оп. 1. Д. 4. Л. 10. Ф. Р–9414. Оп. 1. Д. 495. Л. 84; СОГАСПИ. Ф. 7717. Оп. 1. Д. 10. Л. 214. Оп. 5. Д. 1. Л. 9; Управление по делам архивов мэрии городского округа Тольятти. Ф. Р–18. Оп. 1. Д. 241. Л. 35.

表 44. 1950—1954 年古比雪夫水利工程局雇用工和库涅耶夫劳改工中技能培训情况[1]

| 年份 | 初级培训 | 技能提升 |
|---|---|---|
| 劳改工 | | |
| 1950 | 756 | 0 |
| 1951 | 2634 | 2243 |
| 1952 | 6283 | 3502 |
| 1953 | 5656 | 1457 |
| 1954 | 4412 | 0 |
| 总共 | 19741 | 7202 |
| 雇用工 | | |
| 1950 | 44 | 0 |
| 1951 | 260 | 90 |
| 1952 | 1963 | 402 |
| 1953 | 3960 | 1911 |
| 1954 | 5790 | 3856 |
| 总共 | 12017 | 6259 |

表 45. 1951—1955 年库涅耶夫劳改营囚犯违反监禁制度情况[2]

| 年份<br>违纪违法类型 | 1951 | 1952 | 1953 | 1954（10 个月） | 1955（10 个月） |
|---|---|---|---|---|---|
| 1. 强盗行为 | 2 | 18 | 11 | 0 | 3 |
| 2. 聚众闹事 | 无数据 | 无数据 | 15 | 0 | 3 |
| 上述情况下死伤 | 无数据 | 39 | 逾 65 | 0 | 15 |
| 3. 逃遁者 | 逾 7 | 32 | 116 | 47 | 76 |

［1］ Управление по делам архивов мэрии городского округа Тольятти. Ф. Р–18. Оп. 1. Д. 316. Л. 11–14.

［2］ ГА РФ. Ф. Р–9114. Оп. 16. Д. 457. Л. 12, 154; СОГАСПИ. Ф. 7717. Оп. 1. Д. 1. Л. 25. Оп. 5. Д. 1. Л. 19–20, 37. Оп. 6. Д. 1. Л. 17, 24–25, 28.

续表

| 违纪违法类型 \ 年份 | 1951 | 1952 | 1953 | 1954（10个月） | 1955（10个月） |
|---|---|---|---|---|---|
| 4. 捣乱行为 | 88 | 465 | 215 | 无数据 | 99 |
| 5. 罢工（人日） | 963 | 6941 | 4991 | 无数据 | 37527 |
| 6. 刑事责任 | 无数据 | 无数据 | 无数据 | 174 | 274 |

表 46. 1931—1953 年内务人民委员部 - 内务部劳改营囚犯死亡总数(千人)[1]

| 年份 | 总共 | 年份 | 总共 |
|---|---|---|---|
| 1931 | 7283 | 1943 | 166967 |
| 1932 | 13267 | 1944 | 60948 |
| 1933 | 67297 | 1945 | 37221 |
| 1934 | 26295 | 1946 | 18154 |
| 1935 | 28328 | 1947 | 35668 |
| 1936 | 20595 | 1948 | 27605 |
| 1937 | 25376 | 1949 | 15739 |
| 1938 | 90546 | 1950 | 14703 |
| 1939 | 50502 | 1951 | 15587 |
| 1940 | 46665 | 1952 | 13806 |
| 1941 | 100997 | 1953 | 5825 |
| 1942 | 248887 | | |

[1] Население России в XX веке: исторические очерки. В 3 т. Т. 1: 1900–1939 / Рос. акад. наук, отд-ние истории, Науч. совет по ист. демографии и ист. географии, Ин-т рос. истории. М., 2000. С. 319; Население России в XX веке: ист. очерки. В 3 т. Т. 2: 1940–1959 / Рос. акад. наук, отд-ние истории, Науч. совет по ист. демографии и ист. географии, Ин-т рос. истории. М., 2001. С. 195.

表 47. 1930—1960 年内务人民委员部 - 内务部劳改营囚犯总数（千人）[1]

| 年份 | 1 月 1 日 | 年均 | 年份 | 1 月 1 日 | 年均 |
|---|---|---|---|---|---|
| 1930 | 179000 | 190000 | 1946 | 600897 | 700712 |
| 1931 | 212000 | 245000 | 1947 | 808839 | 1048127 |
| 1932 | 268700 | 271000 | 1948 | 1108057 | 1162209 |
| 1933 | 334300 | 456000 | 1949 | 1216361 | 1316330 |
| 1934 | 510307 | 620000 | 1950 | 1416300 | 1475033 |
| 1935 | 725483 | 794000 | 1951 | 1533767 | 1622484 |
| 1936 | 839406 | 836000 | 1952 | 1711202 | 1719586 |
| 1937 | 820881 | 999400 | 1953 | 1727970 | 1306005 |
| 1938 | 996367 | 1313000 | 1954 | 884040 | 816264 |
| 1939 | 1317195 | 1340000 | 1955 | 748489 | 653183 |
| 1940 | 1344408 | 1400000 | 1956 | 557877 | 524984 |
| 1941 | 1500524 | 1560000 | 1957 | 492092 | 450829 |
| 1942 | 1415596 | 1096000 | 1958 | 409567 | 398840 |
| 1943 | 983974 | 731885 | 1959 | 388114 | 332196 |
| 1944 | 663594 | 658124 | 1960 | 276279 | 无数据 |
| 1945 | 715506 | 697258 | | | |

[1] ГА РФ. Ф. Р–9414. Оп. 1. Д. 1155. Л. 1 а; Земсков В.Н. ГУЛАГ (Историко-социологический аспект) // Социологические исследования. 1991. № 6. С. 11; Getty J.A., Rittersporn G.T., Zemskov V.N. Victims of the Soviet Penal System in the Pre-war Years: A First Approach on the Basis of Archival Evidence // American Historycal Review. 1993. № 3. P. 1048.

表 48. 伊万科沃水坝主要淹没指标初步汇总表（1933 年）[1]

| A. 一般指标 | 123 米 | 125 米 |
|---|---|---|
| 1. 淹没面积，千公顷<br>包括宜居的 / 不宜居的 | 26968<br>24527/2666 | 41200<br>38214/2986 |
| 2. 淹没村庄数 | 61 | 117 |
| 3. 淹没院子数 | 2032 | 3676 |
| 4. 淹没区人口 | 10500 | 21100 |
| 5. 城市淹没比重，%<br>科尔契瓦<br>科纳科沃<br>加里宁 | <br>25<br>10<br>0 | <br>100<br>20<br>1 |
| B. 直接损失，千卢布 | 123 米 | 125 米 |
| 1. 村庄。所有建筑物费用 | 4300 | 6600 |
| 2. 城市<br>科尔契瓦<br>科纳科沃<br>加里宁 | <br>958<br>790<br>115 | <br>2700<br>1838<br>1250 |
| 3. 工业 | 1750 | 13850 |
| 4. 运输 | 3000 | 4382 |
| 5. 浸没土壤改良 | 3530 | 4900 |
| 6. 居民设施，包括新土地开发 | 2480 | 4440 |
| 总共 | 16819 | 39960 |

[1] РГАЭ. Ф. 4372. Оп. 31. Д. 842. Л. 46.

表 49. 雷宾斯克与乌格里奇水利枢纽水库指标（1937—1941 年数据）[1]

| 数据源 \ 水利枢纽 指标 | 雷宾斯克水利枢纽（正常蓄水位 102 米） | | | | 乌格里奇水利枢纽（正常蓄水位 113 米） | | | |
|---|---|---|---|---|---|---|---|---|
| | 房产转移 | 应搬迁居民点 | 应转移人数，千 | 淹没总面积，千公顷 | 淹没总面积，千公顷 | 房产转移 | 应搬迁居民点 | 应转移人数，千 |
| 1937 年技术设计，第 2 卷 | 无数据 | 无数据 | 无数据 | 414.4 | 22.1 | 无数据 | 无数据 | 无数据 |
| 1937 年技术设计，第 1 卷附录 | 26754 | 无数据 | 无数据 | 460 | 无数据 | 无数据 | 无数据 | 无数据 |
| 苏联国家计委专家委员会汇总结论，1937 年 | 34360 | 830 | 161 | 485 | | 无数据 | 无数据 | 无数据 |
| | （包括乌格里奇水利枢纽） | | | | | | | |
| 淹没区搬迁设计，1937 年 | 37345（包括乌格里奇水利枢纽） | 无数据 | 无数据 | 无数据 | | 无数据 | 无数据 | 无数据 |
| 雅罗斯拉夫尔州执委会资料，1941 年 | 无数据 | 无数据 | 无数据 | 453.27 | | 无数据 | 无数据 | 无数据 |
| 水利设计 | 26560 | 745* | 116.7 | 434 | 13.7 | 5270 | 213* | 24.6 |

* 包括莫洛加（全部）、韦西耶贡斯克、卡利亚津、基姆尔、梅什金（设计文件中为城市，实际为村庄）、波舍霍尼耶 – 沃洛达尔斯克、乌格里奇和切列波韦茨（部分），以及阿巴库莫沃工人区（全部）。

[1] Асарин А.Е. Из Гидропроекта // Экология и жизнь. 2000. № 1. С. 52; ГАЯО. Ф. Р–2216. Оп. 1. Д. 2. Л. 1; Постнова Н.В. Из истории Рыбинского водохранилища // Молога. Рыбинское водохранилище. История и современность: к 60-летию затопления Молого-Шекснинского междуречья и образования Рыбинского водохранилища: материалы науч. конф. / сост. Н.М. Алексеев. Рыбинск, 2003. С. 164; РГАЭ. Ф. 4372. Оп. 34. Д. 200. Л. 14; Филиал РГАНТД. Ф. Р–119. Оп. 2–4. Д. 263. Л. 31. Д. 267. Л. 6, 8.

表 50. 雷宾斯克与乌格里奇水利枢纽淹没土地情况（千公顷，1940 年）[1]

| 地区 | 地区面积 | 有经济价值的土地 | | | | | | | 总共 | 其他土地 | 总共淹没 | 淹没土地面积占地区总面积比重 |
|---|---|---|---|---|---|---|---|---|---|---|---|---|
| | | 庄园 | 耕地 | 打草场 | 牧场 | 灌木 | 森林 | 其他 | | | | |
| 莫洛加 | 143565 | 1.67 | 17.83 | 19.76 | 6.05 | 3.83 | 10.55 | 3.09 | 62.78 | 51.49 | 114.27 | 79.6 |
| 布列伊托夫 | 170009 | 0.76 | 6.93 | 8.92 | 1.91 | 1.49 | 6.6 | 2.18 | 28.79 | 32.45 | 61.24 | 36 |
| 叶尔马科夫 | 218556 | 1.05 | 7.76 | 13.73 | 5.31 | 1.14 | 17.54 | 4.82 | 51.35 | 43.28 | 94.63 | 43.3 |
| 波舍霍尼耶－沃洛达尔斯克 | 260955 | 0.31 | 1.86 | 2.94 | 4.68 | 0.34 | 3.04 | 0.64 | 13.81 | 9.58 | 23.39 | 8.96 |
| 雷宾斯克 | 219325 | 0.39 | 3.02 | 4.31 | 3.12 | 0.29 | 1.08 | 0.78 | 12.99 | 16.79 | 29.78 | 14.06 |
| 涅科乌斯 | 172020 | 0.23 | 1.37 | 1.55 | 1.1 | 0.04 | 0.27 | 0.18 | 4.74 | 0.68 | 5.42 | 3.16 |
| 梅什金 | 127195 | 0.09 | 0.75 | 1.03 | 0.31 | 0.09 | 0.12 | 0.32 | 2.71 | 0.1 | 2.81 | 2.21 |
| 乌格里奇 | 211309 | 0.22 | 1.74 | 1.62 | 0.21 | 0.2 | 0.11 | 0.55 | 4.65 | 0.37 | 5.02 | 2.37 |
| 建筑工地 | — | 0.23 | 1.12 | 0.53 | 0.15 | 0.18 | 1.96 | 0.49 | 4.66 | 0.81 | 5.47 | — |
| 雅罗斯拉夫尔州总共 | | 4.95 | 42.38 | 54.39 | 22.84 | 7.6 | 41.27 | 13.05 | 186.48 | 155.55 | 342.03 | 75.5 |
| 沃洛格达州总共 | | 1.13 | 8.26 | 20.01 | 10.35 | 3.2 | 9.45 | 4.26 | 56.66 | 16.13 | 72.79 | 16.06 |
| 加里宁州总共 | | 1.00 | 7.49 | 11.9 | 2.79 | 1.79 | 2.25 | 2.63 | 29.85 | 8.42 | 38.27 | 8.4 |
| 莫斯科州总共 | | — | — | 0.07 | — | — | 0.1 | 0.01 | 0.18 | — | 0.18 | 0.04 |
| 总共 | | 7.08 | 58.13 | 86.37 | 35.98 | 12.59 | 53.07 | 19.95 | 273.17 | 180.1 | 453.27 | 100 % |

注：横线表示该类型土地未进入淹没区。

[1] ГАЯО. Ф. Р–2216. Оп. 1. Д. 2. Л. 1.

表 51. 雷宾斯克与乌格里奇水利枢纽淹没区移民土地经济设施安置完成情况，雅罗斯拉夫尔州 1937—1940 年（1941 年 1 月 1 日）[1]

| 措施（公顷，卢布） | 1937 | | 1938 | | 1939 | | 1940 | | 总共 | |
|---|---|---|---|---|---|---|---|---|---|---|
| | 规模 | 造价 | 规模 | 造价 | 规模 | 造价 | 规模 | 造价 | 规模 | 造价 |
| 除根铲掘 | 161 | 37775 | 1372 | 452505 | 2401 | 1817096 | 1810 | 1945953 | 5744 | 4253329 |
| 排水 | 658 | 139223 | 612 | 228103 | 1812 | 478412 | 176 | 59450 | 3258 | 905193 |
| 植草 | 30 | 6000 | 1366 | 304953 | 800 | 194705 | 1083 | 371900 | 3279 | 877558 |
| 垦荒 | 189 | 17958 | 652 | 67542 | 974 | 112062 | 1199 | 149870 | 3014 | 347432 |
| 水工勘察 | 1673 | 63588 | 3270 | 167701 | 1909 | 73600 | 519 | 23550 | 7371 | 328439 |
| 垦荒勘察 | — | — | 9052 | 17720 | 2814 | 10588 | — | — | 11866 | 28308 |
| 土壤改良勘查 | — | — | — | — | — | — | 3216 | 6440 | 3216 | 6440 |
| 总共 | | | | | | | | | 37748 | 6746699 |

[1] ГАЯО. Ф. Р–2216. Оп. 1. Д. 2. Л. 2.

续表

| 公共设施 | 1937 | | 1938 | | 1939 | | 1940 | | 总共 | |
|---|---|---|---|---|---|---|---|---|---|---|
| | 规模 | 造价 | 规模 | 造价 | 规模 | 造价 | 规模 | 造价 | 规模 | 造价 |
| 水井，口 | 67 | 89122 | 155 | 250327 | 215 | 485494 | 39 | 75260 | 476 | 900203 |
| 池塘，汪 | — | — | 25 | 64530 | 1 | 2307 | 5 | 19920 | 31 | 86757 |
| 路基边沟网，千米 | — | — | 25.8 | 33686 | 38.3 | 66110 | — | — | 64.1 | 99796 |
| 桥梁改道，座 | — | — | 119 | 17566 | 150 | 20667 | — | — | 269 | 38233 |
| 自流井，口 | — | — | 2 | 32274 | 2 | 36062 | 3 | 36210 | 7 | 104546 |
| 运河管道，条 | — | — | — | — | 11 | 7190 | — | — | 11 | 7190 |
| 运河桥，座 | — | — | — | — | 12 | 14142 | — | — | 12 | 14142 |
| 总共 | | | | | | | | | | 1250867 |
| 全州总和 | | | | | | | | | | 7997566 |

注：横线表示该措施在这一年未执行。

表 52. 雷宾斯克和乌格里奇水利枢纽淹没区农业房产搬迁情况，雅罗斯拉夫尔州 1936—1940 年（1941 年 1 月 1 日）[1]

| 地区 | 应搬迁 | | | | | | 每年搬迁数 | | | | | | | | | |
|---|---|---|---|---|---|---|---|---|---|---|---|---|---|---|---|---|
| | 集体农庄 | | 居民点 | | 家庭 | | 1936 | | 1937 | | 1938 | | 1939 | | 1940 | |
| | 全部转移 | 部分淹没 | 全部搬迁 | 部分淹没 | 总共 | 包括集体农庄 | 集体农庄 | 家庭 | 集体农庄 | 家庭 | 集体农庄 | 家庭 | 集体农庄 | 家庭 | 集体农庄 | 家庭 |
| 莫洛加 | 37 | 3 | 178 | 5 | 5836 | 3547 | 1 | 818 | 25 | 2135 | 6 | 1093 | 5 | 972 | — | 818 |
| 布列伊托夫 | 41 | 2 | 70 | 3 | 2695 | 1883 | — | 46 | — | 72 | 18 | 493 | 6 | 352 | 17 | 1557 |
| 叶尔马科夫 | 60 | — | 77 | — | 4486 | 2997 | — | 255 | — | 406 | 14 | 851 | 8 | 816 | 38 | 2087 |
| 波舍霍尼耶－沃洛达尔斯克 | 16 | 7 | 22 | 17 | 793 | 626 | — | 40 | — | 81 | 10 | 238 | 6 | 151 | — | 99 |
| 雷宾斯克 | 13 | 10 | 91 | 12 | 2236 | 1081 | — | 584 | 7 | 767 | 6 | 360 | — | 242 | — | 192 |
| 涅科乌斯 | 4 | 34 | 30 | 4 | 503 | 318 | — | — | — | — | — | — | — | 92 | 2 | 273 |
| 梅什金 | 7 | 9 | 15 | 9 | 268 | 164 | — | — | — | — | — | — | — | — | — | — |
| 乌格里奇 | 6 | 10 | 10 | 9 | 363 | 293 | — | — | — | — | — | — | 6 | 278 | — | 66 |
| 总共 | 184 | 75 | 493 | 59 | 17190 | 10909 | 1 | 1743 | 32 | 3461 | 54 | 3035 | 31 | 2903 | 57 | 5092 |

注：横线表示这一年该地区集体农庄或家庭未搬迁。

[1] ГАЯО. Ф. Р–2216. Оп. 1. Д. 2. Л. 3.

表 53. 雷宾斯克和乌格里奇水利枢纽淹没区家产搬迁情况，雅罗斯拉夫尔州 1937—1940 年（1941 年 1 月 1 日）[1]

| 地区 | 搬迁 | | | 使用 | | | | |
|---|---|---|---|---|---|---|---|---|
| | 家畜 | 马匹 | 财产，吨 | 驳船 | 车厢 | 马日 | 车日 | 船日 |
| 1937 | | | | | | | | |
| 莫洛加 | 9219 | 1540 | 2945 | 78 | 193 | 12423 | 15 | 95 |
| 乌格里奇 | 2016 | 419 | 1842 | 35 | — | 16064 | — | 36 |
| 总共 | 11235 | 1959 | 4787 | 113 | 193 | 28487 | 15 | 131 |
| 1938 | | | | | | | | |
| 莫洛加 | 3411 | 568 | 1246 | 16 | 28 | 11253 | 121 | 159 |
| 乌格里奇 | 539 | 114 | 385 | 10 | — | 10675 | — | — |
| 叶尔马科夫 | 1035 | 207 | 7766 | — | — | 5388 | — | — |
| 布列伊托夫 | 2300 | 239 | 1356 | 10 | — | 9750 | — | — |
| 波舍霍尼耶－沃洛达尔斯克 | 986 | 202 | 1555 | — | — | 6311 | — | — |
| 总共 | 8271 | 1330 | 12308 | 36 | 28 | 43377 | 121 | 159 |
| 1939 | | | | | | | | |
| 莫洛加 | 3032 | 506 | 1706 | 28 | 54 | 31614 | 3555 | 75 |
| 乌格里奇 | 366 | 77 | 541 | 4 | — | 7978 | — | — |
| 叶尔马科夫 | 912 | 143 | 1520 | 7 | 25 | 10630 | — | — |

[1] ГАЯО. Ф. Р–2216. Оп. 1. Д. 2. Л. 4.

续表

| 地区 | 搬迁 | | | 使用 | | | | |
|---|---|---|---|---|---|---|---|---|
| | 家畜 | 马匹 | 财产，吨 | 驳船 | 车厢 | 马日 | 车日 | 船日 |
| 1939 | | | | | | | | |
| 布列伊托夫 | 896 | 152 | 831 | 4 | — | 1797 | — | — |
| 波舍霍尼耶－沃洛达尔斯克 | 851 | 55 | 1063 | — | — | 2081 | — | — |
| 乌格里奇 | 383 | 133 | 1441 | — | — | 10773 | 15 | — |
| 总共 | 6440 | 1066 | 7102 | 43 | 79 | 64873 | 3570 | 75 |
| 1940 | | | | | | | | |
| 莫洛加 | 2554 | 425 | 2094 | 29 | 72 | 14108 | 331 | 156 |
| 乌格里奇 | 288 | 61 | 319 | 3 | — | 5275 | — | — |
| 叶尔马科夫 | 10260 | 1079 | 9477 | 7 | 95 | 14725 | 16 | — |
| 布列伊托夫 | 7298 | 696 | 5555 | 15 | — | 1611 | — | — |
| 波舍霍尼耶－沃洛达尔斯克 | 856 | 127 | 3530 | — | — | 11691 | — | — |
| 乌格里奇 | 424 | 81 | 362 | — | — | 8758 | — | — |
| 总共 | 21680 | 2469 | 21337 | 54 | 167 | 56168 | 347 | 156 |
| 总和 | 47626 | 6824 | 45534 | 246 | 467 | 192905 | 4053 | 521 |

注：横线表示该种交通工具未使用。

表 54. 雷宾斯克和乌格里奇水库淹没区转移家产总数（1937 年）[1]

| 州 | 淹没区城市 / 农村家产 | 浸没区城市 / 农村家产 | 总共 |
|---|---|---|---|
| 1. 雅罗斯拉夫尔 | 1456/18863 | 158/868 | 21345 |
| 2. 加里宁 | 1172/4542 | 57/2350 | 8121 |
| 3. 列宁格勒（从 1937 年 9 月 23 日为沃洛格达） | 59/4897 | 80/2840 | 7876 |
| 4. 莫斯科 | — | 3/— | 3 |
| 总共 | 30989 | 6356 | 37345 |

注：横线表示未计划家产淹没。

表 55. 雷宾斯克和乌格里奇水库主体工程造价（千卢布，1937 年）[2]

| 工作类型 | 雷宾斯克水利枢纽 | 乌格里奇水利枢纽 | 总共 |
|---|---|---|---|
| 淹没区建筑物搬迁 | 203230.37 | 30994.06 | 234224.43 |
| 淹没区征用和清理 | 96192.81 | 7648.1 | 103840.91 |
| 道路分支和桥梁改造 | 33684 | 44294 | 77978 |
| 避风港建设 | 73902.21 | — | 73902.21 |
| 淹没区建筑物搬迁与征用 | 38778.14 | 17481.7 | 56259.84 |
| 总共 | 445787.53 | 100417.86 | 546205.39 |

注：横线表示未规划该类工作。

表 56. 雅罗斯拉夫尔州淹没区和浸没区搬迁房产总数（1936—1938 年）[3]

| 年份 | 农村房产 | 城市和工人区房产 | 总共 |
|---|---|---|---|
| 1936 | 3500 | 400 | 3900 |
| 1937 | 6748 | 460 | 7208 |
| 1938 | 7752 | 1200 | 8952 |
| 总共 | 18000 | 2060 | 20060 |

[1] РГАЭ. Ф. 4372. Оп. 34. Д. 200. Л. 14.

[2] Филиал РГАНТД. Ф. Р–119. Оп. 2–4. Д. 296. Л. 2.

[3] РГАЭ. Ф. 4372. Оп. 34. Д. 200. Л. 9.

表 57. 古比雪夫水库淹没农地和某些措施执行情况（1957 年 5 月 1 日）[1]

| 指标 / 地区 | 淹没农田，千公顷 | | | | | 搬迁居民点 | | 建筑物 | | 采伐与清伐，千公顷 | 措施总花费，百万卢布 |
|---|---|---|---|---|---|---|---|---|---|---|---|
| | 总共 | 耕地 | 打草场和牧场 | 森林和灌木 | 其他 | 城市和工业区 | 农村 | 私人（城市 / 农村） | 国有、集体农庄等 | | |
| 1. 古比雪夫州（6 个区） | 86.2 | 12.7 | 32 | 32.2 | 9.3 | 1 | 55 | 9874（2261/7613） | 3339 | 41.1 | 176.4 |
| 2. 乌里扬诺夫斯克州（8 个区） | 196 | 23 | 52.2 | 76.3 | 44.5 | 4 | 82 | 11653（2421/9232） | 4598 | 113.6 | 504.6 |
| 3. 鞑靼自治共和国（26 个区） | 295.2 | 19.4 | 119.2 | 77.4 | 79.2 | 9 | 137 | 9468（3409/6059） | 4289 | 102 | 504.4 |
| 4. 马里自治共和国（2 个区） | 3.8 | 0.1 | 2.6 | 0.8 | 0.3 | 3 | 1 | 370（359/11） | 17 | 1.7 | 10.2 |
| 5. 楚瓦什自治共和国（4 个区） | 6.1 | 0.1 | 2.3 | 1.5 | 2.2 | 1 | — | 53 | 3 | 1.5 | 4.7 |
| 总共 | 587.3 | 55.3 | 208.3 | 188.2 | 135.5 | 18<br>293 | 275 | 31418（8503/22915） | 12246 | 259.9 | 1200.3 |

[1] ГАУО. Ф. Р–3037. Оп. 2. Д. 2. Л. 53. Д. 3. Л. 1–5. Д. 86. Л. 4–5.Д. 112. Л. 3–4. Д. 113. Л. 5–6; Технический отчёт о проектировании и строительстве Волжской ГЭС имени В.И. Ленина, 1950–1958 гг. В 2 т. Т. 1. Описание сооружений гидроузла / ред. Н.А. Малышев, Г.Л. Саруханов. М.-Л., 1963. С. 366–368, 386, 399; Филиал РГАНТД. Ф. Р–109. Оп. 8–4. Д. 577. Л. 11–12. Д. 578. Л. 13, 15–16. Д. 579. Л. 8. Д. 581. Л. 13.

表 58. 古比雪夫水库投资情况（百万卢布，1954 年）[1]

| 措施 | 总额 |
| --- | --- |
| 1. 农村地区（包括国家机构、单位和工业企业的设施） | 619 |
| 2. 城市地区和工人区及其中工业企业 | 534 |
| 3. 运输网络（铁路、公路及畜力运输） | 281 |
| 4. 渔业 | 243 |
| 5. 其他（通信线路、考古勘探） | 8 |
| 总共 | 1685 |

表 59. 1950—1957 年古比雪夫水库淹没区筹备措施与单位[2]

| 措施与工程 | 单位名称 | |
| --- | --- | --- |
| | 水库库底筹备措施设计单位 | 库区措施执行单位 |
| 1. 居民转移和土地经济设备，农村建筑物搬迁 | 俄苏农业经济部古比雪夫勘探队，地方设计单位 | 集体农庄和其他建筑物所有者，由古比雪夫和乌里扬诺夫斯克州执委会，以及鞑靼、马里和楚瓦什自治共和国部长会议领导 |

[1] Филиал РГАНТД. Ф. Р–109. Оп. 4–4. Д. 2. Л. 92 об.–93.

[2] ГАУО. Ф. Р–3037. Оп. 2. Д. 113. Л. 4–5; Технический отчёт о проектировании и строительстве Волжской ГЭС имени В.И. Ленина, 1950–1958 гг. В 2 т. Т. 1. Описание сооружений гидроузла / ред. Н.А. Малышев, Г.Л. Саруханов. М.-Л., 1963. С. 362; Филиал РГАНТД. Ф. Р–109. Оп. 8–4. Д. 578. Л. 14–15.

续表

| 措施与工程 | 单位名称 | |
|---|---|---|
| | 水库库底筹备措施设计单位 | 库区措施执行单位 |
| 2. 城市和工人区建筑物搬迁 | 列宁格勒国家公共事业工程研究院 | 市人民代表苏维埃执委会，镇苏维埃 |
| 3. 联盟与共和国国家单位建筑物搬迁 | 部委机关专属勘测设计单位 | 不同建筑单位 |
| 4. 国家地方直属单位建筑物搬迁 | 地方设计单位 | “鞑靼工程局”、“喀山水利路桥工程局”、“喀山城建工程局”托拉斯，以及相应市、区、镇苏维埃执委会 |
| 5. 城市和工人区工程防护 | | |
| 1）喀山市 | 列宁格勒国家公共事业工程研究院 | 俄苏城市与农村建设部喀山工程防护设施建设管理局 |
| 2）乌里扬诺夫斯克市（右岸）、梅列克斯、先吉列伊 | 列宁格勒国家公共事业工程研究院 | 俄苏公共事业部乌里扬诺夫斯克州“住房与公共事业工程”托拉斯 |
| 3）乌里扬诺夫斯克市（左岸） | 联盟设计院 | 经济方法 |
| 4）泽列诺多尔斯克、捷秋希、沃尔日斯克市、瓦西里耶沃、拉伊舍沃、卡姆斯科耶乌斯季耶、科兹洛夫卡工人区 | 列宁格勒国家公共事业工程研究院 | 俄苏公共事业部“鞑靼住房与公共事业工程”托拉斯与喀山市执委会“喀山水利路桥工程局” |
| 5）奇斯托波尔市 | 列宁格勒国家公共事业工程研究院 | 俄苏城市与农村建设部“鞑靼工程局”托拉斯 |

续表

| 措施与工程 | 单位名称 | |
|---|---|---|
| | 水库库底筹备措施设计单位 | 库区措施执行单位 |
| 6. 水库库底采伐与清伐 | 国家森林工业设计院 | 苏联与俄苏工业部、苏联建筑材料工业部、俄苏燃料工业部森林工业经济国家公司，“古比雪夫林业”、“乌里扬诺夫斯克特殊木材采运”、“伏尔加标准房屋”、“鞑靼特殊木材采运”托拉斯 |
| 7. 水库库底卫生筹备 | 国家卫生设计院 | 古比雪夫和乌里扬诺夫斯克州执委会，鞑靼、马里、楚瓦什自治共和国部长委员会，古比雪夫州燃料管理局，“古比雪夫林业”、“乌里扬诺夫斯克特殊木材采运”、“伏尔加标准房屋”、“鞑靼工程局”托拉斯 |
| 8. 公路改造及人工建筑物 | 国家道路运输设计院 | 俄苏汽车运输与公路部道路管理总局机械道路站 |
| 9. 铁路线改造 | 莫斯科国家运输设计院 | 交通建设部施工单位 |
| 10. 乌里扬诺夫斯克土坡加固 | 列宁格勒运输设计院 | 交通建设部施工单位 |
| 11. 大型和中型铁路桥改造 | 列宁格勒运输桥梁设计院 | 交通建设部施工单位 |
| 12. 通信线改造 | 国家通讯设计院乌克兰分院 | 俄苏通讯部施工单位 |
| 13. 水库运输开发 | 国家河流运输设计院 | 俄苏交通建设部与河运部施工单位 |
| 14. 水库渔业开发 | 水利渔业设计院 | 国民经济委员会施工单位 |

表60. 古比雪夫水库淹没区内乌里扬诺夫斯克州一个带杂用建筑的标准农村房产搬迁价值（千卢布，1950年）[1]

| 地区 | 房屋搬迁价格 | 杂用建筑搬迁价值 | 总共 |
|---|---|---|---|
| 1. 旧迈纳 | 7064 | 9435 | 16499 |
| 2. 切尔达克林斯基 | 5196 | 12772 | 17968 |
| 3. 梅列克斯基区 | 5919 | 6678 | 12597 |
| 4. 尼古拉－切列姆尚 | 6083 | 4870 | 10953 |
| 5. 先吉列耶夫斯基 | 6585 | 5672 | 12257 |
| 6. 乌里扬诺夫斯克 | 6585 | 5672 | 12257 |
| 7. 沃洛达尔斯克 | 5196 | 12772 | 17968 |
| 8. 伊舍耶夫斯克 | 6696 | 7802 | 14498 |
| 平均价格 | 6165.5 | 8209.1 | 14374.6 |

表61. 古比雪夫州、乌里扬诺夫斯克州和鞑靼自治共和国古比雪夫水库库底卫生筹备工作总量（1954年）[2]

| 工作名称 | 数量 | | | |
|---|---|---|---|---|
| | 鞑靼共和国 | 古比雪夫州 | 乌里扬诺夫斯克州 | 总共 |
| 1. 迁坟，处 | 19218 | 2680 | 15050 | 36948 |
| 2. 墓地加固，平方米 | 22626 | 34241 | 39093 | 95960 |
| 3. 畜坟加固： | | | | |
| a）炭疽坟，平方米 | 4 | 11109 | 3155 | 14268 |
| b）非炭疽坟，平方米 | 27236 | 61761 | 58846 | 147843 |
| 4. 粪便焚烧，立方米 | 15168 | 90885 | 26151 | 132204 |
| 5. 污水坑清洁，立方米 | 3706 | 4158 | 9032 | 16896 |
| 6. 凹坑填充，立方米 | 87831 | 187811 | 237972 | 513614 |
| 全部工作总造价，千卢布 | | | | 37327.1 |

[1] ГАУО. Ф. Р–3037. Оп. 2. Д. 1. Л. 10.

[2] Филиал РГАНТД. Ф. Р–109. Оп. 8–4. Д. 298. Л. 80 об.

表 62. 古比雪夫水库库底卫生筹备实际完成措施（1957 年 5 月 1 日）[1]

| 工作名称 | 数量 | | | | | |
|---|---|---|---|---|---|---|
| | 古比雪夫州 | 乌里扬诺夫斯克州 | 鞑靼共和国 | 楚瓦什共和国 | 马里共和国 | 总共 |
| 1. 居民点卫生处理 | 55 | 83 | 128 | — | — | 266 |
| 2. 迁坟与固坟，处 | 8 | 13 | 7 | — | — | 28 |
| 3. 畜坟迁移与加固，处 / 平方米 | 12/16579 | 5/4283 | 14/19595 | — | — | 31/40457 |
| 4. 近岸抗疟区，处 | 25 | 36 | 67 | 2 | 7 | 137 |
| 5. 卫生采伐，公顷 | 707 | 861.9 | 6451 | 352 | 1308 | 9679.9 |

注：横线表示该项措施在此地未执行。

[1] ГАУО. Ф. Р–3037. Оп. 2. Д. 113. Л. 3–4; Филиал РГАНТД. Ф. Р–109. Оп. 8–4. Д. 577. Л. 5–6. Д. 578. Л. 6, 11–12. Д. 579. Л. 4–5. Д. 581. Л. 8–10.

表 63. 斯大林格勒水库淹没农地和某些措施执行情况（1961 年）[1]

<table>
<tr><th rowspan="2">指标<br>地区</th><th colspan="5">淹没农田，千公顷</th><th colspan="2">搬迁居民点</th><th colspan="2">建筑物</th><th rowspan="2">采伐与清伐，千公顷</th><th rowspan="2">措施总花费，百万卢布（1961 年价格）</th></tr>
<tr><th>总共</th><th>耕地</th><th>打草场和牧场</th><th>森林和灌木</th><th>其他</th><th>城市和工业区</th><th>农村</th><th>私人(城市 / 农村)</th><th>国有、集体农庄等</th></tr>
<tr><td rowspan="2">1. 斯大林格勒州（12 个区）<br>2. 萨拉托夫州（16 个区）</td><td rowspan="2">269.3</td><td rowspan="2">30.4</td><td rowspan="2">107</td><td rowspan="2">70.2</td><td rowspan="2">61.7</td><td>6</td><td>119</td><td rowspan="2">13180</td><td rowspan="2">5315</td><td rowspan="2">66.35</td><td rowspan="2">980.5</td></tr>
<tr><td colspan="2">125</td></tr>
</table>

表 64. 高尔基水库淹没农地和某些措施执行情况（1956 年）[2]

<table>
<tr><th rowspan="2">指标<br>地区</th><th colspan="5">淹没农田，千公顷</th><th colspan="2">搬迁居民点</th><th colspan="2">建筑物</th><th rowspan="2">采伐与清伐，千公顷</th><th rowspan="2">措施总花费，百万卢布</th></tr>
<tr><th>总共</th><th>耕地</th><th>打草场和牧场</th><th>森林和灌木</th><th>其他</th><th>城市和工业区</th><th>农村</th><th>私人（城市 / 农村）</th><th>国有、集体农庄等</th></tr>
<tr><td rowspan="2">1. 高尔基州（3 个区）<br>2. 伊万诺沃州（5 个区）<br>3. 科斯特罗马州（4 个区）<br>4. 雅罗斯拉夫尔州（5 个区）</td><td rowspan="2">129.2</td><td rowspan="2">21</td><td rowspan="2">47</td><td rowspan="2">41</td><td rowspan="2">20.2</td><td>15</td><td>249</td><td rowspan="2">8553<br>（2602/5951）</td><td rowspan="2">5154</td><td rowspan="2">45</td><td rowspan="2">788.2</td></tr>
<tr><td colspan="2">264</td></tr>
</table>

---

[1] Технический отчёт о проектировании и строительстве Волжской ГЭС имени XXII съезда КПСС, 1950 – 1961 гг. В 2 т. Т. 1. Основные сооружения гидроузла / ред. А.В. Михайлов. М.-Л., 1965. С. 473–474; Филиал РГАНТД. Ф. Р–109. Оп. 2–4. Д. 17. Л. 7. Оп. 8–4. Д. 1125. Л. 11–13. Д. 1136. Л. 10.

[2] Асарин А.Е. Из Гидропроекта // Экология и жизнь. 2000. № 1. С. 52; Филиал РГАНТД. Ф. Р–119. Оп. 1–4. Д. 425. Л. 35. Д. 436. Л. 6 об.–7. Оп. 6–4. Д. 238. Л. 10. Д. 242. Л. 1, 3 об., 18, 18 об.

表 65. 高尔基水库影响区内新土地开发与改良完成工作（1955 年 7 月 1 日）[1]

| 指标<br>完成 | 排水 | 除根铲掘 | 清理灌木 | 垦荒 | 施肥 | 植草 |
|---|---|---|---|---|---|---|
| I. 高尔基州 | | | | | | |
| 设计 | 1076 | 2461 | 25 | 3235 | 3310 | 1947 |
| 实际 | 90 | 478 | 1 | 271 | 154 | — |
| Ⅱ. 伊万诺沃州 | | | | | | |
| 设计 | 6491 | 13600 | 1065 | 16256 | 29121 | 25352 |
| 实际 | 1132 | 1833 | — | 1292 | — | — |
| Ⅲ. 科斯特罗马州 | | | | | | |
| 设计 | 6329 | 7046 | 5112 | 12126 | 10757 | 9967 |
| 实际 | 922 | 2106 | 1124 | 3011 | 543 | 428 |
| IV. 雅罗斯拉夫尔州 | | | | | | |
| 设计 | 2239 | 635.4 | 1307 | 2281.7 | 2305.3 | 2924.8 |
| 实际 | 173 | 331 | 331 | 261 | — | — |
| 水库总共 | | | | | | |
| 设计 | 16135 | 23742.4 | 7509 | 33898.7 | 45493.3 | 40190.8 |
| 实际 | 2317 | 4748 | 1456 | 4835 | 697 | 428 |
| 完成量占设计量比重 | 14.2 | 19.9 | 19.6 | 14.2 | 1.6 | 1.06 |

注： 横线表示该项工作未完成。

[1] Филиал РГАНТД. Ф. Р–119. Оп. 6–4. Д. 240. Л. 49.

表 66. 萨拉托夫水库淹没农地和某些措施执行情况（1971 年 10 月 1 日）[1]

<table>
<tr><th rowspan="2">指标<br>地区</th><th colspan="5">淹没农田，千公顷</th><th colspan="2">搬迁居民点</th><th colspan="2">建筑物</th><th rowspan="2">采伐与清伐，千公顷</th><th rowspan="2">措施总花费，百万卢布</th></tr>
<tr><th>总共</th><th>耕地</th><th>打草场和牧场</th><th>森林和灌木</th><th>其他</th><th>城市和工业区</th><th>农村</th><th>私人（城市 / 农村）</th><th>国有、集体农庄等</th></tr>
<tr><td rowspan="2">1. 古比雪夫州（10 个区）<br>2. 萨拉托夫州（4 个区）<br>3. 乌里扬诺夫斯克州（1 个区）</td><td rowspan="2">116</td><td rowspan="2">7.5</td><td rowspan="2">45.6</td><td rowspan="2">47.3</td><td rowspan="2">15.6</td><td>7</td><td>83</td><td rowspan="2">6570</td><td rowspan="2">1809</td><td rowspan="2">33.3</td><td rowspan="2">74.2</td></tr>
<tr><td colspan="2">90</td></tr>
</table>

表 67. 切博克萨雷水库淹没农地和某些措施执行情况（1971—1980 年，正常蓄水位 63 米）[2]

<table>
<tr><th rowspan="2">指标<br>地区</th><th colspan="5">淹没农田，千公顷</th><th colspan="2">搬迁居民点</th><th colspan="2">建筑物</th><th rowspan="2">采伐与清伐，千公顷</th><th rowspan="2">措施总花费，百万卢布</th></tr>
<tr><th>总共</th><th>耕地</th><th>打草场和牧场</th><th>森林和灌木</th><th>其他</th><th>城市和工业区</th><th>农村</th><th>私人（城市 / 农村）</th><th>国有、集体农庄等</th></tr>
<tr><td rowspan="2">1. 高尔基州（12 个区）<br>2. 马里自治共和国（2 个区）<br>3. 楚瓦什自治共和国（4 个区）</td><td rowspan="2">111.8</td><td rowspan="2">3.5</td><td rowspan="2">26.4</td><td rowspan="2">43.9</td><td rowspan="2">38</td><td>11</td><td>108</td><td rowspan="2">6168</td><td rowspan="2">1517</td><td rowspan="2">43.9</td><td rowspan="2">177</td></tr>
<tr><td colspan="2">119</td></tr>
</table>

[1] Филиал РГАНТД. Ф. Р–109. Оп. 2–4. Д. 514. Л. 7, 18, 21, 32, 39. Оп. 8–4. Д. 1139. Л. 25.

[2] Обоснование инвестиций завершения строительства Чебоксарского гидроузла 0272–ОИ. Этап 2. Т. 2. Оценка воздействия на окружающую среду. Самара, 2006. С. 21; Чебоксарская ГЭС на реке Волга. Технический отчёт о проектировании, строительстве и первом периоде эксплуатации. В 2 т. Т. 2. М., 1988. С. 97–98, 151.

表 68. 1970—1980 年代切博克萨雷水库沿岸地区农业生产恢复措施（千公顷，正常蓄水位 68 米）[1]

| 措施 | 楚瓦什共和国 | 马里共和国 | 高尔基州 | 总共 |
|---|---|---|---|---|
| 1. 排水 | — | 1 | 3.6 | 4.6 |
| 2. 灌溉 | 3.6 | 12.8 | 4 | 20.4 |
| 3. 垦荒 | — | 8.6 | 6 | 14.6 |
| 4. 受保护低地水情改善 | — | 2.5 | 7.5 | 10 |
| 总共 | 3.6 | 24.9 | 21.1 | 49.6 |

注：横线表示该措施在此地区未规划。

表 69. 切博克萨雷库区工程防护措施[2]

| 工程 | 长，千米 | | 运河，千米 | 泵站，座 |
|---|---|---|---|---|
| | 堤坝与固岸 | 排水渠 | | |
| 1. 切博克萨雷市 | 8.8 | — | — | 2 |
| 2. 索斯诺夫卡村低地 | 6.1 | 8.1 | 38.4 | 3 |
| 3. 亚德林市低地 | 9.9 | 6.1 | 17.8 | 1 |
| 4. 科斯莫杰米扬斯克市 | 5.4 | 7.4 | 2.3 | 2 |
| 5. 尤里诺村低地 | 20.2 | 5.8 | 53.6 | 6 |
| 6. 奥杰洛 – 鲁特金斯卡亚低地 | 13.2 | — | — | — |
| 7. 福金斯卡亚低地 | 26 | 22 | 29 | 4 |
| 8. 库尔梅什斯卡亚低地 | 28.4 | 8.5 | 45.2 | 3 |
| 9. 雷斯科沃低地 | 15.4 | — | 23.2 | 1 |
| 10. 科托沃低地 | 8.8 | — | 15.4 | 1 |
| 11. 维里克沃低地 | 10 | 3.6 | 22.3 | 2 |
| 12. 米哈伊洛夫斯基村 | 4.6 | 8.5 | 8.4 | 3 |
| 13. 拉兹涅日耶村 | 2.3 | 2.2 | 3.5 | 2 |
| 14. 雷斯科沃市 | 0.8 | 1.3 | — | 2 |
| 15. 马卡里耶沃 – 日尔托沃茨基修道院 | 1 | 0.9 | — | 1 |

[1] Чебоксарская ГЭС на реке Волга. Технический отчёт о проектировании, строительстве и первом периоде эксплуатации. В 2 т. Т. 2. М., 1988. С. 102.

[2] Чебоксарская ГЭС на реке Волга. Технический отчёт о проектировании, строительстве и первом периоде эксплуатации. В 2 т. Т. 2. – М. : Ин-т «Гидропроект», 1988. – 517 с. – С. 116–117.

续表

| 工程 | 长，千米 | | 运河，千米 | 泵站，座 |
|---|---|---|---|---|
| | 堤坝与固岸 | 排水渠 | | |
| 16. 博尔市 | 1.9 | — | 1.1 | — |
| 17. 高尔基市 | 31 | 10 | 45 | 2 |
| 18. 红色索尔莫沃工厂 | 2 | — | — | — |
| 19. 切博克萨雷 – 新切博克萨雷城 | 8 | — | — | — |
| 20. 博尔低地 | 16 | — | 10 | 1 |
| 总共 | 219.8 | 84.4 | 315.2 | 36 |

注：横线表示该措施未规划。

表 70. 切博克萨雷水库库底筹备措施批准预算造价[1]

| 措施 | 措施造价，百万卢布 | | | |
|---|---|---|---|---|
| | 1969 年价格 | | 1984 年价格 | |
| | 总共 | 注水至正常蓄水位63 米时完成预算 | 总共 | 占水库总造价比重 |
| 1. 居民转移，建筑物搬迁与恢复，新居住地设施建设 | 76 | 47 | 79.4 | 19.2 |
| 2. 农业生产与土地设施恢复 | 51.7 | 11 | 54.9 | 13.3 |
| 3. 工程防护 | 145 | 55 | 157.3 | 38.1 |
| 4. 采伐与清伐 | 54.5 | 31 | 57.8 | 14 |
| 5. 卫生措施 | 2.5 | 1 | 3 | 0.7 |
| 6. 公路与桥梁重建 | 11.2 | 10 | 11.2 | 2.7 |
| 7. 通信设施重建 | 3.6 | 3 | 3.7 | 0.9 |
| 8. 水库交通开发 | 30.6 | 18 | 31 | 7.5 |
| 9. 水库渔业经济开发 | 8.1 | — | 9.2 | 2.2 |
| 10. 其他工作与支出（考古研究、泥炭沼泽措施等） | 5.4 | 1 | 5.6 | 1.4 |
| 总共 | 388.6 | 177 | 413.1 | 100 |

注：横线表示该措施未完成。

[1] Чебоксарская ГЭС на реке Волга. Технический отчёт о проектировании, строительстве и первом периоде эксплуатации. В 2 т. Т. 2. М., 1988. С. 150–151.

表 71. 伏尔加河梯级水利枢纽每一百万千瓦装机容量对应淹没农田面积与私人建筑物转移数量[1]

| 水库 | 水电站装机容量，百万千瓦 | 淹没农田面积**，千公顷 | | 转移院落，千座 | |
|---|---|---|---|---|---|
| | | 总共 | 每百万千瓦 | 总共 | 每百万千瓦 |
| 1. 伊万科沃 | 0.03 | 14.6 | 486.7 | 4.74 | 158 |
| 2. 乌格里奇 | 0.11 | 13 | 118.2 | 5.3 | 48.2 |
| 3. 雷宾斯克 | 0.34 | 167.5 | 492.6 | 32.1 | 94.4 |
| 4. 高尔基（下诺夫哥罗德） | 0.52 | 68 | 130.8 | 8.5 | 16.3 |
| 5. 古比雪夫（日古利） | 2.33 | 263.6 | 113.1 | 31.4 | 13.5 |
| 6. 斯大林格勒（伏尔加） | 2.55 | 137.4 | 53.9 | 13.1 | 5.1 |
| 7. 萨拉托夫 | 1.36 | 53.1 | 39 | 6.6 | 4.9 |
| 8. 切博克萨雷 | 1.38 | 29.9 | 21.7 | 6.2 | 4.5 |

** 此处农田包括耕地、草场和牧场。

[1] Асарин А.Е., Хазиахметов Р.М. Волжско–Камский каскад гидроузлов // Гидротехническое строительство. 2005. № 9. С. 25; Асарин А.Е. Из Гидропроекта // Экология и жизнь. 2000. № 1. С. 52; Буланов М.И. Канал Москва-Волга: хроника Волжского района гидросооружений. Дубна, 2007. С. 43; Вечный двигатель. Волжско-Камский гидроэнергетический каскад: вчера, сегодня, завтра / под общ. ред. Р.М. Хазиахметова. М., 2007. С. 334–342; ГАУО. Ф. Р–3037. Оп. 2. Д. 112. Л. 3. Д. 113. Л. 2; ГАЯО. Ф. Р–2216. Оп. 1. Д. 2. Л. 1; Найденко В.В. Великая Волга на рубеже тысячелетий. От экологического кризиса к устойчивому развитию. В 2 т. Т. 1. Общ. характеристика бассейна р. Волга. Н. Новгород, 2003. С. 59; РГАЭ. Ф. 4372. Оп. 31. Д. 842. Л. 8, 18. Оп. 34. Д. 200. Л. 14; Технический отчёт о проектировании и строительстве Волжской ГЭС имени XXII съезда КПСС, 1950–1961 гг. В 2 т. Т. 1. Основные сооружения гидроузла / ред. А.В. Михайлов. М.-Л., 1965. С. 474; Филиал РГАНТД. Ф. Р–109. Оп. 1–4. Д. 425. Л. 35. Оп. 2–4. Д. 17. Л. 7. Д. 514. Л. 7, 18, 21, 32. Оп. 8–4. Д. 577. Л. 3, 5. Д. 578. Л. 3–5. Д. 579. Л. 3–4. Д. 581. Л. 2. Ф. Р–119. Оп. 6–4. Д. 242. Л. 3 об.; Чебоксарская ГЭС на реке Волга. Технический отчёт о проектировании, строительстве и первом периоде эксплуатации. В 2 т. Т. 2. М., 1988. С. 95, 100, 103.

表 72. 1934—1985 年伏尔加梯级水库淹没区和浸没区受影响居民点、私人房产和移民数量[1]

| 水库 | 居民点 | 转移私人房产，个 | | 移民数量 ***，人 |
|---|---|---|---|---|
| | | 到淹没前，城市 / 农村 | 水库蓄水后，城市 / 农村 * | |
| 1. 伊万科沃 | 112 | 4740 | 711 | 22131 |
| 2. 乌格里奇 | 213 | 无数据 | 2985/34360** | 158838 |
| 3. 雷宾斯克 | 745 | | | |
| 4. 高尔基（下诺夫哥罗德） | 264 | 2602/5951 | 1283 | 36463 |
| 5. 古比雪夫（日古利） | 293 | 8503/22915 | 4713 | 134269 |
| 6. 斯大林格勒（伏尔加） | 125 | 13180 | 1977 | 55323 |
| 7. 萨拉托夫 | 90 | 6570 | 1170 | 28251 |
| 8. 切博克萨雷 | 119 | 6168 | 729 | 21835 |
| 总共 | 1961 | 118557 | | 457110 |

注：根据已有的确定古比雪夫全部或部分淹没区居民点数量（和其他指标）的操作经验，我们发现最可信的做法是通过比较档案文献、回忆录和当代村落分布得出结果。因此，厘清伏尔加河梯级每座水库完全可靠的数据是一项任务量巨大且复杂的过程，需要大量研究和材料资源以及时间。

* 使用某些水库的已知指标按近似 15% 计算。

** 笔者认为，从雷宾斯克和乌格里奇水利枢纽淹没区转移出的这些私人房产数量实际在 1945 年后方才最终搬出。

*** 根据城市和农村家庭平均人数计算，1939 年——3.6 和 4.31 人（伊万科沃、乌格里奇和雷宾斯克水利枢纽），1959 年——3.5 和 3.81 人（高尔基、古

---

[1] Асарин А.Е. Из Гидропроекта // Экология и жизнь. 2000. № 1. С. 52; ГАУО. Ф. Р–3037. Оп. 2. Д. 113. Л. 2–3; ГАЯО. Ф. Р–2216. Оп. 1. Д. 2. Л. 1; РГАЭ. Ф. 4372. Оп. 31. Д. 842. Л. 8, 18, 46. Оп. 34. Д. 200. Л. 14; Технический отчёт о проектировании и строительстве Волжской ГЭС имени XXII съезда КПСС, 1950–1961 гг. В 2 т. Т. 1. Основные сооружения гидроузла / ред. А.В. Михайлов. М.-Л., 1965. С. 473; Филиал РГАНТД. Ф. Р–109. Оп. 2–4. Д. 514. Л. 18. Оп. 8–4. Д. 577. Л. 3. Д. 578. Л. 3. Д. 579. Л. 4. Д. 581. Л. 2; Ф. Р–119. Оп. 1–4. Д. 242. Л. 1; Чебоксарская ГЭС на реке Волга. Технический отчёт о проектировании, строительстве и первом периоде эксплуатации. В 2 т. Т. 2. М., 1988. С. 98.

比雪夫、斯大林格勒和萨拉托夫水利枢纽），1970年——3.4和3.79人（切博克萨雷水利枢纽）。如果城市和农村人口数量未知，我们则使用家庭平均人口，1939年——4.06人，1959年——3.65人，1970年——3.54人。这些数据取自：Население России за 100 лет（1897—1997）: стат. сб. / Госкомстат России. — М. : ЗАО «Моск. Изд. дом», 1998. — 222 с. — С. 74—75.

表73. 1937—1980年伏尔加梯级水库淹没农田规模[1]

<table>
<tr><th rowspan="3">水库</th><th colspan="6">淹没农田，千公顷</th></tr>
<tr><th rowspan="2">总共</th><th colspan="3">具有农业经济价值的</th><th rowspan="2">森林和灌木</th><th rowspan="2">其他土地</th></tr>
<tr><th>耕地</th><th>打草场和牧场</th><th>总共</th></tr>
<tr><td>1. 伊万科沃</td><td>29.9</td><td>7.4</td><td>7.2</td><td>14.6</td><td>8.3</td><td>7</td></tr>
<tr><td>2. 乌格里奇</td><td rowspan="2">453.3</td><td rowspan="2">58.1</td><td rowspan="2">122.4</td><td rowspan="2">180.5</td><td rowspan="2">65.7</td><td rowspan="2">207.1</td></tr>
<tr><td>3. 雷宾斯克</td></tr>
<tr><td>4. 高尔基（下诺夫哥罗德）</td><td>129.2</td><td>21</td><td>47</td><td>68</td><td>41</td><td>20.2</td></tr>
<tr><td>5. 古比雪夫（日古利）</td><td>587.3</td><td>55.3</td><td>208.3</td><td>263.6</td><td>188.2</td><td>135.5</td></tr>
<tr><td>6. 斯大林格勒（伏尔加）</td><td>269.3</td><td>30.4</td><td>107</td><td>137.4</td><td>70.2</td><td>61.7</td></tr>
<tr><td>7. 萨拉托夫</td><td>116</td><td>7.5</td><td>45.6</td><td>53.1</td><td>47.3</td><td>15.6</td></tr>
<tr><td>8. 切博克萨雷</td><td>111.8</td><td>3.5</td><td>26.4</td><td>29.9</td><td>43.9</td><td>38</td></tr>
<tr><td>总共</td><td>1696.8</td><td>183.2</td><td>563.9</td><td>747.1</td><td>464.6</td><td>485.1</td></tr>
<tr><td>占总淹没土地面积比重</td><td></td><td>10.8</td><td>33.2</td><td>44</td><td>27.4</td><td>28.6</td></tr>
</table>

[1] Асарин А.Е. Из Гидропроекта // Экология и жизнь. 2000. № 1. С. 52; Буланов М.И. Канал Москва-Волга: хроника Волжского района гидросооружений. Дубна, 2007. С. 43; ГАУО. Ф. Р–3037. Оп. 2. Д. 2. Л. 53. Д. 3. Л. 1–5. Д. 86. Л. 4–5.Д. 112. Л. 3–4. Д. 113. Л. 1–7; ГАЯО. Ф. Р–2216. Оп. 1. Д. 2. Л. 1; РГАЭ. Ф. 4372. Оп. 31. Д. 842. Л. 8; Технический отчёт о проектировании и строительстве Волжской ГЭС имени XXII съезда КПСС, 1950–1961 гг. В 2 т. Т. 1. Основные сооружения гидроузла / ред. А.В. Михайлов. М.-Л., 1965. С. 474; Филиал РГАНТД. Ф. Р–109. Оп. 2–4. Д. 17. Л. 7. Д. 514. Л. 7, 18, 21, 32. Оп. 8–4. Д. 577. Л. 2–13. Д. 578. Л. 2–17. Д. 579. Л. 2–8. Д. 581. Л. 1–16. Д. 1125. Л. 11–13. Д. 1136. Л. 10. Д. 1139. Л. 25; Чебоксарская ГЭС на реке Волга. Технический отчёт о проектировании, строительстве и первом периоде эксплуатации. В 2 т. Т. 2. М., 1988. С. 100.

表 74. 20 世纪 30—80 年代伏尔加河梯级水库主要筹备措施总造价与比重（百万卢布，%）[1]

| 水库 | 转移居民与建筑物 * | | 工程防护 | | 采伐与清伐 | | 卫生措施 | | 总造价 ** |
|---|---|---|---|---|---|---|---|---|---|
| | 造价 | % | 造价 | % | 造价 | % | 造价 | % | |
| 1. 伊万科沃 | 无数据 | | 无数据 | | 无数据 | | 无数据 | | 无数据 |
| 2. 乌格里奇 | 48.5 | 48.3 | 无数据 | | 无数据 | | 无数据 | | 100.4（设计） |
| 3. 雷宾斯克 | 242 | 54.3 | 无数据 | | 97.6 | 21.9 | 无数据 | | 445.8（设计） |
| 4. 高尔基（下诺夫哥罗德） | 253.4 | 32.1 | 274.5 | 34.8 | 57.3 | 7.3 | 4 | 0.5 | 788.2（实际） |
| 5. 古比雪夫（日古利） | 391.8 | 23.2 | 380.2 | 22.6 | 422.5 | 25 | 5.8 | 0.3 | 1685（设计） |
| 6. 斯大林格勒（伏尔加） | 279 | 28.5 | 188 | 19.2 | 99 | 10.1 | 2.1 | 0.2 | 980.5（实际） |
| 7. 萨拉托夫 | 258 | 34.8 | 232 | 31.3 | 33 | 4.5 | 5 | 0.7 | 740.2（实际） |
| 8. 切博克萨雷 | 580 | 32.8 | 550 | 31.1 | 31 | 1.8 | 10 | 0.6 | 1770（实际） |
| 总共 | 2052.7 | 31.5 | 1624.7 | 24.9 | 740.4 | 14.2 | 26.9 | 0.4 | 6510.1*** |

* 包括移民农业生产能力和农用设备的恢复。

[1] ГАУО. Ф. Р–3037. Оп. 2. Д. 113. Л. 5–6; Технический отчёт о проектировании и строительстве Волжской ГЭС имени В.И. Ленина, 1950–1958 гг. В 2 т. Т. 1. Описание сооружений гидроузла / ред. Н.А. Малышев, Г.Л. Саруханов. М.-Л., 1963. С. 386; Филиал РГАНТД. Ф. Р–109. Оп. 1–4. Д. 436. Л. 6 об.–7. Оп. 2–4. Д. 263. Л. 31. Д. 296. Л. 2. Д. 514. Л. 7, 8, 18, 21, 30, 32, 39. Оп. 4–4. Д. 2. Л. 93. Оп. 8–4. Д. 577. Л. 11–12. Д. 578. Л. 8–9, 13, 15–16. Д. 579. Л. 8. Д. 581. Л. 13. Оп. 8–4. Д. 1136. Л. 5–10; Чебоксарская ГЭС на реке Волга. Технический отчёт о проектировании, строительстве и первом периоде эксплуатации. В 2 т. Т. 2. М., 1988. С. 150–151.

** 该列为水库蓄水前所有措施的实际总造价。如果该值未知则为设计造价。雷宾斯克和乌格里奇水库的所有数量指标皆为设计值，因此这些数值的准确性最低。

*** 水库筹备基本措施总造价为 30—50 年代价格。斯大林格勒、萨拉托夫和切博克萨雷水库的支出，按 1961—1984 年价格计算，分别为 98.05 百万、74.2 百万和 177 百万卢布。

### 表 75. 1937—2007 年伏尔加河梯级水电站年均电能生产与比重（十亿千瓦时，%）[1]

| 年份 * | 总共 | 占水电站电能生产总量比重 | 占电能生产总量比重 |
|---|---|---|---|
| 1937 | 0.1 | 2 | 0.2 |
| 1942 | 0.3 | 6.2 | 0.7 |
| 1950 | 1.2 | 9.5 | 1.3 |
| 1958 | 12.9 | 27.8 | 5.5 |
| 1962 | 23.8 | 33.1 | 6.4 |
| 1971 | 29 | 23 | 2.8 |
| 1986 | 31.1 | 11.7 | 1.9 |
| 1992 | 31.1 | 18 | 3.1 |
| 2000 | 31.1 | 18.9 | 3.5 |
| 2007 | 31.1 | 17.4 | 3.1 |

*1937—1986 年是新建水利枢纽满功率发电时期，发电量逐年增加。第一座伊万科沃水电站于 1937 年投产，最后一座切博克萨雷水电站于 1986 年投产（竣工于 1989 年）。

---

[1] Гидроэнергетика СССР: статистический обзор. М., 1969. С. 16, 18; Концепция энергетической стратегии России на период до 2030 г. (проект) // Прил. к научн., обществ.-дел. журналу «Энергетическая политика». М., 2007. С. 18, 80; Найденко В.В. Великая Волга на рубеже тысячелетий. От экологического кризиса к устойчивому развитию. В 2 т. Т. 1. Общ. характеристика бассейна р. Волга. Н. Новгород, 2003. С. 59; Народное хозяйство СССР, 1922–1982: юбил. стат. ежегодник / ЦСУ. М., 1982. С. 179; Россия в цифрах. 2008: крат. стат. сб. / Росстат. М., 2008. С. 230.

表 76. 1950—1980 年俄苏与伏尔加经济区年均电能生产（十亿千瓦时）[1]

| 区域＼年份 | 1950 | 1958 | 1963 | 1970 | 1980 |
|---|---|---|---|---|---|
| 俄苏 | 63.4 | 158.3 | 248.1 | 470 | 805 |
| 伏尔加河流域 | 4.9 | 23.6 | 47.9 | 80.6 | 无数据 |

表 77. 古比雪夫（日古利）水电站影响地区电能消耗情况（1960 年，百万千瓦时）[2]

| 部门＼地区与年份 | 伏尔加流域 | | 莫斯科电力系统 | | 伏尔加河上游系统 | |
|---|---|---|---|---|---|---|
| | 1948 | 1960 | 1948 | 1960 | 1948 | 1960 |
| 工业 | 846 | 4661 | 4850 | 12355 | 2820 | 6680 |
| 公共事业 | 428 | 1326 | 2008 | 5351 | 354 | 1143 |
| 农业水利 | 39 | 4807 | 58 | 1300 | 8 | 640 |
| 交通运输 | 38 | 283 | 241 | 1250 | 28 | 220 |
| 总共 | 1351 | 11077 | 7157 | 20256 | 3210 | 8683 |

表 78. 斯大林格勒（伏尔加）水电站电能消耗和灌溉面积（1965 年，百万千瓦时）[3]

| 州 | 灌溉面积（万公顷） | 电能消耗 |
|---|---|---|
| 1. 萨拉托夫 | 550 | 640 |
| 2. 中央黑土区 | 550 | 385 |
| 3. 伏尔加格勒 | 318 | 560 |
| 4. 阿斯特拉罕 | 262 | 450 |
| 总共 | 1680 | 2035 |

[1] Долгополов К.В., Фёдорова Е.Ф. Поволжье. Экономико-географический очерк. М., 1968. С. 201–202; Народное хозяйство СССР, 1922–1982: юбил. стат. ежегодник / ЦСУ. М., 1982. С. 179; Характеристика сдвигов в развитии и размещении производительных сил Поволжского экономического района за 1961–1970 гг. / Госплан РСФСР, Центр. науч.-исслед. экон. ин-т; под ред. В.Я. Любовного, Н.А. Соловьева. М., 1972. С. 308.

[2] Филиал РГАНТД. Ф. Р–109. Оп. 4–4. Д. 2. Л. 45 об.

[3] Филиал РГАНТД. Ф. Р–109. Оп. 2–4. Д. 1. Л. 23.

表 79. 斯大林格勒（伏尔加）水电站影响区电能消耗情况（1965，百万千瓦时）[1]

| 地区与年份 / 部门 | 伏尔加河下游 | 中央黑土区 | 莫斯科电力系统与伏尔加河上游系统 | 顿巴斯－第聂伯河流域 |
|---|---|---|---|---|
| 工业 | 4289 | 3603 | 24400 | 26160 |
| 公共事业 | 1482 | 850 | 8800 | 2900 |
| 农业水利 | 2309 | 1435 | 3160 | 2030 |
| 交通运输 | 348 | 885 | 1900 | 2280 |
| 总共 | 8428 | 6773 | 38260 | 33370 |

表 80. 1940—1960 年古比雪夫水库河段港口和码头货运量（千吨）[2]

| 重要港口和码头名称 | 1940 年 | 1950 年 | 1956 年 | 1960 年 |
|---|---|---|---|---|
| 1. 喀山 | 856.9 | 920.3 | 2250 | 3480 |
| 2. 泽列诺多尔斯克 | 130.7 | 83.5 | 260 | 419 |
| 3. 奇斯托波尔 | 147.7 | 195.3 | 337 | 692 |
| 4. 乌里扬诺夫斯克 | 210.1 | 1596.6 | 1175 | 1505 |
| 5. 斯塔夫罗波尔（陶里亚蒂） | 26.2 | 232.9 | 1965 | 2195 |
| 6. 梅列克斯（季米特洛夫格勒） | — | — | 126 | 195 |
| 总共 | 1371.6 | 3028.6 | 6113 | 8486 |
| 其他码头 | 1618.9 | 2689.9 | 3971 | 4535 |
| 总共 | 2990.5 | 5718.5 | 10084 | 13021 |

注：横线表示无河运。

表 81. 斯大林格勒（伏尔加格勒）水库河段单种货物运输量（1960 年，千吨）[3]

| 货物 | 数量 | 转运 | |
|---|---|---|---|
| | | 数量 | % |
| 干散货 | 19989 | 12543 | 62.7 |
| 石油类货物 | 9672 | 3789 | 39.2 |
| 浮运 | 8855 | 5660 | 64 |
| 总共 | 38516 | 21992 | 57.1 |

[1] Филиал РГАНТД. Ф. Р–109. Оп. 2–4. Д. 1. Л. 23 а.

[2] Филиал РГАНТД. Ф. Р–109. Оп. 8–4. Д. 626. Л. 34.

[3] Филиал РГАНТД. Ф. Р–109. Оп. 2–4. Д. 1. Л. 38 об.

表 82. 1962—1980 年古比雪夫（日古利）、斯大林格勒（伏尔加）和萨拉托夫水利枢纽单种货物运输量（百万吨，1965 年）[1]

| 水利枢纽＼货物 | 1962 年 | | | | 1970 年 | | | | 1980 年 | | | |
|---|---|---|---|---|---|---|---|---|---|---|---|---|
| | 总共 | 干散货 | 石油类货物 | 浮运 | 总共 | 干散货 | 石油类货物 | 浮运 | 总共 | 干散货 | 石油类货物 | 浮运 |
| 古比雪夫（日古利） | 23 | 12.1 | 3.5 | 7.4 | 40.4 | 32.1 | 6.8 | 1.5 | 60.9 | 52.2 | 8.7 | — |
| 斯大林格勒（伏尔加） | 23.1 | 11.5 | 6.5 | 5.1 | 37.9 | 26.6 | 10 | 1.3 | 49.7 | 39.8 | 9.9 | — |
| 萨拉托夫 | 25.6 | 12.9 | 6.9 | 5.8 | 44.4 | 33 | 10 | 1.4 | 66.2 | 56.2 | 10 | — |

注：横线表示 1980 年无浮运。

表 83. 伏尔加河流域与近里海地区依靠斯大林格勒（伏尔加格勒）水库的引水灌溉情况（千公顷，1950 年）[2]

| 地区 | 面积 | |
|---|---|---|
| | 灌溉 | 引水 |
| 右岸低地草原 | 240 | 6000 |
| 外伏尔加地区 | 85 | 2000 |
| 伏尔加－阿赫图宾斯克河滩 | 200 | — |
| 萨拉托夫州 | 600 | — |

[1] Филиал РГАНТД. Ф. Р–28. Оп. 4–4. Д. 32. Л. 189.

[2] Филиал РГАНТД. Ф. Р–109. Оп. 2–4. Д. 1. Л. 43 об.–44.

续表

| 地区 | 面积 | |
|---|---|---|
| | 灌溉 | 引水 |
| 西哈萨克斯坦 | 85 | 3000 |
| 总共 | 1210 | 11000 |

注：横线表示该地区未规划引水。

表 84. 以伏尔加河水利枢纽为基础的大型建筑单位和区域生产综合体[1]

| 建筑单位 | 建筑安装工作年最大工作量，百万卢布 | 城市 | 水利枢纽修建前的状态 | 人口数量（1月1日），千人 | | | | | | | 水利建设工人修建的企业 |
|---|---|---|---|---|---|---|---|---|---|---|---|
| | | | | 1939 | 1959 | 1968 | 1976 | 1989 | 1997 | 2010 | |
| 高尔基水电站工程局 | 64 | 扎沃尔日耶 | 农村 | — | 20 | 27 | 39 | 44.6 | 46.8 | 41.5 | 发动机厂 |
| 伏尔加格勒水利工程局 | 130 | 伏尔加斯基 | 荒地 | — | 67 | 124 | 195 | 269 | 291 | 304.7 | 化学联合企业、机械制造厂、建筑企业 |

[1] Города России: энциклопедия / гл. ред. Г.М. Лаппо. М., 1994. С. 33, 86, 143, 317, 469; История Гидропроекта. 1930–2000 / под ред. В.Д. Новоженина. М., 2000. С. 38; Население России за 100 лет (1897–1997): стат. сб. / Госкомстат России. М., 1998. С. 58, 61–62; Стратегический план развития городского округа Тольятти до 2020 года (приложение № 1 к решению Городской Думы № 335 от 07.07.2010 г.). Тольятти, 2010. С. 16; Численность населения Российской Федерации по городам, поселкам городского типа и районам на 1 января 2010 года [Электронный ресурс]. Режим доступа: http: www.gks.ru/bgd/regl/b10_109/Main.htm, свободный; Чебоксарская ГЭС на реке Волга. Технический отчёт о проектировании, строительстве и первом периоде эксплуатации. В 2 т. Т. 1. М., 1988. С. 493.

续表

| 建筑单位 | 建筑安装工作年最大工作量，百万卢布 | 城市 | 水利枢纽修建前的状态 | 人口数量（1月1日），千人 | | | | | | | 水利建设工人修建的企业 |
|---|---|---|---|---|---|---|---|---|---|---|---|
| | | | | 1939 | 1959 | 1968 | 1976 | 1989 | 1997 | 2010 | |
| 古比雪夫水利工程局 | 200 | 陶里亚蒂 | 城市 | 6* | 72 | 167 | 463 | 631 | 712 | 721.8 | 双过磷酸钙厂、合成橡胶厂、氮肥厂、合成酒精厂、汽车厂（伏尔加汽车厂）、建筑综合体企业 |
| 伏尔加格勒水利工程局 | 130 | 伏尔加斯基 | 荒地 | — | 67 | 124 | 195 | 269 | 291 | 304.7 | 化学联合企业、机械制造厂、建筑综合体企业 |
| 萨拉托夫水电站工程局 | 65 | 巴拉科沃 | 城市 | 23 | 36 | 89 | 135 | 197 | 206 | 197.3 | 人造纤维厂、建筑综合体企业 |
| 切博克萨雷水电站工程局 | 53.8 | 新切博克萨尔斯克 | 农村 | — | 33 ** | 39 *** | 72 | 115 | 123 | 127.4 | 化学联合企业、建筑综合体企业 |

*1926 年 1 月 1 日伏尔加河畔斯塔夫罗波尔市人口数量。

**1961 年 1 月 1 日新切博克萨尔斯克人口数量。

***1970 年 1 月 1 日新切博克萨尔斯克人口数量。

注：横线表示在这一年该城市尚不存在。

表 85. 伏尔加梯级水利枢纽某些能源经济指标[1]

| 水利枢纽 | 投资 | | | 能源成本，戈比 / 千瓦时 | 每平方米水库能源生产，千瓦时 |
|---|---|---|---|---|---|
| | 总预算，百万卢布 * | 能源投资，百万卢布 ** | 单位投资，卢布 / 千瓦 | | |
| 1. 伊万科沃 | 无数据 | 无数据 | 无数据 | 无数据 | 0.31 |
| 2. 乌格里奇 | 476 | 419 | 3810 | 3 | 0.8 |
| 3. 雷宾斯克 | 1163 | 827 | 2446 | 3 | 0.2 |
| 4. 高尔基（下诺夫哥罗德） | 3582 | 2350 | 4500 | 2.4 | 1.02 |
| 5. 古比雪夫（日古利） | 12140 | 6920 | 3000 | 0.8 | 1.64 |
| 6. 斯大林格勒（伏尔加） | 8890 | 5860 | 2290 | 0.8 | 3.5 |

[1] Асарин А.Е., Хазиахметов Р.М. Волжско-Камский каскад гидроузлов // Гидротехническое строительство. 2005. № 9. С. 25; Асарин А.Е. Плюсы и минусы Рыбинского гидроузла // Молога. Рыбинское водохранилище. История и современность: к 60-летию затопления Молого-Шекснинского междуречья и образования Рыбинского водохранилища: материалы науч. конф. / сост. Н.М. Алексеев. Рыбинск, 2003. С. 18; Вечный двигатель. Волжско-Камский гидроэнергетический каскад: вчера, сегодня, завтра / под общ. ред. Р.М. Хазиахметова. М., 2007. С. 334–342; Елохин Е.А., Горулева Л.Г. Экономическая эффективность Волжско-Камского каскада // Гидротехническое строительство. 1969. № 2. С. 16; Найденко В.В. Великая Волга на рубеже тысячелетий. От экологического кризиса к устойчивому развитию. В 2 т. Т. 1. Общ. характеристика бассейна р. Волга. Н. Новгород, 2003. С. 59; РГАЭ. Ф. 4372. Оп. 31. Д. 842. Л. 8; Филиал РГАНТД. Ф. Р–119. Оп. 2–4. Д. 296. Л. 2; Чебоксарская ГЭС на реке Волга. Технический отчёт о проектировании, строительстве и первом периоде эксплуатации. В 2 т. Т. 1. М., 1988. С. 141–143, 150–151.

续表

| 水利枢纽 | 投资 | | | 能源成本，戈比 / 千瓦时 | 每平方米水库能源生产，千瓦时 |
|---|---|---|---|---|---|
| | 总预算，百万卢布 * | 能源投资，百万卢布 ** | 单位投资，卢布 / 千瓦 | | |
| 7. 萨拉托夫 | 6275 | 4079 | 3000 | 1.7 | 2.84 |
| 8. 切博克萨雷 | 9176 | 5045 | 3568 | 3.7 | 1.1 |
| 总共（或平均） | 逾 41702.3 | 逾 25500 | 3231 | 2.2 | 1.43 |

* 此处水利枢纽总预算造价为 1930—1950 年价格，按 1961—1984 年价格计算，斯大林格勒、萨拉托夫、切博克萨雷水利枢纽分别支出 889 百万、627.5 百万、917.6 百万卢布。

** 此处及以下指标亦为 1930—1950 年价格。

表 86. 因伏尔加河水利枢纽梯级建设而遗失和破坏考古遗产总数[1]

| 地区 | 因水利枢纽而 | | | 其他原因 |
|---|---|---|---|---|
| | 遗失 | 破坏 | 总共 | |
| 1. 马里埃尔共和国 | 100 | 130 | 230 | 无数据 |
| 2. 鞑靼斯坦共和国 | 逾 1000 | 800 | 逾 1800 | 200 |
| 3. 伏尔加格勒州 | 无数据 | 无数据 | 310 | 无数据 |
| 4. 沃洛格达州 | 130 | 250 | 380 | 无数据 |
| 5. 萨拉托夫州 | 无数据 | 无数据 | 1500 | 2000 |
| 6. 特威尔州 | 56 | 103 | 159 | 无数据 |
| 7. 雅罗斯拉夫尔州 | 29 | 102 | 131 | 无数据 |
| 总共 | 逾 1315 | 1385 | 4510 | 2200 |

表 87. 伏尔加河梯级水库河岸改造情况（2000 年）[2]

| 水库名称 | 河岸长度，千米 | | 农地损失面积，公顷 |
|---|---|---|---|
| | 总共 | 冲蚀和侵蚀 | |
| 1. 伊万科沃 | 820 | 190 | 1500 |
| 2. 乌格里奇 | 890 | 310 | 3100 |
| 3. 雷宾斯克 | 2460 | 870 | 3400 |
| 4. 高尔基 | 2170 | 1340 | 7700 |
| 5. 古比雪夫 | 1060 | 400 | 400 |
| 6. 斯大林格勒 | 2100 | 1300 | 13400 |
| 7. 萨拉托夫 | 1000 | 680 | 3900 |
| 8. 切博克萨雷 | 2080 | 1010 | 5600 |
| 总共 | 12580 | 6100 | 39000 |

[1] Розенберг Г.С., Краснощёков Г.П. Волжский бассейн: экологическая ситуация и пути рационального природопользования. Тольятти, 1996. С. 174; Казаков Е.П. Письмо доктора исторических наук Е.П. Казакова (Институт истории АН РТ, г. Казань) от 10.11.2008 г. Е.А. Бурдину. С. 2.

[2] Дебольский В.К. Волжские берега // Экология и жизнь. 2000. № 1. С. 46.

表 88. 伏尔加河水库浅水区情况[1]

| 水库名称 | 正常蓄水位 | | | 放水时浅水区面积，平方千米 |
|---|---|---|---|---|
| | 水面面积，平方千米 | 浅水区面积，平方千米 | 占比，% | |
| 1. 伊万科沃 | 327 | 156 | 47.7 | 280 |
| 2. 乌格里奇 | 249 | 89 | 35.7 | 无数据 |
| 3. 雷宾斯克 | 4550 | 950 | 20.9 | 2870 |
| 4. 高尔基 | 1570 | 400 | 25.5 | 840 |
| 5. 古比雪夫 | 1915 | 340 | 17.8 | 无数据 |
| 6. 斯大林格勒 | 6150 | 1075 | 17.5 | 2900 |
| 7. 萨拉托夫 | 1831 | 455 | 24.9 | 500 |
| 8. 切博克萨雷 | 3117 | 530 | 17 | 1050 |
| 总共 | 19709 | 3995 | 20.3 | 8440 |

[1] Асарин А.Е., Хазиахметов Р.М. Волжско-Камский каскад гидроузлов // Гидротехническое строительство. 2005. № 9. С. 25; Асарин А.Е. Плюсы и минусы Рыбинского гидроузла // Молога. Рыбинское водохранилище. История и современность: к 60-летию затопления Молого-Шекснинского междуречья и образования Рыбинского водохранилища: материалы науч. конф. / сост. Н.М. Алексеев. Рыбинск, 2003. С. 18; Вечный двигатель. Волжско-Камский гидроэнергетический каскад: вчера, сегодня, завтра / под общ. ред. Р.М. Хазиахметова. М., 2007. С. 334–342; Найденко В.В. Великая Волга на рубеже тысячелетий. От экологического кризиса к устойчивому развитию. В 2 т. Т. 1. Общ. характеристика бассейна р. Волга. Н. Новгород, 2003. С. 59; Куйбышевское водохранилище / Рос. акад. наук, Ин-т экологии Волж. бассейна; отв. ред. Г.С. Розенберг, Л.А. Выхристюк. Тольятти, 2008. С. 24; Матарзин Ю.М. Гидрология водохранилищ. Пермь, 2003. С. 212; Обоснование инвестиций завершения строительства Чебоксарского гидроузла 0272-ОИ. Этап 2. Т. 1. Общая пояснительная записка. Самара, 2006. С. 15.

表 89. 1985—2009 年古比雪夫水库表层水质情况[1]

| 年份 | 水质等级 | 单位水质综合污染指数 |
| --- | --- | --- |
| 1985 | 三级（中度污染） | 无数据 |
| 1990 | 三级（中度污染） | 1.92 |
| 1995 | 三级（中度污染） | 1.84 |
| 2000 | 三级（中度污染） | 2.07 |
| 2005 | 三级 B（重污染） | 3.8 |
| 2009 | 四级 A（严重污染） | 4.36 |

[1] Ежегодник качества поверхностных вод по территории деятельности Приволжского УГКС (Татарская АССР, Пензенская, Куйбышевская, Саратовская, Оренбургская области) за 1985 г. / Приволж. терр. упр. по гидрометеорологии и контролю прир. среды. Куйбышев, 1986. С. 148; Ежегодник качества поверхностных вод по территории Ульяновской области за 1990 год / Приволж. терр. упр. по гидрометеорологии; Куйб. терр. центр наблюдений за загрязнением прир. среды; сост. И. Н. Волгина; ред. Г. Н. Ардаков. Куйбышев, 1991. С. 17, 28–30; Обзор состояния загрязнения поверхностных вод на территории деятельности Приволжского УГМС за 1995 год / Приволж. терр. упр. по гидрометеорологии и мониторингу окр. среды; Приволж. терр. центр по мониторингу загрязнения окр. среды. Самара, 1996. С. 64; Обзор состояния загрязнения поверхностных вод на территории деятельности Приволжского УГМС за 2000 год / Приволж. межрегион. терр. упр. по гидрометеорологии и мониторингу окр. среды; Приволж. терр. центр по мониторингу загрязнения окр. среды; отв. ред. Г. Н. Ардаков. Самара, 2001. С. 55; Обзор состояния загрязнения поверхностных вод на территории деятельности Приволжского УГМС и УГМС Республики Татарстан в 2005 году / Приволж. межрегион. терр. упр. по гидрометеорологии и мониторингу окр. среды; ГУ «Самарский центр по гидрометеорологии и мониторингу окр. среды с регион. функциями»; Приволж. центр по мониторингу загрязнения окр. среды; отв. ред. Н.Р. Бигильдеева. Самара, 2006. С. 21; Обзор состояния загрязнения поверхностных вод на территории деятельности Приволжского УГМС и УГМС Республики Татарстан в 2009 году / Приволж. межрегион. терр. упр. фед. службы по гидрометеорологии и мониторингу окр. среды; ГУ «Самарский центр по гидрометеорологии и мониторингу окр. среды с регион. функциями»; Центр по мониторингу загрязнения окр. среды; отв. ред. Н.Р. Бигильдеева. Самара, 2010. С. 28.

表 90. 伏尔加河梯级水利枢纽沉降平衡（1975 年）[1]

| 主要组成 | 百万立方米 | 占总量比重，% |
| --- | --- | --- |
| 进项： | | |
| 1. 河流冲积流 | 300—400 | 20—22.5 |
| 2. 河岸冲刷 | 1000— 1100 | 62—66.7 |
| 3. 河床冲刷 | 150—200 | 10—11.3 |
| 4. 水库中的有机物 | 50—75 | 3.3—4.2 |
| 总共 | 1500 — 1775 | 100 |
| 出项： | | |
| 1. 沉积作用 | 1425—1685 | 94.9— 95 |
| 2. 通过水利枢纽的冲积流 | 75—90 | 5—5.1 |
| 总共 | 1500—1775 | 100 |

表 91. 1937—1992 年伏尔加河梯级水库淤塞面积和沉积速度[2]

| 水库 | 淤塞面积（平均占水库总面积的比重，%） | 沉积速度，厘米 / 年（平均） |
| --- | --- | --- |
| 1. 伊万科沃 | 41.5 | 0.2 |
| 2. 乌格里奇 | 31.5 | 0.2 |
| 3. 雷宾斯克 | 36.5 | 0.2 |
| 4. 高尔基 | 40 | 0.24 |
| 5. 古比雪夫 | 45.3 | 0.8 |
| 6. 斯大林格勒 | 24 | 0.06 |
| 7. 萨拉托夫 | 53.5 | 0.35 |
| 总共（平均） | 38.9 | 0.3 |

[1] Широков В.М. Особенности изменения твёрдого стока рек в крупных гидротехнических каскадах// Материалы Всесоюзной науч. конференции по проблеме комплексного использования и охраны водных ресурсов бассейна Волги. Вып. 1. Водные ресурсы и их комплексное использование / отв. ред. Ю.М. Матарзин. Пермь, 1975. С. 180.

[2] Куйбышевское водохранилище / Рос. акад. наук, Ин-т экологии Волж. бассейна; отв. ред. Г.С. Розенберг, Л.А. Выхристюк. Тольятти, 2008. С. 44.

表92. 伏尔加河梯级五座水库水利调节前捕捞量和设计捕捞量（1960年）[1]

| 捕捞区 | 水库捕捞面积，千公顷 | 产鱼量，千克/公顷 | 捕鱼量，吨 |
|---|---|---|---|
| 水利调节前伏尔加河河段 | | | |
| 高尔基*–切博克萨雷 | 89 | 5.9 | 525.1 |
| 切博克萨雷–古比雪夫 | 92.1 | 24.8 | 2274.9 |
| 古比雪夫–巴拉科沃 | 69.5 | 22.3 | 1549.9 |
| 巴拉科沃–斯大林格勒 | 78.8 | 25 | 1970 |
| 斯大林格勒–里海 | 235 | 40 | 9400 |
| 总共 | 564.4 | 27.9（平均） | 15719.9 |
| 水库 | | | |
| 切博克萨雷 | 378 | 40 | 15120 |
| 古比雪夫 | 549 | 40—45 | 24000 |
| 萨拉托夫 | 218 | 45 | 9810 |
| 斯大林格勒（伏尔加格勒） | 316 | 50 | 15800 |
| 下伏尔加** | 460 | 60 | 27600 |
| 总共 | 1921 | 48（平均） | 92330 |

*高尔基市——今下诺夫哥罗德，古比雪夫市——今萨马拉，斯大林格勒市——伏尔加格勒。

** 未建成。

[1] Филиал РГАНТД. Ф. Р–109. Оп. 8–4. Д. 1199. Л. 25.

表 93. 伏尔加河洄游鱼计算捕获量与伏尔加梯级水利枢纽设计捕捞量损失（1960 年）[1]

| 鱼类 | 计算捕捞量，无水电站影响，吨 | 所有梯级水库导致的损失 | | 萨拉托夫水电站导致的损失 | | 萨拉托夫水库中保留下的产卵场 | |
|---|---|---|---|---|---|---|---|
| | | % | 吨 | % | 吨 | % | 捕获量 |
| 鲟鱼科 | | | | | | | |
| 鲟鱼 | 5500 | 74.5 | 4100 | 26.8 | 1100 | 4 | 220 |
| 闪光鲟 | 3600 | 61.1 | 2200 | 25 | 550 | 3.1 | 110 |
| 欧鳇 | 1000 | 100 | 1000 | 25 | 250 | 2 | 20 |
| 总共 | 10100 | 72.3 | 7300 | 26 | 1900 | 3.5 | 350 |
| 鲱鱼科 | 34700 | 49 | 17000 | 30.6 | 5200 | 3 | 1050 |
| 鲑鱼科（白鲑） | 200 | 100 | 200 | 100 | 200 | 0 | 0 |
| 总共 | 45000 | 54.4 | 24500 | 29.8 | 7300 | 3.1 | 1400 |

[1] Филиал РГАНТД. Ф. Р–109. Оп. 8–4. Д. 1199. Л. 24 об.

表 94. 1960—2005 年伏尔加河梯级水库工业捕捞量（吨）[1]

| 水库 | 捕捞年份 | | | | | | | | | |
|---|---|---|---|---|---|---|---|---|---|---|
| | 1960 | 1965 | 1970 | 1976 | 1980 | 1985 | 1990 | 1995 | 2000 | 2005 |
| 1. 伊万科沃 | 464 | 389 | 310 | 260 | 259.8 | 292.3 | 261.8 | 180.9 | 190 | 229 |
| 2. 乌格里奇 | 112 | 158 | 230 | 245 | 390.5 | 172.3 | 218.4 | 171.3 | 140 | 43 |
| 3. 雷宾斯克 | 4200 | 3824 | 2493 | 2620 | 2243.4 | 3246.5 | 2272.9 | 1380.3 | 1448 | 1041 |

[1] Ермолин В.П., Шашуловский В.А., Карагойшиев К.К. Правила рыболовства и использование биоресурсов водоёмов Волжско-Камского бассейна // Водные экосистемы: трофические уровни и проблемы поддержания биоразнообразия: материалы Всеросс. конф. с междунар. участием «Водные и наземные экосистемы: проблемы и перспективы исследований», Вологда, 24–28 нояб. 2008 г. Вологда, 2008. С. 286; Исаев А.И., Карпова Е.И. Рыбное хозяйство водохранилищ. М., 1980. С. 38, 65, 75, 77, 83; Назаренко В.А., Мухаметшин А.М., Шердяев М.Е. К вопросу о состоянии промыслового стада рыб Куйбышевского водохранилища // Природа Симбирского Поволжья: сб. науч. тр. Вып. 3. Ульяновск, 2002. С. 145; Найденко В.В. Великая Волга на рубеже тысячелетий. От экологического кризиса к устойчивому развитию. В 2 т. Т. 1. Общ. характеристика бассейна р. Волга. Анализ причин эколог. кризиса. Н. Новгород, 2003. С. 174; Небольсина Т.К. Экосистема Волгоградского водохранилища и пути создания рационального рыбного хозяйства. Дис. ... д-ра биол. наук. Саратов, 1980. С. 213–214; Никаноров Ю.И. Иваньковское водохранилище // Известия ГосНИОРХ. 1975. Т. 102. С. 19; Кораблёв И.П. Организация рыболовства // Распределение и численность рыб Куйбышевского водохранилища и обусловливающие их факторы / Тр. Татарского отд. ГосНИОРХ. 1972. Вып. XII. С. 195; Лукин А.В. Куйбышевское водохранилище // Известия ГосНИОРХ. 1975. Т. 102. С. 112; Поддубный А.Г., Половкова С.Н. Схема организации рационального рыбного хозяйства на Рыбинском водохранилище // Пути рационального рыбохозяйственного использования волжских водохранилищ: сб. науч. тр. / ГосНИОРХ; под ред. Н.И. Захарова и Н.И. Небольсиной. Вып. 303. Ленинград, 1989. С. 101; Поддубный А.Г., Володин В.М., Конобеева В.К. и др. Эффективность воспроизводства рыбных запасов в водохранилищах // Биологические ресурсы водохранилищ: сб. науч. тр.; ред. Н.В. Буторин и А.Г. Поддубный. М., 1984. С. 210; Сечин Ю.Т. Биоресурсные исследования на внутренних водоемах. Калуга, 2010. С. 176–179, 181–182; Цыплаков Э.П., Хузеева Л.М., Васянин К.И. и др. Рыбы Куйбышевского водохранилища // Труды Татарского отд. ГосНИОРХ. 1970. Вып. XI. С. 51.

续表

| 水库 | 捕捞年份 | | | | | | | | | |
|---|---|---|---|---|---|---|---|---|---|---|
| | 1960 | 1965 | 1970 | 1976 | 1980 | 1985 | 1990 | 1995 | 2000 | 2005 |
| 4. 高尔基 | 无数据 | 798 | 539 | 520 | 381.3 | 592.8 | 598.6 | 238.5 | 391 | 254 |
| 5. 切博克萨雷 | — | — | — | — | — | 208.3 | 519.2 | 294.3 | 371.8 | 323 |
| 6. 古比雪夫 | 3727 | 4840 | 3998 | 4660 | 4122.1 | 5489.5 | 5434 | 3239.7 | 2854 | 2114 |
| 7. 萨拉托夫 | — | — | 114 | 1090 | 867.3 | 1722.2 | 1886 | 811.2 | 535 | 712 |
| 8. 伏尔加格勒 | — | 2130 | 3140 | 4060 | 2685.8 | 4213.7 | 4156 | 1041.5 | 972 | 1830 |
| 总共 | 8503 | 12139 | 10824 | 13455 | 10950.2 | 15937.6 | 15346.9 | 7357.7 | 6901.8 | 6546 |

注：横线表示在这一年水库尚未建成或刚刚建成。

表 95. 1913—1991 年里海工业捕捞情况（吨）[1]

| 捕捞年份 | | | | | | | |
|---|---|---|---|---|---|---|---|
| 1913 | 1930 | 1940 | 1950 | 1960 | 1965 | 1970 | 1991 |
| 珍贵鱼类（鲟鱼类、鲱鱼类、里海拟鲤及大型鱼类） | | | | | | | |
| 618900 | 571000 | 291500 | 262300 | 190300 | 89800 | 82100 | 70000 |

[1] Ханжин Б.М., Ханжина Т.Ф. История разрушения и уничтожения биологических ресурсов Волго-Каспийского бассейна-Шаги на пути человеческой гибели. Элиста, 2003. С. 7.

续表

| 捕捞年份 | | | | | | | |
|---|---|---|---|---|---|---|---|
| 1913 | 1930 | 1940 | 1950 | 1960 | 1965 | 1970 | 1991 |
| 低价值鱼类（棱鲱及小型鱼类） | | | | | | | |
| 43800 | 34800 | 53700 | 51300 | 196100 | 373300 | 443500 | 239000 |
| 总共 | | | | | | | |
| 662700 | 605800 | 345200 | 313600 | 386400 | 463100 | 525600 | 309000 |

表 96. 1933—2001 年伏尔加河 - 里海地区半洄游鱼类和河鱼工业捕捞情况[1]

| 年份 | 半洄游鱼类（里海拟鲤、鲈鱼、鲤鱼、鳊鱼） | | 河鱼（温和鱼类） | | 河鱼（凶猛鱼类：鲇鱼、狗鱼） | | 总共，千吨 |
|---|---|---|---|---|---|---|---|
| | 千吨 | % | 千吨 | % | 千吨 | % | |
| 1933 — 1940 | 194.69* | 85.2 | 27.61 | 12.1 | 19.51 | 2.7 | 241.81 |
| 1941 — 1950 | 142.52 | 83.3 | 18.84 | 11 | 9.81 | 5.7 | 171.17 |
| 1951 — 1959 | 101.43 | 71 | 25.93 | 18.1 | 15.51 | 10.9 | 142.87 |

[1] Отчёт экспертной группы по оценке биоразнообразия водно-растительных угодий Нижней Волги / сост. А.К. Горбунов, Н.Н. Мошонкин, Н.Д. Руцкий и др. Астрахань, 2002. С. 29.

续表

| 年份 | 半洄游鱼类（里海拟鲤、鲈鱼、鲤鱼、鳊鱼） | | 河鱼（温和鱼类） | | 河鱼（凶猛鱼类：鲇鱼、狗鱼） | | 总共，千吨 |
|---|---|---|---|---|---|---|---|
| | 千吨 | % | 千吨 | % | 千吨 | % | |
| 1960—1974 | 46.26 | 60.5 | 17.68 | 23.1 | 12.59 | 16.4 | 76.53 |
| 1975—1981 | 25.62 | 44.5 | 17.02 | 29.6 | 14.93 | 25.9 | 57.57 |
| 1982—1992 | 32.21 | 55.5 | 13.25 | 22.9 | 12.44 | 21.6 | 57.9 |
| 1993—1997 | 41.84 | 68.9 | 9.65 | 15.9 | 9.13 | 15.2 | 60.62 |
| 1998—2001 | 29.46 | 54.8 | 12 | 22.3 | 12.3 | 22.9 | 53.76 |

* 此处及以下为均值。

表 97. 1900—1955 年伏尔加河 - 里海地区鲟鱼工业捕捞情况[1]

| 年份 | 捕捞量，千吨 |
|---|---|
| 1900 | 22.6 |
| 1905 | 21.0 |
| 1910 | 18.1 |
| 1915 | 19.6 |
| 1920 | 1.4 |
| 1925 | 7.3 |
| 1930 | 8.5 |
| 1935 | 7.5 |
| 1940 | 3.6 |
| 1945 | 1.3 |
| 1950 | 10.7 |
| 1955 | 7.2 |
| 1960 | 7.1 |
| 1965 | 10.6 |
| 1970 | 10.7 |
| 1975 | 14.7 |
| 1980 | 16.3 |
| 1985 | 14.8 |
| 1990 | 11.3 |
| 1995 | 2.2 |

[1] Иванов В.П., Мажник А.Ю. Рыбное хозяйство Каспийского бассейна (Белая книга). М., 1997. С. 12.

## 三、示意图

示意图 1：库涅耶夫劳改营 1952—1953 年分布[1]

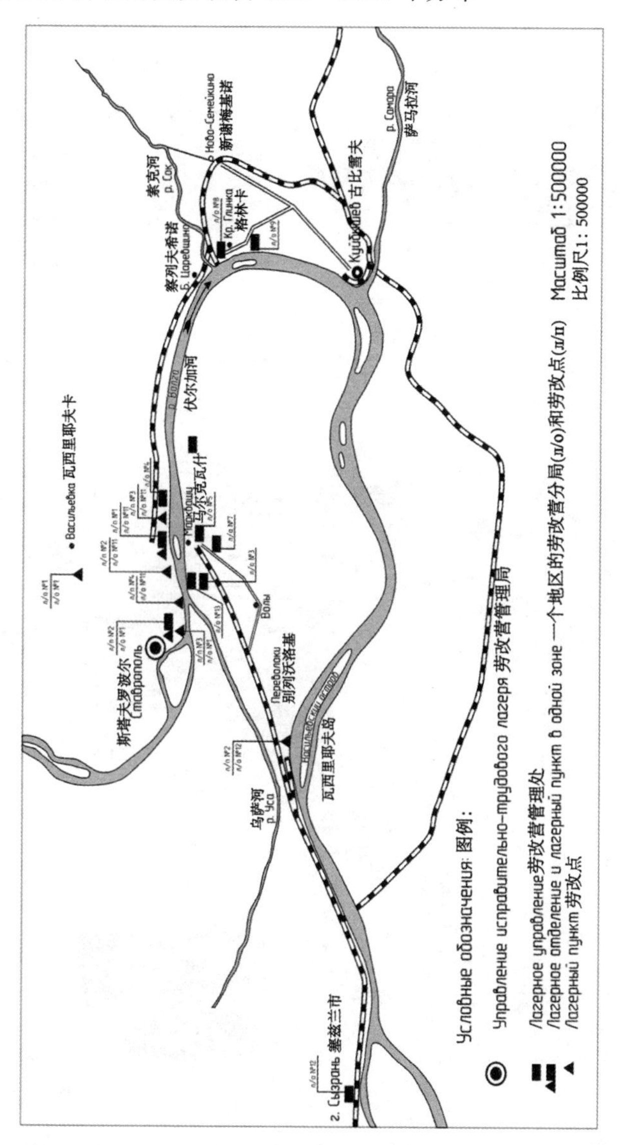


[1] Схема составлена по: ГА РФ. Ф. Р–9414. Оп. 1. Д. 565. Б/л.

示意图 2：伏尔加河流域图（包含伏尔加河和卡马河水利枢纽梯级水电站及水库）[1]

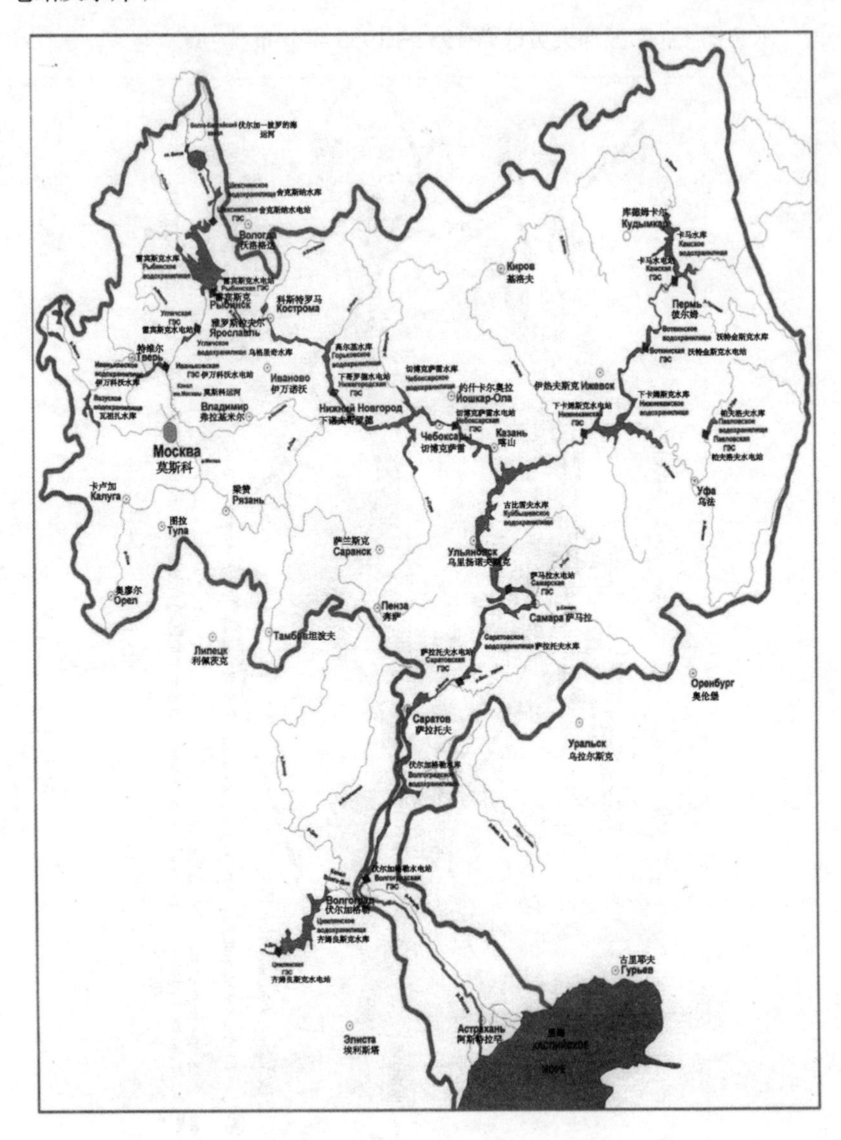


[1] Найденко В.В. Великая Волга на рубеже тысячелетий. От экологического кризиса к устойчивому развитию. В 2 т. Т. 1. Общ. характеристика бассейна р. Волга. Анализ причин эколог. кризиса. Н. Новгород, 2003. С. 57.

# 注　释

1　由于“伏尔加河”的俄文“Волга”属阴性，故用代词“她”。——译者注

2　Розанов В.В. Русский Нил // Экология и жизнь. 2000. № 1. С. 38.

3　Игнатьева Н. Ностальгия по Волге, которой нет // Симбирский курьер. 1993. 20 июля. С. 4.

4　Знаменитые люди о Казанском крае. Казань, 1990. С. 28.

5　Россия. Полное географическое описание нашего Отечества. Среднее и Нижнее Поволжье и Заволжье / ред. В.П. Родин. Ульяновск, 1998. С. 285.

6　同上；Тачалов С.Н. Рукотворное море: (записки гидролога). Ярославль, 1982. С. 30.

7　Тачалов С.Н. Указ. соч. С. 30.

8　Штеренлихт Д.В. Очерки истории гидравлики, водных и строительных искусств. В пяти книгах. Книга 6. XIX вв. и первая треть XX в. Часть вторая. Учебное пособие для вузов. М., 2005. С. 288, 290–294.

9　Вечный двигатель. Волжско-Камский гидроэнергетический каскад : вчера, сегодня, завтра / под общ. ред. Р.М. Хазиахметова; авт.-сост. С.Г. Мельник. М., 2007. С. 12; История Гидропроекта. 1930–2000 / под ред. В.Д. Новоженина. М., 2000. С. 7–8.

10　Штеренлихт Д.В. Очерки истории гидравлики, водных и строительных искусств. В пяти книгах. Книга 3. Россия. Конец XVII-начало XIX вв. Учебное пособие для вузов. М., 1999. С. 248.

11　同上。

12 Филиал Российского государственного архива научно-технической документации (филиал РГАНТД). Ф. Р–119. Оп. 2–4. Д. 397. Л. 3–4.

13 Штеренлихт Д.В. Очерки истории гидравлики, водных и строительных искусств. В пяти книгах. Книга 3. Россия. Конец XVII–начало XIX вв. Учебное пособие для вузов. М., 1999. С. 233–234.

14 同上。С. 253.

15 Лепёхин И.И. Дневные записки путешествия доктора и Академии наук адъюнкта по разным провинциям Российского государства, 1768 и 1769 года. Ч. 1. СПб., 1795. С. 328–329.

16 Штеренлихт Д.В. Указ. соч. С. 260.

17 История Гидропроекта. 1930–2000 / под ред. В.Д. Новоженина. М., 2000. С. 7.

18 同上。С. 8–9.

19 Гвоздецкий В.Л., Симоненко О.Д. План ГОЭЛРО-пример созидательной деятельности новой власти // Наука и техника в первые десятилетия советской власти: социокультурное измерение (1917–1940) / Под ред. Е.Б. Музруковой. М., 2007. С. 57.

20 Вечный двигатель. Волжско-Камский гидроэнергетический каскад: вчера, сегодня, завтра / под общ. ред. Р.М. Хазиахметова; авт.-сост. С.Г. Мельник. М., 2007. С. 24.

21 Беляков А.А. Внутренние водные пути России в правительственной политике конца XIX-начала XX века // Отечественная история. 1995. № 2. С. 161.

22 История Гидропроекта. 1930–2000 / Под ред. В.Д. Новоженина. М., 2000. С. 9.

23 同上。С. 10.

24 План ГОЭЛРО. План электрификации РСФСР. Доклад VIII съезду Советов Государственной комиссии по электрификации России. М., 1955. С. 76, 82, 90–91.

25 Электрификация СССР / Под общ. ред. П.С. Непорожнего. М., 1970. С. 17.

26 Ласский К.Э. О значении реки Волги в торгово-промышленном отношении в связи с мерами, необходимыми для приведения этой реки в положение, отвечающее нуждам торговли и промышленности России: Всерос. торгово-пром. съезд 1896 г. Н. Новгород, 1896. 74 с.

27 同上。С. 26.

28 Город Симбирск, как железнодорожный узел и как волжский порт: статистический сборник. Симбирск, 1915. С. 1.

29 同上。С. 5.

30 Авакян А.Б. Волга в прошлом, настоящем и будущем. М., 1998. С. 8.

31 同上。С. 5.

32 Авакян А.Б. Указ. соч. С. 5; Асарин А.Е. Плюсы и минусы Рыбинского гидроузла. Опыт объективной оценки // Молога. Рыбинское водохранилище. История и современность: к 60-летию затопления Молого-Шекснинского междуречья и образования Рыбинского водохранилища: материалы науч. конф. / сост. Н.М. Алексеев. Рыбинск, 2003. С. 14–17.

33 Авакян А.Б. Указ. соч. С. 7.

34 Беляков А.А. Внутренние водные пути России в правительственной политике конца XIX-начала XX века // Отечественная история. 1995. № 2. С. 158.

35 同上。С. 159.

36 同上。С. 160.

37 同上。С. 160.

38 Волга. Боль и беда России: фотоальбом / вступ. слово В.И. Белова; ввод. ст. Ф.Я. Шипунова; осн. текст В. Ильина; фото В.В. Якобсона и др. М., 1989. С. 33–34.

39 Беляков А.А. Внутренние водные пути России в правительственной политике конца XIX-начала XX века // Отечественная история. 1995. № 2. С. 163.

40 Санкт-Петербургский филиал архива Российской академии наук (СПФ АРАН). Ф. 1. Оп. 1а. Д. 162. Л. 163 об.–165.

41 同上。Л. 214 об., 219 об.

42 同上。Ф. 132. Оп. 1. Д. 7. Л. 36.

43 Отчёт о деятельности Российской Академии наук по отделениям физико-математических наук и исторических наук и филологии за 1917 г., составленный непременным секретарем академиком С.Ф. Ольденбургом и читанный в публичном заседании 29 декабря 1917 г. Петроград, 1917. С. 125, 134–136.

44 同上。С. 271–272

45 同上。С. 280–281.

46 同上。С. 299–300.

47 СПФ АРАН. Ф. 132. Оп.1. Д. 209. Л. 2.

48 同上。Л. 4–15.

49 同上。Л. 20–21.

50 同上。Л. 51.

51 Организация науки в первые годы Советской власти (1917–1925): сб. документов / отв. ред. К.В. Островитянов, ред. А.В. Кольцов, Б.В. Левшин, В.Н. Макеева; сост. М.С. Батракова, Л.В. Жигалова, В.Н. Макеева. Л., 1968. С. 119.

52 Архив Российской академии наук (АРАН). Ф. 518. Оп. 4. Д. 96. Л. 22.

53 СПФ АРАН. Ф. 132. Оп.1. Д. 208. Л. 4.

54 同上。Л. 4 об.

55 同上。Л. 5.

56 同上。Д. 29. Л. 80.

57 同上。Л. 311.

58 同上。Л. 313.

59 同上。Д. 31. Л. 16.

60 同上。Д. 32. Л. 143.

61 同上。Д. 33. Л. 127, 129.

62 Гвоздецкий В.Л., Симоненко О.Д. План ГОЭЛРО-пример созидательной деятельности новой власти // Наука и техника в первые годы советской власти: социокультурное измерение (1917–1940) / под ред. Е.Б. Музруковой. М., 2007. С. 66.

63 同上。С. 68–69.

64 Российский государственный архив экономики (РГАЭ). Ф. 4372. Оп. 34. Д. 595. Л. 17–18.

65 План ГОЭЛРО. План электрификации РСФСР. Доклад VIII съезду Советов Государственной комиссии по электрификации России. М., 1955. С. 82–83.

66 Вечный двигатель. Волжско-Камский гидроэнергетический каскад: вчера, сегодня, завтра / под общ. ред. Р.М. Хазиахметова; авт.-сост. С.Г. Мельник. М., 2007. С. 28.

67 同上。

68 План ГОЭЛРО. План электрификации РСФСР. Доклад VIII съезду Советов Государственной комиссии по электрификации России. М., 1955. С. 80.

69 同上。С. 86.

70 同上。

71 Электрификация СССР / Под общ. ред. П.С. Непорожнего. М., 1970. С. 21–25.

72 РГАЭ. Ф. 4372. Оп. 34. Д. 595. Л. 62.

73 Богоявленский К.В. Волжская районная гидроэлектрическая станция. (К вопросу о Волгострое). Самара, 1928. С. 22.

74 同上。С. 14.

75 同上。第 5 页。

76 Филиал РГАНТД. Ф. Р–309. Оп. 1–1. Д. 193. Л. 5.

77 Государственный центральный музей современной истории России (ГЦМСИР). Фонд Г.М. Кржижановского. ГИК-37926/695.

78 同上。ГИК-35269/3.

79 Центральный государственный архив Самарской области (ЦГАСО). Ф. 1000. Оп. 3. Д. 70. Л. 1 об.–2.

80 同上。Л. 2.

81 Комзин И. В., Лукьянов Е.В. Волжская ГЭС имени В.И. Ленина. Куйбышев, 1960. С. 14; ЦГАСО. Ф. 1000. Оп. 3. Д. 70. Л. 2.

82 Комзин И.В., Лукьянов Е.В. Указ. соч. С. 16.

83 同上。第 17 页。

84 同上。第 22 页。

85 ЦГАСО. Ф. 1000. Оп. 3. Д. 70. Л. 4.

86 РГАЭ. Ф. 4372. Оп. 16. Д. 65. Л. 2.

87 РГАЭ. Ф. 4372. Оп. 16. Д. 65. Л. 3.

88 同上。Л. 12.

89 Комзин И.В., Лукьянов Е.В. Указ. соч. С. 22.

90 ЦГАСО. Ф. Р–779. Оп. 2. Д. 28. Л. 16 об.

91 同上。

92 Филиал РГАНТД. Ф. Р–309. Оп. 1–1. Д. 193. Л. 3.

93 Чаплыгин А.В. Волгострой. Самара, 1930. 126 с.

94 Филиал РГАНТД. Ф. Р–309. Оп. 1–1. Д. 193. Л. 5.

95 同上。Д. 46. Л. 346 об.

96 Филиал РГАНТД. Ф. Р–309. Оп. 1–1. Д. 193. Л. 5.

97 РГАЭ. Ф. 4372. Оп. 28. Д. 456. Л. 6.

98 同上。

99 同上。Л. 7–9.

100 同上。Л. 9.

101 同上。Л. 8.

102 同上。Л. 7.

103 Сталинские стройки ГУЛАГа. 1930–1953 / ред. А.Н. Яковлев; сост. А.И. Кокурин, Ю.Н. Моруков. М., 2005. С. 60.

104 РГАЭ. Ф. 4372. Оп. 29. Д. 24. Л. 2.

105 同上。Д. 346. Л. 62.

106 同上。Л. 39.

107 同上。Д. 37. Л. 1–2.

108 同上。Л. 1.

109 Брыков А. Волгострой-основная энергетическая база второй пятилетки // Гидротехническое строительство. 1931. № 7–8. С. 2.

110 同上。

111 同上。

112 РГАЭ. Ф. 4372. Оп. 29. Д. 346. Л. 115.

113 同上。

114 同上。Л. 169–176. Д. 450. Л. 26–31.

115 同上。Д. 450. Л. 31.

116 同上。Д. 346. Л. 176.

117 同上。Л. 175 об.–176 об.

118 同上。Л. 175 об.

119 同上。Л. 173.

120 同上。Л. 169–172.

121 同上。Л. 172.

122 同上。Л. 171.

123 同上。

124 同上。Д. 450. Л. 31.

125 同上。Л. 26–29.

126 同上。Л. 263–318.

127 同上。Л. 263.

128 同上。

129 同上。Л. 318.

130 Самарский областной государственный архив социально-политической истории

(СОГАСПИ). Ф. 1141. Оп. 20. Д. 1087. Л. 237.

131 同上。

132 同上。Л. 228–233.

133 同上。Л. 234–236.

134 同上。Л. 236.

135 同上。Л. 237.

136 РГАЭ. Ф. 4372. Оп. 31. Д. 831. Л. 24, 93.

137 Решения партии и правительства по хозяйственным вопросам (1917–1967): сб. документов за 50 лет. В 5 т. Т. 2: 1929–1940 гг. / сост. К.У. Черненко, М.С. Смиртюков. М, 1967. С. 375–376.

138 РГАЭ. Ф. 4372. Оп. 28. Д. 456. Л. 29–30.

139 同上。Л. 32.

140 同上。Л. 31.

141 Гидротехническое строительство. 1932. № 2–3. С. 1.

142 同上。

143 Государственный архив Российской Федерации (ГА РФ). Ф. Р–5446. Оп. 1. Д. 68. Л. 247–248.

144 РГАЭ. Ф 4372. Оп. 28. Д. 456. Л. 29–30. Оп. 31. Д. 831. Л. 134.

145 Авакян А.Б. Волга в прошлом, настоящем и будущем. М., 1998. С. 9.

146 РГАЭ. Ф. 4372. Оп. 29. Д. 450. Л. 28.

147 АРАН. Ф. 209. Оп. 1. Д. 42. Л. 3–4 .

148 АРАН. Ф. 209. Оп. 1. Д. 42. Л. 3–4 .

149 同上。Л. 7–9, 20–41.

150 同上。Л. 7–9, 20–41.

151 同上。Л. 24.

152 同上。Л. 25–26.

153 同上。Л. 26.

154 同上。Л. 27.

155 Резолюции ноябрьской сессии Академии наук СССР, посвящённой проблеме Волго-Каспия. Л., 1934. С. 4.

156 Проблема Волго-Каспия: труды ноябрьской сессии 1933 г. Л., 1934. 628 с.

157 Кржижановский Г.М. Проблема социалистической реконструкции и освоения

Волго-Каспийского бассейна // Проблема Волго-Каспия: труды ноябрьской сессии 1933 г. Л., 1934. С. 6.

158 同上。С. 6–7.

159 同上。С. 8.

160 同上。С. 14.

161 同上。С. 15.

162 同上。С. 16.

163 Ризенкампф Г.К. Техническая схема реконструкции Волги // Проблема Волго-Каспия: труды ноябрьской сессии 1933 г. Л., 1934. С. 18–19.

164 同上。С. 19.

165 同上。С. 21.

166 Резолюции ноябрьской сессии Академии наук СССР, посвящённой проблеме Волго-Каспия. Л., 1934. С. 36–37.

167 同上。С. 37–38.

168 Ризенкампф Г.К. Указ. соч. С. 47.

169 同上。С. 48.

170 同上。С. 47.

171 Тулайков Н.М. Орошаемое зерновое хозяйство Заволжья // Проблема Волго-Каспия: труды ноябрьской сессии 1933 г. Л., 1934. С. 76.

172 可参阅 Проблема Волго-Каспия: труды ноябрьской сессии 1933 г. Л., 1934. С. 410–458, 580–581。

173 Веденеев Б.Е. Плотины на Волге // Проблема Волго-Каспия: труды ноябрьской сессии 1933 г. Л., 1934. С. 113–114.

174 同上。С. 113.

175 同上。С. 114.

176 可参阅 Кржижановский Г.М. Указ. соч. С. 13; Ризенкампф Г.К. Указ. соч. С. 47。

177 Чаплыгин А.В. Гидротехническая реконструкция Самарской Луки и её энергетическое, транспортное и ирригационное значение // Проблема Волго-Каспия: труды ноябрьской сессии 1933 г. Л., 1934. С. 64–65, 67–68.

178 Резолюции ноябрьской сессии Академии наук СССР, посвящённой проблеме Волго-Каспия. Л., 1934. С. 47–49.

179 РГАЭ. Ф. 4372. Оп. 32. Д. 207. Л. 31–32.

180 同上。Д. 211. Л. 165.

181 同上。Д. 207. Л. 43–78.

182 同上。Д. 223. Л. 1.

183 同上。Д. 224. Л. 87–91.

184 同上。Л. 154.

185 同上。Л. 181–186.

186 同上。Л. 212.

187 同上。Д. 240. Л. 14.

188 同上。Л. 16–18.

189 同上。Л. 15–16.

190 同上。Л. 212. Л. 93.

191 同上。Л. 95.

192 25 лет Угличской и Рыбинской ГЭС: из опыта строительства и эксплуатации / под общ. ред. Н.А. Малышева и М.М. Мальцева. М.-Л., 1967. С. 15.

193 同上。С. 17.

194 ГА РФ. Ф. Р–5446. Оп. 1. Д. 107. Л. 94–96.

195 同上。Л. 94.

196 РГАЭ. Ф. 4372. Оп. 34. Д. 182. Л. 1.

197 同上。Л. 28.

198 同上。Д. 181. Л. 35.

199 同上。

200 同上。

201 同上。Л. 36.

202 同上。

203 同上。Л. 41.

204 同上。Д. 182. Л. 34.

205 同上。Д. 181. Л. 9–11.

206 同上。Д. 183. Л. 4.

207 同上。Д. 183. Л. 7–9.

208 同上。Л. 23–24.

209 同上。Оп. 34. Д. 182. Л. 6–7.

210 Волжская ГЭС имени В.И. Ленина. Технический отчёт о проектировании и

строительстве Волжской ГЭС имени В.И. Ленина, 1950–1958 гг. В 2 т. Т. 1. Описание сооружений гидроузла / ред. Н.А. Малышев, Г.Л. Саруханов. М.-Л., 1963. С. 25.

211 ЦГАСО. Ф. Р–1664. Оп. 22. Д. 3. Л. 2.

212 同上。Л. 25–27.

213 同上。Л. 3–4.

214 同上。Л. 7.

215 同上。Л. 9.

216 同上。Л. 8, 14.

217 Великанов А.Л. Реалии великой реки // Экология и жизнь. 2000. № 1. С. 42.

218 История Гидропроекта. 1930–2000 / под ред. В.Д. Новоженина. М., 2000. С. 8.

219 Вечный двигатель. Волжско-Камский гидроэнергетический каскад: вчера, сегодня, завтра / под общ. ред. Р.М. Хазиахметова; авт.-сост. С.Г. Мельник. М., 2007. С. 19.

220 История Гидропроекта. 1930–2000 / под ред. В.Д. Новоженина. М., 2000. С. 8.

221 Вечный двигатель. Волжско-Камский гидроэнергетический каскад: вчера, сегодня, завтра / под общ. ред. Р.М. Хазиахметова; авт.-сост. С.Г. Мельник. М., 2007. С. 21.

222 Гвоздецкий В.Л., Симоненко О.Д. План ГОЭЛРО-пример созидательной деятельности новой власти // Наука и техника в первые десятилетия советской власти: социокультурное измерение (1917–1940) / Под ред. Е.Б. Музруковой. М., 2007. С. 68.

223 同上。

224 Ремесло окаянное. Очерки по истории уголовно-исполнительной системы Самарской области, 1894–2004. Т. 1. Самара, 2004. С. 122–123.

225 Беляков А.А. Внутренние водные пути России в правительственной политике конца XIX-начала XX века // Отечественная история. 1995. № 2. С. 162.

226 Годы и события. Хроника. Т. 2 (1921–2000) / сост. В.М. Гришина, К.А. Катренко, К.Ф. Нефёдова и др. Самара, 2000. С. 27, 31, 48, 54.

227 Хонин В.А. Проблемы индустриализации Среднего Поволжья. Москва-Самара, 1930. С. 16.

228 СОГАСПИ. Ф. 1141. Оп. 20. Д. 6 а. Л. 51.

229 Кузьмина Т.Н., Шарошкин Н.А. Индустриальное развитие Поволжья, 1928–июнь 1941 гг.: достижения, издержки, уроки. Пенза, 2005. С. 53.

230 Средняя Волга. Социально-экономический справочник / под общ. ред. С.Н. Крылова. М. Самара, 1934. С. 12.

231 同上。С. 13.

232 Кузьмина Т.Н., Шарошкин Н.А. Указ. соч. С. 531, 544.

233 同上。С. 537.

234 Богоявленский К.В. Волжская районная гидроэлектрическая станция. (К вопросу о Волгострое). Самара, 1928. С. 1.

235 同上。С. 2.

236 同上。С. 15–16.

237 同上。С. 14, 19.

238 同上。С. 21.

239 Чаплыгин А.В. Волгострой. Самара, 1930. С. 79.

240 РГАЭ. Ф. 4372. Оп. 28. Д. 456. Л. 26.

241 同上。Л. 25.

242 Чаплыгин А.В. Указ. соч. С. 107.

243 同上。С. 109.

244 同上。С. 111, 115.

245 РГАЭ. Ф. 4372. Оп. 28. Д. 456. Л. 25.

246 同上。Л. 21, 24–25.

247 同上。Оп. 29. Д. 678. Л. 60.

248 同上。Оп. 28. Д. 456. Л. 17.

249 同上。Оп. 31. Д. 212. Л. 30 об.

250 ГА РФ. Ф. Р–5446. Оп. 1. Д. 107. Л. 94.

251 可参阅 Сталин И.В. Об индустриализации страны и о правом уклоне в ВКП (б). Речь на пленуме ЦК ВКП (б) 19 ноября 1928 г. // Сочинения. Т. 11: 1928–март 1929. М., 1953. С. 247–252; Сталин И.В. О задачах хозяйственников. Речь на первой Всесоюзной конференции работников социалистической промышленности. 4 февраля 1931 г. // Сочинения. Т. 13: июль 1930–январь 1934. М., 1952. С. 38–39。

252 Осокина Е.А. За фасадом «сталинского изобилия»: распределение и рынок в снабжении населения в годы индустриализации, 1927–1941. М., 2008. С. 245.

253 ГА РФ. Ф. Р–9414. Оп. 1. Д. 1806. Л. 1.

254 Кокурин А.И., Петров Н.В. ГУЛАГ: структура и кадры // Свободная мысль. 1999. № 8. С. 119.

255 РГАЭ. Ф. 4372. Д. 456. Л. 18–26.

256 同上。Л. 20.

257 同上。Л. 19.

258 同上。Л. 18.

259 АРАН. Ф. 209. Оп. 1. Д. 42. Л. 17.

260 ГА РФ. Ф. Р–9414. Оп. 1 а. Д. 371. Л. 20.

261 25 лет Угличской и Рыбинской ГЭС: из опыта строительства и эксплуатации / под общ. ред. Н.А. Малышева и М.М. Мальцева. М.-Л., 1967. С. 102.

262 同上。 С. 103.

263 Система исправительно-трудовых лагерей в СССР: 1923–1960: справочник / сост. М.Б. Смирнов; под ред. Н.Г. Охотина, А.Б. Рогинского. М., 1998. С. 369.

264 Вечный двигатель. Волжско-Камский гидроэнергетический каскад: вчера, сегодня, завтра / под общ. ред. Р.М. Хазиахметова; авт.-сост. С.Г. Мельник. М., 2007. С. 53.

265 同上。

266 同上。С. 59.

267 Волжский и Камский каскады гидроэлектростанций / под общ. ред. Г.А. Руссо. М.-Л., 1960. С. 97.

268 РГАЭ. Ф. 4372. Оп. 16. Д. 246. Л. 8.

269 同上。 Л. 59.

270 Гидроэнергетика и комплексное использование водных ресурсов СССР / под общ. ред. П.С. Непорожнего. М., 1970. С. 24.

271 Решения партии и правительства по хозяйственным вопросам (1917–1967): сб. документов за 50 лет. В 5 т. Т. 2: 1929–1940 гг. / сост. К.У. Черненко, М.С. Смиртюков. М., 1967. С. 382–383.

272 Волжский и Камский каскады гидроэлектростанций / под общ. ред. Г.А. Руссо. М.-Л., 1960. С. 10; Система исправительно-трудовых лагерей в СССР: 1923–1960: справочник / сост. М.Б. Смирнов; под ред. Н.Г. Охотина, А.Б. Рогинского. М., 1998. С. 370.

273 АРАН. Ф. 174. Оп. 2. Д. 34. Л. 25. Оп. 2 б. Д. 39. л. 1. Оп. 2 б. Д. 39. л. 6.

274 Кржижановский Г.М. Проблема социалистической реконструкции и освоения Волго-Каспийского бассейна // Проблема Волго-Каспия: труды ноябрьской сессии 1933 г. Л., 1934. С. 6–7.

275 Управление по делам архивов мэрии городского округа Тольятти. Ф. Р–18. Оп. 1. Д. 17. Л. 11.

276 Филиал РГАНТД. Ф. Р–119. Оп. 2–4. Д. 411. Л. 2.

277 同上。Л. 3.

278 РГАЭ. Ф. 7854. Оп. 1. Д. 23. Л. 1.

279 同上。Д. 2. Л. 155.

280 История Гидропроекта. 1930–2000 / Под ред. В.Д. Новоженина. М., 2000. С. 44–45.

281 同上。С. 51, 61.

282 同上。С. 85.

283 同上。С. 90.

284 同上。С. 98.

285 同上。С. 129.

286 Гидроэнергетика и комплексное использование водных ресурсов СССР / под общ. ред. П.С. Непорожнего. М., 1970. С. 24.

287 Филиал РГАНТД. Ф. Р–119. Оп. 2–4. Д. 397. Л. 7, 9.

288 Лифанов И.А. Организация чаши водохранилищ. М., 1946. С. 76–77.

289 РГАЭ. Ф. 4372. Оп. 31. Д. 182. Л. 1–8. Д. 212. Л. 93–96.

290 Никулин И.А. «Экологическое наследие» ГУЛАГа // Политические репрессии в Ставрополе-на-Волге в 1920–1950-е годы: чтобы помнили... / сост. Н.А. Ялымов. Тольятти, 2005. С. 289.

291 Лифанов И.А. Организация чаши водохранилищ. М., 1946. С. 9.

292 ГА РФ. Ф. Р–9414. Оп. 1 а. Д. 371. Л. 25. Д. 500. Л. 36 об.

293 Система исправительно-трудовых лагерей в СССР: 1923–1960: справочник / сост. М.Б. Смирнов; под ред. Н.Г. Охотина, А.Б. Рогинского. М., 1998. С. 308.

294 Управление по делам архивов мэрии городского округа Тольятти. Ф. Р–18. Оп. 1. Д. 49. Л. 1–9.

295 Комзин И.В., Лукьянов И.В. Волжская ГЭС имени В.И. Ленина. Куйбышев, 1960.

С. 14–15.

296 同上。С. 16–17.

297 Филиал РГАНТД. Ф. Р–309. Оп. 1–1. Д. 193. Л. 6.

298 同上。Л. 6–7.

299 同上。Л. 7.

300 РГАЭ. Ф. 4372. Оп. 28. Д. 247. Л. 17 об.–18.

301 Филиал РГАНТД. Ф. Р–309. Оп. 1–1. Д. 193. Л. 12.

302 同上。

303 同上。Л. 9.

304 同上。

305 同上。Л. 10.

306 同上。Д. 82. Л. 37

307 同上。Д. 108. Л. 1 б.

308 同上。Д. 163. Л. 1а, 2, 6.

309 同上。Д. 150. Л. 75–76.

310 РГАЭ. Ф. 4372. Оп. 28. Д. 247. Л. 18.

311 ЦГАСО. Ф. Р–779. Оп. 2. Д. 72. Л. 320.

312 同上。

313 РГАЭ. Ф. 4372. Оп. 28. Д. 247. Л. 17 об.

314 同上。Оп. 29. Д. 346. Л. 118.

315 同上。Оп. 28. Д. 247. Л. 17 об., 22. Д. 346. Л. 118. Д. 678. Л. 10. Оп. 29. Д. 37. Л. 2. ЦГАСО. Ф. Р–779. Оп. 2. Д. 28. Л. 16 об.

316 РГАЭ. Ф. 4372. Оп. 29. Д. 37. Л. 1.

317 同上。Л. 1.

318 同上。Оп. 28. Д. 456. Л. 17.

319 同上。Л. 16.

320 同上。Л. 11–12.

321 同上。Л. 116.

322 同上。Л. 116 об.

323 同上。Л. 29–30.

324 同上。Оп. 31. Д. 831. Л. 93.

325 同上。Ф. 7854. Оп. 1. Д. 22. Л. 25.

326 АРАН. Ф. 174. Оп. 2. Д. 34. Л. 24.

327 可参阅 АРАН. Ф. 174. Оп. 2. Д. 34. Л. 25。

328 同上。

329 同上。Оп. 2 б. Д. 39. Л. 6.

330 同上。Оп. 2. Д. 34. Л. 26, 44. Д. 43. Л. 7.

331 同上。Д. 30. Л. 10.

332 同上。Л. 32 об.

333 同上。Л. 4–4 об.

334 同上。Д. 35. Л. 65.

335 同上。Д. 30. Л. 11 об.–12.

336 Асарин А.Е. Плюсы и минусы Рыбинского гидроузла. Опыт объективной оценки// Молога. Рыбинское водохранилище. История и современность: к 60-летию затопления Молого-Шекснинского междуречья и образования Рыбинского водохранилища: материалы науч. конф. / сост. Н.М. Алексеев. Рыбинск, 2003. С. 9–10.

337 Данилов А.Ю. Строительство ГЭС под Ярославлем в первой половине 1930-х гг. // Молога. Рыбинское водохранилище. История и современность: к 60-летию затопления Молого-Шекснинского междуречья и образования Рыбинского водохранилища: материалы науч. конф. / сост. Н.М. Алексеев. Рыбинск, 2003. С. 158.

338 Асарин А.Е. Указ. соч. С. 10.

339 同上。

340 Филиал РГАНТД. Ф. Р–119. Оп. 2–4. Д. 296. Л. 1.

341 РГАЭ. Ф. 4372. Оп. 34. Д. 192. Л. 28.

342 Филиал РГАНТД. Ф. Р–119. Оп. 2–4. Д. 296. Л. 1.

343 同上。 Д. 263. Л. 16 об., 31.

344 同上。 Д. 296. Л. 1–5.

345 Гальперин Р.С., Грибов К.А. Испытание сооружений Волгостроя в гидротехнической лаборатории в Медгоре // Волгострой. 1936. № 1. С. 36.

346 25 лет Угличской и Рыбинской ГЭС: из опыта строительства и эксплуатации / под общ. ред. Н.А. Малышева и М.М. Мальцева. М.-Л., 1967. С. 91–92.

347 РГАЭ. Ф. 4372. Оп. 34. Д. 201. Л. 53–64.

348 ГА РФ. Ф. Р–5446. Оп. 29. Д. 33. Л. 6.

349 Технический отчёт о проектировании и строительстве Волжской ГЭС имени В.И. Ленина, 1950–1958 гг. В 2 т. Т. 1. Описание сооружений гидроузла / ред. Н.А. Малышев, Г.Л. Саруханов. М.-Л., 1963. С. 24.

350 同上。 С. 25.

351 ЦГАСО. Ф. 56. Оп. 1. Д. 1233. Л. 40–42.

352 Технический отчёт о проектировании и строительстве Волжской ГЭС имени В.И. Ленина, 1950–1958 гг. В 2 т. Т. 1. Описание сооружений гидроузла / ред. Н.А. Малышев, Г.Л. Саруханов. М.-Л., 1963. С. 25.

353 同上。

354 同上。

355 同上。 С. 26.

356 ГА РФ. Ф. Р–5446. Оп. 1. Д. 142. Л. 8.

357 Технический отчёт о проектировании и строительстве Волжской ГЭС имени В.И. Ленина, 1950–1958 гг. В 2 т. Т. 1. Описание сооружений гидроузла / ред. Н.А. Малышев, Г.Л. Саруханов. М.-Л., 1963. С. 26–27.

358 ГА РФ. Ф. Р–5446. Оп. 1. Д. 518. Л. 212–213.

359 Технический отчёт о проектировании и строительстве Волжской ГЭС имени В.И. Ленина, 1950–1958 гг. В 2 т. Т. 1. Описание сооружений гидроузла / ред. Н.А. Малышев, Г.Л. Саруханов. М.-Л., 1963. С. 27.

360 ГА РФ. Ф. Р–5446. Оп. 24 а. Д. 6. Л. 97–99.

361 Технический отчёт о проектировании и строительстве Волжской ГЭС имени В.И. Ленина, 1950–1958 гг. В 2 т. Т. 1. Описание сооружений гидроузла / ред. Н.А. Малышев, Г.Л. Саруханов. М.-Л., 1963. С. 27.

362 Заключённые на стройках коммунизма. ГУЛАГ и объекты энергетики в СССР: собрание документов и фотографий / отв. ред. О.В. Хлевнюк. М., 2008. С. 54–55.

363 Филиал РГАНТД. Ф. Р–119. Оп. 1–4. Д. 8. Л. 6.

364 同上。

365 ГА РФ. Ф. Р–9401. Оп. 12. Д. 313. Т. 3. Л. 257–257 об.

366 Филиал РГАНТД. Ф. Р–119. Оп. 1–4. Д. 8. Л. 6 об.

367 同上。 Л. 6–17.

368 同上。 Л. 5.

369 同上。Д. 436. Л. 6 об.–7.

370 同上。Д. 7. Л. 12 об. Д. 10. Л. 3 об.

371 同上。Д. 425. Л. 12–12 об.

372 同上。Д. 11. Л. 40–41.

373 同上。Д. 436. Л. 12.

374 同上。Л. 16.

375 ГА РФ. Ф. Р–5446. Оп. 51 а. Д. 3759. Л. 52–53. Ф. Р–9401. Оп. 12. Д. 167. Т. 1. Л. 116.

376 同上。Ф. Р–9401. Оп. 12. Д. 167. Т. 1. Л. 117.

377 同上。Л. 103, 119.

378 同上。Ф. Р–5446. Оп. 81 б. Д. 6524. Л. 9.

379 Технический отчёт о проектировании и строительстве Волжской ГЭС имени В.И. Ленина, 1950–1958 гг. В 2 т. Т. 1. Описание сооружений гидроузла / ред. Н.А. Малышев, Г.Л. Саруханов. М.-Л., 1963. С. 28.

380 Филиал РГАНТД. Ф. Р–109. Оп. 5–4. Д. 657. Л. 4.

381 Технический отчёт о проектировании и строительстве Волжской ГЭС имени В.И. Ленина, 1950–1958 гг. В 2 т. Т. 1. Описание сооружений гидроузла / ред. Н.А. Малышев, Г.Л. Саруханов. М.-Л., 1963. С. 29.

382 同上。С. 31.

383 История Гидропроекта. 1930–2000 / под ред. В.Д. Новоженина. М., 2000. С. 104.

384 Технический отчёт о проектировании и строительстве Волжской ГЭС имени В.И. Ленина, 1950–1958 гг. В 2 т. Т. 1. Описание сооружений гидроузла / ред. Н.А. Малышев, Г.Л. Саруханов. М.-Л., 1963. С. 31.

385 同上。С. 32.

386 Технический отчёт о проектировании и строительстве Волжской ГЭС имени XXII съезда КПСС, 1950–1961 гг. В 2 т. Т. 1. Основные сооружения гидроузла / ред. А.В. Михайлов. М.-Л., 1965. С. 23.

387 同上。С. 22.

388 РГАЭ. Ф. 339. Оп. 1. Д. 1516. Л. 59.

389 Технический отчёт о проектировании и строительстве Волжской ГЭС имени В.И. Ленина, 1950–1958 гг. В 2 т. Т. 1. Описание сооружений гидроузла / ред. Н.А. Малышев, Г.Л. Саруханов. М.-Л., 1963. С. 368–399; Технический отчёт

о проектировании и строительстве Волжской ГЭС имени XXII съезда КПСС, 1950–1961 гг. В 2 т. Т. 1. Основные сооружения гидроузла / ред. А.В. Михайлов. М.-Л., 1965. С. 473–500.

390 同上。

391 同上。 С. 150–151.

392 同上。 С. 141–143.

393 Чебоксарская ГЭС на реке Волга. Технический отчёт о проектировании, строительстве и первом периоде эксплуатации. В 2 т. Т. 2. М., 1988. С. 153.

394 Чебоксарская ГЭС на реке Волга. Технический отчёт о проектировании, строительстве и первом периоде эксплуатации. В 2 т. Т. 1. М., 1988. С. 37.

395 Волжский и Камский каскады гидроэлектростанций / под общ. ред. Г.А. Руссо. М.-Л., 1960. С. 219–220.

396 同上。 С. 219.

397 История Гидропроекта. 1930–2000 / под ред. В.Д. Новоженина. М., 2000. С. 296.

398 ГА РФ. Ф. Р–5446. Оп. 1. Д. 107. Л. 94–96.

399 同上。 Ф. Р–9401. Оп. 1 а. Д. 7. Л. 97.

400 Данилов А.Ю. Строительство ГЭС под Ярославлем в первой половине 1930-х гг // Молога. Рыбинское водохранилище. История и современность: к 60-летию затопленияМолого-Шекснинского междуречья и образования Рыбинского водохранилища: материалы науч. конф. / сост. Н.М. Алексеев. Рыбинск, 2003. С. 159.

401 ГА РФ. Ф. Р–5446. Оп. 29. Д. 36. Л. 18.

402 25 лет Угличской и Рыбинской ГЭС: из опыта строительства и эксплуатации / под общ. ред. Н.А. Малышева и М.М. Мальцева. М.-Л., 1967. С. 17–18.

403 Система исправительно-трудовых лагерей в СССР: 1923–1960: справочник / сост. М.Б. Смирнов; под ред. Н.Г. Охотина, А.Б. Рогинского. М., 1998. С. 107.

404 同上。 С. 191.

405 同上。

406 25 лет Угличской и Рыбинской ГЭС: из опыта строительства и эксплуатации / под общ. ред. Н.А. Малышева и М.М. Мальцева. М.-Л., 1967. С. 17–18; ГА РФ. Ф. Р–9401. Оп. 1 а. Д. 7. Л. 97.

407 25 лет Угличской и Рыбинской ГЭС: из опыта строительства и эксплуатации / под

общ. ред. Н.А. Малышева и М.М. Мальцева. М.-Л., 1967. С. 88–89.

408 ГА РФ. Ф. Р–9414. Оп. 1 а. Д. 852. Л. 7–8.

409 同上。

410 同上。 С. 18.

411 Филиал РГАНТД. Ф. Р–119. Оп. 2–4. Д. 397. Л. 11.

412 同上。 Л. 8.

413 ГА РФ. Ф. Р–9414. Оп. 4. Д. 2. Л. 112.

414 Филиал РГАНТД. Ф. Р–119. Оп. 2–4. Д. 296. Л. 1; РГАЭ. Ф. 4372. Оп. 34. Д. 201. Л. 74.

415 ГА РФ. Ф. Р–9414. Оп. 4. Д. 111. Л. 45.

416 同上。 Д. 45. Л. 58.

417 25 лет Угличской и Рыбинской ГЭС: из опыта строительства и эксплуатации / под общ. ред. Н.А. Малышева и М.М. Мальцева. М.-Л., 1967. С. 88.

418 ГА РФ. Ф. Р–9414. Оп 1 а. Д. 961. Л. 8.

419 同上。 Л. 8, 18.

420 同上。 Оп. 4. Д. 4. Л. 26.

421 同上。 Д. 15. Л. 65.

422 同上。 Л. 66.

423 同上。 Л. 69.

424 同上。 Л. 99.

425 同上。 Оп. 4. Д. 16. Л. 157.

426 同上。 Л. 148.

427 同上。 Д. 111. Л. 52–53.

428 同上。 Д. 41. Л. 20.

429 同上。 Д. 19. Л. 25, 30.

430 同上。 Д. 38. Л. 43.

431 同上。 Оп 1 а. Д. 961. Л. 8.

432 同上。 Оп. 4. Д. 19. Л. 17.

433 同上。 Д. 38. Л. 38.

434 同上。 Л. 39.

435 同上。 Д. 19. Л. 24. Оп. 1. Д. 1140. Л. 6, 47, 86, 88 а, 116, 123, 173, 235.

436 РГАЭ. Ф. 7854. Оп. 2. Д. 383. Л. 2; ГА РФ. Ф. Р–9414. Оп 1 а. Д. 457. Л. 2, 6, 10,

14, 18, 22, 26, 30, 34, 38, 42, 46.

437 ГА РФ. Ф. Р–9414. Оп. 4. Д. 45. Л. 23.

438 同上。Д. 19. Л. 86.

439 同上。Л. 7.

440 РГАЭ. Ф. 7854. Оп. 2. Д. 383. Л. 4.

441 РГАЭ. Ф. 7854. Оп. 2. Д. 383. Л. 4.

442 同上。Д. 38. Л. 40. Д. 111. Л. 23.

443 Городецкая О.А. Великая стройка Угличского гидроузла и маленький человек// Верхневолжье: судьба реки и судьбы людей. Труды I Мышкинской регион. экологич. конф. Вып. 1 / ред. В.А. Гречухин. Мышкин, 2001. С. 39–40.

444 Ленгвенс Л.Ф. Старт промышленного Углича. Углич, 2001. С. 45–46.

445 25 лет Угличской и Рыбинской ГЭС: из опыта строительства и эксплуатации / под общ. ред. Н.А. Малышева и М.М. Мальцева. М.-Л., 1967. С. 89.

446 同上。

447 ГА РФ. Ф. Р–9414. Оп 4. Д. 15. Л. 71.

448 同上。Д. 19. Л. 32.

449 同上。Д. 38. Л. 43.

450 25 лет Угличской и Рыбинской ГЭС: из опыта строительства и эксплуатации / под общ. ред. Н.А. Малышева и М.М. Мальцева. М.-Л., 1967. С. 96.

451 ГА РФ. Ф. Р–9414. Оп 4. Д. 38. Л. 44.

452 同上。Л. 19.

453 同上。Л. 21.

454 同上。Д. 19. Л. 3. Д. 38. Л. 7–8.

455 同上。Д. 4. Л. 128. Д. 38. Л. 93.

456 СОГАСПИ. Ф. 888. Оп. 1. Д. 6. Л. 1–2.

457 ГА РФ. Ф. Р–9414. Оп. 4. Д. 45. Л. 246.

458 同上。Д. 15. Л. 29.

459 同上。Л. 44.

460 Филиал РГАНТД. Ф. Р–119. Оп. 2–4. Д. 397. Л. 10; 25 лет Угличской и Рыбинской ГЭС: из опыта строительства и эксплуатации / под общ. ред. Н.А. Малышева и М.М. Мальцева. М.-Л., 1967. С. 102.

461 РГАЭ. Ф. 7854. Оп. 2. Д. 383. Л. 5.

462 同上。 Д. 453. Л. 4.

463 ГА РФ. Ф. Р–9414. Оп 4. Д. 38. Л. 35.

464 同上。 Ф. Р–5446. Оп. 51 а. Д. 3759. Л. 52–53.

465 同上。 Ф. Р–9401. Оп. 12. Д. 167. Т. 1. Л. 95; Система исправительно-трудовых лагерей в СССР: 1923–1960: справочник / сост. М.Б. Смирнов; под ред. Н.Г. Охотина, А.Б. Рогинского. М., 1998. С. 107.

466 Волжская ГЭС имени В. И. Ленина (1950–1958 гг.): документы и материалы / сост. А.Д. Фадеев, А.П. Яковлева; под ред. Н.С. Черных. Куйбышев, 1963. С. 15–16; Система исправительно-трудовых лагерей в СССР: 1923–1960: справочник / сост. М.Б. Смирнов; под ред. Н.Г. Охотина, А.Б. Рогинского. М., 1998. С. 124.

467 О строительстве Сталинградской гидроэлектростанции на реке Волге // Гидротехническое строительство. 1950. № 9. С. 2.

468 Система исправительно-трудовых лагерей в СССР: 1923–1960: справочник / сост. М.Б. Смирнов; под ред. Н.Г. Охотина, А.Б. Рогинского. М., 1998. С. 124–125.

469 同上。

470 РГАЭ. Ф. 7854. Оп. 2. Д. 384. Л. 3.

471 Управление по делам архивов мэрии городского округа Тольятти. Ф. Р–18. Оп. 1. Д. 8. Л. 1.

472 同上。

473 Технический отчёт о проектировании и строительстве Волжской ГЭС имени В.И. Ленина, 1950–1958 гг. В 2 т. Т. 2. Организация и производство строительно-монтажных работ / ред. Н.В. Разин, А.В. Арнгольд, Н.Л. Тригер. М.-Л., 1963. С. 185, 188, 226, 240, 263.

474 Управление по делам архивов мэрии городского округа Тольятти. Ф. Р–18. Оп. 1. Д. 144. Л. 1. Д. 219. Л. 1; Технический отчёт о проектировании и строительстве Волжской ГЭС имени В.И. Ленина, 1950–1958 гг. В 2 т. Т. 2. Организация и производство строительно-монтажных работ / ред. Н.В. Разин, А.В. Арнгольд, Н.Л. Тригер. М.-Л., 1963. С. 120.

475 Управление по делам архивов мэрии городского округа Тольятти. Ф. Р–18. Оп. 1. Д. 162. Л. 68.

476 同上。 Д. 144. Л. 1.

477 同上。

478 同上。Д. 483. Л. 1.

479 Технический отчёт о проектировании и строительстве Волжской ГЭС имени В.И. Ленина, 1950–1958 гг. В 2 т. Т. 2. Организация и производство строительно-монтажных работ / ред. Н.В. Разин, А.В. Арнгольд, Н.Л. Тригер. М.-Л., 1963. С. 128.

480 Управление по делам архивов мэрии городского округа Тольятти. Ф. Р–18. Оп. 1. Д. 84. Л. 297–306.

481 同上。Л. 302.

482 Технический отчёт о проектировании и строительстве Волжской ГЭС имени XXII съезда КПСС, 1950–1961 гг. В 2 т. Т. 2. Организация и производство строительно-монтажных работ / ред. А.Я. Кузнецов. М.-Л., 1966. С. 26–27.

483 Филиал РГАНТД. Ф. Р–109. Оп. 8–4. Д. 425. Л. 3.

484 同上。Л. 3, 5.

485 同上。Л. 13, 15–16.

486 同上。Оп. 2–4. Д. 1. Л. 21 об.

487 同上。Оп. 4–4. Д. 2. Л. 14.

488 同上；Технический отчёт о проектировании и строительстве Волжской ГЭС имени В.И. Ленина, 1950–1958 гг. В 2 т. Т. 2. Организация и производство строительно-монтажных работ / ред. Н.В. Разин, А.В. Арнгольд, Н.Л. Тригер. М.-Л., 1963. С. 125.

489 СОГАСПИ. Ф. 6567. Оп. 1. Д. 1. Л. 40 об.

490 Технический отчёт о проектировании и строительстве Волжской ГЭС имени В.И. Ленина, 1950–1958 гг. В 2 т. Т. 2. Организация и производство строительно-монтажных работ / ред. Н.В. Разин, А.В. Арнгольд, Н.Л. Тригер. М.-Л., 1963. С. 126.

491 Волжская ГЭС имени В.И. Ленина (1950–1958 гг.): документы и материалы / сост. А.Д. Фадеев, А.П. Яковлева; под ред. Н.С. Черных. Куйбышев, 1963. С. 82.

492 Управление по делам архивов мэрии городского округа Тольятти. Ф. Р–18. Оп. 1. Д. 501. Л. 27.

493 同上。Д. 49. Л. 1–9.

494 同上。Л. 1, 5, 7.

495 СОГАСПИ. Ф. 6567. Оп. 1. Д. 1. Л. 10 об.–11.

496 同上。Л. 11.

497 ГА РФ. Р–5446. Оп. 87. Д. 1232. Л. 23.

498 Управление по делам архивов мэрии городского округа Тольятти. Ф. Р–18. Оп. 1. Д. 283. Л. 22–23 .

499 同上。Л. 23.

500 同上。

501 同上。Л. 24.

502 同上。Л. 94.

503 同上。Д. 175. Л. 2–3.

504 可参阅 Управление по делам архивов мэрии городского округа Тольятти. Ф. Р–18. Оп. 1. Д. 11. Л. 18, 54–55. Д. 162. Л. 7。

505 同上。Д. 31. Л. 119.

506 同上。

507 同上。Д. 162. Л. 75.

508 同上。Д. 501. Л. 27.

509 同上。Д. 415 а. Л. 63.

510 СОГАСПИ. Ф. 6567. Оп. 1. Д. 34. Л. 9; Управление по делам архивов мэрии городского округа Тольятти. Ф. Р–18. Оп. 1. Д. 162. Л. 9.

511 Управление по делам архивов мэрии городского округа Тольятти. Ф. Р–18. Оп. 1. Д. 240. Л. 53.

512 同上。Д. 31. Л. 141.

513 同上。Д. 127. Л. 87.

514 同上。Д. 79. Л. 160.

515 同上。Д. 415 а. Л. 62.

516 同上。Д. 29. Л. 5–7. Д. 31. Л. 146.

517 同上。Д. 240. Л. 52.

518 同上。Д. 31. Л. 119 об.

519 同上。Д. 127. Л. 87.

520 同上。Д. 162. Л. 32.

521 同上。Д. 240. Л. 20.

522 Технический отчёт о проектировании и строительстве Волжской ГЭС имени В.И. Ленина, 1950–1958 гг. В 2 т. Т. 2. Организация и производство строительно-

монтажных работ / ред. Н.В. Разин, А.В. Аргнгольд, Н.Л. Тригер. М.-Л., 1963. С. 64.

523 Вечный двигатель. Волжско-Камский гидроэнергетический каскад: вчера, сегодня, завтра / под общ. ред. Р.М. Хазиахметова. М., 2007. С. 142.

524 Управление по делам архивов мэрии городского округа Тольятти. Ф. Р–18. Оп. 1. Д. 316. Л. 23, 25.

525 同上。Л. 25.

526 РГАЭ. Ф. 9572. Оп. 1. Д. 168. Л. 6, 8, 10, 13–14.

527 Управление по делам архивов мэрии городского округа Тольятти. Ф. Р–18. Оп. 1. Д. 10. Л. 2–5, 6.

528 同上。Д. 249. Л. 5.

529 同上。Д. 315. Л. 4.

530 同上。Д. 29. Л. 19.

531 同上。Л. 17–18.

532 Технический отчёт о проектировании и строительстве Волжской ГЭС имени В.И. Ленина, 1950–1958 гг. В 2 т. Т. 2. Организация и производство строительно-монтажных работ / ред. Н.В. Разин, А.В. Аргнгольд, Н.Л. Тригер. М.-Л., 1963. С. 124.

533 同上。

534 同上。

535 Волжская ГЭС имени В.И. Ленина (1950–1958 гг.): документы и материалы / сост. А.Д. Фадеев, А.П. Яковлева; под ред. Н.С. Черных. Куйбышев, 1963. С. 9.

536 Чебоксарская ГЭС на реке Волга. Технический отчёт о проектировании, строительстве и первом периоде эксплуатации. В 2 т. Т. 2. М., 1988. С. 157.

537 同上。С. 157–158.

538 同上。С. 198.

539 同上。С. 159.

540 同上。С. 161.

541 同上。С. 182.

542 同上。С. 183.

543 Подсчитано по: Народное хозяйство СССР, 1922–1982: юбил. стат. ежегодник / ЦСУ при Совете Министров СССР. М., 1982. С. 86.

544 История Гидропроекта. 1930–2000 / под ред. В.Д. Новоженина. М., 2000. С. 369.

545 ГА РФ. Ф. Р–5446. Оп. 81 б. Д. 6512. Л. 117; Заключённые на стройках коммунизма. ГУЛАГ и объекты энергетики в СССР: собрание документов и фотографий / отв. ред. О.В. Хлевнюк. М., 2008. С. 18.

546 Заключённые на стройках коммунизма. ГУЛАГ и объекты энергетики в СССР: собрание документов и фотографий / отв. ред. О.В. Хлевнюк. М., 2008. С. 214.

547 同上。

548 同上。

549 Кокурин А.И., Петров Н.В. ГУЛАГ: структура и кадры // Свободная мысль. 1999. № 8. С. 116–117.

550 Бородкин Л.И., С. Эртц. Никель в Заполярье: труд заключённых Норильлага // ГУЛАГ: экономика принудительного труда / под ред. Л.И. Бородкина, П. Грегори, О.В. Хлевнюка. М., 2005. С. 208.

551 ГА РФ. Ф. Р–9414. Оп. 1. Д. 1139. Л. 1.

552 Сталинские стройки ГУЛАГа. 1930–1953 / ред. А.Н. Яковлев; сост. А.И. Кокурин, Ю.Н. Моруков.– М., 2005. С. 66.

553 ГУЛАГ (Главное управление лагерей). 1918–1960 / ред. А.Н. Яковлев; сост. А.И. Кокурин, Н.В. Петров. М., 2002. С. 68–69.

554 История Сталинского ГУЛАГа. Конец 1920-х-первая половина 1950-х годов: собрание документов в 7 т. Т. 3: экономика ГУЛАГа / отв. сост., ред., введ., коммент., указатели О.В. Хлевнюка. М., 2004. С. 79.

555 Сталинские стройки ГУЛАГа. 1930–1953 / ред. А.Н. Яковлев; сост. А.И. Кокурин, Ю.Н. Моруков. М. С. 68.

556 同上。 С. 71.

557 ГА РФ. Ф. Р–5446. Оп. 1. Д. 134. Л. 161.

558 Кокурин А.И., Петров Н.В. ГУЛАГ: структура и кадры // Свободная мысль. 1999. № 11. С. 114.

559 Кокурин А.И., Петров Н.В. ГУЛАГ: структура и кадры // Свободная мысль. 1999. № 12. С. 108.

560 Кокурин А.И., Петров Н.В. ГУЛАГ: структура и кадры // Свободная мысль. 1999. № 11. С. 116, 125; Сталинские стройки ГУЛАГа. 1930–1953 / ред. А.Н. Яковлев; сост. А.И. Кокурин, Ю.Н. Моруков. М., 2005. С. 69.

561 Кокурин А.И., Петров Н.В. ГУЛАГ: структура и кадры // Свободная мысль. 1999. № 11. С. 115.

562 Буланов М.И. Канал Москва-Волга: хроника Волжского района гидросооружений. Дубна, 2007. С. 138.

563 Сталинские стройки ГУЛАГа. 1930–1953 / ред. А.Н. Яковлев; сост. А.И. Кокурин, Ю.Н. Моруков. М., 2005. С. 67.

564 Кокурин А.И., Петров Н.В. ГУЛАГ: структура и кадры // Свободная мысль. 1999. № 12. С. 103.

565 Сталинские стройки ГУЛАГа. 1930–1953 / ред. А.Н. Яковлев; сост. А.И. Кокурин, Ю.Н. Моруков. М., 2005. С. 67.

566 同上。С. 68.

567 История Сталинского ГУЛАГа. Конец 1920-х-первая половина 1950-х годов: собрание документов в 7 т. Т. 3: экономика ГУЛАГа / отв. сост., ред., введ., коммент., указатели О.В. Хлевнюк. М., 2004. С. 420.

568 同上。С. 421–422.

569 Кокурин А.И., Петров Н.В. ГУЛАГ: структура и кадры // Свободная мысль. 2000. № 1. С. 108.

570 Кокурин А.И., Петров Н.В. ГУЛАГ: структура и кадры // Свободная мысль. 2000. № 2. С. 113–115.

571 Кокурин А.И., Петров Н.В. ГУЛАГ: структура и кадры // Свободная мысль. 1999. № 12. С. 102–103.

572 ГА РФ. Ф. Р–9401. Оп. 1 а. Д. 7. Л. 97.

573 Система исправительно-трудовых лагерей в СССР: 1923–1960: справочник / сост. М.Б. Смирнов; под ред. Н.Г. Охотина, А.Б. Рогинского. М., 1998. С. 369.

574 同上。С. 191, 234, 369.

575 同上。С. 369.

576 ГА РФ. Ф. Р–9414. Оп. 1 а. Д. 371. Л. 20. Д. 500. Л. 36 об.

577 同上。Оп. 1. Д. 1155. Л. 13. Оп. 4. Д. 19. Л. 17.

578 同上。Оп. 4. Д. 19. Л. 18.

579 同上。Д. 38. Л. 36–37.

580 同上。Д. 16. Л. 151.

581 同上。D. 14. L. 74.

582 同上。 Д. 112. Л. 73–74.

583 同上。 111. Л. 112.

584 同上。 Л. 113.

585 同上。 Д. 19. Л. 25.

586 同上。Д. 19. Л. 25.

587 同上。Д. 19. Л. 25.

588 同上。Д. 14. Л. 20.

589 同上。 Л. 20–21.

590 同上。Д. 16. Л. 78.

591 Заключённые на стройках коммунизма. ГУЛАГ и объекты энергетики в СССР: собрание документов и фотографий / отв. ред. О.В. Хлевнюк. М., 2008. С. 192.

592 同上。 С. 193.

593 Иванова Г.М. История ГУЛАГа. 1918–1958: социально-экономический и политико-правовой аспекты. М., 2006. С. 239–240.

594 Заключённые на стройках коммунизма. ГУЛАГ и объекты энергетики в СССР: собрание документов и фотографий / отв. ред. О.В. Хлевнюк. М., 2008. С. 283.

595 同上。 Д. 111. Л. 41.

596 Заключённые на стройках коммунизма. ГУЛАГ и объекты энергетики в СССР: собрание документов и фотографий / отв. ред. О.В. Хлевнюк. М., 2008. С. 283.

597 同上。

598 ГА РФ. Ф. Р–9414. Оп. 4. Д. 15. Л. 141.

599 Заключённые на стройках коммунизма. ГУЛАГ и объекты энергетики в СССР: собрание документов и фотографий / отв. ред. О.В. Хлевнюк. М., 2008. С. 289.

600 Бородкин Л.И., Эртц С. Никель в Заполярье: труд заключённых Норильлага // ГУЛАГ: экономика принудительного труда / под ред. Л.И. Бородкина, П. Грегори, О.В. Хлевнюка. М., 2005. С. 225.

601 Даниловский И.К. Стахановское движение на Волгострое // Волгострой. 1936. № 2–3. С. 57.

602 同上。 С. 58.

603 同上。

604 Заключённые на стройках коммунизма. ГУЛАГ и объекты энергетики в СССР: собрание документов и фотографий / отв. ред. О.В. Хлевнюк. М., 2008. С. 179.

605 ГА РФ. Ф. Р–9414. Оп 4. Д. 15. Л. 43.

606 同上。Д. 45. Л. 56.

607 Заключённые на стройках коммунизма. ГУЛАГ и объекты энергетики в СССР: собрание документов и фотографий / отв. ред. О.В. Хлевнюк. М., 2008. С. 194.

608 Заключённые на стройках коммунизма. ГУЛАГ и объекты энергетики в СССР: собрание документов и фотографий / отв. ред. О.В. Хлевнюк. М., 2008. С. 194.

609 Система исправительно-трудовых лагерей в СССР: 1923–1960: справочник / сост. М.Б. Смирнов; под ред. Н.Г. Охотина, А.Б. Рогинского. М., 1998. С. 370; ЦГАСО. Ф. 56. Оп. 1. Д. 1233. Л. 40.

610 Ремесло окаянное. Очерки по истории уголовно-исполнительной системы Самарской области, 1894–2004. Т. 1. Самара, 2004. С. 126.

611 Система исправительно-трудовых лагерей в СССР: 1923–1960: справочник / сост. М.Б. Смирнов; под ред. Н.Г. Охотина, А.Б. Рогинского. М., 1998. С. 370.

612 СОГАСПИ. Ф. 888. Оп. 1. Д. 14. Л. 86.

613 Заключённые на стройках коммунизма. ГУЛАГ и объекты энергетики в СССР: собрание документов и фотографий / отв. ред. О.В. Хлевнюк. М., 2008. С. 182.

614 同上。С. 185.

615 ЦГАСО. Ф. Р–1664. Оп. 14. Д. 1. Л. 115–116.

616 同上。Оп. 20. Д. 3. Л. 20–24.

617 同上。Оп. 29. Д. 1. Л. 25.

618 同上。Д. 8. Л. 45–46, 59.

619 同上。Л. 9.

620 同上。Оп. 20. Д. 3. Л. 69–70.

621 同上。Оп. 29. Д. 8. Л. 19.

622 同上。Л. 20, 79.

623 Ремесло окаянное. Очерки по истории уголовно-исполнительной системы Самарской области, 1894–2004. Т. 1. Самара, 2004. С. 129.

624 СОГАСПИ. Ф. 888. Оп. 1. Д. 14. Л. 11.

625 同上。

626 同上。Д. 29. Л. 167.

627 同上。Л. 212.

628 同上。Д. 12. Л. 40.

629 同上。Д. 17. Л. 61–62.

630 Система исправительно-трудовых лагерей в СССР: 1923–1960: справочник / сост. М.Б. Смирнов; под ред. Н.Г. Охотина, А.Б. Рогинского. М., 1998. С. 370.

631 同上。С. 308.

632 ГА РФ. Ф. Р–9414. Оп. 1. Д. 495. Л. 36; Токмаков В.А. Письмо директора музея истории Главного управления федеральной службы исполнения наказаний России по Самарской области В.А. Токмакова от 15.07.2004 г. Е.А. Бурдину. С. 4.

633 ГА РФ. Ф. Р–9414. Оп. 1. Д. 495. Л. 36; Система исправительно-трудовых лагерей в СССР: 1923–1960: справочник / сост. М.Б. Смирнов; под ред. Н.Г. Охотина, А.Б. Рогинского. М., 1998. С. 308.

634 Система исправительно-трудовых лагерей в СССР: 1923–1960: справочник / сост. М.Б. Смирнов; под ред. Н.Г. Охотина, А.Б. Рогинского. М., 1998. С. 308.

635 ГА РФ. Ф. Р–9414. Оп. 1. Д. 1413. Л. 12.

636 Система исправительно-трудовых лагерей в СССР: 1923–1960: справочник / сост. М.Б. Смирнов; под ред. Н.Г. Охотина, А.Б. Рогинского. М., 1998. С. 150.

637 ГА РФ. Ф. Р–9414. Оп. 1. Д. 1413. Л. 12, 18. Д. 1418. Л. 13, 29.

638 СОГАСПИ. Ф. 7717. Оп. 1. Д. 1. Л. 27–28.

639 同上。Л. 13.

640 Управление по делам архивов мэрии городского округа Тольятти. Ф. Р–18. Оп. 1. Д. 241. Л. 23.

641 ГА РФ. Ф. Р–9414. Оп. 1. Д. 495. Л. 36.

642 同上。Ф. Р–9401. Оп. 1. Д. 3821. Л. 191.

643 СОГАСПИ. Ф. 7717. Оп. 1. Д. 1. Л. 23.

644 同上。

645 同上。Д. 10. Л. 214.

646 同上。Ф. 6567. Оп. 1. Д. 34. Л. 59.

647 同上。Ф. 7717. Оп. 1. Д. 10. Л. 214.

648 Соколов А.К. Принуждение к труду в советской экономике: 1930-е-середина 1950-х гг. // ГУЛАГ: экономика принудительного труда / под ред. Л.И. Бородкина, П. Грегори, О.В. Хлевнюка. М., 2005. С. 63.

649 ГА РФ. Ф. Р–9414. Оп. 1. Д. 457. Л. 23–32.

650 同上。Л. 23–24.

651 同上。Л. 78.

652 同上。Л. 26, 49.

653 同上。Л. 123.

654 СОГАСПИ. Ф. 7717. Оп. 1. Д. 1. Л. 24.

655 同上。Л. 23.

656 ГА РФ. Ф. Р–9414. Оп. 1. Д. 495. Л. 76.

657 同上。Л. 86.

658 СОГАСПИ. Ф. 7717. Оп. 1. Д. 1. Л. 39.

659 ГА РФ. Ф. Р–9414. Оп. 1. Д. 495. Л. 26.

660 Управление по делам архивов мэрии городского округа Тольятти. Ф. Р–18. Оп. 1. Д. 249. Л. 6.

661 同上。Д. 457. Л. 124.

662 同上。Д. 565. Л. 91.

663 СОГАСПИ. Ф. 7117. Оп. 1. Д. 1. Л. 14–15.

664 同上。Л. 26.

665 同上。Д. 10. Л. 15.

666 同上。Оп. 5. Д. 1. Л. 14.

667 ГА РФ. Ф. Р–9114. Оп. 1. Д. 457. Л. 124.

668 同上。Ф. Р–9401. Оп. 1 а. Д. 342. Л. 174–175.

669 СОГАСПИ. Ф. 6567. Оп. 1. Д. 34. Л. 10.

670 Бородкин Л.И., Эртц С. Никель в Заполярье: труд заключённых Норильлага // ГУЛАГ: экономика принудительного труда / под ред. Л.И. Бородкина, П. Грегори, О.В. Хлевнюка. М., 2005. С. 232.

671 ГА РФ. Ф. Р–9401. Оп. 1. Д. 3821. Л. 191.

672 同上; Соколов А.К. Принуждение к труду в советской экономике: 1930-е-середина 1950-х гг. // ГУЛАГ: экономика принудительного труда / под ред. Л.И. Бородкина, П. Грегори, О.В. Хлевнюка. М., 2005. С. 64.

673 Управление по делам архивов мэрии городского округа Тольятти. Ф. Р–18. Оп. 1. Д. 240. Л. 48.

674 СОГАСПИ. Ф. 7117. Оп. 1. Д. 1. Л. 62.

675 同上。Оп. 5. Д. 1. Л. 17.

676 ГА РФ. Ф. Р–9114. Оп. 1. Д. 457. Л. 90.

677 СОГАСПИ. Ф. 7117. Оп. 5. Д. 1. Л. 16.

678 同上。 Л. 19.

679 ГА РФ. Ф. Р–9114. Оп. 1. Д. 457. Л. 170.

680 СОГАСПИ. Ф. 7117. Оп. 1. Д. 10. Л. 146–151.

681 同上。 Л. 147.

682 同上。 Л. 148–149.

683 同上。 Л. 149.

684 ГА РФ. Ф. Р–9114. Оп. 1. Д. 1335. Л. 55.

685 同上。 Д. 1135. Л. 55. Д. 1354. Л. 54.

686 РГАЭ. Ф. 4372. Оп. 31. Д. 842. Л. 18–18 об.

687 同上。 Л. 18 об.

688 同上。 Л. 8.

689 Буланов М.И. Канал Москва-Волга: хроника Волжского района гидросооружений. Дубна, 2007. С. 43; Филиал РГАНТД. Ф. Р–119. Оп. 2–4. Д. 296. Л. 5.

690 Буланов М.И. Указ. соч. С. 21

691 同上。 С. 32.

692 同上。 С. 33–34.

693 Журавлёва А.В. История строительства канала «Москва-Волга» и Иваньковского водохранилища // Молога. Рыбинское водохранилище. История и современность: к 60-летию затопления Молого-Шекснинского междуречья и образования Рыбинского водохранилища: материалы науч. конф. / сост. Н.М. Алексеев. Рыбинск, 2003. С. 153.

694 Буланов М.И. Указ. соч. С. 43.

695 同上。 С. 44.

696 Барковский В.С. Тайны Москва-Волгостроя. М., 2007. С. 32.

697 Филиал РГАНТД. Ф. Р–119. Оп. 2–4. Д. 267. Л. 6, 8.

698 Государственный архив Ярославской области (ГАЯО). Ф. Р–2216. Оп. 1. Д. 2. Л. 1; Филиал РГАНТД. Ф. Р–119. Оп. 2–4. Д. 311. Л. 1.

699 Асарин А.Е. Из Гидропроекта // Экология и жизнь. 2000. № 1. С. 52

700 ГАЯО. Ф. Р–2380. Оп. 3. Д. 9. Л. 55.

701 Рыбинский филиал Государственного архива Ярославской области (РФ ГАЯО). Ф. Р–606. Оп. 1. Д. 483. Л. 4–7.

702 同上。Л. 4.

703 同上。Л. 5.

704 同上。Д. 870. Л. 72–76.

705 同上。Л. 72.

706 同上。

707 同上。 Д. 483. Л. 5. Д. 870. Л. 73.

708 同上。Д. 870. Л. 74.

709 同上。Л. 75–76.

710 同上。 Л. 75.

711 同上。Ф. Р–1110. Оп. 1. Д. 158. Л. 84.

712 Гречухин В.А. Большая Волга и волгари (К вопросу о судьбе коренного населения волжской поймы) // Верхневолжье: судьба реки и судьбы людей. Труды I Мышкинской регион. экологич. конф. Вып. 1 / ред. В.А. Гречухин. Мышкин, 2001. С. 50.

713 РГАЭ. Ф. 4372. Оп. 34. Д. 200. Л. 9.

714 РФ ГАЯО. Ф. Р–606 Оп. 1. Д. 673. Л. 173.

715 同上。Л. 171.

716 同上。Ф. Р–1110. Оп. 1. Д. 158. Л. 19.

717 同上。Л. 41.

718 同上。Л. 43.

719 ГАЯО. Ф. Р–2380. Оп. 3. Д. 9. Л. 1–5.

720 同上。Л. 2.

721 同上。Л. 3, 4.

722 ГАЯО. Ф. Р–2216. Оп. 1. Д. 20. Л. 51.

723 同上。Л. 51–52 об.

724 РФ ГАЯО. Ф. Р–1110. Оп. 1. Д. 158. Л. 55.

725 РГАЭ. Ф. 4372. Оп. 34. Д. 200. Л. 10.

726 同上。Л. 16.

727 同上。Д. 201. Л. 90–90 об.

728 РФ ГАЯО. Ф. Р–606. Оп. 1. Д. 673. Л. 44–45.

729 Чертовских Е.В. Калязин: прошлое в будущем, или будущее в прошлом? // Молога. Рыбинское водохранилище. История и современность: к 60-летию

затопления Молого-Шекснинского междуречья и образования Рыбинского водохранилища: материалы науч. конф. / сост. Н.М. Алексеев. Рыбинск, 2003. С. 162.

730 РФ ГАЯО. Ф. Р–652. Оп. 1. Д. 155. Л. 22.

731 同上。 Ф. Р–606. Оп. 1. Д. 768. Л. 59–62.

732 同上。 Ф. Р–1110. Оп. 1. Д. 158. Л. 85.

733 Кувшинникова М.И. Воспоминания / записал Е.А. Бурдин 14 апр. 2011 г. в г. Рыбинск (Яросл. обл.). С. 3.

734 РГАЭ. Ф. 4372. Оп. 34. Д. 200. Л. 13.

735 РФ ГАЯО. Ф. Р–606. Оп. 1. Д. 767. Л. 62–62 об.

736 同上。 Л. 70–70 об.

737 同上。 Л. 65.

738 同上。 Д. 675. Л. 2.

739 同上。 Л. 7–9.

740 ГАЯО. Ф. Р–2216. Оп. 1. Д. 2. Л. 2.

741 Суворов Н.А. Калязин: страницы истории. Калязин, 2000. С. 62.

742 Карсаков О.Б. Защитные сооружения города Мышкина конца 30–50 годов // Верхневолжье: судьба реки и судьбы людей. Труды I Мышкинской регион. экологич. конф. Вып. 1 / ред. В.А. Гречухин. Мышкин, 2001. С. 53.

743 同上。 С. 55.

744 Капустина В.А. Вспоминая Шексну и Мологу // Русский путь на рубеже веков. 2005. № 1 (6). С. 58–59.

745 РФ ГАЯО. Ф. Р–1110. Оп. 1. Д. 158. Л. 17.

746 25 лет Угличской и Рыбинской ГЭС: из опыта строительства и эксплуатации / под общ. ред. Н.А. Малышева и М.М. Мальцева. М.-Л., 1967. С. 71.

747 Филиал РГАНТД. Ф. Р–119. Оп. 2–4. Д. 311. Л. 178.

748 Лифанов И.А. Организация чаши водохранилищ. М., 1946. С. 135–138.

749 Угличский филиал Государственного архива Ярославской области (УФ ГАЯО). Р–113. Оп. 1. Д. 516. Б/л.

750 同上。 Д. 585. Б/л.

751 Государственный архив Ульяновской области (ГАУО). Ф. Р–3037. Оп. 2. Д. 1. Л. 27–30.

752 Филиал РГАНТД. Ф. Р–109. Оп. 8–4. Д. 578. Л. 14.

753 ГАУО. Ф. Р–3037. Оп. 2. Д. 2. Л. 6–13.

754 Филиал РГАНТД. Ф. Р–109. Оп. 4–4. Д. 2. Л. 87 об.; Технический отчёт о проектировании и строительстве Волжской ГЭС имени В.И. Ленина, 1950–1958 гг. В 2 т. Т. 1. Описание сооружений гидроузла / ред. Н.А. Малышев, Г.Л. Саруханов. М.-Л., 1963. С. 367.

755 Технический отчёт о проектировании и строительстве Волжской ГЭС имени В. И. Ленина, 1950–1958 гг. В 2 т. Т. 1. Описание сооружений гидроузла / ред. Н.А. Малышев, Г.Л. Саруханов. М.-Л., 1963. С. 369–370.

756 ГАУО. Ф. Р–3037. Оп. 2. Д. 3. Л. 2; Филиал РГАНТД. Ф. Р–109. Оп. 8–4. Д. 578. Л. 5.

757 Филиал РГАНТД. Ф. Р–109. Оп. 8–4. Д. 581. Л. 2; ЦГАСО. Ф. Р–4072. Оп. 2. Д. 3. Л. 18.

758 ГАУО. Ф. Р–3037. Оп. 2. Д. 3. Л. 8 об.

759 Филиал РГАНТД. Ф. Р–109. Оп. 8–4. Д. 581. Л. 2.

760 ГАУО. Ф. Р–3037. Оп. 2. Д. 61. Л. 125; ЦГАСО. Ф. Р–4072. Оп. 3. Д. 11. Л. 13.

761 ГАУО. Ф. Р–3037. Оп. 2. Д. 1. Л. 2.

762 同上。Л. 8–10.

763 Национальный архив Республики Татарстан (НАРТ). Ф. Р–128. Оп. 2. Д. 951. Л. 11.

764 Технический отчёт о проектировании и строительстве Волжской ГЭС имени В.И. Ленина, 1950–1958 гг. В 2 т. Т. 1. Описание сооружений гидроузла / ред. Н.А. Малышев, Г.Л. Саруханов. М.-Л., 1963. С. 367.

765 ГАУО. Ф. Р–3037. Оп. 2. Д. 1. Л. 2; Филиал РГАНТД. Ф. Р–109. Оп. 8–4. Д. 581. Л. 3.

766 ГАУО. Ф. Р–3037. Оп. 2. Д. 1. Л. 10.

767 Филиал РГАНТД. Ф. Р–119. Оп. 6–4. Д. 242. Л. 15 об.

768 ЦГАСО. Ф. Р–4072. Оп. 1. Д. 31. Л. 10–11.

769 Филиал РГАНТД. Ф. Р–109. Оп. 8–4. Д. 578. Л. 5.

770 ГАУО. Ф. Р–3037. Оп. 2. Д. 61. Л. 77.

771 НАРТ. Ф. Р–128. Оп. 2. Д. 949. Л. 17.

772 ГАУО. Ф. Р–3037. Оп. 2. Д. 106. Л. 6; НАРТ. Ф. Р–128. Оп. Д. 950. Л. 96. Л. 86 об.

773 ГАУО. Ф. Р–3037. Оп. 2. Д. 3. Л. 4 об.

774 ЦГАСО. Ф. Р–4072. Оп. 1. Д. 47. Л. 31.

775 Архивный отдел исполкома Спасского муниципального района Республики Татарстан. Ф. 195. Оп. 1. Д. 330. Л. 4, 9–10, 28–29; ГАУО. Ф. Р–3037. Оп. 2. Д. 3. Л. 2–3.

776 НАРТ. Ф. Р–128. Оп. Д. 951. Л. 185. Д. 952. Л. 94.

777 可参阅 Меличихина С.И. Воспоминания / записал Е. А. Вурдин 12 авг. 2004 г. в г. Болгар (Спасский р-н Респ. Татарстан). С. 1; Сорокина Г.П. Воспоминания / записал Е.А. Бурдин 9 дек. 2006 г. в г. Ульяновск. С. 1。

778 可参阅 Гускин В.И. Воспоминания / записал Е.А. Бурдин 15 апр. 2011 г. в г. Рыбинск (Яросл. обл.). С. 2; Капустина В.А. Воспоминания / записал Е. А. Вурдин 14 апр. 2011 г. в г. Рыбинск (Яросл. обл.). С. 4。

779 ГАУО. Ф. Р–3037. Оп. 2. Д. 3. Л. 1 ; НАРТ. Ф. Р–128. Оп. 2. Д. 952. Л. 85.

780 Волжский и Камский каскады гидроэлектростанций / под общ. ред. Г.А. Руссо. М.-Л, 1960. С. 170.

781 同上。 С. 168; НАРТ. Ф. Р–128. Оп. Д. 1156. Л. 78.

782 Филиал РГАНТД. Ф. Р–109. Оп. 8–4. Д. 578. Л. 8–9.

783 ГАУО. Ф. Р–3037. Оп. 2. Д. 113. Л. 6; Филиал РГАНТД. Ф. Р–109. Оп. 8–4. Д. 578. Л. 13.

784 Государственный архив новейшей истории Ульяновской области (ГАНИУО). Ф. Р–8. Оп. 12. Д. 234. Л. 31; НАРТ. Ф. Р–128. Оп. 2. Д. 950. Л. 116. Д. 1156. Л. 9.

785 НАРТ. Ф. Р–128. Оп. Д. 949. Л. 165. Д. 953. Л. 101.

786 Волжский и Камский каскады гидроэлектростанций / под общ. ред. Г.А. Руссо. М.-Л., 1960. С. 172.

787 可参阅 Агафонов А.С. Воспоминания / записал Е.А. Бурдин 22 сент. 2004 г. в г. Ульяновск. С. 1; Мордвинов Ю.Н. Воспоминания / записал Е.А. Бурдин 11 июля 2004 г. в р. п. Старая Майна (Ульяновская область). С. 1。

788 ГАУО. Ф. Р–3037. Оп. 2. Д. 1. Л. 37.

789 可参阅 ГАУО. Ф. Р–3037. Оп. 2. Д. 113. Л. 3。

790 Филиал РГАНТД. Ф. Р–109. Оп. 8–4. Д. 1136. Л. 5, 7.

791 同上。 Л. 6–7.

792 同上。 Д. 1125. Л. 21. Д. 1136. Л. 5, 7; Технический отчёт о проектировании и

строительстве Волжской ГЭС имени XXII съезда КПСС, 1950–1961 гг. В 2 т. Т. 1. Основные сооружения гидроузла / ред. А.В. Михайлов. М.-Л., 1965. С. 502.

793 Филиал РГАНТД. Ф. Р–109. Оп. 8–4. Д. 1125. Л. 35–37.

794 同上。Ф. Р–119. Оп. 1–4. Д. 11. Л. 49.

795 同上。Д. 11. Л. 24. Д. 425. Л. 12–12 об.

796 同上。Оп. 1–4. Д. 436. Л. 6 об.

797 同上。

798 同上。Оп. 6–4. Д. 243. Л. 18–24, 27.

799 同上。Оп. 1–4. Д. 436. Л. 6 об. Д. 425. Л. 20.

800 同上。Д. 11. Л. 54 об.

801 同上。Оп. 6–4. Д. 240. Л. 49.

802 同上。Д. 240. Л. 44 об. Д. 242. Л. 8 об.

803 同上。Ф. Р–109. Оп. 2–4. Д. 514. Л. 8.

804 同上。Л. 21.

805 同上。Оп. 8–4. Д. 1181. Л. 6–34.

806 同上。Л. 18.

807 同上。

808 同上。Оп. 2–4. Д. 514. Л. 29.

809 同上。Л. 30.

810 Чебоксарская ГЭС на реке Волга. Технический отчёт о проектировании, строительстве и первом периоде эксплуатации. В 2 т. Т. 1. М., 1988. С. 142.

811 Чебоксарская ГЭС на реке Волга. Технический отчёт о проектировании, строительстве и первом периоде эксплуатации. В 2 т. Т. 2. М., 1988. С. 104.

812 同上。С. 97.

813 同上。С. 98.

814 同上。С. 155.

815 同上。С. 146.

816 Саратовская ГЭС. Значение URL: http://www.sarges.rushydro.ru/hpp/znachenie (登录时间 : 08.08.2010).

817 Чебоксарская ГЭС. Общие сведения. URL: http://www.cheges.rushydro.ru/hpp/general-info (登录时间 : 28.08.2010).

818 Найденко В.В. Великая Волга на рубеже тысячелетий. От экологического кризиса

к устойчивому развитию. В 2 т. Т. 1. Общ. характеристика бассейна р. Волга. Анализ причин эколог. кризиса. Н. Новгород, 2003. С. 56.

819 Характеристика сдвигов в развитии и размещении производительных сил Поволжского экономического района за 1961–1970 гг. / Госплан РСФСР, Центр. науч.-исслед. экон. ин-т; под ред. В.Я. Любовного, Н.А. Соловьева. М., 1972. С. 79.

820 同上。

821 Россия в цифрах. 2010: крат. стат. сб. / Росстат. М., 2010. С. 241.

822 25 лет Угличской и Рыбинской ГЭС: из опыта строительства и эксплуатации / под общ. ред. Н.А. Малышева и М.М. Мальцева. М.-Л., 1967. С. 20; Филиал РГАНТД. Ф. Р–119. Оп. 2–4. Д. 397. Л. 7.

823 Волжская ГЭС имени В. И. Ленина (1950–1958 гг.): документы и материалы / сост. А.Д. Фадеев, А.П. Яковлева; под ред. Н.С. Черных. Куйбышев, 1963. С. 15–16; Филиал РГАНТД. Ф. Р–109. Оп. 4–4. Д. 2. Л. 44.

824 Филиал РГАНТД. Ф. Р–109. Оп. 4–4. Д. 2. Л. 44.

825 Жигулёвская ГЭС. Краткая информация о предприятии. URL: http://enc.ex.ru/cgi-bin/n1firm.pl?lang=1&f=2777 ( 登录时间 : 28.08.2010).

826 “外伏尔加地区”指的是伏尔加河、乌拉尔山、北部垄岗和里海包围的区域——译者注。

827 Филиал РГАНТД. Ф. Р–109. Оп. 8–4. Д. 425. Л. 13–14.

828 Волжская ГЭС. Общие сведения. URL: http://www.volges.rushydro.ru/hpp/general ( 登录时间 : 28.08.2010).

829 Филиал РГАНТД. Ф. Р–109. Оп. 2–4. Д. 1. Л. 22.

830 同上。 Л. 23.

831 同上。 Оп. 5–4. Д. 657. Л. 24.

832 同上。 Ф. Р–119. Оп. 1–4. Д. 7. Л. 4.

833 Нижегородская ГЭС. Общие сведения. URL: http://www.nizhges.rushydro.ru/hpp/general-info ( 登录时间 : 28.08.2010).

834 Чебоксарская ГЭС на реке Волга. Технический отчёт о проектировании, строительстве и первом периоде эксплуатации. В 2 т. Т. 1. М., 1988. С. 9.

835 25 лет Угличской и Рыбинской ГЭС: из опыта строительства и эксплуатации / под общ. ред. Н.А. Малышева и М.М. Мальцева. М.-Л., 1967. С. 18, 20.

836 Никулин И.А. «Экологическое наследие» ГУЛАГа // Политические репрессии в Ставрополе–на–Волге в 1920–1950-е годы: чтобы помнили... / сост. Н.А. Ялымов. Тольятти, 2005. С. 290; Энергетике Татарии 50 лет: 1920–1970. Сборник / отв. ред. В.Ф. Малов. Казань, 1970. С. 17.

837 Энергетике Татарии 50 лет: 1920–1970. Сборник / отв. ред. В.Ф. Малов. Казань, 1970. С. 17.

838 Никулин И.А. Указ. соч. С. 290; Жигулёвская ГЭС. История ГЭС. URL: http://www.zhiges.rushydro.ru/hpp/hpp-history ( 登录时间 : 28.08.2010).

839 Характеристика сдвигов в развитии и размещении производительных сил Поволжского экономического района за 1961–1970 гг. / Госплан РСФСР, Центр. науч.-исслед. экон. ин-т; под ред. В Я. Любовного, Н.А. Соловьева. М., 1972. С. 80.

840 Будьков С.Т. Чёрная быль о Волге // Татарстан. 1996. № 6. С. 29.

841 Никулин И.А. Указ. соч. С. 290.

842 同上。С. 295–296.

843 Подсчитано по: Народное хозяйство СССР, 1922–1982: юбил. стат. ежегодник / ЦСУ при Совете Министров СССР. М., 1982. С. 109–111.

844 Филиал РГАНТД. Ф. Р–119. Оп. 2–4. Д. 397. Л. 7, 10.

845 Технический отчёт о проектировании и строительстве Волжской ГЭС имени XXII съезда КПСС, 1950–1961 гг. В 2 т. Т. 1. Основные сооружения гидроузла / ред. А.В. Михайлов. М.-Л., 1965. С. 631.

846 Технический отчёт о проектировании и строительстве Волжской ГЭС имени В.И. Ленина, 1950–1958 гг. В 2 т. Т. 1. Описание сооружений гидроузла / ред. Н.А. Малышев, Г.Л. Саруханов. М.-Л., 1963. С. 408.

847 同上。С. 408–412.

848 Филиал РГАНТД. Ф. Р–109. Оп. 4–4. Д. 2. Л. 14.

849 同上。Оп. 2–4. Д. 1. Л. 37 об.

850 同上。Л. 38 об.

851 同上。Л. 38.

852 Технический отчёт о проектировании и строительстве Волжской ГЭС имени XXII съезда КПСС, 1950–1961 гг. В 2 т. Т. 1. Основные сооружения гидроузла / ред. А.В. Михайлов. М.-Л., 1965. С. 503–508.

853 Филиал РГАНТД. Ф. Р–109. Оп. 8–4. Д. 1136. Л. 8.

854 同上。Оп. 2–4. Д. 1. Л. 37 об.–38.

855 同上。Ф. Р–28. Оп. 4–4. Д. 32. Л. 186. Ф. Р–109. Оп. 5–4. Д. 657. Л. 69.

856 同上。Ф. Р–109. Оп. 5–4. Д. 657. Л. 73.

857 Авакян А.Б., Литвинов А.С., Ривьер И.К. Опыт 60-летней эксплуатации Рыбинского водохранилища // Водные ресурсы. 2002. № 1. С. 14.

858 Авакян А.Б. Волга в прошлом, настоящем и будущем. М., 1998. С. 14.

859 Филиал РГАНТД. Ф. Р–109. Оп. 4–4. Д. 2. Л. 94.

860 Авакян А.Б. Указ. соч. С. 14; Филиал РГАНТД. Ф. Р–109. Оп. 4–4. Д. 2. Л. 94.

861 Обоснование инвестиций завершения строительства Чебоксарского гидроузла 0272-ОИ. Этап 2. Т. 1. Общая пояснительная записка. Самара, 2006. С. 347.

862 Авакян А.Б. Указ. соч. С. 4.

863 Обоснование инвестиций завершения строительства Чебоксарского гидроузла 0272-ОИ. Этап 2. Т. 1. Общая пояснительная записка. Самара, 2006. С. 346.

864 Буторов П.Д., Баранов А.М., Лебедев А.А. и др. Опыт эксплуатации Рыбинского водохранилища. М., 1952. С. 75.

865 Мирошников И.П. Волга должна быть вне суверенитетов // Ульяновская правда. 1997. № 161–162. 13 сентября. С. 7.

866 Технический отчёт о проектировании и строительстве Волжской ГЭС имени В. И. Ленина, 1950–1958 гг. В 2 т. Т. 1. Описание сооружений гидроузла / ред. Н.А. Малышев, Г.Л. Саруханов. М.-Л., 1963. С. 56; Филиал РГАНТД. Ф. Р–109. Оп. 4–4. Д. 2. Л. 10 об. Оп. 8–4. Д. 1139. Л. 32.

867 Технический отчёт о проектировании и строительстве Волжской ГЭС имени XXII съезда КПСС, 1950–1961 гг. В 2 т. Т. 1. Основные сооружения гидроузла / ред. А.В. Михайлов. М.-Л., 1965. С. 632.

868 Филиал РГАНТД. Ф. Р–109. Оп. 2–4. Д. 1. Л. 42.

869 Технический отчёт о проектировании и строительстве Волжской ГЭС имени XXII съезда КПСС, 1950–1961 гг. В 2 т. Т. 1. Основные сооружения гидроузла / ред. А.В. Михайлов. М.-Л., 1965. С. 632.

870 Филиал РГАНТД. Ф. Р–109. Оп. 8–4. Д. 1139. Л. 40.

871 Волга. Боль и беда России: фотоальбом / вступ. слово В. Белова; ввод. ст. Ф.Я. Шипунова; осн. текст В. Ильина; фото В.В. Якобсона и др. М., 1989. С. 12.

872 Характеристика сдвигов в развитии и размещении производительных сил Поволжского экономического района за 1961–1970 гг. / Госплан РСФСР, Центр. науч.-исслед. экон. ин-т; под ред. В.Я. Любовного, Н.А. Соловьева. М., 1972. С. 41.

873 同上。 С. 41, 180.

874 Долгополов К.В., Фёдорова Е.Ф. Поволжье. Экономико-географический очерк. М., 1968. С. 93.

875 Розенберг Г.С., Краснощеков Г.П. Волжский бассейн: экологическая ситуация и пути рационального природопользования. Тольятти, 1996. С. 143.

876 Вечный двигатель. Волжско-Камский гидроэнергетический каскад: вчера, сегодня, завтра / под общ. ред. Р.М. Хазиахметова; авт.-сост. С.Г. Мельник. М., 2007. С. 306.

877 同上。

878 Найденко В.В. Великая Волга на рубеже тысячелетий. От экологического кризиса к устойчивому развитию. В 2 т. Т. 1. Общ. характеристика бассейна р. Волга. Анализ причин эколог. кризиса. Н. Новгород, 2003. С. 146–147.

879 Малышев Н.А. Рождённый Великим Октябрем Волжско-Камский каскад гидроэлектростанций // Гидротехническое строительство. 1977. № 10. С. 6.

880 Елохин Е.А., Горулева Л.Г. Экономическая эффективность Волжско-Камского каскада // Гидротехническое строительство. 1969. № 2. С. 17.

881 Волга. Боль и беда России: фотоальбом / вступ. слово В. Белова; ввод. ст. Ф.Я. Шипунова; осн. текст В. Ильина; фото В.В. Якобсона и др. М., 1989. С. 11.

882 Розенберг Г.С., Краснощёков Г.П., Гелашвили Д.Б. Опыт достижения устойчивого развития на территории Волжского бассейна // Устойчивое развитие. Наука и практика. 2003. № 1. С. 29.

883 Филиал РГАНТД. Ф. Р–109. Оп. 2–4. Д. 514. Л. 17.

884 同上。 Оп. 5–4. Д. 657. Л. 86.

885 Авакян А.Б. Волга в прошлом, настоящем и будущем. М., 1998. С. 14.

886 Вечный двигатель. Волжско-Камский гидроэнергетический каскад: вчера, сегодня, завтра / под общ. ред. Р.М. Хазиахметова; авт.-сост. С.Г. Мельник. М., 2007. С. 305.

887 Авакян А.Б. Указ. соч. С. 14.

888 同上。

889 Характеристика сдвигов в развитии и размещении производительных сил Поволжского экономического района за 1961–1970 гг. / Госплан РСФСР, Центр. науч.-исслед. экон. ин-т; под ред. В.Я. Любовного, Н.А. Соловьева. М., 1972. С. 30.

890 Система исправительно-трудовых лагерей в СССР: 1923–1960: справочник / сост. М.Б. Смирнов; под ред. Н.Г. Охотина, А.Б. Рогинского. М., 1998. С. 190, 234.

891 Ярославская область за 50 лет: 1936–1986: очерки, документы, материалы / науч. ред. В.Т. Анисков. Ярославль, 1986. С. 154.

892 同上。 С. 155.

893 Характеристика сдвигов в развитии и размещении производительных сил Поволжского экономического района за 1961–1970 гг. / Госплан РСФСР, Центр. науч.-исслед. экон. ин-т; под ред. В.Я. Любовного, Н.А. Соловьева. М., 1972. С. 9.

894 同上。 С. 11.

895 同上。 С. 87.

896 Розенберг Г.С., Краснощёков Г.П., Гелашвили Д.Б. Опыт достижения устойчивого развития на территории Волжского бассейна // Устойчивое развитие. Наука и практика. 2003. № 1. С. 22; Ульяновская-Симбирская энциклопедия. В 2 т. Т. 2: Н–Я / ред.-сост. В.Н. Егоров. Ульяновск, 2004. С. 301–303; Характеристика сдвигов в развитии и размещении производительных сил Поволжского экономического района за 1961–1970 гг. / Госплан РСФСР, Центр. науч.-исслед. экон. ин-т; под ред. В.Я. Любовного, Н.А. Соловьева. М., 1972. С. 24–26.

897 Розенберг Г.С., Краснощёков Г.П., Гелашвили Д.Б. Указ. соч. С. 22.

898 Характеристика сдвигов в развитии и размещении производительных сил Поволжского экономического района за 1961–1970 гг. / Госплан РСФСР, Центр. науч.-исслед. экон. ин-т; под ред. В.Я. Любовного, Н.А. Соловьева. М., 1972. С. 44.

899 Куйбышевская область: ист.-экон. очерк / сост. Л.В. Храмков, К.Я. Наякшин, Ф.Г. Попов и др. Куйбышев, 1983. С. 119.

900 同上。 С. 200.

901 同上。 С. 202.

902 同上。 С. 205.

903 同上。С. 208.

904 Ульяновская область к 60 годовщине Великой Победы: стат. сб. / Федерал. служба гос. статистики, террит. орган Росстата по Ульян. обл. Ульяновск, 2005. С. 87; Ульяновская-Симбирская энциклопедия. В 2 т. Т. 2: Н-Я / ред.-сост. В.Н. Егоров. Ульяновск, 2004. С. 461.

905 Филиал РГАНТД. Ф. Р–109. Оп. 5–4. Д. 657. Л. 88.

906 同上。

907 同上。

908 Характеристика сдвигов в развитии и размещении производительных сил Поволжского экономического района за 1961–1970 гг. / Госплан РСФСР, Центр. науч.-исслед. экон. ин-т; под ред. В.Я. Любовного, Н.А. Соловьева. М., 1972. С. 271.

909 Стратегический план развития городского округа Тольятти до 2020 года (приложение № 1 к решению Городской Думы № 335 от 07.07.2010 г.). Тольятти, 2010. С. 15.

910 同上。

911 同上。С. 15–16.

912 同上。С. 16.

913 Журавлёв С.В., Зезина М.Р., Пихоя Р.Г. и др. АВТОВАЗ между прошлым и будущим: история Волжского автомобильного завода: 1966–2005. М., 2006. С. 670–671.

914 同上。С. 612.

915 Долгополов К.В., Фёдорова Е.Ф. Поволжье. Экономико-географический очерк. М., 1968. С. 70, 182.

916 Филиал РГАНТД. Ф. Р–119. Оп. 1–4. Д. 11. Л. 37.

917 同上。Оп. 5–4. Д. 657. Л. 83.

918 Характеристика сдвигов в развитии и размещении производительных сил Поволжского экономического района за 1961–1970 гг. / Госплан РСФСР, Центр. науч.-исслед. экон. ин-т; под ред. В.Я. Любовного, Н.А. Соловьева. М., 1972. С. 42.

919 ГАЯО. Ф. Р–2216. Оп. 1. Д. 20. Л. 51 об.

920 Технический отчёт о проектировании и строительстве Волжской ГЭС имени В.

И. Ленина, 1950–1958 гг. В 2 т. Т. 1. Описание сооружений гидроузла / ред. Н.А. Малышев, Г.Л. Саруханов. М.-Л., 1963. С. 56; Стратегический план развития городского округа Тольятти до 2020 года (приложение № 1 к решению Городской Думы № 335 от 07.07.2010 г.). Тольятти, 2010. С. 14.

921 Филиал РГАНТД. Ф. Р–109. Оп. 5–4. Д. 657. Л. 88.

922 Технический отчёт о проектировании и строительстве Волжской ГЭС имени XXII съезда КПСС, 1950–1961 гг. В 2 т. Т. 1. Основные сооружения гидроузла / ред. А.В. Михайлов. М.-Л., 1965. С. 451; Численность населения Российской Федерации по городам, поселкам городского типа и районам на 1 января 2010 года. URL: http://www.gks.ru/bgd/regl/b10_109/Main.htm (登录时间 : 02.09.2010).

923 Технический отчёт о проектировании и строительстве Волжской ГЭС имени XXII съезда КПСС, 1950–1961 гг. В 2 т. Т. 1. Основные сооружения гидроузла / ред. А.В. Михайлов. М.-Л., 1965. С. 633.

924 同上。

925 Чебоксарская ГЭС на реке Волга. Технический отчёт о проектировании, строительстве и первом периоде эксплуатации. В 2 т. Т. 1. М., 1988. С. 491.

926 Найденко В.В. Великая Волга на рубеже тысячелетий. От экологического кризиса к устойчивому развитию. В 2 т. Т. 1. Общ. характеристика бассейна р. Волга. Анализ причин эколог. кризиса. Н. Новгород, 2003. С. 180.

927 Филиал РГАНТД. Ф. Р–109. Оп. 2–4. Д. 514. Л. 41.

928 См, напр.: Агафонов А.С. Воспоминания / записал Е.А. Бурдин 22 сент. 2004 г. в г. Ульяновск. С. 1; ГАУО. Ф. Р–3037. Оп. 2. Д. 3. Л. 4 об.; Корчагин А.А. Воспоминания / записал Е.А. Бурдин 04 сент. 2009 г. в с. Куралово (Спасский р-н Респ. Татарстан). С. 2; Сорокина Г.П. Воспоминания / записал Е.А. Бурдин 9 дек. 2006 г. в г. Ульяновск. С. 1; Трусова А.М. Воспоминания / записал Е.А. Бурдин 14 авг. 2004 г. в г. Казани. С. 2.

929 可参阅 Агафонов А.С. Воспоминания / записал Е.А. Бурдин 22 сент. 2004 г. в г. Ульяновск. С. 1; Меличихина С.И. Воспоминания / записал Е.А. Бурдин 12 авг. 2004 г. в г. Болгар (Спасский р-н Респ. Татарстан). С. 1; Поселеннов М.О., Поселеннова М.Г. Воспоминания / записал Е.А. Бурдин 19 июля 2004 г. в с. Крестово Городище (Ульяновская область). С. 1。

930 Найденко В.В. Указ. соч. С. 76.

931 Филиал РГАНТД. Ф. Р–109. Оп. 8–4. Д. 1139. Л. 32.

932 Шенников А.П. Пути увеличения кормовых ресурсов животноводства на берегах водохранилищ // Природа. 1954. № 5. С. 52.

933 Филиал РГАНТД. Ф. Р–119. Оп. 6–4. Д. 240. Л. 51.

934 可参阅 Филиал РГАНТД. Ф. Р–119. Оп. 1–4. Д. 425. Л. 23。

935 同上。Оп. 6–4. Д. 115 а. Л. 216.

936 同上。Л. 217.

937 同上。Д. 116. Л. 9.

938 同上。Д. 240. Л. 44.

939 同上。Л. 47.

940 同上。Л. 47 об.

941 同上。Л. 51.

942 同上。Л. 53 об.

943 同上。Л. 54 об.

944 同上。Оп. 8–4. Д. 1139. Л. 36 об.

945 同上。Л. 34 об.

946 Волга. Боль и беда России: фотоальбом / вступ. слово В. Белова; ввод. ст. Ф.Я. Шипунова; осн. текст В. Ильина; фото В.В. Якобсона и др. М., 1989. С. 9.

947 Характеристика сдвигов в развитии и размещении производительных сил Поволжского экономического района за 1961–1970 гг. / Госплан РСФСР, Центр. науч.-исслед. экон. ин-т; под ред. В.Я. Любовного, Н.А. Соловьева. М., 1972. С. 87.

948 Кудрин Б.И. О плане электрификации России // Экономические стратегии. 2006. № 3. С. 30.

949 同上。

950 Экологически чистая энергетика (в помощь лектору) / сост. А.А. Каюмов; областной совет ВООП и областной молодежный экологический центр «Дронт». Горький, 1990. С. 8.

951 同上。С. 8, 10, 14.

952 同上。С. 10.

953 同上。С. 17.

954 Кудрин Б.И. О плане электрификации России // Экономические стратегии. 2006.

№ 3. С. 31.

955 可参阅 Колодяжный В.А. Из глубин. СПб., 2009. С 104-105; Корчагин А.А. Воспоминания / записал Е.А. Бурдин 04 сент. 2009 г. в с. Куралово (Спасский р-н Респ. Татарстан). С. 4。

956 Елохин Е.А., Горулёва Л.Г. Экономическая эффективность Волжско-Камского каскада // Гидротехническое строительство. 1969. № 2. С. 15–16.

957 Стенограмма утреннего пленарного заседания Государственной Думы 17 января 2003 г. URL: http://www.akdi.ru/gd/PLEN_Z/2003/01/s17-01_u.htm（登录时间：17.12.2006).

958 Формирование гидро-ОГК-перспективы для инвесторов. URL: http://www.finam.ru/investments/research0000100B95/default.asp（登录时间：6.02.2007).

959 Обоснование инвестиций завершения строительства Чебоксарского гидроузла 0272-ОИ. Этап 2. Т. 1. Общая пояснительная записка. Самара, 2006. С. 404.

960 Любимова Е.В. Экономический анализ эффективности Алтайской ГЭС. Новосибирск, 2006. С. 16, 19.

961 Кулыгин В.В. Уголовно-правовая охрана культурных ценностей. М., 2006. С. 21.

962 Конвенция об охране нематериального культурного наследия от 17.10.2003 г. URL: http://www.unesdok.unesco.org/images/0013/001325/132540r.pdf（登录时间：15.10.2010).

963 Культурный ландшафт как объект наследия / М-во культуры и массовых коммуникаций РФ, РАН, Рос. НИИ культур. и природ. наследия им. Д.С. Лихачева; под ред. Ю.А. Веденина, М.Е. Кулешовой. М., 2004. С. 16.

964 Полякова М.А. Указ. соч. С. 7, 68.

965 “主教座堂”译自俄语 собор，中文语境中也常译作“大教堂”，指城市或修道院的主要教堂，有多个祭台，区别于“Церковь”——“教堂”（一般指只有一个祭台的教堂）。关于俄罗斯东正教教堂的基本形制，可参见王帅，《俄罗斯东正教教堂的演进及反思》，载《基督宗教研究》2019 年 02 期，第 107—131 页——译者注。

966 Журавлёва А.В. Затопленная история (Город Корчева. Жизнь и судьба) // Верхневолжье: судьба реки и судьбы людей. Труды II Мышкинской межобл. экологич. конф. Вып. 2 / ред. В.А. Гречухин. Мышкин, 2002. С. 83, 85; Русская Атлантида. Путеводитель по затопленным городам Верхней Волги: фотоальбом /

авт.-сост. В.И. Ерохин. Рыбинск, 2005. С. 45.

967 Бадер О.Н. Археологические работы в зоне канала имени Москвы // Материалы и исследования по археологии. № 13. Материалы по археологии Верхнего Поволжья / АН СССР, Ин-т истории материальной культуры; отв. ред. П.Н. Третьяков. М.-Л., 1950. С. 9.

968 Лифанов И.А. Организация чаши водохранилищ. М., 1946. С. 151.

969 Бадер О.Н. Указ. соч. С. 9–10.

970 同上。С. 10.

971 同上。С. 9.

972 同上。10–14.

973 Третьяков П.Н. Работы на строительстве Ярославской гидроэлектростанции (Средволгострой). Введение // Археологические работы Академии на новостройках в 1932–1933 гг. Т. I. / Известия Государственной Академии истории материальной культуры им. Н.Я. Марра. Вып. 109. М.-Л., 1935. С. 100.

974 同上。С. 100–101.

975 同上。С. 103.

976 同上。С. 104–165.

977 Материалы и исследования по археологии СССР. № 5. Третьяков П.Н. К истории племён Верхнего Поволжья в первом тысячелетии н.э. // АН СССР, Ин-т истории материальной культуры; отв. ред. М.И. Артамонов. М., 1941. С. 8.

978 同上。С. 32.

979 同上。С. 8.

980 “地表采集品”：俄语原文为“подъёмный материал”，在俄罗斯考古学教科书中，该术语被解释为“由于文化层破坏而直接散落于地表的古人活动的物质遗迹（如工具、武器、装饰等）”。译者尚未查到完全对应的中文考古学词汇，故而依据其与“扰乱地层”相关的考古学含义将之译为“地表采集品”，而非直译为“上升资料”。该术语俄文释义可参见 Словарь понятий и терминов по курсу «Археология» для учащихся общеобразовательных школ / Сост. Ю. Б. Сериков. Нижний Тагил, 2016, с.19.——译者注。

981 Городецкая О.А. Отражение. Образы разных эпох // Верхневолжье: судьба реки и судьбы людей. Труды II Мышкинской межобл. экологич. конф. Вып. 2 / ред. В.А. Гречухин. Мышкин, 2002. С. 75; Молога. Земля и море: фотоальбом / авт.-

сост. В.А. Гречухин, В.И. Ерохин, Л.М. Иванов. Рыбинск, 2007. С. 127, 135–136; Суворов Н.А. Калязинские храмы и монастыри. Калязин, 2004. С. 52.

982 Суворов Н.А. Указ. соч. С. 52–54.

983 同上。 С. 53.

984 Городецкая О.А. Указ. соч. С. 75; Русская Атлантида. Путеводитель по затопленным городам Верхней Волги: фотоальбом / авт.-сост. В.И. Ерохин. Рыбинск, 2005. С. 14.

985 Городецкая О.А. Указ. соч. С. 75.

986 Молога. Земля и море: фотоальбом / авт.-сост. В.А. Гречухин, В.И. Ерохин, Л.М. Иванов. Рыбинск, 2007. С. 59; Русская Атлантида. Путеводитель по затопленным городам Верхней Волги: фотоальбом / авт.-сост. В.И. Ерохин. Рыбинск, 2005. С. 8, 13.

987 Суворов Н.А. Указ. соч. С. 10, 18–20.

988 同上。 С. 11.

989 Русская Атлантида. Путеводитель по затопленным городам Верхней Волги: фотоальбом / авт.-сост. В.И. Ерохин. Рыбинск, 2005. С. 15–16.

990 Головщиков К.Д. Город Молога и его историческое прошлое (Ярославская губерния). Рыбинск, 2005. С. 62–63.

991 同上。 С. 52.

992 Молога. Земля и море: фотоальбом / авт.-сост. В.А. Гречухин, В.И. Ерохин, Л.М. Иванов. Рыбинск, 2007. С. 146–147.

993 Третьякова Т.А. Гидрострой как разрушающий фактор социобиоценоза Угличско-Мышкинского Верхневолжья // Верхневолжье: судьба реки и судьбы людей. Труды I Мышкинской регион. экологич. конф. Вып. 1 / ред. В.А. Гречухин. Мышкин, 2001. С. 31.

994 Третьякова Т.А. Затопленные территории. К вопросу культурного возрождения// Молога. Рыбинское водохранилище. История и современность: к 60-летию затопления Молого-Шекснинского междуречья и образования Рыбинского водохранилища: материалы науч. конф. / сост. Н.М. Алексеев. Рыбинск, 2003. С. 189–190.

995 Гречухин В.А. Большая Волга и волгари // Верхневолжье: судьба реки и судьбы людей. Труды I Мышкинской регион. экологич. конф. Вып. 1 / ред. В.А.

Гречухин. Мышкин, 2001. С. 45.

996 同上。С. 45–47, 52.

997 同上。С. 45.

998 同上。С. 52.

999 Третьякова Т.А. «Неокультура» переселенцев // Верхневолжье: судьба реки и судьбы людей. Труды I Мышкинской регион. экологич. конф. Вып. 1 / ред. В.А. Гречухин. Мышкин, 2001. С. 90.

1000 Мордвинов Ю.Н. Взгляд в прошлое. Из истории селений Старомайнского района Ульяновской области. Ульяновск, 2007. С. 41.

1001 同上。С. 47.

1002 可参阅 ГАУО. Ф. Р–3037. Оп. 2. Д. 2. Л. 60。

1003 ЦГАСО. Ф. Р–2558. Оп. 7. Д. 2210. Л. 126.

1004 Наш край. Хрестоматия для преподавателей Отечественной истории и учащихся средней школы / науч. ред. Л.В. Храмков. Самара, 2003. С. 56; Ставрополь и Ставропольский уезд 18–20 вв. Справочник. URL: http://web.archive.org/web/20080302102237/portal.tgl.ru/tgl/meria/arxiv/fond.htm (登录时间：17.10.2010).

1005 Липаков Е.В. Православные памятники // Спасские сказания / отв. ред. Л.П. Абрамов. Казань, 2003. С. 108.

1006 Липаков Е.В. Народное образование в городе Спасске // Спасские сказания / отв. ред. Л.П. Абрамов. Казань, 2003. С. 141.

1007 Полякова В.П. Воспоминания / записал Е.А. Бурдин 9 авг. 2003 г. в г. Болгар (Спасский р-н Респ. Татарстан). С. 1.

1008 Малинин Л.Ф. Воспоминания / записал Е. А. Бурдин 9 авг. 2003 г. в г. Болгар (Спасский р-н Респ. Татарстан). С. 1.

1009 可参阅 Меличихина С.И. Воспоминания / записал Е.А. Бурдин 12 авг. 2004 г. в г. Болгар (Спасский р-н Респ. Татарстан). С. 1; Поселеннов М.О., Поселеннова М.Г. Воспоминания / записал Е.А. Бурдин 19 июля 2004 г. в с. Крестово Городище (Ульяновская область). С. 1; Трусова А.М. Воспоминания / записал Е.А. Бурдин 14 авг. 2004 г. в г. Казань. С. 2。

1010 Филиал РГАНТД. Ф. Р–109. Оп. 8–4. Д. 486. Л. 4. Д. 506. Л. 4.

1011 同上。Д. 486. Л. 5.

1012 同上。 Л. 4–5.

1013 同上。 Д. 506. Л. 5.

1014 同上。 Л. 4–5.

1015 Раифа-Свияжск / сост. Т.А. Горшкова, О.В. Бакин, Г.А. Мюллер и др. Казань, 2001. С. 114.

1016 Филиал РГАНТД. Ф. Р–109. Оп. 8–4. Д. 298. Л. 96.

1017 Збруева А.В., Смирнов А.П. Археологические исследования на строительстве Куйбышевского гидроузла 1938–1939 гг. // Царёв курган: каталог археолог. коллекции / отв. ред. Д.А. Сташенков. Самара, 2003. С. 31.

1018 Збруева А.В., Смирнов А.П. Указ. соч. С. 31–33.

1019 Смирнов А.П., Мерперт Н.Я. Введение // Материалы и исследования по археологии СССР. № 42. Труды Куйбышевской археологической экспедиции. Т. 1 / АН СССР, Ин-т истории материальной культуры; отв. ред. А.П. Смирнов. М., 1954. С. 7; Семыкин Ю.А. К вопросу о поселениях ранних болгар в Среднем Поволжье // Культуры евразийских степей второй половины I тыс. н.э.: материалы I междунар. археологич. конф. / отв. ред. Д.А. Сташенков. Самара, 1996. С. 67–73.

1020 Калинин Н.Ф., Халиков А.Х. Поселения эпохи бронзы в приказанском Поволжье по раскопкам 1951–1952 гг. // Материалы и исследования по археологии СССР. № 42. Труды Куйбышевской археологической экспедиции. Т. 1 / АН СССР, Ин-т истории материальной культуры; отв. ред. А. П. Смирнов. М., 1954. С. 157–246.

1021 Мерперт Н.Я. Письмо доктора исторических наук Н.Я. Мерперта (ИА РАН, г. Москва) от 29.03.2004 г. Е.А. Бурдину. С. 8.

1022 同上。 С. 7–8.

1023 Смирнов А.П., Мерперт Н.Я. Введение // Материалы и исследования по археологии СССР. № 42. Труды Куйбышевской археологической экспедиции. Т. 1 / АН СССР, Ин-т истории материальной культуры; отв. ред. А.П. Смирнов. М., 1954. С. 20.

1024 Мерперт Н.Я. Из древнейшей истории Среднего Поволжья // Материалы и исследования по археологии СССР. № 61. Труды Куйбышевской археологической экспедиции. Т. 2 / АН СССР, Ин-т истории материальной культуры; отв. ред. А.П. Смирнов. М., 1958. С. 46; Технический отчёт о проектировании и строительстве Волжской ГЭС имени В.И. Ленина, 1950–1958 гг. В 2 т. Т. 1. Описание сооружений гидроузла / ред. Н.А. Малышев, Г.Л. Саруханов. М.-Л., 1963. С. 403.

1025 Мерперт Н.Я. Письмо доктора исторических наук Н.Я. Мерперта (ИА РАН, г. Москва) от 29.03.2004 г. Е.А. Бурдину. С. 4.

1026 同上。С. 9.

1027 Смирно А.П., Мерперт Н.Я. Введение // Материалы и исследования по археологии СССР. № 42. Труды Куйбышевской археологической экспедиции. Т. 1 / АН СССР, Ин-т истории материальной культуры; отв. ред. А.П. Смирнов. М., 1954. С. 7–9; Технический отчёт о проектировании и строительстве Волжской ГЭС имени В.И. Ленина, 1950–1958 гг. В 2 т. Т. 1. Описание сооружений гидроузла / ред. Н.А. Малышев, Г.Л. Саруханов. М.-Л., 1963. С. 403–404.

1028 Халиков А.Х. Неолитические памятники в Казанском Поволжье // Материалы и исследования по археологии СССР. № 61. Труды Куйбышевской археологической экспедиции. Т. 2 / АН СССР, Ин-т истории материальной культуры; отв. ред. А.П. Смирнов. М., 1958. С. 11–44; Технический отчёт о проектировании и строительстве Волжской ГЭС имени В.И. Ленина, 1950–1958 гг. В 2 т. Т. 1. Описание сооружений гидроузла / ред. Н.А. Малышев, Г.Л. Саруханов. М.-Л., 1963. С. 404.

1029 可参阅 Мерперт Н.Я. Материалы по археологии Среднего Заволжья // Материалы и исследования по археологии СССР. № 42. Труды Куйбышевской археологической экспедиции. Т. 1 / АН СССР, Ин-т истории материальной культуры; отв. ред. А.П. Смирнов. М., 1954. С. 39–156。

1030 同上。

1031 Калинин Н.Ф., Халиков А.Х. Именьковское городище // Материалы и исследования по археологии СССР. № 80. Труды Куйбышевской археологической экспедиции. Т. 3 / АН СССР, Ин-т истории материальной культуры; отв. ред. А.П. Смирнов. М., 1960. С. 226–250.

1032 Жиромский Б.Б. Древнеродовое святилище Шолом // Материалы и исследования по археологии СССР. № 61. Труды Куйбышевской археологической экспедиции. Т. 2 / АН СССР, Ин-т истории материальной культуры; отв. ред. А.П. Смирнов. М., 1958. С. 424–451; Генинг В.Ф. Селище и могильник с обрядом трупосожжения доболгарского времени у села Рождествено в Татарии // Материалы и исследования по археологии СССР. № 80. Труды Куйбышевской археологической экспедиции. Т. 3 / АН СССР, Ин-т истории материальной культуры; отв. ред. А.П. Смирнов. М., 1960. С. 131–144.

1033 Мерперт Н.Я. К вопросу о древнейших болгарских племенах. Казань, 1957. С. 34–35.

1034 Сташенков Д.А. Раскопки Кайбельского средневекового могильника в 1953–1954 годах // Вопросы археологии Поволжья. Вып. 3. Самара, 2003. С. 324.

1035 可参阅Смирнов А.П. Основные этапы истории города Болгара и его историческая топография // Материалы и исследования по археологии СССР. № 42. Труды Куйбышевской археологической экспедиции. Т. 1 / АН СССР, Ин-т истории материальной культуры; отв. ред. А.П. Смирнов. М., 1954. С. 302–324; Ефимова А. М. Чёрная металлургия города Болгара // Материалы и исследования по археологии СССР. № 61. Труды Куйбышевской археологической экспедиции. Т. 2 / АН СССР, Ин-т истории материальной культур; отв. ред. А.П. Смирнов. М., 1958. С. 292–315。

1036 可参阅Хованская О.С. Бани города Болгара // Материалы и исследования по археологии СССР. № 42. Труды Куйбышевской археологической экспедиции. Т. 1 / АН СССР, Ин-т истории материальной культур; отв. ред. А.П. Смирнов. М., 1954. С. 392–42; Хлебникова Т.А. Древнерусское поселение в Болгарах // КСИИМК. Вып. 62. 1956. С. 141–146。

1037 Мерперт Н.Я. Письмо доктора исторических наук Н.Я. Мерперта (ИА РАН, г. Москва) от 29.03.2004 г. Е.А. Бурдину. С. 5.

1038 Мерперт Н.Я., Смирнов К.Ф. Археологические работы в зоне строительства Сталинградской ГЭС // Краткие сообщения о докладах и полевых исследованиях Института Археологии. Вып. 84 / отв. ред. Т.С. Пассек. М., 1960. С. 3.

1039 Крупнов Е.И. Сталинградская археологическая экспедиция / Вестник АН СССР. 1953. № 6. С. 42.

1040 同上。

1041 Мерперт Н.Я., Смирнов К.Ф. Указ. соч. С. 3.

1042 Филиал РГАНТД. Ф. Р–109. Оп. 8–4. Д. 1136. Л. 9.

1043 Мерперт Н.Я., Смирнов К.Ф. Указ. соч. С. 3.

1044 同上。С. 4.

1045 同上。С. 5–6.

1046 同上。С. 6–7.

1047 同上。С. 7–10.

1048 同上。С. 9.

1049 同上。С. 11.

1050 Филиал РГАНТД. Ф. Р–109. Оп. 6–4. Д. 414. Л. 4.

1051 同上。Л. 4–4 об.

1052 同上。Л. 5, 18.

1053 Мерзлютина Н.А. Каменные церкви города Юрьевца 1740–1760-х годов // Архитектурное наследство. Вып. 51 / отв. ред. И.А. Бондаренко. М., 2009. С. 152–153.

1054 Филиал РГАНТД. Ф. Р–109. Оп. 6–4. Д. 414. Л. 4 об.

1055 同上。Ф. Р–119. Оп. 6–4. Д. 245. Л. 6.

1056 同上。Д. 246. Л. 26 об., 27.

1057 Отечественная история: энциклопедия: в 5 т. Т. 2: Д–К / редкол.: В.Л. Янин (гл. ред.) и др. М., 1996. С. 375.

1058 Мерзлютина Н.А. Архитектурный ансамбль Троицкого Кривоезерского монастыря // Архитектурное наследство. Вып. 52 / отв. ред. И.А. Бондаренко. М., 2010. С. 135, 142.

1059 同上。С. 135, 138.

1060 Филиал РГАНТД. Ф. Р–109. Оп. 6–4. Д. 414. Л. 22.

1061 Материалы и исследования по археологии. № 110. Труды Горьковской археологической экспедиции. Археологические памятники Верхнего и Среднего Поволжья / АН СССР, Ин-т истории материальной культуры; отв. ред. П.Н. Третьяков. М.-Л., 1963. С. 5.

1062 Филиал РГАНТД. Ф. Р–109. Оп. 6–4. Д. 414. Л. 3.

1063 Чебоксарская ГЭС на реке Волга. Технический отчёт о проектировании, строительстве и первом периоде эксплуатации. В 2 т. Т. 1. М., 1988. С. 129.

1064 同上。С. 144.

1065 同上。С. 144–145.

1066 同上。С. 124.

1067 同上。С. 145.

1068 Краснов Ю.А., Каховский В.Ф. Средневековые Чебоксары. Материалы Чебоксарской экспедиции 1969–1973 гг. М., 1978. С. 167–191.

1069 同上。С. 167.

1070 Обоснование инвестиций завершения строительства Чебоксарского гидроузла 0272-ОИ. Этап 2. Т. 1. Общая пояснительная записка. Самара, 2006. С. 318.

1071 Чебоксарская ГЭС на реке Волга. Технический отчёт о проектировании, строительстве и первом периоде эксплуатации. В 2 т. Т. 1. М., 1988. С. 144.

1072 Краснов Ю.А., Каховский В.Ф. Указ. соч. С. 190–191.

1073 Археологические памятники Спасского района Республики Татарстан: списки памятников полностью затопленных, частично затопленных водохранилищем и относительно сохранившихся / предоставлены директором БГИАМЗ Р.З. Махмутовым Е.А. Бурдину 14 сент. 2004 г. С. 1–22.

1074 Казаков Е.П., Старостин П.Н., Халиков А.Х. Археологические памятники Татарской АССР. Казань, 1987. С. 19.

1075 История Гидропроекта. 1930–2000 / под ред. В.Д. Новоженина. М., 2000. С. 296, 298.

1076 Авакян А.Б., Салтанкин В.П., Шарапов В.А. Водохранилища. М., 1987. С. 43.

1077 Матарзин Ю.М. Гидрология водохранилищ. Пермь, 2003. С. 267.

1078 Рогозин И.С., Киселёва З.Т. Оползни Ульяновского и Сызранского Поволжья. М., 1965. С. 12.

1079 Волга. Боль и беда России: фотоальбом / вступ. слово В. Белова; ввод. ст. Ф.Я. Шипунова; осн. текст В. Ильина; фото В.В. Якобсона и др. М., 1989. С. 36; Литвинов А.С. Основные черты гидрологического и гидрохимического режимов Рыбинского водохранилища // Молога. Рыбинское водохранилище. История и современность: к 60-летию затопления Молого-Шекснинского междуречья и образования Рыбинского водохранилища: материалы науч. конф. / сост. Н.М. Алексеев. Рыбинск, 2003. С. 26.

1080 Авакян А.Б., Салтанкин В.П., Шарапов В.А. Водохранилища. М., 1987. С. 43; Буторин Н.В. Гидрологические процессы и динамика водных масс в водохранилищах Волжского каскада. Л., , 1969. С. 88–89.

1081 Структура островных экосистем Куйбышевского водохранилища / сост. Ю.Е.

Егоров, И.Д. Голубева и др.; отв. ред. Ю.Е. Егоров. М., 1980. С. 39–40.

1082 Лукьяненко В.И. Об исторической целесообразности и нравственной необходимости воссоздания Мологской административной территории // Мологский край: проблемы и пути их решения: материалы Круглого стола, Ярославль, 5–6 июня 2003 г. / отв. ред. В.И. Лукьяненко. Ярославль, 2003. С. 21–22.

1083 Небольсина Т.К. Экосистема Волгоградского водохранилища и пути создания рационального рыбного хозяйства. Дис. ... д-ра биол. наук. Саратов, 1980. С. 27, 30.

1084 Рогозин И.С., Киселёва З.Т. Указ. соч. С. 12.

1085 Куйбышевское водохранилище / сост. Н.В. Буторин, М.А. Фортунатов и др.; отв. ред. А.В. Монаков. Л., 1983. С. 15–16.

1086 Структура островных экосистем Куйбышевского водохранилища / сост. Ю.Е. Егоров, И.Д. Голубева и др.; отв. ред. Ю.Е. Егоров. М., 1980. С. 34.

1087 Авакян А.Б. Указ. соч. С. 54; Структура островных экосистем Куйбышевского водохранилища / сост. Ю.Е. Егоров, И.Д. Голубева и др.; отв. ред. Ю.Е. Егоров. М., 1980. С. 34.

1088 Структура островных экосистем Куйбышевского водохранилища / сост. Ю.Е. Егоров, И.Д. Голубева и др.; отв. ред. Ю.Е. Егоров. М., 1980. С. 34–35.

1089 可参阅 Колобов Н.В. Климат Среднего Поволжья. Казань, 1968. С. 221–222; Структура островных экосистем Куйбышевского водохранилища / сост. Ю.Е. Егоров, И.Д. Голубева и др.; отв. ред. Ю.Е. Егоров. М., 1980. С. 34。

1090 Лукьяненко В.И. Основные экологические проблемы Верхней Волги // Актуальные проблемы экологии Ярославской области: Материалы Второй науч.-практич. конф. Т. 1 / отв. ред. В.И. Лукьяненко. Ярославль, 2002. С. 7.

1091 同上。

1092 Розенберг Г.С., Краснощёков Г.П. Волжский бассейн: экологическая ситуация и пути рационального природопользования. Тольятти, 1996. С. 77.

1093 Структура островных экосистем Куйбышевского водохранилища / сост. Ю.Е. Егоров, И.Д. Голубева и др.; отв. ред. Ю.Е. Егоров. М., 1980. С. 34.

1094 Куйбышевское водохранилище / Рос. акад. наук, Ин-т экологии Волж. бассейна; отв. ред. Г.С. Розенберг, Л.А. Выхристюк. Тольятти, 2008. С. 27.

1095 Буторин Н.В. Гидрологические процессы и динамика водных масс в водохранилищах Волжского каскада. Л., 1969. С. 80; Куйбышевское водохранилище / Рос. акад. наук, Ин-т экологии Волж. бассейна; отв. ред. Г.С. Розенберг, Л.А. Выхристюк. Тольятти, 2008. С. 24.

1096 Буторин Н.В. Указ. соч. С. 80.

1097 Куйбышевское водохранилище / Рос. акад. наук, Ин-т экологии Волж. бассейна; отв. ред. Г.С. Розенберг, Л.А. Выхристюк. Тольятти, 2008. С. 24.

1098 Матарзин Ю.М. Гидрология водохранилищ. Пермь, 2003. С. 195–196.

1099 Авакян А.Б. Исследования водохранилищ и их воздействие на окружающую среду // Водные ресурсы. 1999. Т. 26. № 5. С. 559; Зубенко Ф.С. Некоторые закономерности развития береговой зоны водохранилищ // Волга–1. Первая конференция по изучению водоёмов бассейна Волги: тезисы докладов, Тольятти, 2–8 сент. 1968 г. Куйбышев, 1968. С. 34.

1100 Дедков А.П. Экзогенное рельефообразование в Казанско-Ульяновском Приволжье.Казань, 1970. С. 169.

1101 Рогозин И.С., Киселёва З.Т. Оползни Ульяновского и Сызранского Поволжья. М., 1965. С. 13; Структура островных экосистем Куйбышевского водохранилища / сост. Ю.Е. Егоров, И.Д. Голубева и др.; отв. ред. Ю.Е. Егоров. М., 1980. С. 48.

1102 Викторов А.М. Разрушение берега Угличского водохранилища // Гидротехническое строительство. 1958. № 9. С. 30.

1103 Даниярова Г.М. Решение водохозяйственных проблем Рыбинского водохранилища на современном этапе // Молога. Рыбинское водохранилище. История и современность: к 60-летию затопления Molого-Шекснинского междуречья и образования Рыбинского водохранилища: материалы науч. конф. / сост. Н.М. Алексеев. Рыбинск, 2003. С. 60; Мирошников И.П. Волга должна быть вне суверенитетов // Ульяновская правда. 1997. № 161–162. 13 сентября. С. 7.

1104 Назаров Н.Н. Современная переработка берегов равнинных водохранилищ // Двадцатое пленарное межвузовское координационное совещание по проблеме эрозионных, русловых и устьевых процессов: доклады и краткие сообщения, г. Ульяновск, 13–15 октября 2005 г. Ульяновск, 2005. С. 84.

1105 Гаврилова Е. Почему пересыхает Волга? // Симбирский курьер. 1995. № 127. 28 октября. С. 1.

1106 Гаврилова Е. Возрождение Волги выльется в астрономическую сумму // Симбирский курьер. 1996. № 104. 6 августа. С. 5.

1107 Ицкович И.И., Леонов Б.Н., Новиков В.Ю. Прогнозирование влияние гидроузла в целях минимизации его негативных воздействий на прибрежные территории // Актуальные проблемы экологии Ярославской области: материалы Второй науч.-практич. конф. Т. 1 / отв. ред. В.И. Лукьяненко. Ярославль, 2002. С. 213.

1108 Дедков А.П. Указ. соч. С. 169; Широков В.М. Формирование ложа Куйбышевского водохранилища в период его начального становления // Волга–1. Первая конференция по изучению водоёмов бассейна Волги: тезисы докладов, Тольятти, 2–8 сент. 1968 г. Куйбышев, 1968. С. 68.

1109 Погорельцева Г.В., Шарапов В.А. Современное состояние и пути повышения эффективности использования мелководий водохранилищ бассейна р. Волги // Материалы Всесоюзной науч. конференции по проблеме комплексного использования и охраны водных ресурсов бассейна Волги. Вып. 1. Водные ресурсы и их комплексное использование / отв. ред. Ю.М. Матарзин. Пермь, 1975. С. 67.

1110 Матарзин Ю.М. Гидрология водохранилищ. Пермь, 2003. С. 256; Розенберг Г.С., Краснощёков Г.П.. Волжский бассейн: экологическая ситуация и пути рационального природопользования. Тольятти, 1996. С. 53.

1111 Матарзин Ю.М. Указ. соч. С. 256.

1112 Лукьяненко В.И. Экологические аспекты ихтиотоксикологии. М., 1987. С. 75.

1113 Абакумов В.А., Ахметьева Н.П., Бреховских В.Ф. и др. Иваньковское водохранилище: современное состояние и проблемы охраны. М., 2000. С. 157, 159.

1114 История Гидропроекта. 1930–2000 / под ред. В.Д. Новоженина. М., 2000. С. 312.

1115 Петров Г.Н. Перспективы использования мелководий Куйбышевского водохранилища // Волга–1. Первая конференция по изучению водоёмов бассейна Волги: тезисы докладов, Тольятти, 2–8 сент. 1968 г. Куйбышев, 1968. С. 50.

1116 Законнов В.В. Пространственно-временная трансформация грунтов Рыбинского водохранилища // Актуальные проблемы экологии Ярославской области: материалы Второй науч.-практич. конф. Т. 1 / отв. ред. В.И. Лукьяненко.

Ярославль, 2002. С. 187.

1117 Петров Г.Н. Указ. соч. С. 50.

1118 同上。 С. 51.

1119 Розенберг Г.С., Краснощёков Г.П. Волжский бассейн: экологическая ситуация и пути рационального природопользования. Тольятти, 1996. С. 87.

1120 同上。

1121 Волжский и Камский каскады гидроэлектростанций / под общ. ред. Г.А. Руссо. М.-Л., 1960. С. 168.

1122 Лифанов И.А. Организация чаши водохранилищ. М., 1946. С. 155.

1123 Матарзин Ю.М. Гидрология водохранилищ. Пермь, 2003. С. 280; Найденко В.В. Великая Волга на рубеже тысячелетий. От экологического кризиса к устойчивому развитию. В 2 т. Т. 1. Общ. характеристика бассейна р. Волга. Анализ причин эколог. кризиса. Н. Новгород, 2003. С. 143.

1124 Матарзин Ю.М. Указ. соч. С. 272.

1125 Мирошников И.П. Волга должна быть вне суверенитетов // Ульяновская правда. 1997. № 161–162. 13 сентября. С. 7.

1126 Мирошников И.П. Спустя полвека... / Мономах. 2007. № 4. С. 13.

1127 Розенберг Г.С., Краснощёков Г.П. Волжский бассейн: экологическая ситуация и пути рационального природопользования. Тольятти, 1996. С. 42, 44.

1128 同上。 С. 42.

1129 Найденко В.В. Великая Волга на рубеже тысячелетий. От экологического кризиса к устойчивому развитию. В 2 т. Т. 1. Общ. характеристика бассейна р. Волга. Анализ причин эколог. кризиса. Н. Новгород, 2003. С. 137.

1130 同上。С. 128–135.

1131 同上。

1132 Селезнёва А.В., Селезнёв В.А. Оценка антропогенной нагрузки на реки от точечных источников загрязнения // IX Съезд Гидробиологического общества РАН, г. Тольятти, 18–22 сент. 2006 г.: тезисы докладов, т. II. Тольятти, 2006. С. 144.

1133 可参阅 Ежегодник качества поверхностных вод по территории деятельности Приволжского УГКС (Татарская АССР, Пензенская, Куйбышевская, Саратовская, Оренбургская области) за 1985 г. / Приволж. терр. упр. по гидрометеорологии и контролю прир. среды. Куйбышев, 1986. С. 148; Обзор состояния загрязнения поверхностных вод на территории деятельности Приволжского УГМС и УГМС Республики Татарстан в 2005 году / Приволж. межрегион. терр. упр. по гидрометеорологии и мониторингу окр. среды; ГУ «Самарский центр по гидрометеорологии и мониторингу окр. среды с регион. функциями»; Приволж. центр по мониторингу загрязнения окр. среды; отв. ред. Н.Р. Бигильдеева. Самара, 2006. С. 21。

1134 可参阅 Обзор состояния загрязнения поверхностных вод суши на территории деятельности Приволжского УГКС за 1980 год / Приволж. терр. упр. по гидрометеорологии и контролю окр. среды. Ч. II. Куйбышев, 1981. С. 82–87; Обзор состояния загрязнения поверхностных вод на территории деятельности Приволжского УГМС и УГМС Республики Татарстан в 2009 году / Приволж. межрегион. терр. упр. фед. службы по гидрометеорологии и мониторингу окр. среды; ГУ «Самарский центр по гидрометеорологии и мониторингу окр. среды с регион. функциями»; Центр по мониторингу загрязнения окр. среды; отв. ред. Н.Р. Бигильдеева. Самара, 2010. С. 27。

1135 Ежегодник качества поверхностных вод по территории деятельности Приволжского УГКС (Татарская АССР, Пензенская, Куйбышевская, Саратовская, Оренбургская области) за 1985 г. / Приволж. терр. упр. по гидрометеорологии и контролю прир. среды. Куйбышев, 1986. С. 16–18; Обзор состояния загрязнения поверхностных вод на территории деятельности Приволжского УГМС за 2000 год / Приволж. межрегион. терр. упр. по гидрометеорологии и мониторингу окр. среды; Приволж. терр. центр по мониторингу загрязнения окр. среды; отв. ред. Г.Н. Ардаков. Самара, 2001. С. 28.

1136 可参阅 Ежегодник качества поверхностных вод по территории деятельности Приволжского УГКС (Татарская АССР, Пензенская, Куйбышевская, Саратовская, Оренбургская области) за 1985 г. / Приволж. терр. упр. по гидрометеорологии и контролю прир. среды. Куйбышев, 1986. С. 126–127; Обзор состояния загрязнения поверхностных вод на территории деятельности Приволжского УГМС и УГМС Республики Татарстан в 2005 году / Приволж. межрегион. терр. упр. По гидрометеорологии и мониторингу окр. среды; ГУ «Самарский центр по гидрометеорологии и мониторингу окр. среды с регион.

функциями»; Приволж. центр по мониторингу загрязнения окр. среды; отв. ред. Н.Р. Бигильдеева. Самара, 2006. С. 22–29。

1137 Ежегодник качества поверхностных вод по территории деятельности Приволжского УГКС (Татарская АССР, Пензенская, Куйбышевская, Саратовская, Оренбургская области) за 1985 г. / Приволж. терр. упр. по гидрометеорологии и контролю прир. среды. Куйбышев, 1986. С. 127.

1138 Обзор состояния загрязнения поверхностных вод на территории деятельности Приволжского УГМС за 2000 год / Приволж. межрегион. терр. упр. по гидрометеорологии и мониторингу окр. среды; Приволж. терр. центр по мониторингу загрязнения окр. среды; отв. ред. Г.Н. Ардаков. Самара, 2001. С. 55.

1139 Анализ состояния поверхностных вод Куйбышевского водохранилища за 2005–2009 гг. / Госуд. учреждение «Ульяновский областной центр по гидрометеорологии и мониторингу окружающей среды». 2010. С. 1.

1140 Сергиенко Л.И. Экологизация региональных природно-хозяйственных систем Нижнего Поволжья. Волгоград, 2003. С. 7–8.

1141 Авакян А.Б. Волга в прошлом, настоящем и будущем. М., 1998. С. 16–17.

1142 Найденко В.В. Великая Волга на рубеже тысячелетий. От экологического кризиса к устойчивому развитию. В 2 т. Т. 2. Практ. меры преодоления эколог. кризиса и обеспечения перехода Волж. бассейна к устойчив. развитию. Н. Новгород, 2003. С. 239.

1143 Киппер З.М. Рыбохозяйственные мероприятия в Волго-Каспийском регионе с комплексным использованием водных ресурсов // Материалы Всесоюзной науч. конф. по проблеме комплексного использования и охраны водных ресурсов бассейна Волги. Вып. 3. Гидробиология и повышение биологической продуктивности водоёмов / отв. ред. Ю.М. Матарзин. Пермь, 1975. С. 78.

1144 Горюнова В.Б. Эколого-токсическая характеристика Волги и Северной части Каспийского моря в связи с воспроизводством осетровых рыб. Дис. ... канд. биол. наук. Москва, 2005. С. 8.

1145 Филиал РГАНТД. Ф. Р–109. Оп. 8–4. Д. 298. Л. 84 об. Д. 1199. Л. 25.

1146 同上。Оп. 5–4. Д. 657. Л. 83.

1147 同上。Оп. 2–4. Д. 514. Л. 37. Оп. 8–4. Д. 1199. Л. 26.

1148 同上。Оп. 5–4. Д. 657. Л. 85.

1149 Филиал РГАНТД. Ф. Р–109. Оп. 8–4. Д. 1199. Л. 25–26.

1150 Сергиенко Л.И. Экологизация региональных природно-хозяйственных систем Нижнего Поволжья. Волгоград, 2003. С. 7–8.

1151 同上。С. 8.

1152 Отчёт экспертной группы по оценке биоразнообразия водно-растительных угодий Нижней Волги / сост. А.К. Горбунов, Н.Н. Мошонкин, Н.Д. Руцкий и др. Астрахань, 2002. С. 22.

1153 Кузнецов В.А. Рыбы Волжско-Камского края. Казань, 2005. С. 17.

1154 同上。С. 17–18.

1155 Рыбы севера Нижнего Поволжья: в 3 кн. Кн. 1. Состав ихтиофауны, методы изучения / Е.В. Завьялов, А.Б. Ручин, Г.В. Шляхтин и др. Саратов, 2007. С. 12.

1156 Герасимов Ю.Л. Основы рыбного хозяйства: учебное пособие. Самара, 2003. С. 101.

1157 Розенберг Г.С., Краснощёков Г.П. Волжский бассейн: экологическая ситуация и пути рационального природопользования. Тольятти, 1996. С. 79.

1158 同上。

1159 Сергиенко Л.И. Указ. соч. С. 11; Филиал РГАНТД. Ф. Р–109. Оп. 8–4. Д. 1199. Л. 25.

1160 Усова Т.В. Формирование пополнения севрюги в Волго-Каспийском регионе в современных условиях. Дис. ... канд. биол. наук. Астрахань. 2005. С. 4.

1161 Ермолин В.П., Шашуловский В.А., Карагойшиев К.К. Правила рыболовства и использование биоресурсов водоёмов Волжско-Камского бассейна // Водные экосистемы: трофические уровни и проблемы поддержания биоразнообразия: материалы Всеросс. конф. с междунар. участием «Водные и наземные экосистемы: проблемы и перспективы исследований», Вологда, 24–28 нояб. 2008 г. Вологда, 2008. С. 285.

1162 Отчёт экспертной группы по оценке биоразнообразия водно-растительных угодий Нижней Волги / сост. А.К. Горбунов, Н.Н. Мошонкин, Н.Д. Руцкий и др. Астрахань, 2002. С. 23.

1163 Орлова С.С. Многофакторное антропогенное влияние на рыбные ресурсы водоёмов Ярославской области // Актуальные проблемы экологии Ярославской области: материалы Второй науч.-практич. конф. Т. 1 / отв. ред. В.И. Лукьяненко. Ярославль, 2002. С. 42.

1164 Рыбы севера Нижнего Поволжья: в 3 кн. Кн. 2. История изучения ихтиофауны/ Е.В. Завьялов, В.С. Болдырев, В.Ю. Ильин и др.; под ред. Е.В. Завьялова. Саратов, 2010. С. 131.

1165 Розенберг Г.С., Краснощёков Г.П. Волжский бассейн: экологическая ситуация и пути рационального природопользования. Тольятти, 1996. С. 76.

1166 Будьков С.Т. Чёрная быль о Волге // Татарстан. 1996. № 6. С. 27.

1167 Волга. Боль и беда России: фотоальбом / вступ. слово В. Белова; ввод. ст. Ф.Я. Шипунова; осн. текст В. Ильина; фото В.В. Якобсона и др. М., 1989. С. 9; Ерёменко С. Земля трещит по швам? // «АиФ-Самара». 2005. № 4. 26 января. С. 11.

1168 Будьков С.Т. Указ. соч. С. 27.

1169 同上。

1170 Яковлев В.Н. Письмо главного инженера В.Н. Яковлева (Волжское отделение института геологии и разработки горючих ископаемых, г. Самара) от 13.10.2010 г. Е.А. Бурдину. С. 1.

1171 Розенберг Г.С., Краснощёков Г.П. Волжский бассейн: экологическая ситуация и пути рационального природопользования. Тольятти, 1996. С. 37.

1172 同上。

1173 Розенталь Н.К., Чехний Г.В., Базанов В.Е. и др. Состояние бетона гидротехнических сооружений Рыбинского гидроузла // Гидротехническое строительство. 2010. № 7. С. 31.

1174 Лукьяненко В.И. Об исторической целесообразности и нравственной необходимости воссоздания Мологской административной территории // Мологский край: проблемы и пути их решения: материалы Круглого стола, Ярославль, 5–6 июня 2003 г. / отв. ред. В.И. Лукьяненко. Ярославль, 2003. С. 14.

1175 Филиал РГАНТД. Ф. Р–119. Оп. 6–4. Д. 240. Л. 53–53 об.

1176 同上。Л. 53.

1177 Розенберг Г.С., Краснощёков Г.П., Гелашвили Д.Б. Опыт достижения устойчивого развития на территории Волжского бассейна // Устойчивое развитие. Наука и практика. 2003. № 1. С. 19.

1178 Розенберг Г.С., Краснощёков Г.П. Волжский бассейн: экологическая ситуация и пути рационального природопользования. Тольятти, 1996. С. 95.

1179 Матарзин Ю.М. Гидрология водохранилищ. Пермь, 2003. С. 279–280.

1180 Ибрагимов А.К. Влияние Чебоксарского водохранилища на прибрежные лесные территории // Комплексная оценка результатов строительства и эксплуатации Чебоксарской ГЭС: тезисы докл. конф. / отв. ред. В.В. Найденко. Горький, 1989. С. 22.

1181 Чебоксарское водохранилище ежегодно наносит ущерб экологии Марий Эл. URL: http://www.regions.ru/ru/main/messagepage/1939959/ (дата обращения: 22.10.2010).

1182 Будьков С.Т. Чёрная быль о Волге // Татарстан. 1996. № 6. С. 24.

# 译后记

“冰雪覆盖着伏尔加河，冰河上跑着三套车……”充满画面感的动人旋律，配上列宾《伏尔加河上的纤夫》这幅被纳入中国小学课本的批判现实主义画作，伏尔加河深深地刻在我们的想象中。但继续追问便会发现，对于这条欧洲第一大河，对于这条孕育了俄罗斯物质和精神世界的河流，除河名和个别视听印象以外，我们的理性认识却乏善可陈。毋庸讳言，布尔金教授这部著作的问世和译介首先让我们对于伏尔加河的知识大大增加了。

一言以蔽之，这是一部伏尔加河水利史。前两章是伏尔加河水利政治史和社会史，包括以国家为核心的政策沿革、苏维埃制度下的计划与实践，以及以人为核心的劳改营的参与和库区移民过程；第三章则属于水利经济史、生态史或景观史范畴，涉及伏尔加河水利工程带来的经济效益以及对自然和人文环境的破坏。通过依次发掘伏尔加河 8 座梯级水利枢纽的大量档案文献，作者构筑了这部结构清晰、史料丰富、上至国家下至社会、研究路径多样的作品，填补了俄罗斯乃至世界在俄国水利史研究领域的诸多空白，修复并揭示了曾经被忽略、被夸大、被掩覆的历史事实。从阅读角度，读者既可从任何一节进入，了解伏尔加河水利事业的一个剖面，亦可在各节追踪某一座水利枢纽兴建过程中的方方面面。

尤其特别的是，这又是一部俄国水利史，甚或苏联水利史。1930 年 2 月 12 日，联共（布）中央决议开始对伏尔加河能源和灌溉问题进行研究，这成为伏尔加河大规模改造的起点。而苏联历史恰恰在几个月前发生转折——1929 年，斯大林大权独揽，“新经济政策”遇挫，苏联第一个五年计划上马——延续一个甲子的、高度集中的、指令性的、军事动员型的“斯大林模式”形成。到 1989 年最后一座水利枢纽（切博克萨雷）投产，伏尔加河水利枢纽建设过程与苏联兴衰之路近乎耦合。在此意义上，伏尔加河水利枢纽的筹组和建设、强制劳动和搬迁以及对文化遗产的选择性抢救使得“斯大林模式”跃然纸上。

“斯大林模式”极富争议。与本书主题吻合，魏特夫的“治水社会”理论是一种颇具概括性的批判，即大型水利工程的建设与大规模社会协作、服从权威、牺牲个人自由的制度息息相关，恰恰苏联的“斯大林模式”被认为是人类近现代史上集权主义的典型代表。相反，也有推崇者肯定苏联在国家发展上的巨大成就。在本书描绘的伏尔加河水利建设中很容易找到两种迥异观点的证据，既有古拉格、自然和人文生态悲剧，又有发电、航运、科技等千秋之利。无论如何，苏维埃俄国都是人类社会发展进程中一次别开生面的探索，伏尔加河梯级水利枢纽建设绝不乏斯科特笔下的极端现代主义狂妄，但亦绝对是人类利用科学技术成功改造自然并同时改造了自己的范例。在如何评价这项浩大工程及其背后苏联模式的问题上，布尔金教授的客观叙述为我们留下了广阔空间。

通观全书，作者笔触冷静克制，但字里行间和谋篇布局仍透着列宾式的凝重和焦虑。这种特征鲜见于中文世界里目前已有的几部中外水利史书写，如利连索尔的美国田纳西河水利工程实录、布莱克本对莱茵河景观与德国现代化进程的考察。究其原因，我想可以追溯至这段历史体现出的近现代俄罗斯自身的矛盾性——既有西方启蒙主义开拓进步的哲科思维，又有东方社会安土重迁的保守情怀。带着这一矛盾性和上述争议性问题翻开本书，我们不至于迷失在浩瀚的历史细节中。

云销雨霁西东，绿树小楼朦胧，晨霞酒酣如梦，轻波抚岸，最是下番相逢。伏尔加河对我个人同样意义非凡，成为本书译者荣幸之至，感谢杨成老师的引荐和三联书店编辑的劳动。译文错漏之处望各方同人批评指正。

华盾

2021 年 4 月 21 日

于杭州